Rolf Walter

Einführung in die lineare Algebra

Rolf Walter

Einführung in die lineare Algebra

4., durchgesehene Auflage

Mit 42 Bildern und 100 Beispielen

Prof. Dr. Rolf Walter
Mathematik VII – Differentialgeometrie
Universität Dortmund
Vogelpothsweg 87
D-44221 Dortmund

1. Auflage 1982
2., durchgesehene Auflage 1986
3., verbesserte Auflage 1990
4., durchgesehene Auflage 1996

Der Verlag Vieweg ist ein Unternehmen der Bertelsmann Fachinformation GmbH.

Umschlaggestaltung: Klaus Birk, Wiesbaden
Satz: Vieweg, Braunschweig
Gedruckt auf säurefreiem Papier

ISBN-13: 978-3-528-38488-3   e-ISBN-13: 978-3-322-83231-3
DOI: 10.1007/ 978-3-322-83231-3

Vorwort

Dieses Buch beruht auf Vorlesungen über lineare Algebra und analytische Geometrie, die ich jeweils in zweisemestrigen Kursen an den Universitäten Freiburg und Dortmund für Mathematiker, Physiker, Informatiker und Statistiker gehalten habe. Der Umfang entspricht ungefähr dem Inhalt des ersten Semesters. Mit dem vorliegenden Text soll aber nicht nur das formale Fundament für den zweiten Teil gelegt werden, vielmehr erscheint es mir vernünftig, eine Einführung in das gesamte Gebiet zu geben und dabei gleich wesentliche Probleme der linearen Algebra anzupacken. Deshalb ist dieses Buch nicht nur für Mathematikstudenten des Diploms und des Lehramtes geeignet, sondern ebenso für Nichtmathematiker, die ihre Ausbildung in linearer Algebra in einem Semester absolvieren müssen und trotzdem einen etwas größeren Einblick erhalten sollen. Auch zum Selbststudium dürfte sich der Band gut benützen lassen.

Wie soll man Mathematik lernen? Dafür gibt es kein Patentrezept, aber eines kann man sagen: Mathematik lernt man am besten kennen, indem man sie betreibt; das Betreiben aber ist eng mit dem Interesse verbunden. Ich habe deswegen immer versucht, den Leser zur eigenen, teilnehmenden Beschäftigung mit der Mathematik anzuregen, einerseits durch die Vorführung vieler Beispiele, andererseits durch einen Aufbau der Theorie, der von einfachen, konkreten Fragen ausgeht und möglichst direkt zu zentralen Themen gelangt.

Gestartet wird hier mit dem expliziten Lösen linearer Gleichungssysteme, das ohnehin in der Praxis ständig gebraucht wird. Am Ende des Weges steht die Jordansche Normalform, also die Feinstruktur der linearen Selbstabbildungen. Was an Etappen dazwischen liegt, lehrt ein Blick in das Inhaltsverzeichnis. Übrigens vollziehe ich den entscheidenden Schritt bei der Jordanschen Normalform, nämlich die Zerlegung bei nilpotenten Operatoren, mit einem sehr durchsichtigen, vom Üblichen abweichenden Verfahren, das zu jedem zyklischen Unterraum maximaler Dimension alle invarianten Komplemente erzeugt, und zwar so, daß seine praktische Durchführung auf ein lineares Gleichungssystem führt.

Ein Wort zu den Vorkenntnissen: Die Studenten treten heute mit einer sehr unterschiedlichen Vorbildung in ihr Studium ein. Um hier ein wenig auszugleichen, habe ich dem systematischen Aufbau ein Orientierungskapitel vorangestellt, in dem einige elementare Gesichtspunkte beschrieben und die abstrakten Begriffsbildungen behutsam vorbereitet werden. Daneben enthalten das erste Viertel des Textes und der Anhang weiteren Stoff, der nicht im engeren Sinne zur linearen Algebra, wohl aber zur mathematischen Allgemeinbildung gehört. Dadurch sind beim Leser nur geringe Vorkenntnisse erforderlich.

Die lineare Algebra spielt eine fundamentale Rolle in breiten Bereichen der Mathematik und der Anwendungen, und sie hat deswegen auch eine große Bedeutung zum Verständnis parallel laufender Vorlesungen, vor allem für die Analysis. Ich habe mich bemüht, möglichst früh die Hilfsmittel, welche in der Infinitesimalrechnung benötigt werden, bereitzustellen. Insbesondere sind die unendlich dimensionalen Vektorräume einbezogen, soweit dafür kein Extraaufwand erforderlich ist.

Von der Methode her betrachtet, ist natürlich dem axiomatischen Zugang und der basis-freien Denkweise der Vorzug einzuräumen. Daneben werden hier die kalkülmäßigen und konstruktiven Methoden des endlich dimensionalen Falles einschließlich der Matrizen-rechnung ausführlich behandelt. Beide Standpunkte haben ihre Berechtigung und sollten in gegenseitiger Befruchtung gepflegt werden.

In diesem Band steht die lineare Algebra im Vordergrund des Interesses, die Anfänge der analytischen Geometrie und ihr anschaulicher Hintergrund werden mitentwickelt. Die Geometrie hat hier den Zweck, die algebraischen Begriffe zu motivieren und zu illustrieren, und sie dient so einer erwünschten Erweiterung des Gesichtsfeldes. Die höheren Teile der linearen Algebra, die multilineare Algebra und der eigentliche Aufbau der analytischen Geometrie, wie sie etwa dem zweiten Semester der genannten Vorlesung entsprechen, werden in meinem Band „Lineare Algebra und analytische Geometrie" (Vieweg) be-handelt.

Dortmund, im April 1996   Rolf Walter

Zum Gebrauch des Buches

Der Leser, der mit dem Orientierungskapitel beginnt, lernt dort einige handfeste Dinge, ohne einen komplizierten Apparat aufnehmen zu müssen. Beim weiteren Vorgehen wird schrittweise die Sprache der Mengenlehre herangezogen. Die elementaren mengentheoretischen Begriffe, die hierzu nötig sind, findet man im Anhang zusammengestellt. Es sei dem Leser empfohlen, diesen Anhang wie eine Grammatik zu benützen, d.h. ohne Hemmungen im Haupttext voranzuschreiten und nur bei Bedarf hinten nachzuschlagen. Leser mit entsprechenden Grundkenntnissen können sich bei der Orientierung auf Abschnitt 0.1 beschränken oder gleich bei Kapitel 1 oder 2 einsteigen.

Die sieben Kapitel sind in Abschnitte mit zwei- oder dreistelligen Nummern gegliedert. In jedem Abschnitt fängt die Numerierung von Definitionen, Formeln usw. neu an, wobei Sätze und Definitionen gemeinsam mit großen lateinischen Buchstaben durchgezählt sind. Lediglich die Numerierung der Bilder ist im ganzen Buch durchlaufend. Verweise erfolgen im gleichen Abschnitt ohne dessen Nennung, an anderen Stellen unter Anfügung des zitierten Abschnitts in eckigen Klammern; z.B. verweist „Satz E [5.1]" auf Satz E des Abschnitts 5.1. Bei einem „Zusatz" werden stets die Voraussetzungen beibehalten. Das Ende einer Überlegung wird durch das Zeichen □ angedeutet, die Zeichen := und =: signalisieren eine Definitionsgleichung, wobei der Doppelpunkt auf der Seite der neu eingeführten Größe steht. Generalvoraussetzungen eines Abschnitts gelten auch für die zugehörigen Übungsaufgaben.

Die Standardmengen der Mathematik sind folgendermaßen bezeichnet:

$\mathbf{N}$ Menge der natürlichen Zahlen (ohne 0)
$\mathbf{Z}$ Menge der ganzen Zahlen
$\mathbf{Q}$ Menge der rationalen Zahlen
$\mathbf{R}$ Menge der reellen Zahlen
$\mathbf{C}$ Menge der komplexen Zahlen.

Das Anhängen des Indexes „0" bedeutet hier Hinzunahme, die Schreibart „\ 0" Wegnahme der Null; z.B. ist $\mathbf{N}_0$ die Menge der natürlichen Zahlen zusammen mit 0, $\mathbf{Z} \setminus 0$ die Menge $\mathbf{Z}$ ohne 0. Die Marken „+" und „–" bezeichnen entsprechende Vorzeicheneinschränkungen; z.B. ist $\mathbf{R}^+$ die Menge aller positiven, $\mathbf{R}_0^+$ die Menge aller nichtnegativen reellen Zahlen.

Am Ende des Buches finden sich Verzeichnisse der Literatur und der weiteren Symbole. Hinweise auf das Literaturverzeichnis erfolgen durch Nennung der Autoren in Kursivschrift (gegebenenfalls mit einer Ordnungsnummer). Das Sachverzeichnis enthält auch die Lebensdaten der im Text erwähnten Wissenschaftler.

Inhaltsverzeichnis

Einleitung

Das *Ziel* ist das Lösen „linearer" Probleme und die Einsicht in ihre Struktur. „Lineare"
Fragen treten in vielen Bereichen in unterschiedlichem Gewande auf, haben aber denselben
Kern. Um diesen Kern geht es hier. Typische Beispiele aus der Mathematik sind: lineare
Gleichungssysteme, lineare Operationen in der Geometrie, lineare Differential- und
Integralgleichungen. Was „linear" ist, wird sich im Laufe der Diskussion herausschälen;
bei Gleichungssystemen bedeutet es, daß die Unbekannten in erster Potenz auftreten.
Lineare Probleme sind häufig Vereinfachungen allgemeinerer Fragestellungen, deren
Lösung sie vorbereiten oder erleichtern.

Wie in vielen Bereichen der Mathematik ist auch hier die *Methode* die der *Axiomatik*, d.h.
es werden für die zu behandelnden Objekte Grundregeln, *Axiome*, aufgestellt und aus
diesen auf rein logischem Wege Folgerungen gezogen. Dieses Vorgehen erlaubt dem
Mathematiker den Aufbau einer Theorie, ohne daß er ständig neu „einleuchtende" oder
„anschauliche" Tatsachen heranziehen muß. Da die Grundregeln auf mannigfache Weise
abgewandelt werden können, führt die axiomatische Denkweise zu einer Vielfalt von
Theorien, die auch für den außermathematischen Bereich ein Angebot darstellt. Die
axiomatische Methode gliedert den Stoff, sie erleichtert die Übersicht über die verschiedenen Strukturen, und sie führt nicht selten zu neuen, grundlegenden Einsichten.

Es gibt allerdings kein Axiomatisieren „im luftleeren Raum". In den meisten Fällen stützt
sich das axiomatische Vorgehen auf einen breiten inner- oder außermathematischen
Erfahrungsschatz, und es erfordert ein großes Maß an Umsicht bei der Durchführung. Vor
der Axiomatik des Vektorraumes beschäftigen wir uns daher mit einigen konkreten
Aspekten, die zu dieser Abstraktion geführt haben.

0 Orientierung

0.1 Das Lösen linearer Gleichungssysteme, Gaußsches Verfahren

Ein zentrales Problem in der Mathematik ist das Lösen von Gleichungen. Hier geht es speziell um *lineare Gleichungssysteme*. Die Rechenregeln für reelle Zahlen werden im Augenblick als bekannt vorausgesetzt. Sie werden aufgrund der Körpereigenschaften in der Analysisvorlesung entwickelt; systematisch gehen wir etwas später hierauf ein. Wenn im vorliegenden Abschnitt 0.1 von Zahlen die Rede ist, kann sich der Leser darunter immer reelle Zahlen vorstellen, obwohl die bewiesenen Sätze allgemeiner für Elemente eines kommutativen Körpers gültig bleiben. Zunächst orientieren wir uns an einigen Beispielen.

0.1.1 Beispiele

Beispiel 1. Das „System" besteht hier nur aus einer Gleichung mit einer Unbekannten:

$$(1) \qquad 3\,x = 6.$$

Das erste Problem ist die *Existenzfrage*: *Gibt* es eine Lösung? Die Antwort kann durch Raten gefunden werden: $x = 2$.

Das nächste Problem ist die *Eindeutigkeitsfrage*: Gibt es *nur eine* Lösung?

Eine *erste Art*, dieses zu behandeln, verläuft so: Angenommen, es gibt zwei Lösungen x und $\bar{x}$:

$$3\,x = 6, \quad 3\,\bar{x} = 6.$$

Dann folgt hieraus schrittweise:

$$\begin{aligned}
3\,x - 3\,\bar{x} &= 6 - 6 \\
3\cdot(x - \bar{x}) &= 0 \\
x - \bar{x} &= 0 \\
x &= \bar{x}.
\end{aligned}$$

Die beiden Lösungen stimmen überein; man sagt, die Lösung ist *eindeutig bestimmt*.

Eine *zweite Art*, die Eindeutigkeit anzugehen, entspricht der geläufigen Art, Gleichungen zu lösen: Man zieht solange Folgerungen aus der Gleichung, bis sich die Unbekannte selbst ergibt; dabei wird die Existenz *vorausgesetzt*. Hier läuft dies so: Aus $3\,x = 6$ folgt durch Multiplikation mit $\frac{1}{3}$ zunächst $\frac{1}{3}\cdot 3\,x = \frac{1}{3}\cdot 6$, also $x = 2$. Damit ist gezeigt: Wenn es überhaupt eine Lösung gibt, dann ist diese zwangsläufig $x = 2$. *Warnung*: Dies ist ein reiner

Eindeutigkeitsbeweis! Allerdings ergibt sich die Existenz bei diesem Vorgehen leicht durch die *Probe*: $3 \cdot 2 = 6$.

Das gesamte *Resultat* wird so ausgesprochen: Die Gleichung (1) besitzt *eine* und *nur eine* Lösung, nämlich $x = 2$. $\square$

Das Wort „*ein*" wird in der Mathematik meistens im Sinne von „*mindestens ein*" gebraucht. Im eben formulierten Resultat weist „eine" auf die Existenz, „nur eine" auf die Eindeutigkeit hin. Statt „ein und nur ein" sagt man häufig „*genau ein*".

Analoge Fragen der Existenz und Eindeutigkeit treten in vielen Bereichen auf, z.B. bei Differentialgleichungen, Fixpunkten von Abbildungen usw..

Beispiel 2. Das System sei

$$(2) \qquad \begin{aligned} x + y &= 5 \\ 2x - y &= 1; \end{aligned}$$

es enthält zwei Gleichungen mit zwei Unbekannten x, y. Die *Eindeutigkeit* ergibt sich wie bei dem Vorgehen der zweiten Art in Beispiel 1 durch Ziehen von Folgerungen: Addition der beiden Gleichungen liefert $3x = 6$, also $x = 2$. Einsetzen in die erste Gleichung liefert $2 + y = 5$, also $y = 3$. Die *Existenz* ergibt sich aus der *Probe*:

$$\begin{aligned} 2 + 3 &= 5 \\ 2 \cdot 2 - 3 &= 1. \end{aligned}$$

Als *Resultat* folgt hier: Das System (2) besitzt *genau eine* Lösung, nämlich das *Paar* $(x, y) = (2, 3)$.

Beispiel 3. Das System sei

$$(3) \qquad \begin{aligned} x - y + z &= 1 \\ -x + y - z &= 0; \end{aligned}$$

es enthält zwei Gleichungen mit drei Unbekannten x, y, z. Angenommen, es gibt Zahlen x, y, z, die (3) erfüllen. Dann folgt durch Addition der beiden Gleichungen $0 = 1$. Da dies unmöglich ist, hat das System (3) *keine* Lösung; es enthält einen Widerspruch.

Beispiel 4. Das System sei

$$(4) \qquad \begin{aligned} x - y + z &= 1 \\ -x + y - z &= -1; \end{aligned}$$

es ist vom gleichen Typ wie (3), verhält sich aber völlig anders: Da die zweite Gleichung durch Multiplikation mit -1 aus der ersten hervorgeht, ist sie erfüllt (nicht erfüllt), wenn die erste erfüllt (nicht erfüllt) ist. Daher ist (4) gleichwertig mit der einen Gleichung

$$(4') \qquad x - y + z = 1.$$

Diese ist lediglich eine *Bindung* zwischen x, y, z. Man kann etwa $x = \lambda$ und $y = \mu$ als beliebige Zahlen wählen und erhält dann z eindeutig als

$$z = 1 - x + y = 1 - \lambda + \mu.$$

Resultat: Das System (4′) [genauso (4)] besitzt *mehrere* Lösungen, nämlich die *Tripel* der Form

$$(x, y, z) = (\lambda, \mu, 1 - \lambda + \mu),$$

mit beliebigen Zahlen λ, μ. Man nennt dies eine *Parameterdarstellung* der Lösungsmenge (mit den *Parametern* λ, μ), und man spricht auch von der *allgemeinen Lösung*. Im Gegensatz hierzu ist eine *partikuläre Lösung* einfach eine feste Lösung, z. B. die mit $\lambda = 1$, $\mu = -2$, also $(x, y, z) = (1, -2, -2)$. $\square$

Zu den obigen Grundproblemen der Existenz und Eindeutigkeit kommt also, falls letztere nicht erfüllt ist, hinzu die Frage nach der *Vielfalt der Lösungen*, d. h. die Bestimmung der *Lösungsmenge* und ihrer günstigen Darstellung.

Beispiel 5. Daß man beim Operieren mit Gleichungssystemen vorsichtig sein muß, zeigt das System:

$$(5) \qquad \begin{aligned} x + y + z &= 1 \\ x - y + z &= 0 \\ -x + y - z &= 0. \end{aligned}$$

Wir ziehen hieraus Folgerungen, indem wir *erstens* die erste Gleichung beibehalten, *zweitens* alle drei Gleichungen addieren, *drittens* die zweite und dritte Gleichung addieren:

$$(5′) \qquad \begin{aligned} x + y + z &= 1 \\ x + y + z &= 1 \\ 0 &= 0. \end{aligned}$$

Aufgrund der Konstruktion ist jedes Tripel (x, y, z), das (5) löst, auch Lösung von (5′). Das Umgekehrte gilt aber nicht! So löst etwa das Tripel (x, y, z) mit $x = y = z = \frac{1}{3}$ zwar (5′), nicht aber (5). Durch Ziehen von Folgerungen können also Lösungen hinzukommen!

0.1.2 Zusammenfassung

(a) Eine Lösung eines Gleichungssystems mit n Unbekannten ist nicht eine einzige Zahl, sondern ein geordnetes System von n Zahlen.

(b) Ein lineares Gleichungssystem kann keine, genau eine oder mehrere Lösungen besitzen.

(c) Die Umformungen zur Lösung sollten so beschaffen sein, daß sie die Menge der Lösungen nicht verändern.

0.1.3 Einige Grundbegriffe

Ein **lineares Gleichungssystem** mit p **Gleichungen** und n **Unbekannten** $x_1, \ldots, x_n$ hat die Form:

$$(G) = (1) \quad \begin{array}{l} a_{11}\,x_1 + a_{12}\,x_2 + \ldots + a_{1n}x_n = b_1 \\ a_{21}\,x_1 + a_{22}\,x_2 + \ldots + a_{2n}x_n = b_2 \\ \qquad\qquad\qquad \vdots \\ a_{p1}\,x_1 + a_{p2}\,x_2 + \ldots + a_{pn}x_n = b_p. \end{array}$$

Hierbei sind a_{ij}, b_i gegebene Zahlen. Die a_{ij} heißen die **Koeffizienten**, der erste **Index** (hier i) bezeichnet die Nummer der **Zeile** (= waagrechte Reihe), der zweite (hier j) die Nummer der **Spalte** (= senkrechte Reihe). Die b_i heißen die **rechten Seiten**. Für die ganzen Zahlen i, j, p, n gilt $1 \leq i \leq p$, $1 \leq j \leq n$.

Das lineare Gleichungssystem (G) heißt **homogen**, wenn alle $b_i = 0$ sind.

Ein **n-Tupel** von Zahlen ist ein geordnetes System $(u_1, u_2, \ldots, u_n)$ von Zahlen. Wir schreiben

$$(2) \qquad u := (u_1, u_2, \ldots, u_n).$$

Hierin heißt u_i die i-te **Koordinate** von u. Zwei n-Tupel u und

$$(3) \qquad v := (v_1, v_2, \ldots, v_n)$$

sind **gleich**, geschrieben u = v, wenn sie **koordinatenweise** übereinstimmen, d.h. wenn gilt

$$(4) \qquad u_1 = v_1, u_2 = v_2, \ldots, u_n = v_n,$$

sonst **ungleich**, geschrieben $u \neq v$.

Beispiel 1. Für n = 3 ist $(0, 1, 0) \neq (1, 0, 0)$. $\qquad\qquad\qquad\qquad\qquad\qquad$ □

Ist ein lineares Gleichungssystem (G) gegeben, so heißen die n-Tupel, die es erfüllen, **Lösungen**; die Gesamtheit der Lösungen ist die **Lösungsmenge**.

Ein *homogenes* System besitzt stets eine Lösung, nämlich das sog. **Null-n-Tupel**

$$(5) \qquad 0 := (0, 0, \ldots, 0).$$

Dieses heißt die **triviale** Lösung.

0.1.4 Elementare Umformungen

Ein Grundprinzip beim Lösen von Gleichungssystemen besteht darin, schrittweise möglichst viele Unbekannte „hinauszuwerfen", zu *eliminieren*. Tut man dies unvorsichtig, so kann sich allerdings die Lösungsmenge verändern. Daher sollten nur solche Umformungen zur Elimination verwendet werden, die die Lösungsmenge nicht beeinflussen. Bei linearen Gleichungssystemen wird diese Forderung durch jede der folgenden **elementaren Umformungen** erfüllt:

(I) *Vertauschen zweier Gleichungen.*

(II) *Multiplikation einer der Gleichungen mit einer Zahl $\neq 0$.*

(III) *Addition einer mit einer beliebigen Zahl multiplizierten Gleichung zu einer anderen Gleichung.*

Dabei werden die nicht betroffenen Gleichungen des Systems beibehalten.

Satz A. *Bei jeder elementaren Umformung ändert sich die Lösungsmenge nicht.*

Beweis. Wir führen den Beweis für die elementare Umformung (III), wobei wir annehmen können, daß die Umformung sich auf die ersten beiden Gleichungen bezieht. [Der Leser kann nach dem gleichen Muster auch die Fälle (I) und (II) behandeln, bei denen die Behauptung sowieso fast selbstverständlich ist.] Lautet das Ausgangssystem (G) wie in 0.1.3, so lautet das umgeformte System so:

$$(\widetilde{G}) \quad \begin{aligned}
a_{11}x_1 &+ a_{12}x_2 + \ldots\ldots\ldots + a_{1n}x_n = b_1 \\
(a_{21} + \gamma\,a_{11})\,x_1 &+ (a_{22} + \gamma\,a_{12})\,x_2 + \ldots + (a_{2n} + \gamma\,a_{1n})\,x_n = b_2 + \gamma\,b_1 \\
&\quad\quad\quad\quad\quad\quad\quad\vdots \\
a_{p1}x_1 &+ a_{p2}x_2 + \ldots\ldots\ldots + a_{pn}x_n = b_p.
\end{aligned}$$

Die erste Gleichung von (G) wurde also mit der Zahl γ multipliziert und zur zweiten addiert, selbst aber unverändert übernommen. Von der dritten Gleichung an stimmen (G) und $(\widetilde{G})$ überein.

Aufgrund dieser Konstruktion ist klar, daß jede Lösung von (G) auch Lösung von $(\widetilde{G})$ ist. Umgekehrt bleibt zu zeigen, daß jede Lösung von $(\widetilde{G})$ auch Lösung von (G) ist. Das folgt aber daraus, daß die durchgeführte Umformung *rückgängig* gemacht werden kann, nämlich dadurch, daß in $(\widetilde{G})$ die erste Gleichung mit $-\gamma$ multipliziert und zur zweiten addiert, selbst aber beibehalten wird. $\square$

Bemerkung 1. Das Wesentliche in diesem Beweis ist, daß das Erfülltsein des Systems (G) *gleichwertig* ist mit dem Erfülltsein des Systems $(\widetilde{G})$. Dazu waren zwei Schritte nötig: Aus (G) folgt $(\widetilde{G})$, nämlich durch den Schluß „Addition der mit γ multiplizierten ersten Gleichung von (G) zur zweiten"; aus $(\widetilde{G})$ folgt (G), nämlich durch den Schluß „Addition der mit $-\gamma$ multiplizierten ersten Gleichung von $(\widetilde{G})$ zur zweiten". $\square$

Zwei Gleichungssysteme mit denselben Unbekannten heißen **äquivalent**, wenn sie dieselbe Lösungsmenge besitzen. Die Gleichungssysteme können dabei durchaus verschieden aussehen. Der oben bewiesene Satz A besagt, daß elementare Umformungen ein lineares Gleichungssystem in ein dazu äquivalentes überführen.

0.1.5 Das Gaußsche Verfahren

Die elementaren Umformungen können zur *systematischen Lösung* von linearen Gleichungssystemen herangezogen werden. Hierbei versucht man in einem ersten Schritt, eine der Unbekannten aus allen Gleichungen bis auf eine zu eliminieren. In diesen Gleichungen kommen dann weniger als n Unbekannte vor, so daß eine weitere Elimination versucht werden kann, usw.. Zum Schluß erscheint ein Gleichungssystem in *gestaffelter Form*, das rekursiv gelöst werden kann. Da es die gleiche Lösungsmenge besitzt wie das Ausgangssystem, ist somit auch dieses gelöst. Wir erläutern dieses Vorgehen an folgendem

Beispiel 1. Das Ausgangssystem sei

$$(1) \quad \begin{array}{rcl} x_1 + x_2 + x_3 &=& 2 \\ 2x_1 + 4x_2 + 3x_3 &=& -1 \\ 3x_1 - x_2 + 4x_3 &=& 7. \end{array}$$

Wir behalten die erste Gleichung bei und formen die zweite nach (III) [0.1.4] um, indem wir zu ihr das (-2)-fache der ersten Gleichung addieren. Auch die dritte Gleichung wird beibehalten:

$$(2) \quad \begin{array}{rcl} x_1 + x_2 + x_3 &=& 2 \\ 2x_2 + x_3 &=& -5 \\ 3x_1 - x_2 + 4x_3 &=& 7. \end{array}$$

Nun werden die ersten beiden Gleichungen beibehalten und zur dritten das (-3)-fache der ersten addiert:

$$(3) \quad \begin{array}{rcl} x_1 + x_2 + x_3 &=& 2 \\ 2x_2 + x_3 &=& -5 \\ -4x_2 + x_3 &=& 1. \end{array}$$

Hierdurch ist x_1 aus den letzten beiden Gleichungen eliminiert worden, und das Verfahren kann mit diesen Gleichungen fortgesetzt werden. Der Übergang von (1) zu (3) kann in einem Schritt vollzogen werden. Dies ist in dem folgenden Schema durchgeführt, bei dem auch gleich x_2 aus der letzten Gleichung eliminiert wird. Die rechts angeschriebenen Symbole deuten die verwendeten elementaren Umformungen der Art (III) an.

$$(1) \quad \begin{array}{rcl} x_1 + x_2 + x_3 &=& 2 \\ 2x_1 + 4x_2 + 3x_3 &=& -1 \\ 3x_1 - x_2 + 4x_3 &=& 7 \end{array} \qquad \boxed{-2} \quad \boxed{-3}$$

$$(3) \quad \begin{array}{rcl} x_1 + x_2 + x_3 &=& 2 \\ 2x_2 + x_3 &=& -5 \\ -4x_2 + x_3 &=& 1 \end{array} \qquad \boxed{2}$$

$$(4) \quad \begin{array}{rcl} x_1 + x_2 + x_3 &=& 2 \\ 2x_2 + x_3 &=& -5 \\ 3x_3 &=& -9 \end{array}$$

Das Endsystem (4) hat dieselbe Lösungsgesamtheit wie (1), und da es gestaffelte Form hat, kann es — *von der letzten Gleichung ausgehend und nach oben fortschreitend* — *rekursiv* gelöst werden:

$$(5) \quad \begin{array}{l} x_3 = -3, \\ 2x_2 = -5 - x_3 = -5 + 3 = -2, \quad \underline{x_2 = -1}, \\ \underline{x_1} = 2 - x_2 - x_3 = 2 + 1 + 3 = \underline{6}. \end{array} \qquad \square$$

Es kann vorkommen, daß bei Elimination einer Unbekannten gleichzeitig weitere Unbekannte eliminiert werden. Die Stufen werden dann größer. Dies zeigt das folgende

Beispiel 2. Es sei a eine feste Zahl. Schrittweise Ausführung der rechts angegebenen Umformungen liefert aus dem Ausgangssystem (6):

$$(6) \quad \begin{aligned} 2x_1 - x_2 + x_3 - x_4 + x_5 &= 0 \\ -2x_1 + x_2 - 2x_3 - x_4 + 2x_5 &= -1 \\ 4x_1 - 2x_2 + x_3 - x_4 - x_5 &= 2 \\ 2x_1 - x_2 - x_3 - 2x_4 + x_5 &= a \end{aligned} \qquad \boxed{1} \;\; \boxed{-2} \;\; \boxed{-1}$$

$$(7) \quad \begin{aligned} 2x_1 - x_2 + x_3 - x_4 + x_5 &= 0 \\ - x_3 - 2x_4 + 3x_5 &= -1 \\ - x_3 + x_4 - 3x_5 &= 2 \\ -2x_3 - x_4 &= a \end{aligned} \qquad \boxed{-1} \;\; \boxed{-2}$$

$$(8) \quad \begin{aligned} 2x_1 - x_2 + x_3 - x_4 + x_5 &= 0 \\ - x_3 - 2x_4 + 3x_5 &= -1 \\ 3x_4 - 6x_5 &= 3 \\ 3x_4 - 6x_5 &= a+2 \end{aligned} \qquad \boxed{-1}$$

$$(9) \quad \begin{aligned} 2x_1 - x_2 + x_3 - x_4 + x_5 &= 0 \\ - x_3 - 2x_4 + 3x_5 &= -1 \\ 3x_4 - 6x_5 &= 3 \\ 0 &= a-1 \end{aligned}$$

Wieder ist (9) mit (6) äquivalent, so daß es genügt, (9) zu lösen. Ist $a \neq 1$ (z. B. $a = 2$), so hat (9) keine Lösung; denn es erscheint ja ein Widerspruch. Ist $a = 1$, so ist die letzte Gleichung von (9) stets erfüllt, und das System der ersten drei Gleichungen von (9) kann rekursiv gelöst werden. Allerdings ist die Situation etwas verschieden vom Beispiel 1, da die rekursive Lösung nicht eindeutig ist. Hierauf kommen wir gleich zurück. $\qquad \square$

Nach diesem Beispiel ist als allgemeinste **gestaffelte Form** (oder **Stufenform**) die folgende zu erwarten:

$$(S) = (10) \quad \begin{aligned} c_{1,r_1} x_{r_1} + \ldots\ldots\ldots\ldots\ldots\ldots\ldots\ldots + c_{1n} x_n &= d_1 \\ c_{2,r_2} x_{r_2} + \ldots\ldots\ldots\ldots\ldots\ldots + c_{2n} x_n &= d_2 \\ \vdots & \\ c_{k,r_k} x_{r_k} + \ldots + c_{kn} x_n &= d_k \\ 0 &= d_{k+1} \\ \vdots & \\ 0 &= d_p. \end{aligned}$$

Wir zeigen, daß *jedes* lineare Gleichungssystem auf diese Gestalt gebracht werden kann:

Satz A (Gaußsches Verfahren). *Jedes lineare Gleichungssystem (G) [0.1.3] läßt sich durch elementare Umformungen der Art* (I), (III) [0.1.4] *in ein gestaffeltes System der Form* (S) *überführen. Dabei ist*

$$(11) \qquad 0 \leqq k \leqq p \quad \text{und} \quad i \leqq r_1 < r_2 < \ldots < r_k \leqq n$$

$$(12) \qquad c_{1,r_1} \neq 0, c_{2,r_2} \neq 0, \ldots, c_{k,r_k} \neq 0.$$

Beweis. Das Verfahren ist schon an den obigen Beispielen deutlich geworden; es muß nur noch allgemein beschrieben werden: Sind alle Koeffizienten a_{ij} von (G) Null, so hat das System schon die Form (S), wobei $k = 0$, $d_1 = b_1$, $\ldots$, $d_p = b_p$ ist. Gibt es wenigstens einen Koeffizienten, der nicht Null ist, so gibt es (von links kommend) eine erste Spalte, in der ein von Null verschiedener Koeffizient vorkommt. Diese Spalte habe die Nummer r_1. Durch Vertauschen von Gleichungen, also durch Umformung des Typs (I), kann dann die folgende Gestalt mit $a'_{1,r_1} \neq 0$ erreicht werden:

$$(13) \qquad \begin{aligned} a'_{1,r_1} x_{r_1} + \ldots\ldots + a'_{1n} x_n &= b'_1 \\ a'_{2,r_1} x_{r_1} + \ldots\ldots + a'_{2n} x_n &= b'_2 \\ &\ \vdots \\ a'_{p,r_1} x_{r_1} + \ldots\ldots + a'_{pn} x_n &= b'_p \end{aligned} \qquad \left(-\frac{a'_{2,r_1}}{a'_{1,r_1}}\right) \ldots \left(-\frac{a'_{p,r_1}}{a'_{1,r_1}}\right)$$

Nun eliminiert man x_{r_1} aus den letzten $p - 1$ Gleichungen mit Hilfe der rechts angedeuteten elementaren Umformungen des Typs (III):

$$(14) \qquad \begin{aligned} a'_{1,r_1} x_{r_1} + a'_{1,r_1+1} x_{r_1+1} + \ldots + a'_{1n} x_n &= b'_1 \\ a''_{2,r_1+1} x_{r_1+1} + \ldots + a''_{2n} x_n &= b''_2 \\ &\ \vdots \\ a''_{p,r_1+1} x_{r_1+1} + \ldots + a''_{pn} x_n &= b''_p. \end{aligned}$$

In den letzten $p - 1$ Gleichungen kommen zumindest $x_1, x_2, \ldots, x_{r_1}$ nicht mehr vor; auf sie kann erneut dasselbe Verfahren angewendet werden.

Nach endlich vielen Schritten ergibt sich die Form (S). $\qquad\qquad\qquad\qquad\qquad\qquad \square$

Die in (12) genannten Zahlen heißen die **Leitkoeffizienten** von (S).

Unmittelbar klar ist der folgende

Zusatz zu A. *Durch elementare Umformungen der Art* (II) [0.1.4] *kann außerdem erreicht werden, daß die Leitkoeffizienten* $c_{1,r_1}, \ldots, c_{k,r_k}$ *von* (S) *alle gleich 1 sind.* $\qquad \square$

0.1.6 Rekursive Auflösung

Hat man die gestaffelte Form (S) [0.1.5] hergestellt, so erhebt sich die Frage, ob und gegebenenfalls wie diese gelöst werden kann.

Ist in (S) eine der Zahlen $d_{k+1}, \ldots, d_p$ von Null verschieden, so ist das System (S) nicht lösbar; denn es enthält einen Widerspruch.

Gilt in (S) dagegen $d_{k+1} = \ldots = d_p = 0$, so soll nun gezeigt werden, wie (S) lösbar ist. Dies geschieht durch rekursive Auflösung der k ersten Gleichungen von (S) nach $x_{r_k}, x_{r_{k-1}}, \ldots, x_{r_1}$, und zwar von unten nach oben fortschreitend. Man hat dabei in jedem Schritt im wesentlichen die folgende Situation zu betrachten: Es ist ein Gleichungssystem der Form

$$(1) \quad \begin{cases} x_1 + a_{12}x_2 + \ldots + a_{1s}x_s + a_{1,s+1}x_{s+1} + \ldots + a_{1n}x_n = b_1 \\[1ex] (2) \begin{cases} a_{2,s+1}x_{s+1} + \ldots + a_{2n}x_n = b_2 \\ \quad\vdots \\ a_{p,s+1}x_{s+1} + \ldots + a_{pn}x_n = b_p \end{cases} \end{cases}$$

mit $s \geq 1$ gegeben, und es sind alle Lösungen des Teilsystems (2) in den Unbekannten $x_{s+1}, \ldots, x_n$ schon bekannt. Gesucht sind alle Lösungen von (1). Hierzu wird man die erste Gleichung nach x_1 auflösen, in sie für $x_{s+1}, \ldots, x_n$ die Lösungen von (2) einsetzen und für $x_2, \ldots, x_s$ beliebige Zahlen wählen dürfen:

Lemma A (rekursive Auflösung). *Durchläuft* $(x'_{s+1}, \ldots, x'_n)$ *die Lösungen von* (2), *und durchlaufen* $\lambda_2, \ldots, \lambda_s$ *unabhängig voneinander beliebige Zahlen, so durchläuft* $(x_1, \ldots, x_n)$ *mit*

$$(3) \quad \begin{aligned} x_1 &:= b_1 - a_{12}\lambda_2 - \ldots - a_{1s}\lambda_s - a_{1,s+1}x'_{s+1} - \ldots - a_{1n}x'_n \\ x_2 &:= \lambda_2 \\ &\ \ \vdots \\ x_s &:= \lambda_s \\ x_{s+1} &:= x'_{s+1} \\ &\ \ \vdots \\ x_n &:= x'_n \end{aligned}$$

alle Lösungen von (1).

Beweis. Es ist zweierlei zu zeigen:

(i) Ist $(x'_{s+1}, \ldots, x'_n)$ eine Lösung von (2) und sind $\lambda_2, \ldots, \lambda_s$ irgendwelche Zahlen, so ist $(x_1, \ldots, x_n)$ mit (3) Lösung von (1).

(ii) Ist $(x_1, \ldots, x_n)$ eine Lösung von (1), so existiert eine Lösung $(x'_{s+1}, \ldots, x'_n)$ von (2) sowie Zahlen $\lambda_2, \ldots, \lambda_s$, so daß (3) gilt.

Beide Behauptungen sind aber unmittelbar klar, wenn man bedenkt, daß die erste Gleichung von (3) in der Form

$$(4) \quad x_1 + a_{12}\lambda_2 + \ldots + a_{1s}\lambda_s + a_{1,s+1}x_{s+1} + \ldots + a_{1n}x_n = b_1$$

geschrieben werden kann. $\qquad\square$

Durch mehrfache Anwendung von Lemma A auf die gestaffelte Form (S) folgt:

Satz B. *Das gestaffelte System* (S) [0.1.5] *besitzt genau dann eine Lösung, wenn*
$d_{k+1} = \ldots = d_p = 0$ *gilt. Die Lösungen* $(x_1, \ldots, x_n)$ *von* (S) *ergeben sich rekursiv gemäß Lemma A. Dabei durchlaufen alle* x_i *außer* $x_{r_1}, x_{r_2}, \ldots, x_{r_k}$ *unabhängig voneinander beliebige Zahlen.* □

Beispiel 1. Auf diese Weise soll das Endsystem (9) in Beispiel 2 [0.1.5] für $a = 1$ gelöst werden. Beim ersten Schritt ist $x_5 = \lambda$ zu setzen, die vorletzte Gleichung ergibt dann $3\,x_4 = 3 + 6\,\lambda$, also $x_4 = 1 + 2\,\lambda$. Die zweite Gleichung von (9) liefert:

$$(5) \qquad x_3 = 1 - 2\,x_4 + 3\,x_5 = 1 - 2\,(1 + 2\,\lambda) + 3\,\lambda = -1 - \lambda,$$

beim Übergang zur ersten ist x_2 willkürlich zu wählen, etwa $x_2 = 2\,\mu$, dann folgt:

$$(6) \qquad \begin{aligned} 2\,x_1 &= x_2 - x_3 + x_4 - x_5 = 2\,\mu + 1 + \lambda + 1 + 2\,\lambda - \lambda = 2 + 2\,\lambda + 2\,\mu, \\ x_1 &= 1 + \lambda + \mu. \end{aligned}$$

Die Lösungen von (9) und damit von (6) in Beispiel 2 [0.1.5] sind also die 5-Tupel

$$(7) \qquad (x_1, x_2, x_3, x_4, x_5) = (1 + \lambda + \mu, \; 2\,\mu, \; -1 - \lambda, \; 1 + 2\,\lambda, \; \lambda),$$

wobei λ, μ beliebige Zahlen sind.

0.1.7 Das Gaußsche Verfahren in der Praxis

Für die Praxis wird zur Herstellung der gestaffelten Form eine Abkürzung des Gaußschen Verfahrens verwendet. Hierbei schreibt man nur noch die Koeffizienten a_{ij} und die rechten Seiten b_i auf. Außerdem werden für jeden folgenden Schritt nur noch die Gleichungen übernommen, die eine Umformung erfahren, während jede Gleichung, die sich nicht mehr verändert, bei ihrem letztmaligen Auftreten durch eine Einrahmung kenntlich gemacht wird. Das Endsystem besteht dann gerade aus den eingerahmten Gleichungen.

Beispiel 1. Das hiernach entstehende Schema sieht für das System (6) in Beispiel 2 [0.1.5] so aus

$$(1)\quad
\begin{array}{rrrrr|l}
\hline
\multicolumn{1}{|r}{2} & -1 & 1 & -1 & 1 & 0 \;\rule{0pt}{0pt} \\ \hline
-2 & 1 & -2 & -1 & 2 & -1 \\
4 & -2 & 1 & -1 & -1 & 2 \\
2 & -1 & -1 & -2 & 1 & a \\ \hline
 & -1 & -2 & 3 & & -1 \\
 & -1 & 1 & -3 & & 2 \\
 & -2 & -1 & 0 & & a \\ \hline
 & & 3 & -6 & & 3 \\
 & & 3 & -6 & & a+2 \\ \hline
 & & & 0 & & a-1 \\
\end{array}$$

Die Multiplikatoren der Umformungsschritte sind ①, ⊝2, ⊝1 (erster Block), ⊝1, ⊝2 (zweiter Block) und ⊝1 (dritter Block).

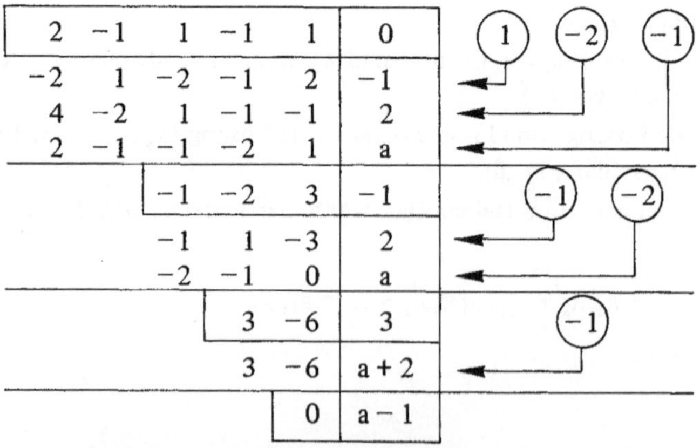

Die eingerahmten Gleichungen sind die des Systems (9) in 0.1.5! □

In den bisher behandelten Beispielen waren keine Vertauschungen von Gleichungen nötig, wie dies nach dem Beweis von Satz A [0.1.5] zu erwarten wäre. Das lag daran, daß jeweils ein am weitesten links stehender Koeffizient $\neq 0$ bereits in der obersten Zeile erschien. Steht ein solcher Koeffizient erst in einer tieferen Zeile, so braucht man diese beim praktischen Rechnen nicht erst an die oberste Stelle zu bringen, es genügt, sie an ihrem Platz einzurahmen, und sie im übrigen wie gewohnt zur Umformung der anderen Gleichungen zu verwenden. Hierzu betrachten wir noch ein weiteres

Beispiel 2.

(2)

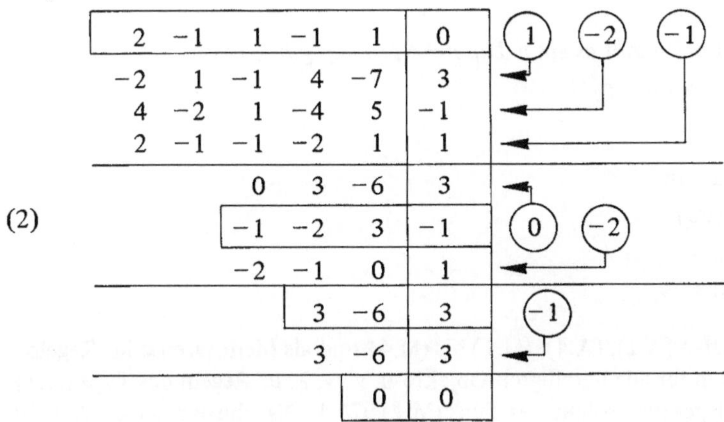

0.1.8 Rechenregeln für n-Tupel

Sobald ein Gleichungssystem mehr als eine Lösung hat, stellt sich die Frage nach Beziehungen zwischen den einzelnen Lösungen, d.h. nach der Struktur der Lösungsgesamtheit. Die Lösungsmenge ist eine Gesamtheit von n-Tupeln. Bevor wir deren Struktur untersuchen, sollen daher Operationen für beliebige n-Tupel eingeführt werden.

Gegeben seien zwei n-Tupel von Zahlen

$$(1) \qquad u := (u_1, u_2, \ldots, u_n), \quad v := (v_1, v_2, \ldots, v_n)$$

und eine Zahl λ. Die **Summe** von u und v ist dann das n-Tupel

$$(2) \qquad u + v := (u_1 + v_1, u_2 + v_2, \ldots, u_n + v_n).$$

Das **Produkt** von λ und u ist das n-Tupel

$$(3) \qquad \lambda \cdot u := (\lambda u_1, \lambda u_2, \ldots, \lambda u_n).$$

Diese Definitionen erfolgen — ebenso wie die bereits in 0.1.3 festgelegte Gleichheit zwischen n-Tupeln — *koordinatenweise.* Das **Null-n-Tupel** war

$$(4) \qquad 0 := (0, 0, \ldots, 0).$$

Statt $\lambda \cdot u$ schreibt man häufig λu; man nennt λu **(skalares) Vielfaches** von u.

Aus diesen Definitionen ergeben sich leicht einige Rechenregeln, die wir folgendermaßen zusammenstellen:

Satz A. *Für die Menge aller n-Tupel sind zwei Verknüpfungen definiert: eine **Addition**, die je zwei n-Tupeln u, v ein n-Tupel u + v zuordnet, und eine **Multiplikation**, die jeder Zahl λ und jedem n-Tupel u ein n-Tupel $\lambda \cdot u = \lambda u$ zuordnet. Hierfür gilt:*

(A.1) $(u + v) + w = u + (v + w)$.

(A.2)   *Es gibt ein n-Tupel 0, so daß für alle n-Tupel u gilt:*

(5) $u + 0 = 0 + u = u$.

(A.3)   *Zu jedem n-Tupel u gibt es ein n-Tupel $-u$, so daß gilt:*

(6) $u + (-u) = (-u) + u = 0$.

(A.4) $u + v = v + u$.

(M.1) $(\lambda + \mu)\, u = \lambda u + \mu u$.

(M.2) $(\lambda\mu)\, u = \lambda(\mu u)$.

(M.3) $1 \cdot u = u$.

(M.4) $\lambda(u + v) = \lambda u + \lambda v$.

Kommentar: Die Gesetze (A.1), (A.4), (M.1) bis (M.4) sind als **Identitäten** oder **Regeln** zu verstehen; d.h. sie gelten für alle beteiligten Objekte u, v, w, λ, μ. Regeln des Typs (A.1), (M.2) heißen **Assoziativgesetze**, solche des Typs (M.1), (M.4) **Distributivgesetze**; (A.4) ist ein **Kommutativgesetz**. Die Aussage (A.2) ist die Existenz eines **Neutralelementes** 0, (A.3) die Existenz eines **inversen Elementes** $-u$ (beides bezüglich der Operation +).

Beweis von A. Die genannten Gesetze sind sehr einfach nachzuweisen; es seien als Muster (A.2), (A.3), (M.1) hier behandelt, der Rest sei dem Leser überlassen.

Zu (A.2): Das Null-n-Tupel 0 erfüllt (5):

(7) $u + 0 = (u_1 + 0, u_2 + 0, \ldots, u_n + 0) = (u_1, u_2, \ldots, u_n) = u,$
         $0 + u = (0 + u_1, 0 + u_2, \ldots, 0 + u_n) = (u_1, u_2, \ldots, u_n) = u.$

Zu (A.3): Definiert man $-u$ wieder koordinatenweise durch

(8) $-u := (-u_1, \ldots, -u_n),$

so ist (6) unmittelbar nachzurechnen.

Zu (M.1): $(\lambda + \mu)\, u = ((\lambda + \mu)\, u_1, (\lambda + \mu)\, u_2, \ldots, (\lambda + \mu)\, u_n)$

(9) $= (\lambda u_1 + \mu u_1, \lambda u_2 + \mu u_2, \ldots, \lambda u_n + \mu u_n)$
         $= (\lambda u_1, \lambda u_2, \ldots, \lambda u_n) + (\mu u_1, \mu u_2, \ldots, \mu u_n)$
         $= \lambda u + \mu u.$ $\square$

Die Aussagen von Satz A sind als *Grundeigenschaften* zu betrachten, aus denen weitere beim Rechnen benötigte Gesetze gefolgert werden können.

So folgt aus der Regel (A.1), daß *mehrfache* Summen unabhängig von der (zunächst nötigen) Beklammerung sind. Für drei Summanden ist dies gerade die Aussage von (A.1) selbst, für mehr als drei Summanden ergibt es sich durch mehrfache Anwendung von (A.1). Wir können daher in solchen Summen die Klammern ganz weglassen, und wegen (A.4) kommt es auch nicht auf die Reihenfolge der Summanden an. So gilt z. B.

$$(10) \qquad u + v + w + z = v + z + w + u.$$

Ferner ist das *Neutralelement eindeutig* bestimmt: Angenommen, es gäbe außer 0 ein weiteres Neutralelement $0'$ mit

$$(11) \qquad u + 0' = 0' + u = u \qquad \text{für alle } u.$$

Dann folgt aus (5) für $u = 0'$:

$$(12) \qquad 0' + 0 = \underline{0 + 0' = 0'}$$

und aus (11) für $u = 0$:

$$(13) \qquad \underline{0 + 0'} = 0' + 0 = \underline{0}.$$

Aus den unterstrichenen Teilen folgt aber $0' = 0$.

Ebenso ist zu gegebenem u das *Inverse* $-u$ *eindeutig* bestimmt. Allgemeiner kann man zeigen, daß zu gegebenen n-Tupeln u, v genau ein n-Tupel w existiert, so daß

$$(14) \qquad u + w = v$$

gilt, und zwar ist $w = v + (-u)$, was auch als $v - u$ geschrieben wird:

$$(15) \qquad w = v + (-u) =: v - u.$$

Ferner lassen sich Regeln folgender Art ableiten:

$$(16) \qquad 0 \cdot u = 0, \quad \lambda \cdot 0 = 0$$

$$(17) \qquad \text{aus } \lambda \cdot u = 0 \text{ folgt } \lambda = 0 \text{ oder } u = 0$$

$$(18) \qquad (-\lambda) u = -(\lambda u) = \lambda(-u).$$

Für $\lambda = 1$ folgt aus (18) und (M.3) insbesondere

$$(19) \qquad (-1) u = -u.$$

Alle diese Folgerungen lassen sich aus den Grundeigenschaften gewinnen, ohne daß man erneut auf die Bedeutung von u, v usw. einzugehen braucht, und der Leser sollte versuchen, einige dieser Deduktionen selbst zu versuchen, z. B. die von (16) oder (19). In systematischer Weise gehen wir später hierauf ein. An dieser Stelle verbleibt aber natürlich *auch* die Möglichkeit, diese Folgerungen direkt aus den Definitionen (2), (3) zu bestätigen.

Ist $\lambda \neq 0$, so schreiben wir statt $\frac{1}{\lambda} \cdot u$ auch $\frac{u}{\lambda}$ oder u/λ.

Beispiel 1. Die Lösungen (7) [0.1.6] des Gleichungssystems (9) [0.1.5] für a = 1 schreiben sich mit unseren Operationen in der Form

$$\begin{aligned}
(x_1, x_2, x_3, x_4, x_5) &= (1 + \lambda + \mu, 2\mu, -1 - \lambda, 1 + 2\lambda, \lambda) = \\
(20) \quad &= (1, 0, -1, 1, 0) + (\lambda, 0, -\lambda, 2\lambda, \lambda) + (\mu, 2\mu, 0, 0, 0) \\
&= (1, 0, -1, 1, 0) + \lambda \cdot (1, 0, -1, 2, 1) + \mu \cdot (1, 2, 0, 0, 0). \qquad \square
\end{aligned}$$

Die Regeln des obigen Satzes A sind hier *beweisbare Aussagen*, da sie sich auf konkrete Objekte — die n-Tupel — und auf konkrete Operationen für diese beziehen. Später werden wir genau diese Regeln zur *Definition* der Vektorraumstruktur verwenden. Nehmen wir diese abstrakte Sprechweise schon vorweg, so können wir sagen, die n-Tupel *bilden einen Vektorraum.*

0.1.9 Struktur der Lösungsmenge linearer Gleichungssysteme

Wir betrachten nun nicht *alle* n-Tupel, sondern spezieller die Lösungs-n-Tupel eines vorgegebenen *homogenen* linearen Gleichungssystems, das wir in der Form schreiben:

$$(1) = (H) \quad a_{i1}x_1 + a_{i2}x_2 + \ldots + a_{in}x_n = 0, \qquad i = 1, 2, \ldots, p.$$

Sind u, v Lösungs-n-Tupel von (H), d.h. gilt

$$(2) \qquad a_{i1}u_1 + a_{i2}u_2 + \ldots + a_{in}u_n = 0, \qquad i = 1, 2, \ldots, p$$

$$(3) \qquad a_{i1}v_1 + a_{i2}v_2 + \ldots + a_{in}v_n = 0, \qquad i = 1, 2, \ldots, p,$$

so folgt durch Addition entsprechender Gleichungen von (2) und (3) bzw. durch Multiplikation aller Gleichungen von (2) mit einer Zahl λ:

$$(4) \qquad a_{i1}(u_1 + v_1) + a_{i2}(u_2 + v_2) + \ldots + a_{in}(u_n + v_n) = 0, \qquad i = 1, 2, \ldots, p$$

$$(5) \qquad a_{i1}\lambda u_1 + a_{i2}\lambda u_2 + \ldots + a_{in}\lambda u_n = 0, \qquad i = 1, 2, \ldots, p.$$

Insgesamt kann man feststellen:

Satz A. *Sind* u, v *Lösungen eines <u>homogenen</u> Systems* (H) *und ist* λ *eine beliebige Zahl, so sind auch* u + v *und* λu *Lösungen von* (H). *Ferner gelten für die Lösungen von* (H) *die Gesetze* (A.1) *bis* (M.4) *des Satzes* A [0.1.8].

Beweis. Der erste Teil ist vorweg nachgewiesen worden. Der zweite Teil kann nach dem gleichen Muster wie bei Satz A [0.1.8] behandelt werden. Dabei sind die reinen Rechenregeln von vornherein klar, da sie ja für *alle* n-Tupel gelten. $\qquad \square$

In der Sprache des Physikers wird eine solche Aussage als *Superpositionsprinzip* bezeichnet. In der Sprache des Mathematikers bedeutet sie, daß die Menge der Lösungs-n-Tupel eines homogenen linearen Gleichungssystems ebenso der Strukturaussage von Satz A [0.1.8] genügt wie die Menge aller n-Tupel selbst: *die Lösungs-n-Tupel bilden wiederum einen Vektorraum.*

Wir gehen jetzt zu einem *beliebigen*, nicht notwendig homogenen System über, das wir in der Form schreiben

$$(6) = (G) \qquad a_{i1}x_1 + a_{i2}x_2 + \ldots + a_{in}x_n = b_i, \qquad i = 1, 2, \ldots, p.$$

Hierfür gilt Satz A i.a. nicht! Wir ordnen diesem System das **zugehörige** homogene System

$$(7) = (HG) \qquad a_{i1}x_1 + a_{i2}x_2 + \ldots + a_{in}x_n = 0, \qquad i = 1, 2, \ldots, p$$

zu und setzen voraus, daß (G) wenigstens eine partikuläre Lösung

$$(8) \qquad \overset{\circ}{u} := (\overset{\circ}{u}_1, \overset{\circ}{u}_2, \ldots, \overset{\circ}{u}_n)$$

besitzt:

$$(9) \qquad a_{i1}\overset{\circ}{u}_1 + a_{i2}\overset{\circ}{u}_2 + \ldots + a_{in}\overset{\circ}{u}_n = b_i, \qquad i = 1, 2, \ldots, p.$$

Es sei nun

$$(10) \qquad v := (v_1, v_2, \ldots, v_n)$$

eine beliebige Lösung von (HG). Dann gilt

$$(11) \qquad a_{i1}v_1 + a_{i2}v_2 + \ldots + a_{in}v_n = 0, \qquad i = 1, 2, \ldots, p.$$

Die Addition von (9), (11) liefert

$$(12) \qquad a_{i1}(\overset{\circ}{u}_1 + v_1) + a_{i2}(\overset{\circ}{u}_2 + v_2) + \ldots + a_{in}(\overset{\circ}{u}_n + v_n) = b_i, \qquad i = 1, 2, \ldots, p.$$

Ist also $\overset{\circ}{u}$ eine feste Lösung von (G) und v eine Lösung von (HG), so ist auch $\overset{\circ}{u}$ + v eine Lösung von (G).

Wir zeigen jetzt, *daß man jede Lösung u von (G) in der Form $\overset{\circ}{u}$ + v erhält*: Sei

$$(13) \qquad u := (u_1, u_2, \ldots, u_n)$$

und

$$(14) \qquad a_{i1}u_1 + a_{i2}u_2 + \ldots + a_{in}u_n = b_i, \qquad i = 1, 2, \ldots, p.$$

Dann existiert ein v mit: $u = \overset{\circ}{u} + v$, und v ist Lösung von (11). Ein solches v ist

$$(15) \qquad v := u - \overset{\circ}{u};$$

denn hierfür gilt $u = \overset{\circ}{u} + v$ und wegen (9) und (14)

$$(16) \qquad a_{i1}(u_1 - \overset{\circ}{u}_1) + a_{i2}(u_2 - \overset{\circ}{u}_2) + \ldots + a_{in}(u_n - \overset{\circ}{u}_n) = 0, \qquad i = 1, 2, \ldots, p.$$

Damit ist gezeigt:

Satz B. *Ist $\overset{\circ}{u}$ eine feste Lösung eines Systems (G) und durchläuft v alle Lösungen des zugehörigen homogenen Systems (HG), so durchläuft*

$$(17) \qquad u := \overset{\circ}{u} + v$$

alle Lösungen von (G). □

Man drückt dies gelegentlich so aus: *Die allgemeine Lösung eines (lösbaren) Systems* (G) *ist die Summe einer partikulären Lösung von* (G) *und der allgemeinen Lösung des zugehörigen homogenen Systems* (HG).

Aufgaben

1. Man beweise, daß ein homogenes lineares Gleichungssystem mit weniger Gleichungen als Unbekannten ($p < n$) stets eine nichttriviale Lösung besitzt.

2. Ein lineares Gleichungssystem (G) [0.1.3] heißt **quadratisch**, wenn $p = n$ gilt. Man zeige: Ein quadratisches lineares Gleichungssystem ist genau dann eindeutig lösbar, wenn das zugehörige homogene System nur die triviale Lösung besitzt.

Hinweis zu beiden Aufgaben: Gaußsches Verfahren und rekursive Auflösung.

0.2 Standardveranschaulichung

Von jetzt ab betrachten wir im ganzen Kapitel nur n-Tupel *reeller* Zahlen. Die Menge aller n-Tupel reeller Zahlen wird $\mathbf{R}^n$ genannt.

Die Mengen $\mathbf{R}^n$ sind die einfachsten *Räume*, die in der Mathematik auftreten. Wir wollen besprechen, wie sie für niedrige n veranschaulicht werden können, und daran einige weitere Begriffsbildungen knüpfen.

0.2.1 Veranschaulichung von $\mathbf{R}^1$, $\mathbf{R}^2$, $\mathbf{R}^3$

Für $n = 1$ ist $\mathbf{R}^1$ dasselbe wie die Menge $\mathbf{R}$ der reellen Zahlen, und es sei auf die Standardveranschaulichung durch die *Zahlengerade* hingewiesen (Bild 1).

Der Deutlichkeit halber zeichnen wir vom Nullpunkt zu einem eine reelle Zahl u darstellenden Punkt der Zahlengerade einen *Pfeil.*

Bild 1 Reelle Zahlengerade

Für $n = 2$ ist $\mathbf{R}^2$ die Menge aller Paare reeller Zahlen $u = (u_1, u_2)$. Diese können in der *Zahlenebene* veranschaulicht werden. In dieser Ebene ist ein Paar senkrecht aufeinander stehender Geraden als *Koordinatenachsen* (mit Nummern 1, 2) ausgezeichnet; jede dieser Koordinatenachsen kann als Exemplar der Zahlengerade aufgefaßt werden (Bild 2).

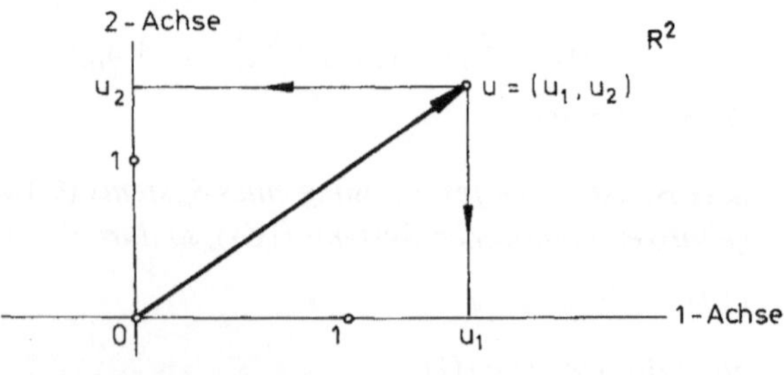

Bild 2 Reelle Zahlenebene

Ein Paar (u_1, u_2) des $\mathbf{R}^2$ wird dann veranschaulicht durch denjenigen Punkt der Zahlenebene, der bei senkrechter Projektion auf die Koordinatenachsen auf diesen die Zahlen u_1 bzw. u_2 liefert. Wieder zeichnen wir zur Verdeutlichung einen Pfeil vom *Ursprung* oder *Nullpunkt* $0 = (0, 0)$ nach $u = (u_1, u_2)$.

Für $n = 3$ verläuft diese Veranschaulichung analog in einem *Zahlenraum*, aufgebaut aus drei aufeinander senkrechten Koordinatenachsen (mit Nummern 1, 2, 3), die sich wieder im Ursprung $0 = (0, 0, 0)$ schneiden (Bild 3).

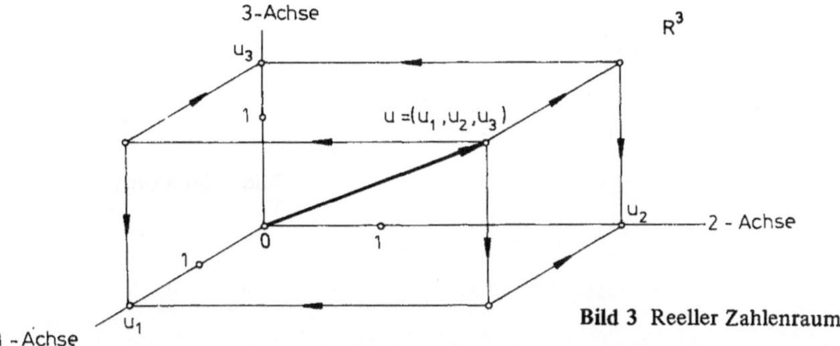

Bild 3 Reeller Zahlenraum

Den Pfeil, den wir jeweils vom Nullpunkt nach u gezogen haben, nennt man *Ortsvektor* von u. Mittels der Ortsvektoren können wir auch die *Operationen* für n-Tupel anschaulich deuten.

Die *Addition* zweier n-Tupel u, v entspricht der Zusammensetzung der zugehörigen Pfeile nach der *Parallelogrammregel*. Wir erläutern dies für $n = 2$, also in der Zahlenebene (Bild 4).

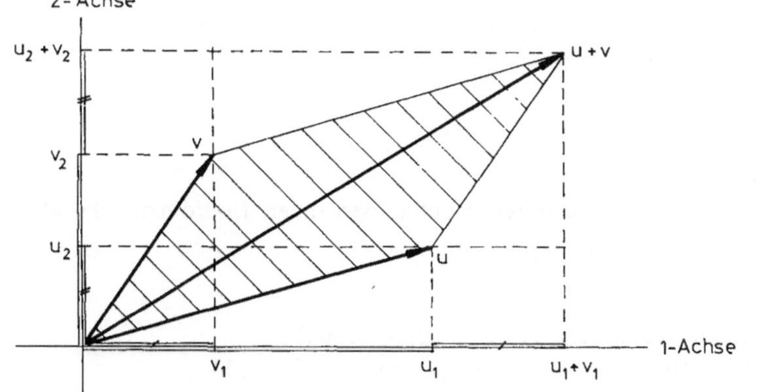

Bild 4

Parallelogrammregel

Ergänzt man u, v zu einem (in der Figur schraffierten) Parallelogramm, so ist u + v dessen *Diagonalpfeil*. Tatsächlich liefert die senkrechte Projektion dieser Diagonale auf die Koordinatenachsen auf diesen gerade die Punkte $u_1 + v_1$ und $u_2 + v_2$, wie aus einfachen Kongruenzüberlegungen hervorgeht, die durch die in Bild 4 sichtbaren Hilfslinien nahegelegt werden. Auch für $n = 3$ bleibt die Parallelogrammregel gültig.

Der *Multiplikation* von v mit einer reellen Zahl λ entspricht die *Streckung* des zugehörigen Pfeils mit dem Faktor λ, wobei für $\lambda > 0$ die Richtung beibehalten, für $\lambda < 0$ umgekehrt wird (bei $\lambda = 0$ ist $0 \cdot v = 0$). Für $n = 2$ sieht die zugehörige Figur wie in Bild 5 aus.

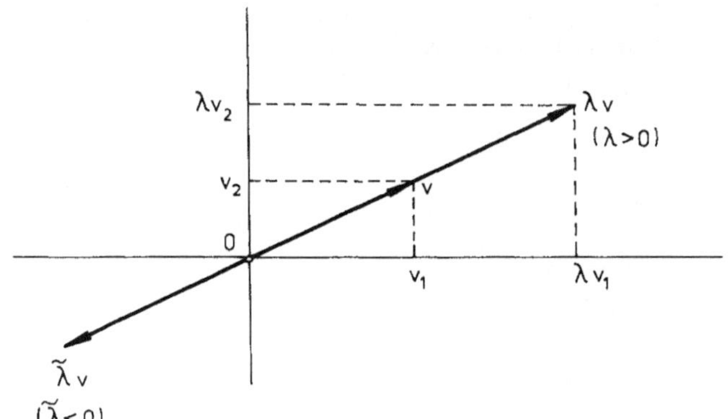

Bild 5 Streckung

0.2.2 Standardbasis

Der obigen Veranschaulichung der Elemente von $\mathbf{R}^2$, $\mathbf{R}^3$ entspricht eine gewisse *Basisdarstellung* dieser Elemente, die wir zunächst von der formalen Seite her einführen, und zwar gleich für $\mathbf{R}^n$.

Wir betrachten im $\mathbf{R}^n$ die speziellen n-Tupel

$$
\begin{aligned}
e_1 &:= (1, 0, \dots, 0) \\
e_2 &:= (0, 1, \dots, 0) \\
&\;\;\vdots \\
e_n &:= (0, 0, \dots, 1),
\end{aligned}
$$

(1)

d.h. e_i ist das n-Tupel, dessen i-te Koordinate 1 und dessen andere Koordinaten 0 sind.

Ist nun $u \in \mathbf{R}^n$ beliebig, so können wir schreiben

$$
\begin{aligned}
u &= (u_1, u_2, \dots, u_n) \\
&= (u_1, 0, \dots, 0) + (0, u_2, \dots, 0) + \dots + (0, 0, \dots, u_n) \\
&= u_1 \cdot (1, 0, \dots, 0) + u_2 \cdot (0, 1, \dots, 0) + \dots + u_n \cdot (0, 0, \dots, 1),
\end{aligned}
$$

(2)

also

(3) $u = u_1 e_1 + u_2 e_2 + \dots + u_n e_n.$

Hierfür sagt man, u ist als **Linearkombination** von e_1, e_2, $\dots$, e_n dargestellt.

Angenommen, dasselbe u sei auf eine zweite Weise als Linearkombination von $e_1, e_2, \ldots, e_n$ geschrieben:

$$(3') \qquad u = u_1' e_1 + u_2' e_2 + \ldots + u_n' e_n,$$

so folgt hieraus

$$(4) \qquad \begin{aligned} u &= u_1' \cdot (1, 0, \ldots, 0) + u_2' \cdot (0, 1, \ldots, 0) + \ldots + u_n' \cdot (0, 0, \ldots, 1) \\ &= (u_1', 0, \ldots, 0) + (0, u_2', \ldots, 0) + \ldots + (0, 0, \ldots, u_n') \\ &= (u_1', u_2', \ldots, u_n'), \end{aligned}$$

also durch Vergleich mit $u = (u_1, u_2, \ldots, u_n)$:

$$(5) \qquad u_i' = u_i, \quad 1 \leqq i \leqq n.$$

Damit ist bewiesen:

Satz A. *Jedes $u \in \mathbf{R}^n$ kann auf genau eine Weise als Linearkombination von $e_1, e_2, \ldots, e_n$ dargestellt werden:*

$$(6) \qquad u = u_1 e_1 + u_2 e_2 + \ldots + u_n e_n. \qquad\qquad \Box$$

Wegen dieser Eigenschaft nennt man die n Elemente $e_1, e_2, \ldots, e_n \in \mathbf{R}^n$ die **Standardbasis** von $\mathbf{R}^n$ und (6) die zugehörige **Basisdarstellung** von u.

Für n = 3 z.B. können die Ortsvektoren e_1, e_2, e_3 und die *Vielfachen* $u_1 e_1, u_2 e_2, u_3 e_3$ in die Standardveranschaulichung eingezeichnet werden (Bild 6), und man erhält dann auch auf anschauliche Weise u als Summe $u = u_1 e_1 + u_2 e_2 + u_3 e_3$ (etwa durch Betrachtung der beiden schraffierten Parallelogramme).

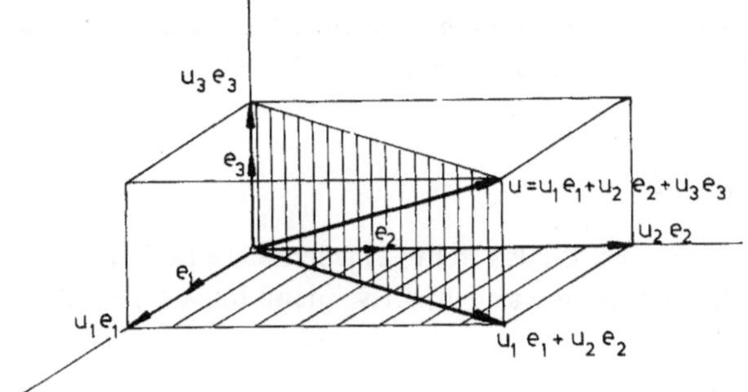

Bild 6
Standardbasis im reellen Zahlenraum

0.2.3 Geraden

Wir betrachten zunächst $\mathbf{R}^2$. Ist $v \in \mathbf{R}^2$ fest gewählt mit $v \neq 0$, so erfüllen die Punkte λv mit beliebigem $\lambda \in \mathbf{R}$ offenbar eine Gerade g_0 durch den Ursprung, wobei jeder Punkt von g_0 genau einmal erfaßt wird (Bild 7). Ist allgemeiner g eine zu g_0 parallele Gerade, die nicht notwendig durch den Ursprung geht, so können wir auf g einen festen Punkt mit Ortsvektor $\overset{\circ}{u}$ wählen und erhalten dann die Punkte von g in der Form

$$(1) \qquad u = \overset{\circ}{u} + \lambda v,$$

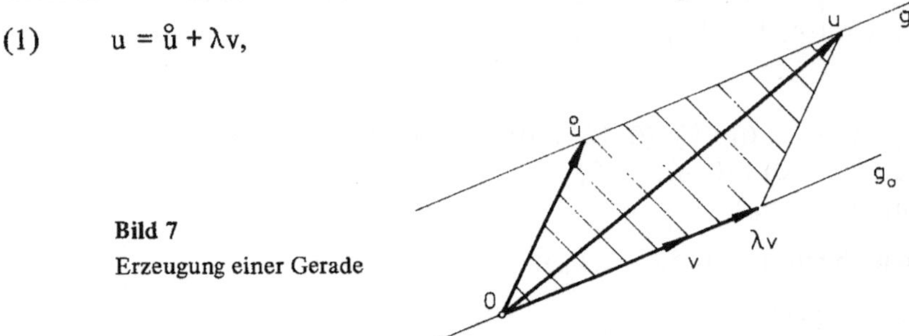

Bild 7

Erzeugung einer Gerade

wie man aus dem in Bild 7 schraffierten Parallelogramm abliest. Daher geben wir folgende

Definition A. *Eine Teilmenge g von* $\mathbf{R}^n$ *heißt* **Gerade**, *wenn ihre Elemente mit Hilfe zweier festgewählter n-Tupel* $\overset{\circ}{u}$, v *mit* $v \neq 0$ *in der Form* (1) *erhalten werden können, wobei* λ *alle reellen Zahlen durchläuft.*

Man nennt die Formel (1) eine **Parameterdarstellung** von g mit dem **Anfangspunkt** $\overset{\circ}{u}$ und dem **Richtungsvektor** v. In diesem Zusammenhang heißt λ der **Parameter.**

Offenbar kann ein und dieselbe Gerade g auf verschiedene Weise durch solch eine Parameterdarstellung erfaßt werden. Man kann ja einen anderen Anfangspunkt $\overset{\circ}{u}{}'$ auf g und einen anderen Richtungsvektor $v' = \lambda_0 \cdot v$ (mit $\lambda_0 \neq 0$) wählen.

Die analytische Geometrie beschreibt geometrische Situationen durch Operationen der linearen Algebra. Wir haben in der Parameterdarstellung (1) ein einfaches Beispiel für diese Methode kennengelernt. Im gleichen Sinne beweisen wir:

Satz und Definition B. *Zu zwei verschiedenen Punkten* $\overset{\circ}{u}$, $\overset{\circ}{w}$ *des* $\mathbf{R}^n$ *existiert genau eine Gerade g, die* $\overset{\circ}{u}$ *und* $\overset{\circ}{w}$ *enthält. Eine Parameterdarstellung von g lautet*

$$(2) \qquad u = \overset{\circ}{u} + \lambda(\overset{\circ}{w} - \overset{\circ}{u}).$$

g heißt die **Verbindungsgerade** *von* $\overset{\circ}{u}$, $\overset{\circ}{w}$.

Beweis. *Existenz:* Wegen $\overset{\circ}{u} \neq \overset{\circ}{w}$ ist $\overset{\circ}{w} - \overset{\circ}{u} \neq 0$, also stellt (2) jedenfalls eine Gerade g dar. Diese enthält $\overset{\circ}{u}$ (denn für $\lambda = 0$ wird $u = \overset{\circ}{u}$), und sie enthält $\overset{\circ}{w}$ (denn für $\lambda = 1$ wird $u = \overset{\circ}{u} + \overset{\circ}{w} - \overset{\circ}{u} = \overset{\circ}{w}$).

Eindeutigkeit: Angenommen, es ist

$$(3) \qquad u = \overset{\circ}{u}{}' + \mu v'$$

Parameterdarstellung einer Gerade h, die $\overset{\circ}{u}$ und $\overset{\circ}{w}$ enthält. Wir müssen zeigen, daß (3) auf die Form (2) gebracht werden kann; dann folgt g = h: Die Voraussetzung, daß h durch $\overset{\circ}{u}$ und $\overset{\circ}{w}$ geht, drückt sich so aus: Für bestimmte reelle Zahlen μ_0, ν_0 gilt:

$$(4) \qquad \overset{\circ}{u} = \overset{\circ}{u}{}' + \mu_0 v'$$

$$(5) \qquad \overset{\circ}{w} = \overset{\circ}{u}{}' + \nu_0 v'.$$

Hieraus folgt durch Subtraktion

$$(6) \qquad \overset{\circ}{w} - \overset{\circ}{u} = (\nu_0 - \mu_0)\, v'.$$

Dabei gilt $\nu_0 - \mu_0 \neq 0$ [denn aus $\nu_0 - \mu_0 = 0$ würde nach (6) folgen $\overset{\circ}{w} - \overset{\circ}{u} = 0$, also $\overset{\circ}{w} = \overset{\circ}{u}$].
Wir erhalten also aus (6)

$$(7) \qquad v' = \frac{1}{\nu_0 - \mu_0} \cdot (\overset{\circ}{w} - \overset{\circ}{u}).$$

Hiermit schreibt sich (3)

$$(8) \qquad \begin{aligned} u &= \overset{\circ}{u}' + \mu_0 v' - \mu_0 v' + \mu v' \\ &= \overset{\circ}{u} + (\mu - \mu_0)\, v' \\ &= \overset{\circ}{u} + \frac{\mu - \mu_0}{\nu_0 - \mu_0} \cdot (\overset{\circ}{w} - \overset{\circ}{u}). \end{aligned}$$

Setzen wir

$$(9) \qquad \lambda = \frac{\mu - \mu_0}{\nu_0 - \mu_0} = \frac{1}{\nu_0 - \mu_0} \cdot \mu - \frac{\mu_0}{\nu_0 - \mu_0},$$

so ist λ von der Form

$$(10) \qquad \lambda = \alpha\mu + \beta$$

mit $\alpha \neq 0$. Daraus folgt, daß mit μ auch λ alle reellen Zahlen durchläuft, und umgekehrt, so daß (8) in der Tat die Gestalt (2) besitzt. $\qquad\qquad\qquad\qquad\qquad\qquad\qquad\quad \square$

Definition A und Satz B gelten für Geraden im $\mathbf{R}^n$ mit beliebigem n. Ist speziell n = 2, so kann man der Parameterdarstellung (1) eine andere Darstellung gegenüberstellen, die aus der Elementarmathematik bekannt ist:

Satz C. *Sind* a, b, c *feste reelle Zahlen mit* $(a, b) \neq (0, 0)$, *so ist die Menge aller Punkte* $(x, y) \in \mathbf{R}^2$, *die der Gleichung*

$$(11) \qquad ax + by = c$$

genügen, eine Gerade in $\mathbf{R}^2$.
Umgekehrt kann jede Gerade in $\mathbf{R}^2$ *in dieser Weise dargestellt werden.*

Man nennt die Gleichung (11) eine **implizite Darstellung** der betreffenden Gerade.

Beweis von C. *Erster Teil:* Die Bedingung $(a, b) \neq (0, 0)$ besagt, daß wenigstens eine der Zahlen a, b von Null verschieden ist. Wir nehmen z.B. $b \neq 0$ an (im Falle $a \neq 0$ verläuft die Überlegung analog mit kleinen Änderungen). Dann kann das „lineare Gleichungssystem" (11) in der äquivalenten Form

$$(12) \qquad y = -\frac{a}{b}x + \frac{c}{b}$$

geschrieben werden (die ebenfalls aus der Elementarmathematik als „*Geradengleichung* der Form y = mx + d" bekannt ist). Die Lösungen von (12) erhält man nach 0.1 so, daß x = λ

frei wählbar und dann y durch $y = -\frac{a}{b} \cdot \lambda + \frac{c}{b}$ bestimmt ist. Dies liefert für die Lösungspaare (x, y):

$$(13) \qquad (x, y) = \left(\lambda, -\frac{a}{b}\lambda + \frac{c}{b}\right) = \left(0, \frac{c}{b}\right) + \lambda \cdot \left(1, -\frac{a}{b}\right).$$

Dies ist in der Tat von der Form (1) mit $(1, -\frac{a}{b}) \neq (0, 0)$.

Zweiter Teil: Ist g eine beliebige Gerade g des $\mathbf{R}^2$ mit der Parameterdarstellung

$$(14) \qquad (x, y) = (x_0, y_0) + \lambda(\alpha, \beta),$$

wobei $(\alpha, \beta) \neq (0, 0)$ gilt, so bedeutet dies, nach Koordinaten aufgespalten:

$$(15) \qquad x = x_0 + \lambda\alpha$$
$$(16) \qquad y = y_0 + \lambda\beta.$$

Wir können z.B. $\alpha \neq 0$ annehmen (im Falle $\beta \neq 0$ verläuft die Überlegung wieder ähnlich). Dann folgt aus (15)

$$(17) \qquad \lambda = \frac{x - x_0}{\alpha}$$

und damit aus (16)

$$(18) \qquad y = y_0 + \frac{x - x_0}{\alpha} \cdot \beta,$$

also äquivalent hiermit:

$$(19) \qquad -\frac{\beta}{\alpha} x + y = y_0 - \frac{\beta}{\alpha} x_0.$$

Mit

$$(20) \qquad a := -\frac{\beta}{\alpha}, \quad b := 1, \quad c := y_0 - \frac{\beta}{\alpha} x_0$$

ist das von der Form (11).

Aufgrund der Herleitung von (19) ist klar, daß jedes Paar (x, y) der Form (14) der Gleichung (19) genügt.

Umgekehrt kann jede Lösung (x, y) von (19) in der Form (14) geschrieben werden. Dazu definiert man λ durch (17). Dann ist (15) erfüllt, aber auch (16); denn es gilt nach (17) und (19)

$$(21) \qquad y = y_0 + \frac{\beta}{\alpha} x - \frac{\beta}{\alpha} x_0 = y_0 + \frac{x - x_0}{\alpha} \cdot \beta = y_0 + \lambda\beta. \qquad \square$$

Die *implizite Darstellung* (11) und die *Parameterdarstellung* (1) einer Gerade in $\mathbf{R}^2$ stehen in der gleichen Beziehung wie ein lineares Gleichungssystem und eine Parameterdarstellung seiner Lösungsmenge. Tatsächlich hat ja auch (1) die gleiche Gestalt wie (17) [0.1.9]! Etwas ungewöhnlich beim *zweiten* Teil von Satz C war, daß zu einer *gegebenen* Lösungsmenge ein zugehöriges Gleichungssystem (hier mit einer einzigen Gleichung) konstruiert werden mußte.

0.2.4 Ebenen und andere Punktmengen

Ist im $\mathbf{R}^3$ eine Ebene E_0 gegeben, die durch den Ursprung geht, so können wir in E_0 zwei Punkte mit Ortsvektoren v, v' so wählen, daß gilt (vgl. Bild 8):

(1.a) $v \neq 0, \ v' \neq 0,$

(1.b) v' ist *nicht* von der Form μv.

Anstelle von (1.b) sagt man auch, v' ist kein Vielfaches von v. Unter Voraussetzung von (1.a) kann (1.b) in der gleichwertigen Form (1.b') ausgedrückt werden:

(1.b') v ist nicht von der Form $\mu'v'$.

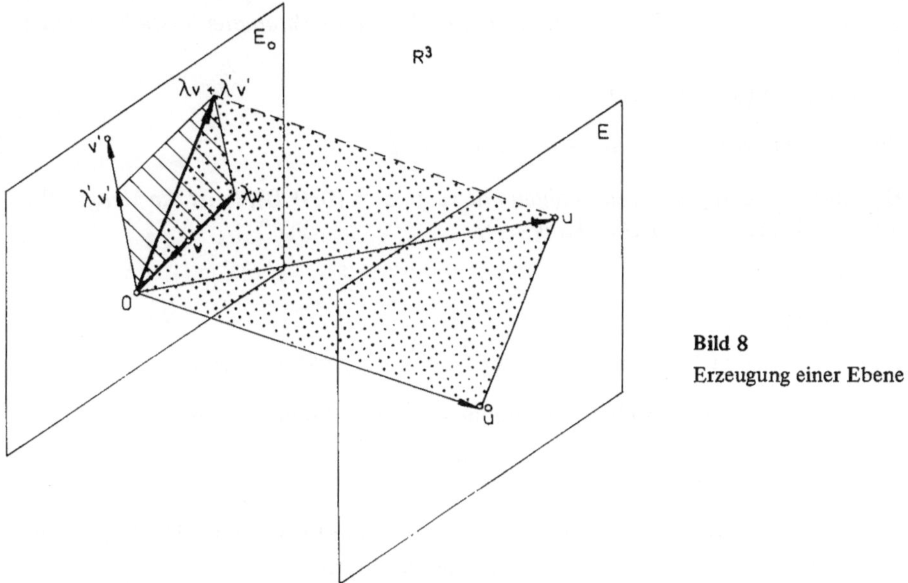

Bild 8
Erzeugung einer Ebene

Die Bedingung (1) ist also in Wirklichkeit symmetrisch bezüglich v, v'.

Wir definieren nun generell:

Definition A. *Zwei Elemente* $v, v' \in \mathbf{R}^n$ *heißen* **linear unabhängig**, *wenn für sie die Bedingungen* (1.a) *und* (1.b) *erfüllt sind.*

In der obigen Situation im $\mathbf{R}^3$ können die Punkte von E_0 aufgrund der Parallelogrammregel in der Form $\lambda v + \lambda' v'$ dargestellt werden, wobei λ, λ' beliebige reelle Zahlen sind.

Ist allgemeiner im $\mathbf{R}^3$ eine zu E_0 parallele Ebene E gegeben, die nicht notwendig durch den Ursprung geht, so können wir auf E einen festen Punkt mit Ortsvektor $\overset{o}{u}$ wählen und erhalten dann die Punkte von E in der Form

(2) $u = \overset{o}{u} + \lambda v + \lambda' v',$

wie aus dem punktierten Parallelogramm von Bild 8 hervorgeht.

Hiervon ausgehend kann man nunmehr dieselben Überlegungen anstellen wie im vorigen Abschnitt 0.2.2 für Geraden. Wir geben nur die Resultate an, da diese Fragen später in einem allgemeinen Rahmen ausführlich diskutiert werden:

Definition B. *Eine Teilmenge* E *von* $\mathbf{R}^n$ *heißt* **Ebene**, *wenn ihre Elemente* u *mit Hilfe eines festen Elementes* $\overset{\circ}{u} \in \mathbf{R}^n$ *und zweier fester, linear unabhängiger Elemente* v, v' $\in \mathbf{R}^n$ *in der Form* (2) *erhalten werden können, wobei* λ, λ' *unabhängig voneinander alle reellen Zahlen durchlaufen.*

Die Formel (2) heißt wieder **Parameterdarstellung** von E mit dem **Anfangspunkt** $\overset{\circ}{u}$ und den **Richtungsvektoren** v, v' sowie den **Parametern** λ, λ'.

Satz und Definition C. *Zu drei Punkten* $\overset{\circ}{u}$, $\overset{\circ}{w}$, $\overset{\circ}{z} \in \mathbf{R}^n$, *die nicht auf einer Gerade liegen, existiert genau eine Ebene* E $\subset \mathbf{R}^n$, *die* $\overset{\circ}{u}$, $\overset{\circ}{w}$, $\overset{\circ}{z}$ *enthält. Eine Parameterdarstellung von* E *lautet*

$$(3) \qquad u = \overset{\circ}{u} + \lambda\,(\overset{\circ}{w} - \overset{\circ}{u}) + \lambda'\,(\overset{\circ}{z} - \overset{\circ}{u}).$$

Die Ebene E *heißt die* **Verbindungsebene** *von* $\overset{\circ}{u}$, $\overset{\circ}{w}$, $\overset{\circ}{z}$. □

Satz D. *Sind* a, b, c, d *feste reelle Zahlen mit* (a, b, c) $\neq$ (0, 0, 0), *so ist die Menge aller Tripel* (x, y, z) $\in \mathbf{R}^3$, *die der Gleichung*

$$(4) \qquad ax + by + cz = d$$

genügen, eine Ebene im $\mathbf{R}^3$.
Umgekehrt kann jede Ebene im $\mathbf{R}^3$ *in dieser Weise dargestellt werden.* □

Man nennt (4) wieder eine **implizite Darstellung** der betreffenden Ebene.

$$* \quad *$$
$$*$$

Geraden und Ebenen stellen sich als Teilmengen oder Punktmengen des $\mathbf{R}^n$ dar, die auf besonders einfache Weise durch Bedingungen für die Koordinaten erfaßt werden. Die höherdimensionalen Verallgemeinerungen von Geraden und Ebenen heißen *affine Unterräume*; wir werden uns später mit diesen ausführlich befassen. Darüberhinaus gibt es aber viele weitere Punktmengen des $\mathbf{R}^n$, die von Interesse sind, z.B. solche, die durch nichtlineare Gleichungen oder durch Ungleichungen beschrieben werden, usw.. Solche Punktmengen werden teils in der analytischen Geometrie, teils in der mehrdimensionalen Analysis untersucht. Insofern hat die analytische Geometrie nicht nur ein eigenständiges Interesse im Rahmen der Geometrie, sondern sie ist — wenigstens für den reellen und komplexen Zahlkörper — auch unerläßlich zum Verständnis der Analysis.

0.2.5 Freie Vektoren

Der Einfachheit halber haben wir bisher nur Pfeile verwendet, die im Ursprung beginnen, nämlich die Ortsvektoren. Für *Zwecke der Veranschaulichung* ist es jedoch nützlich, auch Pfeile zu betrachten, die in einem beliebigen Punkt beginnen. Solche Pfeile nennt man *freie Vektoren* im Gegensatz zu den Ortsvektoren, den *gebundenen Vektoren.* Man verabredet

Bild 9
Gleichheit freier Vektoren

dabei, freie Vektoren als *gleich* zu betrachten, wenn sie durch eine *Parallelverschiebung* auseinander hervorgehen, d.h. wenn sie sich zu einem Parallelogramm ergänzen (Bild 9).

Die *Addition* zweier Vektoren mit gleichem Anfangspunkt kann dann auf zwei Arten veranschaulicht werden: Einmal durch die *Parallelogrammregel* von 0.2.1, zum anderen aber durch *Aneinandersetzen* zugehöriger freier Vektoren gemäß einer *Dreiecksregel* (Bild 10).

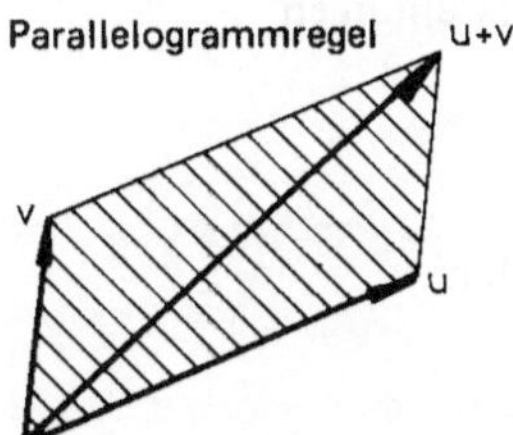

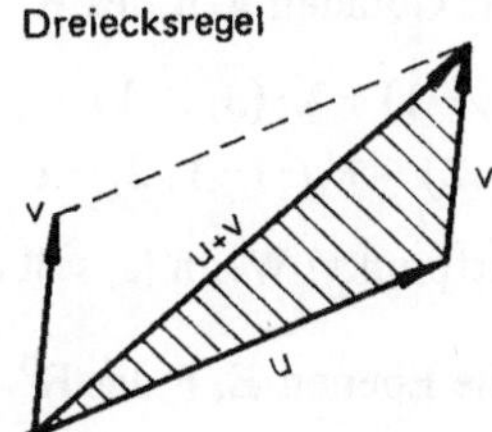

Bild 10 Anschauliche Vektoraddition

mittels gebundener Vektoren   mittels freier Vektoren

Freie Vektoren erlauben vielfach eine besonders einfache Beschreibung anschaulicher Situationen.

Das Bild 11 zeigt z.B. die Konstruktion der *Differenz* $u - v$, links mit gebundenen, rechts mit freien Vektoren:

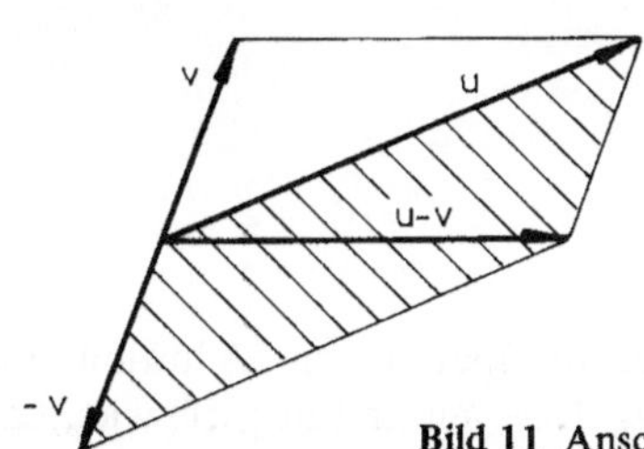

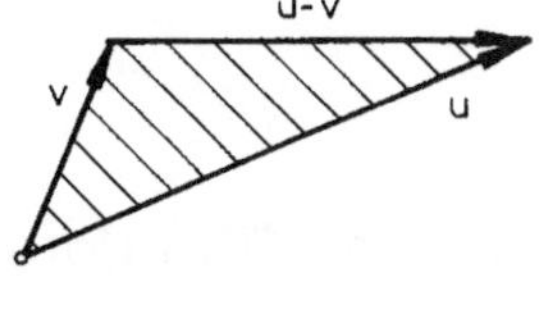

Bild 11 Anschauliche Vektorsubtraktion

mittels gebundener Vektoren   mittels freier Vektoren

Bild 7 in 0.2.3 zur Parameterdarstellung $u = \overset{\circ}{u} + \lambda v$ einer Gerade g sieht mit freien Vektoren so aus (Bild 12).

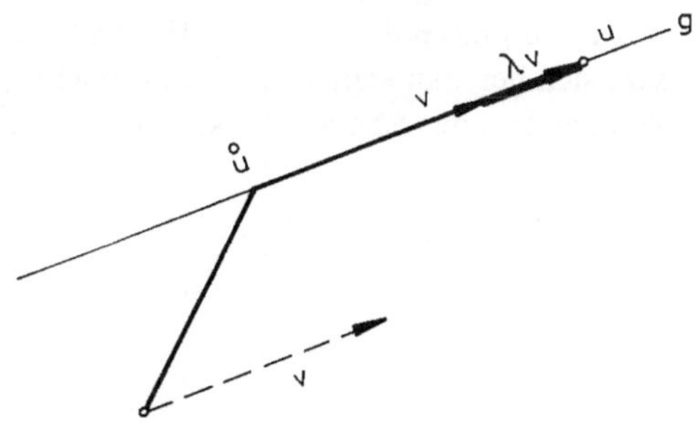

Bild 12
Erzeugung einer Gerade mit freien Vektoren

Vom festen Punkt $\mathring{u}$ aus werden alle Vielfachen λv von v als freie Vektoren *abgetragen,* und deren Pfeilspitzen erzeugen dann die Punkte u der Gerade g. Entsprechendes gilt für die Parameterdarstellung und die zugehörige Figur einer Ebene (Bild 8 in 0.2.4).

Aufgaben

1. Gegeben seien die Punkte $\mathring{u} = (-1, 3)$ und $\mathring{v} = (3, 2)$ im $\mathbf{R}^2$. Man gebe eine Parameterdarstellung der Verbindungsgerade g von $\mathring{u}$ und $\mathring{v}$ an, außerdem eine g darstellende Gleichung der Form $ax + by = c$. Welchen Schnittpunkt besitzt g mit der Gerade $h = \{(x, y) \in \mathbf{R}^2 \mid 2x - y = 4\}$? Man zeichne g und h in der (x, y)-Ebene.

2. Haben die Geraden g, h des $\mathbf{R}^3$ mit den Parameterdarstellungen

$g: (-5, -4, -1) + \lambda \cdot (3, 2, 1)$
$h: (-2, 6, -2) \quad + \mu \cdot (-1, 2, -1)$

einen Schnittpunkt? Wenn ja, soll dieser angegeben werden.

3. Haben die Ebenen E, F des $\mathbf{R}^3$ mit den Gleichungen

$E: \quad x - y + z = 1$
$F: 2x + y - 3z = 0$

eine Gerade g gemeinsam? Wenn ja, soll eine Parameterdarstellung von g angegeben werden.

4. In welchem Punkt des $\mathbf{R}^3$ durchstößt die Gerade mit der Parameterdarstellung $(1, 0, -1) + \lambda \cdot (3, -2, 0)$ die Ebene mit der Gleichung $x - y + 2z = 4$?

0.3 Metrische Standardgrößen

Bis hierher haben wir für die Elemente von $\mathbf{R}^n$ nur die Operationen „Addition" und „Multiplikation mit reellen Zahlen" zur Verfügung. Dagegen sind Begriffe wie „Länge eines Vektors" oder „Winkel zwischen Vektoren" noch nicht definiert (und auch nicht allein aus den o.g. Operationen definierbar). Wir nehmen jetzt solche *metrischen* Begriffe hinzu und prägen dadurch dem $\mathbf{R}^n$ die Struktur eines *euklidischen* Vektorraumes auf. Es wird sich herausstellen, daß man die wichtigsten metrischen Begriffe aus einem einzigen, nämlich dem des *Skalarproduktes*, gewinnen kann.

0.3.1 Euklidische Länge und Skalarprodukt

Für $u \in \mathbf{R}^1 = \mathbf{R}$ ist die Länge $|u|$ einfach der *Betrag* der reellen Zahl u.

Für $u = (u_1, u_2) \in \mathbf{R}^2$ legt der *Satz von Pythagoras* die folgende Definition der Länge $|u|$ des Ortsvektors u nahe (Bild 13):

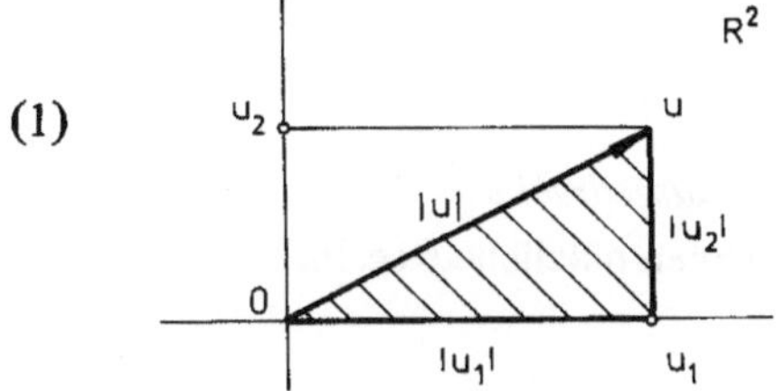

$$(1) \qquad |u|^2 = |u_1|^2 + |u_2|^2$$
$$|u| := \sqrt{(u_1)^2 + (u_2)^2}.$$

Bild 13

Für $u = (u_1, u_2, u_3) \in \mathbf{R}^3$ legt die zweimalige Anwendung des Satzes von Pythagoras die folgende Definition der Länge $|u|$ des Ortsvektors u nahe (Bild 14):

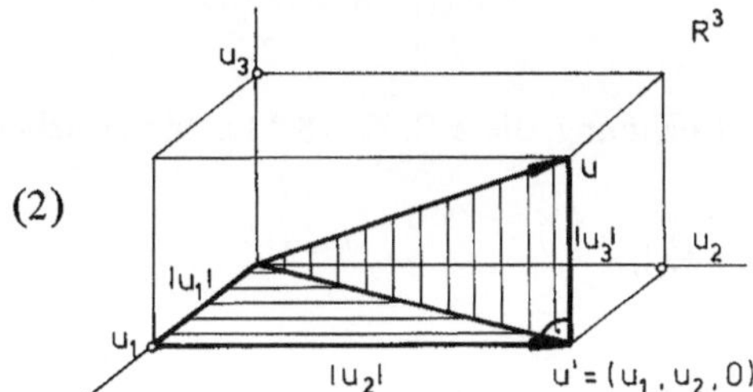

$$(2) \qquad |u'|^2 = |u_1|^2 + |u_2|^2$$
$$|u|^2 = |u'|^2 + |u_3|^2$$
$$= |u_1|^2 + |u_2|^2 + |u_3|^2$$
$$|u| := \sqrt{(u_1)^2 + (u_2)^2 + (u_3)^2}.$$

Bild 14

Definition A. *Die (euklidische) Länge eines Ortsvektors* $u = (u_1, u_2, \ldots, u_n) \in \mathbf{R}^n$ *ist*

$$(3) \qquad |u| := \sqrt{(u_1)^2 + (u_2)^2 + \ldots + (u_n)^2}.$$

*Statt „Länge" sagt man auch **Betrag** oder **Norm**.*

Das Wurzelzeichen bedeutet hier immer die nichtnegative Quadratwurzel (diese Wurzelfunktion wird in der Analysis exakt eingeführt). Aus (3) liest man ab: $|\lambda u| = |\lambda| \cdot |u|$.

Ein u aus $\mathbf{R}^n$ heißt **Einheitsvektor**, wenn $|u| = 1$ gilt. Ist $v \neq 0$ aus $\mathbf{R}^n$ gegeben, so kann man den **entsprechenden Einheitsvektor** $v/|v|$ bilden. Dieser ist das (einzige) positive Vielfache von v der Länge 1.

Anstelle der *Quadratsumme* $(u_1)^2 + \ldots + (u_n)^2$ für *ein* n-Tupel kann man den entsprechenden *linearen* Ausdruck für *zwei* n-Tupel $u = (u_1, \ldots, u_n)$, $v = (v_1, \ldots, v_n)$ betrachten:

$$(4) \qquad \boxed{\langle u, v \rangle := u_1 v_1 + u_2 v_2 + \ldots + u_n v_n.}$$

Definition B. *Der Ausdruck* (4) *heißt **Skalarprodukt** von* $u, v \in \mathbf{R}^n$.

Das Skalarprodukt ist zunächst eine reine Rechengröße. Ihre Bedeutung wird sich jedoch bald herausschälen.

Natürlich gilt

(5) $\langle u, u \rangle = (u_1)^2 + \ldots + (u_n)^2,$

also

(6) $$\boxed{|u| = \sqrt{\langle u, u \rangle}.}$$

Damit ist bereits die *Länge durch das Skalarprodukt ausgedrückt.*

Der folgende Satz enthält einige einfache, beim Rechnen nützliche Regeln.

Satz C. *Für das Skalarprodukt* (4) *gilt:*

(S.1) $\langle u, v + v' \rangle = \langle u, v \rangle + \langle u, v' \rangle$

(S.2) $\langle u, \lambda v \rangle = \lambda \langle u, v \rangle$

(S.3) $\langle u, v \rangle = \langle v, u \rangle$

(S.4) $\langle u, u \rangle > 0$ für alle $u \neq 0.$

Beweis. Es handelt sich jeweils um eine kleine Rechnung, die z. B. für (S.1) aufgeschrieben sei: Ist $v' = (v'_1, \ldots, v'_n)$, so gilt einerseits

(7) $\langle u, v + v' \rangle = u_1(v_1 + v'_1) + \ldots + u_n(v_n + v'_n),$

andererseits

(8) $\langle u, v \rangle + \langle u, v' \rangle = u_1 v_1 + \ldots + u_n v_n + u_1 v'_1 + \ldots + u_n v'_n.$

Nach den Regeln für reelle Zahlen stimmen aber die rechten Seiten von (7), (8) überein, also auch die linken. $\square$

Die Gültigkeit von (S.1), (S.2) beruht letztlich darauf, daß die Koordinaten von u und v genau in der ersten Potenz, also *linear* in die Definition (4) eingehen. Analoge Regeln beweist man für den ersten „Faktor":

(S.1') $\langle u + u', v \rangle = \langle u, v \rangle + \langle u', v \rangle$

(S.2') $\langle \lambda u, v \rangle = \lambda \langle u, v \rangle,$

was natürlich auch aus (S.3) klar ist. Für $\lambda = 0$ bzw. $\lambda = -1$ folgt insbesondere

(9) $\langle u, 0 \rangle = 0 = \langle 0, u \rangle$

(10) $\langle u, -v \rangle = -\langle u, v \rangle = \langle -u, v \rangle.$

Aufgrund von Satz C nennt man das Skalarprodukt eine *symmetrische, positiv definite Bilinearform.*

Die Regeln (S.1), (S.3) implizieren, daß man mit dem Skalarprodukt ähnlich rechnen kann, wie mit einem gewöhnlichen Produkt, z. B. gilt:

$$\begin{aligned}
\langle u+v, u+v\rangle &= \langle u+v, u\rangle + \langle u+v, v\rangle \\
&= \langle u, u\rangle + \langle v, u\rangle + \langle u, v\rangle + \langle v, v\rangle \\
&= \langle u, u\rangle + 2\cdot\langle u, v\rangle + \langle v, v\rangle,
\end{aligned}$$

(11)

analog

(12) $\quad \langle u+v, u-v\rangle = \langle u, u\rangle - \langle v, v\rangle.$

Satz D. *Für die euklidische Norm* (6) *gilt:*

(N.1) $\quad |u| > 0 \quad$ für $\quad u \neq 0$

(N.2) $\quad |\lambda u| = |\lambda|\cdot|u|$

(N.3) $\quad |u+v| \leq |u| + |v|.$

Kommentar: Die anschauliche Bedeutung von (N.1) und (N.2) ist unmittelbar klar. Natürlich folgt aus (N.2) für $\lambda = 0 : |0| = 0$, also ist *stets* $|u| \geq 0$. Die Ungleichung (N.3) besagt für das Dreieck mit den Kantenvektoren $u, v, u+v$, daß die „dritte" Seite niemals länger ist als die Summe aus der „ersten" und „zweiten" Seite. Aus diesem Grunde heißt (N.3) **Dreiecksungleichung** (Bild 15).

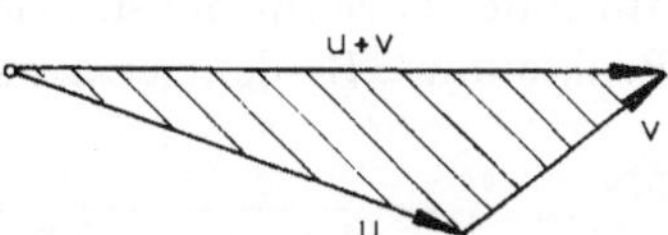

Bild 15 Zur Dreiecksungleichung

Beweis von D. Während (N.1) bzw. (N.2) eine einfache Folgerung aus (S.4) bzw. (S.2), (S.3) ist, gestaltet sich der Nachweis von (N.3) etwas schwieriger: Zunächst gilt für die *Quadrate* der beiden Seiten von (N.3):

(13) $\quad |u+v|^2 = \langle u+v, u+v\rangle = |u|^2 + 2\cdot\langle u, v\rangle + |v|^2$

(14) $\quad (|u| + |v|)^2 = |u|^2 + 2\cdot|u|\cdot|v| + |v|^2.$

Hieraus folgt die Behauptung (N.3), *wenn* $\langle u, v\rangle \leq |u|\cdot|v|$ gezeigt werden kann. Das ist aber eine Folge des nachstehenden Hilfssatzes, den wir unabhängig beweisen werden. $\quad\square$

Lemma E. *Für* $u, v \in \mathbf{R}^n$ *gilt die* **Cauchy-Schwarzsche Ungleichung**

(15) $\quad \boxed{\ |\langle u, v\rangle| \leq |u|\cdot|v|.\ }$

Beweis. Für $u = 0$ oder $v = 0$ ist (15) trivial, da auf beiden Seiten Null steht.

Sei jetzt $u \neq 0$ und $v \neq 0$ angenommen. Für die entsprechenden Einheitsvektoren $u' := u/|u|$ und $v' := v/|v|$ gilt dann nach (11):

(16) $\quad 0 \leq |u' + v'|^2 = 2 + 2\langle u', v'\rangle$

(17) $\quad 0 \leq |u' - v'|^2 = 2 - 2\langle u', v'\rangle.$

Hieraus folgt $-1 \leq \langle u', v'\rangle \leq 1$, also $|\langle u', v'\rangle| \leq 1$. Setzt man hier für u' und v' ein, so ergibt sich (15). $\quad\square$

Zusatz zu E. *Es gilt genau dann*

$$(18) \qquad |\langle u, v\rangle| < |u| \cdot |v|,$$

wenn u, v *linear unabhängig sind.*

Beweis. Gilt $u = \lambda v$, so ist $|\langle u, v\rangle| = |\lambda\langle v, v\rangle| = |\lambda| \cdot |v|^2$ und $|u| \cdot |v| = |\lambda| \cdot |v|^2$, also steht in (15) das Gleichheitszeichen. Dasselbe gilt für $v = \mu u$. Gilt also (18), so müssen u, v linear unabhängig sein.

Seien umgekehrt u, v linear unabhängig vorausgesetzt, insbesondere $u \neq 0$ und $v \neq 0$. Dann gilt für die entsprechenden Einheitsvektoren: $u' + v' \neq 0$ und $u' - v' \neq 0$, also steht in (16) und (17) das echte Kleinerzeichen, woraus folgt $|\langle u', v'\rangle| < 1$. Einsetzen von u', v' liefert hieraus (18). $\qquad\qquad\Box$

Ein anderer Beweis der Cauchy-Schwarzschen Ungleichung und des Zusatzes wird bei Satz E [5.1] gegeben werden.

Mit Hilfe der Norm läßt sich auch die **(euklidische) Entfernung (Distanz, Abstand)** zweier Punkte u, v $\in \mathbf{R}^n$ definieren, nämlich als (Bild 16)

$$(19) \qquad \boxed{d(u, v) := |u - v|.}$$

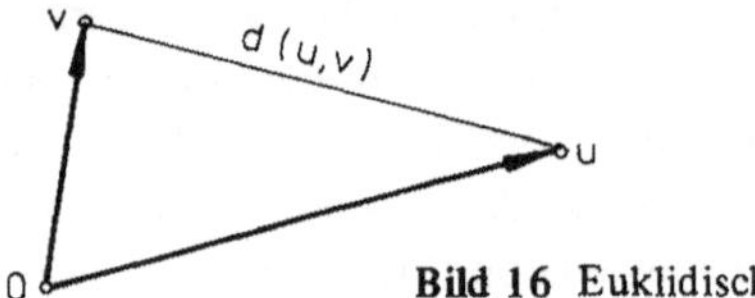

Bild 16 Euklidische Entfernung

Satz F. *Für die euklidische Entfernung (19) gelten die Regeln:*

(D.1) $d(u, v) = d(v, u)$

(D.2) $d(u, v) > 0 \quad$ *für* $\quad u \neq v$

(D.3) $d(u, u) = 0$

(D.4) $d(u, w) \leqq d(u, v) + d(v, w).$

Beweis. (D.1) bis (D.4) ergeben sich unmittelbar aus (19) mit den Regeln für die Norm. (D.4) folgt aus (N.3):

$$(20) \qquad d(u, w) = |u - w| = |(u - v) + (v - w)| \leqq |u - v| + |v - w| = d(u, v) + d(v, w). \quad\Box$$

Aufgrund der unmittelbar anschaulichen Bedeutung wird auch (D.4) als **Dreiecksungleichung** bezeichnet (Bild 17).

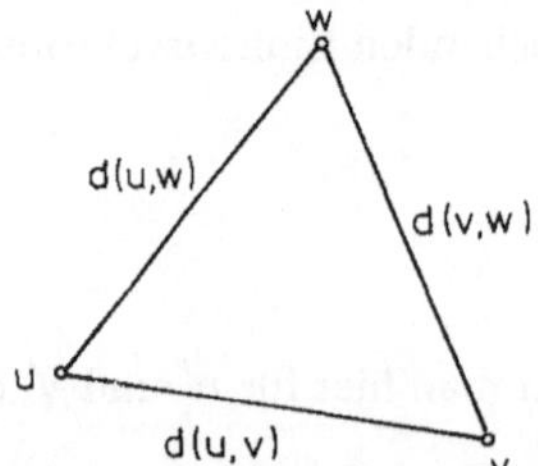

Bild 17 Zur Dreiecksungleichung

0.3.2 Winkel

Der Winkel α zwischen zwei Ortsvektoren u, $v \in \mathbf{R}^n$ mißt, grob gesprochen, den Unterschied zwischen ihren Richtungen. Er ist nur definierbar, wenn $u \neq 0$ und $v \neq 0$.

Sind u und v zunächst *Einheitsvektoren*:

$$(1) \qquad |u| = |v| = 1,$$

so zeigt eine elementargeometrische Betrachtung an dem von u, v gebildeten Dreieck, das durch die Mittelsenkrechte in zwei kongruente Dreiecke zerlegt wird (Bild 18):

$$(2) \qquad \sin\frac{\alpha}{2} = \frac{1}{2}\,|v - u|\,.$$

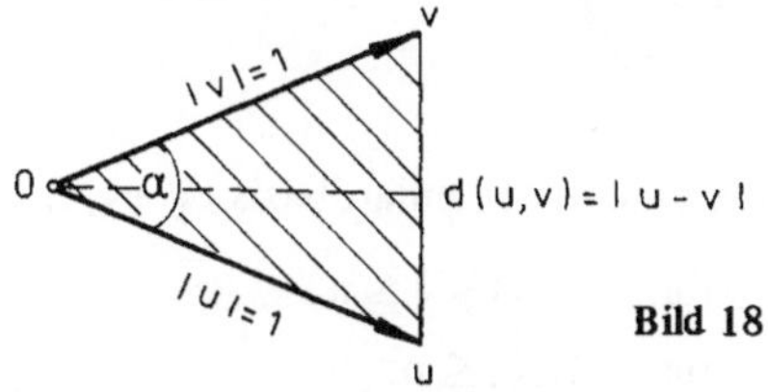

Bild 18 Zur Winkelberechnung

Hieraus folgt:

$$(3) \qquad \begin{aligned} \cos\alpha &= 1 - 2\cdot\sin^2\frac{\alpha}{2} = 1 - \frac{1}{2}\,|v - u|^2 = 1 - \frac{1}{2}\langle v - u, v - u\rangle = \\ &= 1 - \frac{1}{2}(|v|^2 - 2\langle v, u\rangle + |u|^2) = \langle u, v\rangle. \end{aligned}$$

Sind allgemeiner u, v *beliebige*, von Null verschiedene Ortsvektoren, so können wir zu den entsprechenden Einheitsvektoren $u/|u|$ und $v/|v|$ übergehen und erhalten

$$(4) \qquad \boxed{\cos\alpha = \langle\, \frac{u}{|u|}, \frac{v}{|v|}\, \rangle = \frac{\langle u, v\rangle}{|u|\cdot|v|}\,.}$$

Um α selbst eindeutig zu definieren, fügt man noch die Bedingung hinzu:

$$(5) \qquad 0 \leqq \alpha \leqq \pi.$$

Diese Herleitung der Winkelformel (4) ist problematisch, weil eigentlich der Winkelbegriff und die trigonometrischen Funktionen schon vorausgesetzt werden. Bei der systematischen Behandlung werden wir daher umgekehrt vorgehen und — gestützt auf den unproblematischen Begriff des Skalarproduktes — die Bedingungen (4), (5) zur *Definition* von α verwenden. Die Formel (4) liefert allerdings erst den Cosinus von α, und zwar nach der Ungleichung von Cauchy-Schwarz (15) [0.3.1] als eine reelle Zahl im abgeschlossenen Intervall [−1, 1]. In der Analysis wird aber eine von der Anschauung unabhängige Behandlung der Winkelfunktionen und ihrer Eigenschaften gegeben, aufgrund denen α dann durch (4), (5) wohlbestimmt ist. Da α sich nicht ändert, wenn u und v miteinander vertauscht werden, nennt man α genauer den (**unorientierten**) **Winkel** zwischen u und v. α wird hier im sog. *Bogenmaß* ausgedrückt (vgl. 1.3.3).

Definition A. *Zwei Ortsvektoren* u, $v \in \mathbf{R}^n$ *heißen* **senkrecht** *oder* **orthogonal**, *wenn gilt*

$$(6) \qquad \langle u, v\rangle = 0.$$

Gleichwertig hiermit ist nach (11) [0.3.1] die Gültigkeit des „Pythagoras"

$$(7) \qquad |u + v|^2 = |u|^2 + |v|^2$$

für u und v. Im Falle $u \neq 0$, $v \neq 0$ ist (6) äquivalent mit $\alpha = \pi/2$ (Bild 19).

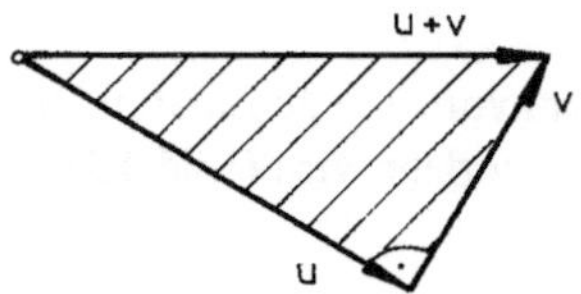

Bild 19
Zum Satz von Pythagoras

Beispiel 1. Für die Elemente der Standardbasis $e_1, e_2, \ldots, e_n \in \mathbf{R}^n$ (0.2.2) gilt

$$(8) \qquad \langle e_i, e_j \rangle = 0 \quad \text{für} \quad 1 \leq i < j \leq n$$

$$(9) \qquad \langle e_i, e_i \rangle = 1 \quad \text{für} \quad 1 \leq i \leq n.$$

Diese Elemente sind also paarweise orthogonal und alle von der Norm 1; man nennt sie deshalb *orthonormiert*. Das Vektorsystem $e_1, e_2, \ldots, e_n$ ist ein Beispiel einer *Orthonormalbasis.*

0.3.3 Weitere Produktbildungen im $\mathbf{R}^3$

In den Anwendungen spielen im $\mathbf{R}^3$ neben dem Skalarprodukt weitere Verknüpfungen eine Rolle, nämlich das *Vektorprodukt* und das *Spatprodukt.* Diese kann man zwar i.w. auf das Skalarprodukt zurückführen, jedoch ist dies nicht ganz einfach (vgl. 5.5 und 5.6). Deshalb geben wir hier eine direkte Definition dieser Produktbildungen.

Definition A. *Das **Vektorprodukt** zweier Elemente* $u = (u_1, u_2, u_3)$ *und* $v = (v_1, v_2, v_3)$ *des* $\mathbf{R}^3$ *ist das Element* $u \times v$ *des* $\mathbf{R}^3$, *definiert durch*

$$(1) \qquad u \times v := (u_2 v_3 - u_3 v_2, u_3 v_1 - u_1 v_3, u_1 v_2 - u_2 v_1).$$

Beispiel 1. Ist e_1, e_2, e_3 die Standardbasis von $\mathbf{R}^3$, so gilt

$$(2) \qquad e_1 \times e_2 = (0 \cdot 0 - 0 \cdot 1, 0 \cdot 0 - 1 \cdot 0, 1 \cdot 1 - 0 \cdot 0) = (0, 0, 1) = e_3.$$

Analog kann man die anderen Produkte $e_i \times e_j$ ausrechnen. Das Ergebnis kann man in Form einer *Produkttabelle* aufschreiben, bei der links jeweils der erste „Faktor", rechts der zweite steht:

$$(3) \qquad
\begin{array}{c|ccc}
\times & e_1 & e_2 & e_3 \\
\hline
e_1 & 0 & e_3 & -e_2 \\
e_2 & -e_3 & 0 & e_1 \\
e_3 & e_2 & -e_1 & 0
\end{array} \; .$$

Bemerkung 1. Die Gewinnung der ersten, zweiten und dritten Koordinate von (1) kann man sich mit dem folgenden Schema merken:

$$
\begin{array}{ccc}
u_1 \quad u_2 \quad u_3 & u_1 \quad u_2 \quad u_3 & u_1 \quad u_2 \quad u_3 \\
v_1 \quad v_2 \quad v_3 & v_1 \quad v_2 \quad v_3 & v_1 \quad v_2 \quad v_3 \\
\downarrow & \downarrow & \downarrow \\
1 & 2 & 3
\end{array}
$$

Dabei sollen die durch Striche verbundenen Koordinaten jeweils multipliziert und die Produkte, je nachdem der Strich durchgezogen bzw. punktiert ist, mit + oder $-$ versehen, aufaddiert werden.

Satz B. *Es gilt:*

$$(4) \qquad u \times (v + v') = u \times v + u \times v'$$

$$(5) \qquad u \times (\lambda v) = \lambda \cdot u \times v$$

$$(6) \qquad u \times v = -v \times u, \quad \textit{insbesondere} \quad u \times u = 0.$$

Beweis. Diese Regeln kann man unmittelbar aus der Definition (1) nachrechnen; (4) und (5) beruhen wiederum darauf, daß die Komponenten von u und v *linear* in die Definition (1) eingehen. Die Durchführung sei dem Leser überlassen. $\qquad\square$

Die Beziehung (6) ist die *Antisymmetrie* oder *Alternierungseigenschaft* des Vektorproduktes. Mit ihrer Hilfe übertragen sich die Eigenschaften (4), (5) sofort auf den ersten Faktor:

$$(4') \qquad (u + u') \times v = u \times v + u' \times v$$

$$(5') \qquad (\lambda u) \times v = \lambda \cdot u \times v,$$

insbesondere folgt für $\lambda = 0$ bzw. $\lambda = -1$

$$(7) \qquad u \times 0 = 0 = 0 \times v, \quad (-u) \times v = -u \times v = u \times (-v).$$

Die Regeln (4), (5), (4'), (5') kann man wieder als *Bilinearität* bezeichnen.

Aus der Definition (1) läßt sich noch nicht die anschauliche Deutung des Vektorproduktes erkennen. Diese ergibt sich erst aus folgendem

Satz C. *Es gilt:*

$$(8) \qquad \langle u \times v, u \rangle = \langle u \times v, v \rangle = 0$$

$$(9) \qquad |u \times v|^2 = |u|^2 \cdot |v|^2 - \langle u, v \rangle^2.$$

Beweis. *Zu* (8): Wir rechnen den ersten Teil nach:

$$(10) \qquad \langle u \times v, u \rangle = (u_2 v_3 - u_3 v_2) u_1 + (u_3 v_1 - u_1 v_3) u_2 + (u_1 v_2 - u_2 v_1) u_3 = 0.$$

Zu (9): Wir berechnen beide Seiten und vergleichen:

$$|u \times v|^2 = (u_2 v_3 - u_3 v_2)^2 + (u_3 v_1 - u_1 v_3)^2 + (u_1 v_2 - u_2 v_1)^2$$

(11)
$$= u_2^2 v_3^2 - 2u_2 u_3 v_2 v_3 + u_3^2 v_2^2 + u_3^2 v_1^2 - 2u_1 u_3 v_1 v_3 + u_1^2 v_3^2$$
$$+ u_1^2 v_2^2 - 2u_1 u_2 v_1 v_2 + u_2^2 v_1^2,$$

$$|u|^2 \cdot |v|^2 - \langle u, v \rangle^2 = (u_1^2 + u_2^2 + u_3^2) \cdot (v_1^2 + v_2^2 + v_3^2) - (u_1 v_1 + u_2 v_2 + u_3 v_3)^2$$

(12)
$$= u_1^2 v_2^2 + u_1^2 v_3^2 + u_2^2 v_1^2 + u_2^2 v_3^2 + u_3^2 v_1^2 + u_3^2 v_2^2$$
$$- 2u_1 v_1 u_2 v_2 - 2u_1 v_1 u_3 v_3 - 2u_2 v_2 u_3 v_3. \qquad \square$$

Nach (9) und dem Zusatz zur Ungleichung von Cauchy-Schwarz E [0.3.1] ist $u \times v \neq 0$ genau dann, wenn die Ortsvektoren u, v linear unabhängig sind, also eine Ebene erzeugen, und nach (8) *steht dann* $u \times v$ *senkrecht auf* u *und* v, also auch auf dieser Ebene (Bild 20).

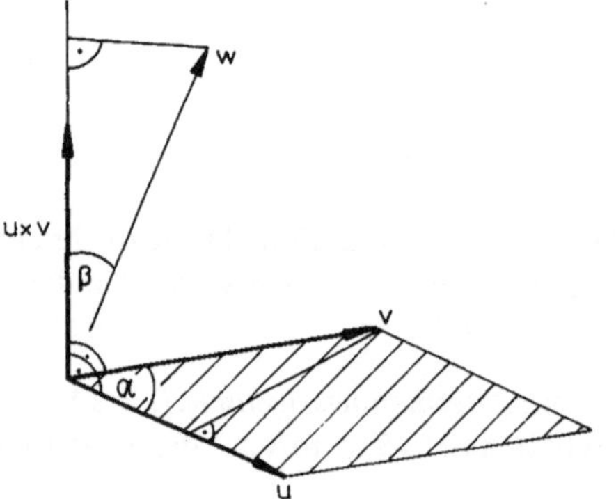

Bild 20

Deutung des Vektorprodukts

Damit ist der Ortsvektor $u \times v$ richtungsmäßig schon beinahe festgelegt. Seine *Länge* wird nach (9) und der Winkelformel (4) [0.3.2] gegeben durch

(13) $$|u \times v| = \sqrt{|u|^2 \cdot |v|^2 - |u|^2 \cdot |v|^2 \cdot \cos^2 \alpha} = |u| \cdot |v| \cdot \sin \alpha.$$

Da die letzte Größe das Produkt ist aus der „Basis" $|u|$ und der „Höhe" $|v| \cdot \sin \alpha$ des von u, v erzeugten Parallelogramms, stellt also $|u \times v|$ den *Flächeninhalt* dieses Parallelogramms dar. Damit ist $u \times v$ bis auf eine Multiplikation mit -1 anschaulich festgelegt. In welche der beiden zu u, v orthogonalen Halbrichtungen $u \times v$ weist, ist eine relativ knifflige Frage der *Orientierung*, die erst später exakt behandelt werden kann. Anschaulich ist die Richtung von $u \times v$ bestimmt durch die *Rechtehandregel*, nach der u, v und $u \times v$ so stehen wie Daumen, Zeigefinger und Mittelfinger der rechten Hand (wenn die ersten beiden in der Ebene des Handtellers bleiben und der Mittelfinger senkrecht dazu gehalten wird). Dabei ist angenommen, daß die Rechtehandregel auch für die Veranschaulichung von e_1, e_2, e_3 gilt.

Das Vektorprodukt ist nicht assoziativ; vielmehr gilt die **Entwicklungsregel**

(14) $$\boxed{(u \times v) \times w = \langle u, w \rangle v - \langle v, w \rangle u,}$$

deren Beweis der Leser durch Ausrechnen der beiden Seiten und Vergleich erbringen kann.

Definition D. *Das **Spatprodukt** dreier Elemente* $u, v, w \in \mathbf{R}^3$ *ist die reelle Zahl*

$$(15) \qquad S(u, v, w) := \langle u \times v, w \rangle .$$

Beispiel 2. Für die Elemente der Standardbasis gilt

$$(16) \qquad S(e_1, e_2, e_3) = \langle e_1 \times e_2, e_3 \rangle = \langle e_3, e_3 \rangle = 1. \qquad \square$$

Bezeichnet β den Winkel zwischen $u \times v$ und w (im Falle, daß diese Vektoren $\neq 0$ sind), so gilt nach (4) [0.3.2]

$$(17) \qquad S(u, v, w) = |u \times v| \cdot |w| \cdot \cos\beta .$$

Da $|u \times v|$ die „Basisfläche" und $|w| \cdot |\cos\beta|$ die „Höhe" des von u, v, w erzeugten *Parallelflachs (Spats)* ist, gibt $|S(u, v, w)|$ das *Volumen* dieses Spats an. Allerdings ist $S(u, v, w)$ noch mit einem Vorzeichen behaftet, das wieder von der „Orientierung" von u, v, w abhängt.

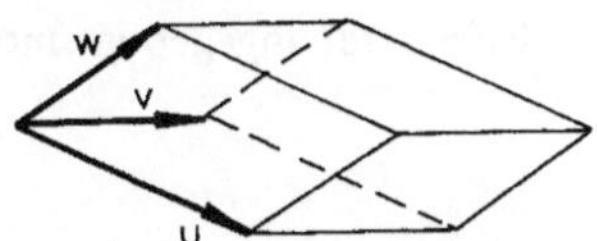

Bild 21 Parallelflach (Spat), erzeugt von u, v, w

Wir berechnen nun $S(u, v, w)$ für $u = (u_1, u_2, u_3)$, $v = (v_1, v_2, v_3)$, $w = (w_1, w_2, w_3)$:

$$
\begin{aligned}
(18) \qquad S(u, v, w) &= \langle u \times v, w \rangle \\
&= (u_2 v_3 - u_3 v_2)\, w_1 + (u_3 v_1 - u_1 v_3)\, w_2 + (u_1 v_2 - u_2 v_1)\, w_3 \\
&= u_1 v_2 w_3 + u_2 v_3 w_1 + u_3 v_1 w_2 - u_1 v_3 w_2 - u_2 v_1 w_3 - u_3 v_2 w_1 .
\end{aligned}
$$

Hieraus liest man ab:

Satz E. *Für das Spatprodukt gilt:*

(i) *Es ist* <u>additiv</u> *und* <u>homogen</u> *in allen drei Argumenten; dies bedeutet z. B. für das erste Argument* u:

$$(19) \qquad S(u + u', v, w) = S(u, v, w) + S(u', v, w)$$

$$(20) \qquad S(\lambda u, v, w) = \lambda \cdot S(u, v, w).$$

(ii) *Es ändert sein Vorzeichen bei Vertauschung zweier Argumente; z. B. gilt:*

$$(21) \qquad S(u, v, w) = - S(w, v, u). \qquad \square$$

Aufgrund dieser Eigenschaften ist das Spatprodukt ein Beispiel für eine *alternierende 3-Linearform.* $S(u, v, w)$ heißt auch *Determinante* von $u, v, w \in \mathbf{R}^3$.

Bemerkung 2. Das Endergebnis von (18) kann man sich ähnlich wie bei Bemerkung 1 in Gestalt der *Regel von Sarrus* merken:

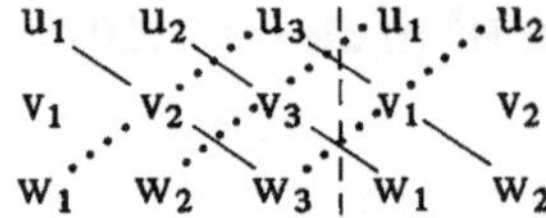

Hierin sind rechts der gestrichelten senkrechten Linie die ersten beiden Spalten des Schemas der Koordinaten von u, v, w nochmals aufzuschreiben. Wiederum sollen die durch Striche verbundenen Koordinaten multipliziert und diese Produkte, je nachdem die Striche durchgezogen bzw. punktiert sind, mit + oder − versehen aufaddiert werden.

□

Mit Hilfe des Spatproduktes kann man die folgende Verallgemeinerung der Gleichung (9) aufstellen:

(22)
$$\langle u \times v, u' \times v' \rangle = \langle u, u' \rangle \cdot \langle v, v' \rangle - \langle u, v' \rangle \cdot \langle v, u' \rangle.$$

Diese Gleichung heißt die **Lagrangesche Identität**. Setzt man $w := u' \times v'$, so verläuft ihr *Beweis* folgendermaßen, wobei rechts die verwendeten Hilfsmittel angegeben sind:

$$
\begin{aligned}
\langle u \times v, u' \times v' \rangle &= S(u, v, w) & (15) \\
&= -S(w, v, u) & (21) \\
&= -\langle w \times v, u \rangle & (15) \\
&= -\langle (u' \times v') \times v, u \rangle & \\
&= -\langle \langle u', v \rangle v' - \langle v', v \rangle u', u \rangle & (14) \\
&= -\langle u', v \rangle \langle v', u \rangle + \langle v', v \rangle \langle u', u \rangle & C\,[0.3.1].
\end{aligned}
$$

*   *
*

Soweit die Überlegungen der Abschnitte 0.2 und 0.3 Bezug auf die Anschauung nehmen, entsprechen sie nicht den heutigen Anforderungen an Exaktheit und Strenge in der Mathematik. Trotzdem sollte man diesen anschaulichen Hintergrund kennen, um den systematischen Aufbau nicht nur formal, sondern auch inhaltlich zu verstehen.

Aufgaben

1. Für je zwei Elemente $u, v \in \mathbf{R}^n$ beweise man die **Parallelogrammregel** $|u + v|^2 + |u - v|^2 = 2 \cdot |u|^2 + 2 \cdot |v|^2$ und deute sie für $n = 2$ in der Standardveranschaulichung.

2. Für Vektoren des euklidischen $\mathbf{R}^3$ beweise man die Identitäten:

a) $\langle (u \times v) \times w, z \rangle = \langle u \times v, w \times z \rangle$

b) $(u \times v) \times (u' \times v') = S(u, u', v') \cdot v - S(v, u', v') \cdot u.$

1 Einige Grundstrukturen der Algebra

Wir beginnen jetzt mit dem systematischen Aufbau. Dabei gehen wir im wesentlichen *axiomatisch* vor, d. h. es werden jeweils gewisse Grundregeln vorgegeben und aus diesen Folgerungen gezogen. Auf diese Weise entstehen die verschiedenen Strukturen der Mathematik. Das Ziehen von Folgerungen, das Beweisen, geschieht auf rein logischem Wege. Die naive Anschauung ist dafür kein sicheres Fundament. Deshalb können intuitive Argumente in einem mathematischen Beweis keinen Platz haben, sie stellen jedoch oft ein wesentliches Hilfsmittel dar, um *Beweisideen* ausfindig zu machen.

Zunächst behandeln wir einige einfache algebraische Strukturen. Die *Algebra* hat historisch mit den rechnerischen Umformungen zur Gleichungsauflösung begonnen. Will man rechnen, so benötigt man Elemente, mit denen gerechnet werden kann, und Operationen, die aus Elementen neue Elemente machen. Daher ist heute die Algebra in eine Theorie der *Verknüpfungen* umgewandelt.

Die algebraischen Strukturen, die uns bis jetzt begegnet sind – der Körper der reellen Zahlen und der Vektorraum der n-Tupel – sind relativ kompliziert, da bei ihnen gleichzeitig mehrere Verknüpfungen vorkommen. Demgegenüber sollen jetzt zunächst Mengen mit einer *einzigen* Verknüpfung betrachtet werden. Sind die Regeln, denen diese Verknüpfung folgt, hinreichend stark, so wird man auf den Begriff der *Gruppe* geführt, der in vielen Zusammenhängen eine wichtige Rolle spielt. Gruppen sind auch Bausteine für kompliziertere Strukturen, z. B. für *Körper*, die wir im Anschluß einführen.

Wie allgemein üblich, bedienen wir uns der Sprache der Mengenlehre, um mathematische Sachverhalte präzise und kurz zu beschreiben. Wir werden zunächst nur sehr einfache mengentheoretische Begriffe verwenden; eine Zusammenstellung findet der Leser im Anhang, auf den er bei Bedarf zurückgreifen kann. Dort findet man auch Hinweise auf Beweisverfahren wie vollständige Induktion, Widerspruchsbeweis usw.

1.1 Der Gruppenbegriff

Unter einer **(inneren) Verknüpfung** auf einer Menge G versteht man eine Abbildung

(G.0) $\tau\colon G \times G \to G.$

$G \times G$ ist dabei das *cartesische Produkt* von G mit sich selbst, also die Menge aller Paare (a, b) mit a, b $\in$ G. Demgemäß ordnet eine solche Verknüpfung jedem Paar (a, b) von Elementen a, b aus G ein neues Element a τ b aus G zu*).

---

*) Man lese a τ b etwa als „a tau b". Wir gebrauchen vorerst das neutrale Symbol τ zur Bezeichnung der Verknüpfung; später werden statt τ vertrautere Zeichen wie + oder · verwendet.

Ist G eine *endliche* Menge, etwa $G = \{a_1, a_2, \ldots, a_m\}$, so kann eine Verknüpfung auf G durch eine *Verknüpfungstabelle* angegeben werden; bei dieser steht an der Kreuzungsstelle der i-ten Zeile und j-ten Spalte das Element $a_i \top a_j$.

$$
(1) \quad
\begin{array}{c|cccc}
\top & a_1 \ldots a_j \ldots a_m \\
\hline
a_1 & \quad\quad \vdots \\
\vdots & \quad\quad \vdots \\
a_i & \ldots a_i \top a_j \ldots \\
\vdots & \quad\quad \vdots \\
a_m & \quad\quad \vdots
\end{array}
$$

Hinweis: Bei der Betrachtung einer rechteckigen Tabelle weist das Wort **Zeile** stets auf eine waagrechte Reihe, das Wort **Spalte** stets auf eine senkrechte Reihe hin.

Definition A. *Eine Menge G heißt **Gruppe** wenn für sie eine innere Verknüpfung (G.0) definiert ist, die folgenden Gesetzen genügt:*

(G.1) $(a \top b) \top c = a \top (b \top c)$.

(G.2)   *Es gibt ein Element* $e \in G$, *so daß für alle* $a \in G$ *gilt:*

(2) $a \top e = e \top a = a$.

(G.3)   *Zu jedem Element* $a \in G$ *existiert ein Element* $a^* \in G$, *so daß gilt:*

(3) $a \top a^* = a^* \top a = e$.

Wir werden bald sehen, daß aus (G.0) und (G.2) die Eindeutigkeit von e folgt. Deswegen ist e bei der Formulierung von (G.3) schon festgelegt.

Zusatz zu A. *Gilt außerdem die Regel*

(G.4) $a \top b = b \top a$,

*so heißt die Gruppe **kommutativ** oder **abelsch**.*

Die in (G.0) enthaltene Forderung, daß das Verknüpfungsergebnis $a \top b$ jeweils wieder in G liegt, ist ein wichtiger Bestandteil der Definition, die sog. **Abgeschlossenheit**. Die Regel*) (G.1) heißt **Assoziativgesetz**, (G.2) ist die Existenz eines **Neutralelementes**, (G.3) die eines **inversen Elementes**. (G.0) bis (G.3) nennt man die **Gruppenaxiome**. Gilt das **Kommutativgesetz** (G.4), so kann man natürlich jeweils auf die eine Hälfte von (2), (3) verzichten. Manchmal ist es wichtig, neben der Menge G auch die Verknüpfung $\top$ zu spezifizieren; dann bezeichnet man eine Gruppe auch genauer durch das Paar $(G, \top)$.

---

*) Es sei daran erinnert, daß wir mit dem Wort „Regel" oder „Identität" eine Gleichung bezeichnen, die für alle darin vorkommenden Objekte gilt.

Beispiele. 1. Wichtige Beispiele erhält man in den sog. *Transformationsgruppen*. Wir erläutern dies an folgendem Spezialfall. Es sei n eine feste natürliche Zahl und $N := \{1, 2, ..., n\}$ die Menge der ersten natürlichen Zahlen bis n. Eine Abbildung $\sigma: N \to N$ kann einfach durch ihre *Wertetabelle* bezeichnet werden:

$$(4) \qquad \sigma = \begin{pmatrix} 1 & 2 & ... & n \\ \sigma(1) & \sigma(2) & ... & \sigma(n) \end{pmatrix}.$$

Dabei stehen in der zweiten Zeile wieder Zahlen aus N (vielleicht in anderer Reihenfolge und eventuell manche mehrfach). Man nennt σ eine **Permutation** (der Ziffern von 1 bis n), wenn σ *bijektiv* ist, d.h. wenn jedes Element von N genau einmal in der zweiten Zeile der Wertetabelle vorkommt. Die Menge aller dieser Permutationen wird durch $\mathfrak{S}_n$ bezeichnet. Zu jeder bijektiven Abbildung $\sigma: N \to N$ ist die *Umkehrabbildung* $\sigma^{-1}: N \to N$ definiert. Ferner ist zu zwei Abbildungen $\sigma: N \to N$ und $\tau: N \to N$ die *Komposition* $\sigma \circ \tau: N \to N$ erklärt, nämlich durch $(\sigma \circ \tau)(i) := \sigma(\tau(i))$ für alle $i \in N$ (kurz: *erst τ, dann σ anwenden*). Da mit σ, τ auch $\sigma \circ \tau$ wieder bijektiv ist, erfüllt $\mathfrak{S}_n$ die Abgeschlossenheit (G.0) bei Verwendung der Komposition $\circ$ als Verknüpfung. Auch die anderen Gruppenaxiome (G.1) bis (G.3) sind erfüllt: Das Assoziativgesetz $(\sigma \circ \tau) \circ \mu = \sigma \circ (\tau \circ \mu)$ gilt für beliebige Abbildungen. *Neutralelement* ist hier die *identische Abbildung* $\iota = \begin{pmatrix} 1 & 2 & ... & n \\ 1 & 2 & ... & n \end{pmatrix}$; denn es gilt natürlich $\sigma \circ \iota = \iota \circ \sigma = \sigma$. *Inverses* Element zur Permutation σ ist die Umkehrabbildung σ^{-1}; denn diese ist wieder Permutation und erfüllt $\sigma^{-1} \circ \sigma = \sigma \circ \sigma^{-1} = \iota$. Man nennt $(\mathfrak{S}_n, \circ)$ die **symmetrische Gruppe** (zur Zahl n). Für $n \geq 3$ ist $\mathfrak{S}_n$ nicht kommutativ. Zum Beispiel gilt bei n = 3 für $\sigma = \begin{pmatrix} 1 & 2 & 3 \\ 3 & 1 & 2 \end{pmatrix}$, $\tau = \begin{pmatrix} 1 & 2 & 3 \\ 1 & 3 & 2 \end{pmatrix}$:

$$(5) \qquad \sigma^{-1} = \begin{pmatrix} 1 & 2 & 3 \\ 2 & 3 & 1 \end{pmatrix}, \quad \tau^{-1} = \begin{pmatrix} 1 & 2 & 3 \\ 1 & 3 & 2 \end{pmatrix} = \tau$$

$$(6) \qquad \sigma \circ \tau = \begin{pmatrix} 1 & 2 & 3 \\ 3 & 2 & 1 \end{pmatrix} \neq \tau \circ \sigma = \begin{pmatrix} 1 & 2 & 3 \\ 2 & 1 & 3 \end{pmatrix}.$$

Analoge Feststellungen gelten für die bijektiven Abbildungen (Permutationen) einer beliebigen endlichen Menge auf sich.

2. Beispiele für kommutative Gruppen erhält man in den Mengen der ganzen, rationalen und reellen Zahlen **Z, Q, R**, jeweils mit der *Addition* als Verknüpfung ($\top = +$).

3. Ebenfalls Beispiel für eine kommutative Gruppe ist $(\mathbf{R}^n, +)$; vgl. (A.1) bis (A.4) in Satz A [0.1.8].

4. Weitere Beispiele für kommutative Gruppen sind $\mathbf{Q}^* = \mathbf{Q} \setminus \{0\}$ und $\mathbf{R}^* = \mathbf{R} \setminus \{0\}$ (also die entsprechenden Mengen ohne die Null) mit der *Multiplikation* als Verknüpfung ($\top = \cdot$). $\qquad \qquad \square$

Wir ziehen nun einige Folgerungen aus den Gruppenaxiomen.

Bei Verknüpfung von mehr als zwei Elementen müssen wie bei (G.1) zunächst *Beklammerungsvorschriften* angegeben werden, weil nach (G.0) jeweils nur zwei Elemente miteinander verknüpft werden können. Bei drei Elementen a_1, a_2, a_3 gibt es nur zwei solche Beklammerungen, nämlich $(a_1 \top a_2) \top a_3$ und $a_1 \top (a_2 \top a_3)$, und diese stimmen nach (G.1) überein. Bei vier Elementen sind solche Vorschriften z. B. $(a_1 \top a_2) \top (a_3 \top a_4)$ oder $a_1 \top (a_2 \top (a_3 \top a_4))$. Jedoch gilt allgemein:

Satz B. *Aus (G.0) und (G.1) folgt, daß mehrfache Verknüpfungsergebnisse*

$$(7) \qquad a_1 \top a_2 \top \ldots \top a_n$$

unabhängig von der Beklammerung sind (so daß auf Beklammerungsvorschriften verzichtet werden kann).

Warnung: Es wird nicht behauptet, (7) sei unabhängig von der Reihenfolge.

Beweis von B. Wir führen *vollständige Induktion* nach der Anzahl n für $n \geq 3$ durch.

Induktionsanfang: Für $n = 3$ ist die Behauptung nach (G.1) richtig.

Induktionsschluß: Wir nehmen an, die Behauptung sei richtig für jeweils weniger als n Elemente und zeigen, daß sie dann auch für n Elemente stimmt ($n \geq 4$): Die *zuletzt* erfolgende Beklammerung bei n Elementen ist von der Form

$$(8) \qquad A_p := (a_1 \top \ldots \top a_p) \top (a_{p+1} \top \ldots \top a_n)$$

mit $1 \leq p \leq n - 1$.*) Dabei sind die mehrfachen Ergebnisse in den beiden Klammern zunächst ebenfalls durch gewisse Beklammerungen entstanden; da jedoch jede der beiden Klammern höchstens $n - 1$ Elemente enthält, ist ihr Wert nach Induktionsvoraussetzung unabhängig von dieser „inneren" Beklammerung. Wir sind fertig, wenn wir beweisen können:

$$(9) \qquad A_1 = A_2 = \ldots = A_{n-1}.$$

Hierzu formen wir A_{p+1} für $1 \leq p \leq n - 2$ um:

$$
\begin{aligned}
A_{p+1} &= (a_1 \top \ldots \top a_p \top a_{p+1}) \top (a_{p+2} \top \ldots \top a_n) \\
&= ((a_1 \top \ldots \top a_p) \top a_{p+1}) \top (a_{p+2} \top \ldots \top a_n) \\
(10) \qquad &= (a_1 \top \ldots \top a_p) \top (a_{p+1} \top (a_{p+2} \top \ldots \top a_n)) \\
&= (a_1 \top \ldots \top a_p) \top (a_{p+1} \top \ldots \top a_n) \\
&= A_p
\end{aligned}
$$

Dabei wurde mehrmals die Induktionsvoraussetzung, insbesondere (G.1) selbst, verwendet. Aus (10) folgt (9). $\qquad\square$

Speziell können wir in Satz B setzen: $a_1 = a_2 = \ldots = a_n = a$, und sehen so, daß die n-te **Potenz** eines Elementes $a \in G$

$$(11) \qquad a \top a \top \ldots \top a \qquad \text{(n Elemente a)}$$

wohldefiniert ist.

---

*) Wie hier werden die Grenzen, innerhalb denen ein ganzzahliger Index (hier p) variiert, häufig in Form von Ungleichungen angegeben.

Nimmt man das Kommutativgesetz (G.4) hinzu, so wird das mehrfache Verknüpfungsergebnis (7) auch unabhängig von der *Reihenfolge*; denn man kann zunächst zwei benachbarte Elemente und damit sukzessive auch nicht benachbarte Elemente vertauschen, ohne den Wert zu ändern:

Satz C. *Aus* (G.0), (G.1) *und* (G.4) *folgt*

$$(12) \qquad a_1 \top a_2 \top \ldots \top a_n = a_{\sigma(1)} \top a_{\sigma(2)} \top \ldots \top a_{\sigma(n)},$$

wobei σ eine beliebige Permutation der Ziffern von 1 *bis* n *ist.* $\square$

Im *kommutativen* Fall wird für die Bezeichnung solcher mehrfacher Verknüpfungsergebnisse häufig eine eigene Symbolik verwendet, wovon die einfachste folgende ist:

$$(13) \qquad \top_{i=1}^{n} a_i := a_1 \top a_2 \top \ldots \top a_n.$$

Dabei kann für den *laufenden Index* i auch jeder andere Buchstabe gewählt werden, der nicht anderweitig in der gleichen Rechnung vorkommt. Die Gleichung (12) schreibt sich damit z. B.

$$(14) \qquad \top_{i=1}^{n} a_i = \top_{j=1}^{n} a_{\sigma(j)}.$$

Ist allgemeiner I eine endliche Menge mit n Elementen und für jedes $i \in I$ genau ein

$a_i \in G$ gegeben, so ist $\top_{i \in I} a_i$ wohldefiniert, wenn G den Regeln (G.0), (G.1), (G.4) genügt:

Sei nämlich $I = \{i_1, i_2, \ldots, i_n\}$, wobei $i_1, i_2, \ldots, i_n$ paarweise verschieden sind. Dann ist

$$(15) \qquad \top_{i \in I} a_i := a_{i_1} \top a_{i_2} \top \ldots \top a_{i_n}$$

in Wirklichkeit unabhängig von der willkürlichen *Aufzählung* der Elemente von I durch $i_1, i_2, \ldots, i_n$, wie aus Satz C folgt. I heißt hier *Indexmenge*. Natürlich ist (13) ein Spezialfall von (15), nämlich der für $I = \{1, 2, \ldots, n\}$.

Wird I durch einfache Eigenschaften beschrieben, so schreibt man gelegentlich statt $\top_{i \in I}$ das Zeichen $\top$ und „hängt" an dieses die Eigenschaften an.

Beispiel 5. Im Falle $I = \{p, p + 1, \ldots, q\}$ (p, q feste natürliche Zahlen mit $p < q$) schreibt man:

$$(16) \qquad \top_{i \in I} a_i = \top_{p \leqq i \leqq q} a_i. \qquad\qquad \square$$

Für die *leere* Indexmenge trifft man [falls (G.2) erfüllt ist] die Konvention

$$(17) \qquad \top_{\emptyset} a_i := e.$$

Sind I, J zwei endliche Mengen, und ist jedem Paar $(i, j) \in I \times J$ genau ein Element $a_{ij} \in G$ zugeordnet, so kann man die a_{ij} in einem quadratischen Schema angeordnet denken, und kann dann $\displaystyle\top_{(i,\,j)\in I \times J} a_{ij}$ dadurch bilden, daß man zunächst „zeilenweise" verknüpft und die „Zeilenergebnisse" dann weiter verknüpft, *oder* indem man entsprechend mit den Spalten verfährt. Nach C resultiert dabei jedesmal dasselbe:

Satz D (Regel nach Fubini). *Aus* (G.0), (G.1) *und* (G.4) *folgt*

$$(18) \qquad \top_{i \in I} \left(\top_{j \in J} a_{ij} \right) = \top_{(i,\,j)\in I \times J} a_{ij} = \top_{j \in J} \left(\top_{i \in I} a_{ij} \right). \qquad\qquad \square$$

Ein Spezialfall hiervon ist die Regel

$$(19) \qquad \top_{i \in I} (a_i \tau b_i) = \top_{i \in I} a_i \tau \top_{i \in I} b_i.$$

Dies läßt sich auf naheliegende Weise verallgemeinern zum:

Satz E (Zerlegungsregel). *Aus* (G.0), (G.1) *und* (G.4) *folgt: Ist* $I = I_1 \cup \ldots \cup I_k$ *disjunkte Vereinigung, so gilt:*

$$(20) \qquad \top_{i \in I} a_i = \top_{l=1}^{k} \left(\top_{j_l \in I_l} a_{j_l} \right). \qquad\qquad \square$$

Wir ziehen nun auch die weiteren Axiome heran, lassen aber das Kommutativgesetz (G.4) weg:

Satz F.
(i) *Aus* (G.0) *und* (G.2) *folgt, daß* e *eindeutig bestimmt ist.*
(ii) *Aus* (G.0) *bis* (G.3) *folgt, daß zu jedem* $a \in G$ *auch* a* *eindeutig bestimmt ist.*

Beweis. *Zu* (i): Gilt außer (2) auch noch

$$(21) \qquad a \tau e' = e' \tau a = a$$

für alle $a \in G$, so ergibt sich aus (2) für $a = e'$ und aus (21) für $a = e$:

$$(22) \qquad e' \tau e = \underline{e \tau e' = e'}$$

$$(23) \qquad \underline{e \tau e'} = e' \tau e \underline{= e.}$$

Aus den unterstrichenen Teilen folgt $e' = e$.

Zu (ii): Gilt außer (3) auch noch

$$(24) \qquad a \tau a' = a' \tau a = e,$$

so folgt aus (3) durch Verknüpfung „von rechts" mit a' bzw. aus (24) durch Verknüpfung „von links" mit a*:

$$(25) \qquad a \tau a* \tau a' = \underline{a* \tau a \tau a'} = e \tau a' \underline{= a'}$$

$$(26) \qquad \underline{a* \tau a \tau a'} = a* \tau a' \tau a = a* \tau e \underline{= a*.}$$

Hieraus folgt $a' = a*$. $\qquad\qquad \square$

Häufig verwendet man bei Gruppen anstelle des Zeichens $\top$ die Zeichen $\cdot$ oder $+$ zur Bezeichnung der Verknüpfung. Man spricht dann von **multiplikativer** oder **additiver Schreibweise**. Die additive Schreibweise wird nur bei kommutativen Gruppen verwendet. Einige der bei diesen Schreibweisen üblichen Symbole sind in der folgenden Tabelle zusammengestellt:

	Verknüpfung (G.0)	Neutralelement (G.2)	Inverses Element (G.3)	Potenz (11)	Mehrfache Verknüpfung (13), (15)
multiplikative Schreibweise	$a \cdot b = ab$	$e, 1$	a^{-1}	a^n	$\displaystyle\prod_{i \in I}, \prod_{i=1}^{n}$
additive Schreibweise	$a + b$	0	$-a$	$n \cdot a = na$	$\displaystyle\sum_{i \in I}, \sum_{i=1}^{n}$

Der Deutlichkeit wegen haben wir bisher das neutrale Zeichen $\top$ für die Verknüpfung verwendet.

Konvention: Von jetzt an schreiben wir beliebige Gruppen multiplikativ und kommutative Gruppen (meistens) additiv.

Satz G. *Seien* a, b *feste Elemente einer Gruppe* $(G, \cdot)$. *Dann ist die Gleichung*

(27) $ax = b$ *(bzw.* $ya = b$*)*

eindeutig in G *lösbar; die Lösung ist*

(28) $x = a^{-1} b$ *(bzw.* $y = ba^{-1}$*)*.

Beweis. Es werde nur die Gleichung $ax = b$ behandelt.

Eindeutigkeit: Ist x Lösung, so folgt durch Multiplikation beider Seiten von links mit a^{-1} zunächst $a^{-1}(ax) = a^{-1}b$, also wegen $a^{-1}(ax) = (a^{-1}a)x = ex = x$ auch $x = a^{-1}b$.

Existenz: Die Probe ist erfüllt: $a(a^{-1}b) = (aa^{-1})b = eb = b$. $\qquad\square$

Satz H. *In einer Gruppe* $(G, \cdot)$ *gelten die Regeln:*

(i) $(a^{-1})^{-1} = a$

(ii) $(ab)^{-1} = b^{-1}a^{-1}$ *(Reihenfolge!)*.

Beweis. *Zu* (i): Betrachte die Gleichung

(29) $a^{-1}x = e$.

Eine Lösung ist $x = a$; vgl. (3). Eine *zweite* Lösung ist $x = (a^{-1})^{-1}$ nach Definition von $(a^{-1})^{-1}$. Nach G folgt $a = (a^{-1})^{-1}$.

Zu (ii): Der Leser führe dies selbst durch; anstelle von (29) hat man die Gleichung $abx = e$ zu betrachten. $\qquad\square$

Durch vollständige Induktion ergibt sich aus H (ii) der folgende

Zusatz zu H. $(a_1 a_2 \ldots a_n)^{-1} = a_n^{-1} a_{n-1}^{-1} \ldots a_1^{-1}$. $\square$

Die *Potenz* (11) kann auch für nichtpositives ganzzahliges n definiert werden, nämlich durch

$$(30) \qquad a^0 := e, \quad a^n := (a^{-n})^{-1} ,$$

bei multiplikativer, und durch

$$(31) \qquad 0 \cdot a := 0, \quad n \cdot a := - ((-n)\, a)$$

bei additiver Schreibweise. Man beachte, daß in $n \cdot a$ das n kein Element von G ist (das ist ja auch bei a^n so)!

Bei einer *kommutativen* Gruppe in additiver Schreibweise wird statt $a^{-1} b$ natürlich

$$(32) \qquad b + (-a) =: b - a$$

geschrieben. Die Regeln von Satz H und Zusatz lauten dann

$$(33) \qquad -(-a) = a, \quad -(a+b) = -a - b,$$

$$(34) \qquad -\sum_{i=1}^{n} a_i = \sum_{i=1}^{n} (-a_i).$$

Die Bildung des Ausdrucks (32) heißt **Subtraktion** (von a von b).

*   *
*

Ist H eine nichtleere Teilmenge einer (multiplikativ geschriebenen) Gruppe G, so ist für je zwei Elemente a, b aus H das Produkt ab definiert. Man wird H eine Untergruppe von G nennen, wenn hierdurch eine Verknüpfung auf H definiert wird, die den Gruppenaxiomen genügt. Davon reichen bereits die folgenden *Abgeschlossenheitsforderungen* (i) bis (iii). Daher definiert man:

Definition I. *Eine Teilmenge* H *einer Gruppe* G *heißt* **Untergruppe** *von* G, *wenn gilt:*

(i) $e \in H$;

(ii)   *aus* $a \in H$, $b \in H$ *folgt* $ab \in H$;

(iii)   *aus* $a \in H$ *folgt* $a^{-1} \in H$.

Tatsächlich folgen aus (i) bis (iii) die Gruppenaxiome (G.1) bis (G.3) für H anstelle von G. *Zu* (G.1): Das Assoziativgesetz gilt für je drei Elemente von G, also auch von H. *Zu* (G.2): Das Neutralelement e von G erfüllt ae = ea = a speziell für alle Elemente a von H, ist also Neutralelement von H. *Zu* (G.3): Das Inverse a^{-1} von $a \in H$ in G erfüllt $aa^{-1} = a^{-1} a = e$, ist also auch Inverses von a in H.

Beispiele. 6. Jede Gruppe $(G, \cdot)$ hat die beiden **trivialen Untergruppen** $\{e\}$ und G, wobei statt $\{e\}$ häufig e geschrieben wird. Alle von $\{e\}$ und G verschiedenen Untergruppen von G heißen **echt**.

7. Sei $N = \{1, 2, \ldots, n\}$ und $k \in N$ gegeben. Die Permutationsgruppe $\mathfrak{S}_n$ enthält als Untergruppe H die Menge aller Permutationen $\sigma \in \mathfrak{S}_n$ mit $\sigma(j) = j$ für $j > k$.

8. Faßt man $\mathbf{Z}, \mathbf{Q}, \mathbf{R}$ als additive Gruppen auf, so gilt $\mathbf{Z} \subset \mathbf{Q} \subset \mathbf{R}$ und jede der Mengen ist Untergruppe der folgenden.

9. Werden $\mathbf{R} \setminus 0$ und $\mathbf{R}^+ := \{x \in \mathbf{R} \mid x > 0\}$ mit der Multiplikation betrachtet, so ist $\mathbf{R}^+$ Untergruppe von $\mathbf{R} \setminus 0$. $\qquad\qquad\square$

Viele weitere Beispiele von Gruppen und Untergruppen werden in der linearen Algebra auftreten.

Aufgaben

1. Für ein Element a aus einer multiplikativ geschriebenen Gruppe G und für $n, m \in \mathbf{Z}$ beweise man die Regel $a^n \cdot a^m = a^{n+m}$ und $(a^n)^m = a^{nm}$. Ferner zeige man, daß die Menge aller Potenzen a^n von a für $n \in \mathbf{Z}$ eine Untergruppe von G ist (man nennt sie die von a **erzeugte** Untergruppe).

2. Sei M eine beliebige Menge und $(G, \cdot)$ eine Gruppe, ferner sei Φ die Gesamtheit aller Abbildungen $f: M \to G$. Für $f, g \in \Phi$ sei ein Produkt $f \cdot g$, wie bei Funktionen üblich, argumentweise definiert durch: $(f \cdot g)(p) := f(p) \, g(p)$ für alle $p \in M$. Man zeige, daß $(\Phi, \cdot)$ eine Gruppe ist. Wie lauten in dieser Neutralelement und Inverses?

1.2 Der Körperbegriff

Körper sind Beispiele für Mengen mit *zwei* Verknüpfungen. Die Regeln, denen diese folgen, sind von den reellen Zahlen her bekannt; jedoch gibt es außer den reellen Zahlen noch viele andere Beispiele. Körper werden in der Algebra, insbesondere der *Galois-Theorie*, im Zusammenhang mit algebraischen Gleichungen ausführlich studiert.

Definition A. *Sei* K *eine Menge mit zwei inneren Verknüpfungen, einer* **Addition** *+ und einer* **Multiplikation** *$\cdot$. Dann heißt* K **Körper***, wenn folgende Regeln gelten:*

(K.1) $(K, +)$ *ist eine kommutative Gruppe (mit Neutralelement 0).*

(K.2) $(K \setminus \{0\}, \cdot)$ *ist eine kommutative Gruppe (mit Neutralelement 1).*

(K.3) $a(b + c) = ab + ac, \quad (b + c)\, a = ba + ca.$

Konvention: Es ist eine gängige Verabredung, statt $a \cdot b$ auch ab und statt $(ab) + c$ auch $ab + c$ zu schreiben; dies zweite drückt man so aus, daß man sagt, die Multiplikation **bindet stärker** als die Addition. Von beiden Konventionen wurde bei der Formulierung der **Distributivgesetze** (K.3) bereits Gebrauch gemacht. Diese werden natürlich für alle $a, b, c \in K$ gefordert.

Beispiele. 1. $K = \mathbf{R}$, der Körper der reellen Zahlen

2. $K = \mathbf{Q}$, der Körper der rationalen Zahlen

3. $K = \{a + \sqrt{2}\,b \mid a, b \in \mathbf{Q}\}$. Der Leser bestätige die Körpereigenschaften! $\square$

Mittels vollständiger Induktion erkennt man ohne Mühe, daß die Regeln von (K.3) in analoger Form gelten, wenn b + c durch eine mehrfache Summe ersetzt wird.

Die in (K.2) enthaltene Abgeschlossenheit von $K \setminus \{0\}$ gegenüber der Multiplikation enthält das Gesetz der **Nullteilerfreiheit**:

$$(1) \qquad a \neq 0,\, b \neq 0 \;\Rightarrow\; ab \neq 0,$$

das äquivalent so ausgesprochen werden kann:

$$(2) \qquad ab = 0 \;\Rightarrow\; a = 0 \text{ oder } b = 0.$$

Da $1 \in K \setminus \{0\}$, gilt $1 \neq 0$. Bei der Multiplikation gelten das Assoziativgesetz, die Neutraleigenschaft von 1 und das Kommutativgesetz:

$$(3) \qquad (ab)\,c = a(bc), \quad 1 \cdot a = a \cdot 1 = a, \quad ab = ba$$

zunächst nach (K.2) nur für $a \neq 0$, $b \neq 0$, $c \neq 0$. In Wirklichkeit sind *diese* Gesetze ohne solche Einschränkungen gültig, wie aus dem ersten Teil des folgenden Satzes hervorgeht:

Satz B. *In einem Körper* K *gelten die Regeln:*

$$(i) \qquad a \cdot 0 = 0 \cdot a = 0$$
$$(ii) \qquad a(-b) = (-a)\,b = -(ab) =: -ab.$$

Beweis. *Zu* (i): Setzt man im ersten Distributivgesetz (K.3) speziell $b = c = 0$, so folgt $a \cdot (0 + 0) = a \cdot 0 + a \cdot 0$. Nun gilt in (K, +): $0 + 0 = 0$. Also folgt $a \cdot 0 = a \cdot 0 + a \cdot 0$. Wiederum durch Rechnen in (K, +) ergibt sich $a \cdot 0 = 0$. Analog folgt $0 \cdot a = 0$ aus dem zweiten Distributivgesetz (K.3).

Zu (ii): Man bestätigt, daß alle drei Ausdrücke Lösung der Gleichung $ab + x = 0$ sind, also übereinstimmen. $\square$

Hieraus folgen nun weitere, vom Rechnen in $\mathbf{R}$ her vertraute Regeln (natürlich nur solche, die nicht die Anordnungseigenschaften oder die Vollständigkeit von $\mathbf{R}$ benutzen). Z.B. ist die Lösung der Gleichung

$$(4) \qquad ax = b$$

bei $a \neq 0$ eindeutig möglich, nämlich durch $x = a^{-1}b$. Hierfür wird auch die **Bruchschreibweise** verwendet:

$$(5) \qquad a^{-1}b = ba^{-1} =: \frac{b}{a} =: b/a.$$

Die Bildung des Ausdrucks (5) nennt man **Division** (von b durch a).

Bei $a = 0$ hat (4) entweder keine Lösung, nämlich wenn $b \neq 0$ ist, oder aber jedes Körperelement ist Lösung, nämlich wenn $b = 0$ ist; beide Behauptungen folgen unmittelbar aus B (i). Daher hat (5) bei $a = 0$ keinen Sinn: *Durch Null darf nicht dividiert werden.*

Die Definition der multiplikativen **Potenzen** a^n für $a \in K \setminus 0$ und $n \in \mathbf{Z}$ (1.1) wird für $a = 0$ und $n \in \mathbf{N}$ ergänzt durch $0^n := 0$; dagegen setzt man $0^0 := 1$. In a^n heißt n der **Exponent.**

Bei den Beweisen über lineare Gleichungssysteme in 0.1 haben wir darauf geachtet, nur Körperregeln (und Folgerungen aus diesen) zu verwenden. Daher gelten die dortigen Definitionen, Verfahren und Sätze über lineare Gleichungssysteme (G) [0.1.3] genauso für einen beliebigen Körper K, wenn in ihnen das Wort „Zahl" ersetzt wird durch „Element von K".

Nicht in jedem Körper K sind die ganzen Zahlen $\mathbf{Z}$ auf so natürliche Weise eingebettet wie in $\mathbf{R}$! – Der beste *Ersatz* für die ganzen Zahlen sind im Körper K seine Elemente der Form $n \cdot 1$, wobei $1 \in K$ und $n \in \mathbf{Z}$ (aber i.a. $n \notin K$) ist. Diese Elemente sind so definiert (vgl. 1.1):

$$
\begin{aligned}
n \cdot 1 &:= 1 + 1 + \ldots + 1 \quad \text{für} \quad n > 0 \\
0 \cdot 1 &:= 0 \\
(-n) \cdot 1 &:= -1 - 1 - \ldots - 1 \quad \text{für} \quad n > 0.
\end{aligned}
$$
(6)

Hierin stehen rechts jeweils n Terme 1 bzw. -1. Es gibt Körper, für die $n \cdot 1 = 0$ sein kann, *ohne* daß $n = 0$ ist. Das widerspricht nicht dem Gesetz (1), da eben $n \notin K$. Zur Vorsicht bezeichnet man die Elemente $n \cdot 1$ besser durch

(7) $\qquad \bar{n} := n \cdot 1.$

Beispiel 4. Die zweielementige Menge $K = \{0, 1\}$ mit den Verknüpfungstabellen

+	0	1		$\cdot$	0	1
0	0	1		0	0	0
1	1	0		1	0	1

ist ein Körper, was der Leser dadurch beweisen kann, daß er die Körperaxiome für die endlich vielen Möglichkeiten der eingehenden Elemente explizit nachprüft (z.B. ist das Kommutativgesetz $a + b = b + a$ für die vier Möglichkeiten $a = b = 0$; $a = 0, b = 1$; $a = 1, b = 0$; $a = b = 1$ an Hand der Tabellen direkt nachprüfbar). In K gilt $2 \cdot 1 := 1 + 1 = 0$ (links ist $2 \notin K$). Also ist hier $\bar{2} = 0$. $\qquad\qquad \square$

Für $n, m \in \mathbf{N}$ folgt durch mehrfache Anwendung der Distributivität

(8) $\qquad (n \cdot 1) \cdot (m \cdot 1) = (nm) \cdot 1, \quad \text{d.h.} \quad \bar{n} \cdot \bar{m} = \overline{nm}.$

Das bleibt vermöge B auch für $n, m \in \mathbf{Z}$ gültig.

Ist $n \cdot 1 \neq 0$ für alle $n \in \mathbf{N}$, so folgt wiederum wegen B sogar $n \cdot 1 \neq 0$ für alle $n \in \mathbf{Z} \setminus 0$. Man nennt dann K von der **Charakteristik Null,** geschrieben $\operatorname{char}(K) = 0$. In einem solchen Körper kann man gefahrlos die folgenden Schreibweisen verwenden:

(9) $\qquad n := n \cdot 1, \quad \dfrac{p}{q} := \dfrac{p \cdot 1}{q \cdot 1}$

für $n, p, q \in \mathbf{Z}$ mit $q \neq 0$. Dadurch erscheinen die natürlichen Zahlen und die rationalen Zahlen auf natürliche Weise „eingebettet" in K. Beispiele für Körper der Charakteristik Null sind $\mathbf{R}, \mathbf{Q}$ und ebenso der im nächsten Abschnitt konstruierte Körper $\mathbf{C}$ der komplexen Zahlen.

Existiert ein $n \in \mathbf{N}$ mit $n \cdot 1 = 0$, so sei $c \in \mathbf{N}$ die *kleinste* Zahl mit dieser Eigenschaft, also $1 \neq 0, 2 \cdot 1 \neq 0, \ldots, (c-1) \cdot 1 \neq 0, c \cdot 1 = 0$. Da stets $1 \neq 0$ ist, gilt dann $c \geq 2$, und man nennt K von der **Charakteristik** c, geschrieben $\mathrm{char}(K) = c$. Hierüber gilt:

Satz C. *Ist* $\mathrm{char}(K) = c \neq 0$, *so ist* c *eine Primzahl.*

Beweis. Angenommen, es ist $c = c_1 \cdot c_2$ mit $c_1, c_2 \in \mathbf{N}$ und $1 < c_1 < c, 1 < c_2 < c$. Dann folgt nach (8): $0 = c \cdot 1 = (c_1 \cdot 1) \cdot (c_2 \cdot 1)$, also wegen (2): $c_1 \cdot 1 = 0$ oder $c_2 \cdot 1 = 0$, was der minimalen Wahl von c widerspricht. Somit kann c keine echten Teiler besitzen. $\square$

Beispiel 5. Für den Körper von Beispiel 4 gilt $\mathrm{char}(K) = 2$. $\square$

Aufgaben

1. Man beweise die Regeln der Bruchrechnung $\left(\text{z.B. } \dfrac{a}{b} \cdot \dfrac{c}{d} = \dfrac{ac}{bd} \text{ für } b \neq 0, d \neq 0\right)$ aus den Körperaxiomen.

2. Man beweise den **binomischen Lehrsatz**

$$(a+b)^n = \sum_{k=0}^{n} \binom{n}{k} a^{n-k} b^k$$

für $n \in \mathbf{N}_0$ und Elemente a, b des Körpers K. Dabei sind $\binom{n}{k} := n!/(k! \cdot (n-k)!)$ die **Binomialkoeffizienten** und $l! := 1 \cdot 2 \cdot \ldots \cdot l$ (*l*-Fakultät) für $l \in \mathbf{N}$ und $0! := 1$.

1.3 Der Körper der komplexen Zahlen

1.3.1 Motivierung

Die komplexen Zahlen entstanden historisch aus dem Bedürfnis, gewissen in $\mathbf{R}$ unlösbaren algebraischen Gleichungen eine Lösung zu verschaffen. Gegeben sei etwa die Gleichung

(1) $x^2 + 1 = 0$.

Diese hat *keine* reelle Zahl zur Lösung, da $x^2 + 1 > 0$ für alle $x \in \mathbf{R}$. Man betrachte versuchsweise ein „Symbol" i, für das $i^2 + 1 = 0$, also $i^2 = -1$ gilt, und rechne mit diesem sowie mit „Symbolen" der Form $a + bi$ $(a, b \in \mathbf{R})$ nach den Körperregeln. Dann folgt

(2) $(a_1 + b_1 i) + (a_2 + b_2 i) = (a_1 + a_2) + (b_1 + b_2) i$,

(3) $(a_1 + b_1 i) \cdot (a_2 + b_2 i) = a_1 a_2 + a_1 b_2 i + b_1 a_2 i + b_1 b_2 i^2$
$$= (a_1 a_2 - b_1 b_2) + (a_1 b_2 + b_1 a_2) i,$$

(4) $\dfrac{1}{a+bi} = \dfrac{a-bi}{(a+bi)(a-bi)} = \dfrac{a-bi}{a^2-b^2 i^2} = \dfrac{a-bi}{a^2+b^2} = \dfrac{a}{a^2+b^2} - \dfrac{b}{a^2+b^2} i$.

Obwohl also i nur ein „Symbol" ist, ergeben sich konkrete Rechenregeln. Aufgrund dieses Befundes soll jetzt definiert werden, was i — oder allgemeiner eine komplexe Zahl — sein soll. Die Regeln (2) bis (4) dienen dabei als Leitfaden.

1.3.2 Definition der komplexen Zahlen

Wir betrachten die Menge aller *Paare* $z = (a, b)$ reeller Zahlen:

(1) $\mathbf{R}^2 = \mathbf{R} \times \mathbf{R} = \{z \mid z = (a, b) \text{ mit } a, b \in \mathbf{R}\}$.

Außer der *koordinatenweisen* **Addition** zweier Paare $z_1 = (a_1, b_1)$ und $z_2 = (a_2, b_2)$,

(2) $z_1 + z_2 = (a_1, b_1) + (a_2, b_2) := (a_1 + a_2, b_1 + b_2)$,

definieren wir folgende **Multiplikation** von z_1 und z_2 :

(3) $z_1 \cdot z_2 = (a_1, b_1) \cdot (a_2, b_2) := (a_1 a_2 - b_1 b_2, a_1 b_2 + a_2 b_1)$.

(Die Multiplikation von Elementen von $\mathbf{R}^2$ mit reellen Zahlen spielt im Augenblick keine Rolle.)

Satz A. $\mathbf{R}^2$ *ist mit den Verknüpfungen* (2), (3) *ein Körper.*

Beweis. Es sind die Eigenschaften von Definition A [1.2] zu bestätigen.

Zu (K.1): Dies ist klar nach (A.1) bis (A.4) in Satz A [0.1.8] für $n = 2$. *Additives Neutralelement* ist das Paar $(0, 0) =: 0$.

Zu (K.2): Wir rechnen das *multiplikative Assoziativgesetz* nach für $z_\nu = (a_\nu, b_\nu)$, $\nu = 1, 2, 3$:

(4)
$$(z_1 z_2) z_3 = (a_1 a_2 - b_1 b_2, a_1 b_2 + a_2 b_1) \cdot (a_3, b_3) =$$
$$= ((a_1 a_2 - b_1 b_2) a_3 - (a_1 b_2 + a_2 b_1) b_3, (a_1 a_2 - b_1 b_2) b_3 + a_3 (a_1 b_2 + a_2 b_1)),$$

(5)
$$z_1 (z_2 z_3) = (a_1, b_1) \cdot (a_2 a_3 - b_2 b_3, a_2 b_3 + a_3 b_2) =$$
$$= (a_1 (a_2 a_3 - b_2 b_3) - b_1 (a_2 b_3 + a_3 b_2), a_1 (a_2 b_3 + a_3 b_2) + (a_2 a_3 - b_2 b_3) b_1).$$

Das *multiplikative Kommutativgesetz* ist klar, weil der rechte Ausdruck in (3) bei Vertauschung von 1 und 2 in sich übergeht.

Multiplikatives Neutralelement ist $(1, 0)$; denn

(6) $z \cdot (1, 0) = (a, b) \cdot (1, 0) = (a \cdot 1 - b \cdot 0, a \cdot 0 + 1 \cdot b) = (a, b) = z$.

Multiplikatives Inverses zu $(a, b) \neq 0$ ist

(7) $(a, b)^* := \left(\dfrac{a}{a^2 + b^2}, \dfrac{-b}{a^2 + b^2} \right) \neq (0, 0)$;

denn

(8) $(a, b) \cdot (a, b)^* = \left(a \cdot \dfrac{a}{a^2 + b^2} - b \cdot \dfrac{-b}{a^2 + b^2}, a \cdot \dfrac{-b}{a^2 + b^2} + \dfrac{a}{a^2 + b^2} \cdot b \right) = (1, 0)$.

Zu (K.3): Da die Kommutativität für das Produkt $z_1 \cdot z_2$ bereits für *alle* z_1, z_2 klar ist, braucht nur eines der Distributivgesetze nachgeprüft zu werden, z.B. $(z_1 + z_1') \cdot z_2 = z_1 z_2 + z_1' z_2$. Dies folgt aber ähnlich wie oben bei (4) und (5) durch Ausrechnen der beiden Seiten und Vergleich, was dem Leser überlassen sei. $\square$

Wir betrachten die *speziellen* Paare $(a, 0)$. Für diese gilt

$$(9) \qquad \begin{aligned} (a_1, 0) + (a_2, 0) &= (a_1 + a_2, 0) \\ (a_1, 0) \cdot (a_2, 0) &= (a_1 a_2, 0), \end{aligned}$$

d.h. diese addieren und multiplizieren sich wie die reellen Zahlen, die als erste Koordinaten auftreten. Ferner gilt

$$(10) \qquad (a_1, 0) = (a_2, 0) \Longleftrightarrow a_1 = a_2.$$

Wir können daher gefahrlos schreiben

$$(11) \qquad a := (a, 0)$$

und mit diesen *speziellen* Elementen von $\mathbf{R}^2$ rechnen wie mit reellen Zahlen. Die reellen Zahlen erscheinen so in natürlicher Weise *eingebettet* in $\mathbf{R}^2$. Außerdem kürzen wir ab:

$$(12) \qquad i := (0, 1),$$

und nennen dieses spezielle Paar die **imaginäre Einheit**.

Damit wird

$$(13) \qquad i^2 = (0, 1) \cdot (0, 1) = (0 \cdot 0 - 1 \cdot 1, 0 \cdot 1 + 1 \cdot 0) = (-1, 0) = -1;$$

schließlich erhalten wir folgende Zerlegung eines Paares $z = (a, b)$:

$$(14) \qquad z = (a, b) = (a, 0) + (0, b) = (a, 0) + (b, 0) \cdot (0, 1) = a + bi.$$

In beiden Fällen kam dabei zum Schluß die Verabredung (11) zum Zuge. Wir fassen zusammen:

Satz und Definition B. *Die Menge der Paare reeller Zahlen wird unter Beachtung der Konventionen* (11), (12) *zu einem Körper* $\mathbf{C}$, *dessen Elemente eindeutig in der Form*

$$(15) \qquad z = a + bi \quad \textit{mit} \quad a, b \in \mathbf{R}$$

geschrieben werden können. In dieser Gestalt kann mit den Elementen von $\mathbf{C}$ *nach den Körperregeln gerechnet werden, wobei* $i^2 = -1$ *gilt.* $\mathbf{C}$ *heißt der* ***Körper der komplexen Zahlen***. *Dieser enthält den Körper* $\mathbf{R}$ *der reellen Zahlen in Form der Elemente* (15) *mit* $b = 0$. $\qquad\qquad \square$

Insbesondere sind damit die Rechnungen von 1.3.1 nachträglich gerechtfertigt.

1.3.3 Eigenschaften der komplexen Zahlen

Über die Körpereigenschaften hinaus beschreiben wir jetzt einige Begriffe, die in dieser Form nur den komplexen Zahlen zukommen.

Definition A. *Für eine komplexe Zahl* $z = a + bi$ *mit* $a, b \in \mathbf{R}$ *definiert man*:

(a) *die konjugiert komplexe Zahl* $\bar{z} := a - bi$

(b) *den Betrag* $|z| := \sqrt{a^2 + b^2}$

(c) *den Realteil und Imaginärteil*: $\operatorname{Re} z := a$, $\operatorname{Im} z := b$.

Nach (a) und den Rechenregeln von 1.3.2 gilt:

$$(1) \qquad \begin{aligned} z\bar{z} &= (a + bi)(a - bi) \\ &= a^2 - (bi)^2 = a^2 - b^2 i^2 = a^2 - b^2(-1) = \\ &= a^2 + b^2 = |z|^2, \end{aligned}$$

also*)

$$(2) \qquad \boxed{\; |z| = \sqrt{z\bar{z}}. \;}$$

Satz B. *In* $\mathbf{C}$ *gilt*:

(i) $\qquad \overline{z_1 + z_2} = \overline{z_1} + \overline{z_2}$

(ii) $\qquad \overline{z_1 \cdot z_2} = \overline{z_1} \cdot \overline{z_2}.$

Beweis. (i) sei dem Leser überlassen, der Nachweis von (ii) verläuft so: Sei $z_1 = a_1 + b_1 i$, $z_2 = a_2 + b_2 i$, dann gilt

$$(3) \qquad z_1 \cdot z_2 = a_1 a_2 - b_1 b_2 + (a_1 b_2 + a_2 b_1)\, i,$$

also einerseits

$$(4) \qquad \overline{z_1 \cdot z_2} = a_1 a_2 - b_1 b_2 - (a_1 b_2 + a_2 b_1)\, i,$$

andererseits

$$(5) \qquad \begin{aligned} \overline{z_1} \cdot \overline{z_2} &= (a_1 - b_1 i)(a_2 - b_2 i) \\ &= a_1 a_2 - a_1 b_2 i - b_1 a_2 i + b_1 b_2 i^2 \\ &= a_1 a_2 - b_1 b_2 - (a_1 b_2 + a_2 b_1)\, i. \end{aligned} \qquad \square$$

Als Folgerung aus (ii) ergibt sich für einen Quotienten $w = \dfrac{z_1}{z_2}$ in $\mathbf{C}$ mit $z_2 \neq 0$, da $w \cdot z_2 = z_1$, also **) $\overline{w} \cdot \overline{z_2} = \overline{z_1}$:

$$(6) \qquad \overline{\left(\frac{z_1}{z_2} \right)} = \frac{\overline{z_1}}{\overline{z_2}} \qquad \text{für } z_2 \neq 0.$$

Das Berechnen von Real- und Imaginärteil eines Quotienten geschieht am schnellsten durch „Erweitern mit dem konjugiert Komplexen des Nenners":

$$(7) \qquad \frac{z_1}{z_2} = \frac{z_1 \overline{z_2}}{z_2 \overline{z_2}} = \frac{z_1 \overline{z_2}}{|z_2|^2} \qquad \text{für } z_2 \neq 0.$$

---

*) Bezüglich dem Wurzelzeichen vgl. die Bemerkung nach Definition A [0.3.1].

**) Bei indexbehafteten Größen schreibt man häufig $\overline{z_1} =: \bar{z}_1$, usw..

Satz C. *Für den Betrag in* **C** *gilt:*

(B.1) $|z| > 0$ *für* $z \neq 0$

(B.2) $|z_1 \cdot z_2| = |z_1| \cdot |z_2|$

(B.3) $|z_1 + z_2| \leq |z_1| + |z_2|$.

Beweis. (B.1) und (B.3) folgen aus Satz D, (N.1), (N.3) [0.3.1], da der Betrag in **C** nichts anderes ist als die euklidische Norm in $\mathbf{R}^2$. Dagegen folgt (B.2) *nicht* aus (N.2) [0.3.1], weil dort der erste Faktor reell ist. Wir verwenden hier einfach B (ii):

(8) $|z_1 z_2|^2 = z_1 z_2 \cdot \overline{z_1 z_2} = z_1 z_2 \overline{z_1}\, \overline{z_2} = z_1 \overline{z_1} \cdot z_2 \overline{z_2} = |z_1|^2 \cdot |z_2|^2.$ $\square$

Ähnlich wie (6) beweist man

(9) $\left| \dfrac{z_1}{z_2} \right| = \dfrac{|z_1|}{|z_2|}$ für $z_2 \neq 0$.

Polardarstellung: Neben der Darstellung (15) [1.3.2] wollen wir noch eine weitere Darstellung einführen. Dazu betrachten wir zunächst die komplexen Zahlen $z = a + bi$ vom Betrag $|z| = 1$, d.h. $a^2 + b^2 = 1$. Die Menge dieser komplexen Zahlen heißt **Einheitskreis(linie)**

(10) $\mathbf{S}^1 := \{ z \in \mathbf{C} \mid |z| = 1 \}.$

Das Ziel ist, die $z \in \mathbf{S}^1$ durch Winkelfunktionen zu erfassen.

In der Analysis werden die Funktionen $\xi \mapsto \cos \xi$ und $\xi \mapsto \sin \xi$, $\xi \in \mathbf{R}$, sowie die Zahl π unabhängig von der Anschauung eingeführt (z.B. mittels Potenzreihen). Daraus leitet man auf strengem Wege den gesamten Apparat der Trigonometrie ab*), z.B. die folgenden hier benötigten Tatsachen:

(I) *Additionstheoreme:*

(11) $\cos(\xi + \eta) = \cos \xi \cos \eta - \sin \xi \sin \eta,$

(12) $\sin(\xi + \eta) = \sin \xi \cos \eta + \cos \xi \sin \eta.$

(II) cos ist eine *gerade*, sin eine *ungerade* Funktion, d.h. es gilt: $\cos(-\xi) = \cos \xi$ und $\sin(-\xi) = -\sin \xi$.

(III) $\cos^2 \xi + \sin^2 \xi = 1.$

(IV) Zu $a, b \in \mathbf{R}$ mit $a^2 + b^2 = 1$ existiert ein $\varphi \in \mathbf{R}$ mit $a = \cos \varphi$, $b = \sin \varphi$.

(V) Genau dann gilt $\cos \varphi = \cos \psi$ *und* $\sin \varphi = \sin \psi$, wenn $\varphi - \psi = 2k\pi$ gilt für ein $k \in \mathbf{Z}$.

(VI) Ausschnitt aus der *Wertetabelle:*

ξ	0	$\dfrac{\pi}{6}$	$\dfrac{\pi}{4}$	$\dfrac{\pi}{3}$	$\dfrac{\pi}{2}$
cos	1	$\frac{1}{2}\sqrt{3}$	$\frac{1}{2}\sqrt{2}$	$\frac{1}{2}$	0
sin	0	$\frac{1}{2}$	$\frac{1}{2}\sqrt{2}$	$\frac{1}{2}\sqrt{3}$	1

---

*) Durchführung z.B. bei *Erwe.*

Bemerkung 1. Für praktische Zwecke verwendet man neben dem hier benutzten **Bogen-maß** ξ das

$$(13) \qquad \textbf{Gradmaß von } \xi := \frac{180}{\pi} \cdot \xi;$$

dieses wird durch eine hochgestellte Null bezeichnet; z.B. ist das Gradmaß von $\xi = \pi/2$ gleich $90°$. $\qquad\qquad\Box$

Aus (IV) und (V) folgt, daß jedes $z \in S^1$ in der Form $z = \cos\varphi + i\sin\varphi$ geschrieben werden kann, wobei $\varphi \in \mathbf{R}$ bis auf ein ganzzahliges Vielfaches von 2π eindeutig bestimmt ist.

Definition D. *Für alle $\varphi \in \mathbf{R}$ setzt man*

$$(14) \qquad e^{i\varphi} := \cos\varphi + i\sin\varphi.$$

Der Ausdruck $e^{i\varphi}$ ist hier also lediglich eine Abkürzung für die rechte Seite in (14) (in der komplexen Analysis wird gezeigt, daß diese Festsetzung sich einfügt in die allgemeine Definition der komplexen Exponentialfunktion $z \mapsto e^z$ für $z \in \mathbf{C}$; dies wird hier aber nicht benötigt).

Beispiel 1. Nach (VI) gilt

$$(15) \qquad e^{i\cdot 0} = \cos 0 + i\cdot\sin 0 = 1 = e^0$$

$$(16) \qquad e^{i\cdot\frac{\pi}{4}} = \cos\frac{\pi}{4} + i\cdot\sin\frac{\pi}{4} = \frac{1}{2}\sqrt{2}\,(1+i)$$

$$(17) \qquad e^{i\cdot\frac{\pi}{2}} = \cos\frac{\pi}{2} + i\cdot\sin\frac{\pi}{2} = i. \qquad\qquad\Box$$

Aus (14) und (III) folgt

$$(18) \qquad \boxed{\; |e^{i\varphi}| = 1 \;\text{ für alle } \varphi \in \mathbf{R}. \;}$$

Lemma E. *Für $\varphi, \psi \in \mathbf{R}$ gilt das Additionstheorem*

$$(19) \qquad \boxed{\; e^{i(\varphi+\psi)} = e^{i\varphi}\cdot e^{i\psi}. \;}$$

Beweis. Dieser beruht einfach auf den obigen Additionstheoremen (I): Einerseits gilt

$$(20) \qquad \begin{aligned} e^{i(\varphi+\psi)} &= \cos(\varphi+\psi) + i\sin(\varphi+\psi) = \hspace{3cm} (14)\\ &= \cos\varphi\cos\psi - \sin\varphi\sin\psi + i\cdot(\sin\varphi\cos\psi + \cos\varphi\sin\psi), \hspace{1cm} (\mathrm{I}) \end{aligned}$$

andererseits gilt

$$(21) \qquad \begin{aligned} e^{i\varphi}\cdot e^{i\psi} &= (\cos\varphi + i\sin\varphi)\cdot(\cos\psi + i\sin\psi) = \hspace{2cm} (14)\\ &= \cos\varphi\cos\psi - \sin\varphi\sin\psi + i\cdot(\sin\varphi\cos\psi + \cos\varphi\sin\psi). \end{aligned}$$

Vergleich liefert die Behauptung. $\qquad\qquad\Box$

Mit der folgenden ersten Gleichung als Definition gilt nach (14) und (II):

$$(22) \qquad e^{-i\varphi} := e^{i(-\varphi)} = \cos(-\varphi) + i \cdot \sin(-\varphi) = \cos\varphi - i \cdot \sin\varphi,$$

also

$$(23) \qquad \boxed{e^{-i\varphi} = \overline{e^{i\varphi}}.}$$

Ferner ist nach (22), E, D und (15): $e^{i\varphi} \cdot e^{-i\varphi} = e^{i\varphi} \cdot e^{i(-\varphi)} = e^{i(\varphi-\varphi)} = e^{i \cdot 0} = 1$, also

$$(24) \qquad \boxed{e^{-i\varphi} = \frac{1}{e^{i\varphi}}.}$$

Folgerung F. *Für* $\varphi \in \mathbf{R}$ *und* $n \in \mathbf{Z}$ *gilt:*

$$(25) \qquad \boxed{(e^{i\varphi})^n = e^{in\varphi}.}$$

Beweis. Für positives $n \in \mathbf{Z}$ ergibt sich das leicht aus E durch vollständige Induktion. Für $n = 0$ hat man (30) [1.1] und (15) zu beachten. Für negatives $m = -n \in \mathbf{Z}$ rechnet man so: $(e^{i\varphi})^m = ((e^{i\varphi})^n)^{-1} = (e^{i\varphi n})^{-1} = e^{-i\varphi n} = e^{i\varphi m}$, wobei man der Reihe nach (30) [1.1], (25) für $n > 0$, (24) und (22) heranzuziehen hat. $\qquad\square$

Einsetzen von (14) in (25) liefert:

$$(26) \qquad \boxed{(\cos\varphi + i\sin\varphi)^n = \cos n\varphi + i \cdot \sin n\varphi.}$$

Die Gleichungen (25) und (26) heißen die **Moivreschen Formeln.**

Wir gehen nun zur Darstellung beliebiger $z \in \mathbf{C}$ über:

Satz G. *Jedes* $z \in \mathbf{C}$ *kann in der Form*

$$(27) \qquad \boxed{z = r \cdot e^{i\varphi}}$$

mit $r, \varphi \in \mathbf{R}$ *und* $r \geq 0$ *dargestellt werden. Dabei ist* $r = |z|$ *eindeutig bestimmt,* φ *für* $z \neq 0$ *eindeutig bis auf Addition ganzer Vielfacher von* 2π *und* φ *willkürlich für* $z = 0$.

Beweis. *Eindeutigkeit* (soweit behauptet): Aus (27) folgt nach C (B.2) und (18):

$$(28) \qquad |z| = |r \cdot e^{i\varphi}| = |r| \cdot |e^{i\varphi}| = r \cdot 1 = r.$$

Für $r \neq 0$ folgt aus $re^{i\varphi} = re^{i\psi}$ auch $e^{i\varphi} = e^{i\psi}$, also wie oben aus D und (V): $\varphi - \psi = 2k\pi$ für ein $k \in \mathbf{Z}$.

Existenz: Für $z = 0$ gilt natürlich $0 = 0 \cdot e^{i\varphi}$ für jedes $\varphi \in \mathbf{R}$. Für $z \neq 0$ ist nach (9): $\dfrac{z}{|z|} \in \mathbf{S}^1$, also wie oben $\dfrac{z}{|z|} = e^{i\varphi}$ (für ein $\varphi \in \mathbf{R}$), also $z = |z| \cdot e^{i\varphi}$. $\qquad\square$

Man nennt $z = a + bi$ (mit $a, b \in \mathbf{R}$) die **cartesische Darstellung** und $z = r \cdot e^{i\varphi}$ (mit $r \geqq 0$, $\varphi \in \mathbf{R}$) die **Polardarstellung** von $z \in \mathbf{C}$; φ heißt dabei ein **Argument** von z. Für $z \neq 0$ kann man ein *eindeutig bestimmtes* Argument φ festlegen durch die Forderung $0 \leqq \varphi < 2\pi$; man schreibt dafür $\varphi = \arg z$ (genauso gut könnte man ein anderes halboffenes Intervall der Länge 2π zur eindeutigen Bestimmung von φ verwenden, z.B. $-\pi < \varphi \leqq \pi$).

Die *cartesische* Darstellung eignet sich besonders für die *Addition*; für $z_1 = a_1 + ib_1$, $z_2 = a_2 + ib_2$ wird ja

$$(29) \qquad \boxed{z_1 + z_2 = a_1 + a_2 + i(b_1 + b_2).}$$

Die *Polardarstellung* eignet sich besonders für die *Multiplikation*; für $z_1 = r_1 e^{i\varphi_1}$, $z_2 = r_2 e^{i\varphi_2}$ wird ja

$$(30) \qquad \boxed{z_1 z_2 = r_1 r_2 e^{i\varphi_1} e^{i\varphi_2} = r_1 r_2 e^{i(\varphi_1 + \varphi_2)}.}$$

Standardveranschaulichung: Da eine komplexe Zahl $z = a + bi$ einfach ein anders geschriebenes Paar reeller Zahlen ist, kann man z auch genauso in der Zahlenebene veranschaulichen; man spricht von der **Gaußschen Zahlenebene** (Bild 22).

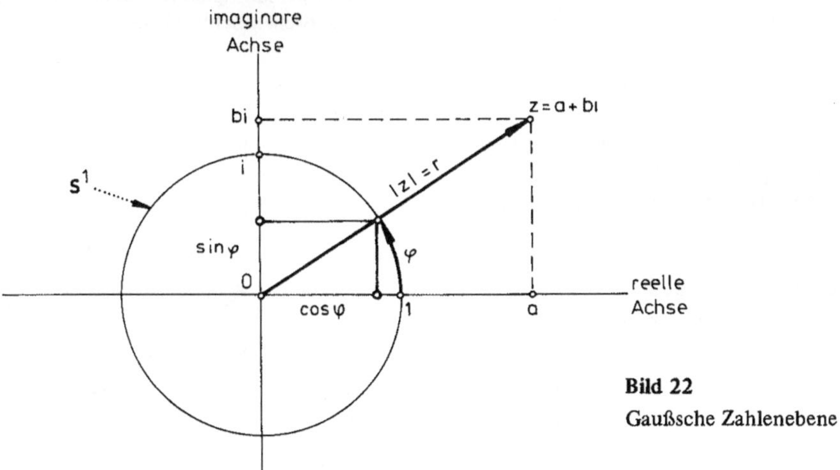

Bild 22
Gaußsche Zahlenebene

Dabei heißt die 1-Achse jetzt **reelle Achse**, da sie von allen $z = a \in \mathbf{R}$ gebildet wird, und die 2-Achse **imaginäre Achse**, da sie von allen $z = bi$ gebildet wird. Da $|z|$ die euklidische Länge des Ortsvektors z ist, stellt sich S^1 auch anschaulich als *Einheitskreis(linie)* mit *Mittelpunkt* 0 dar. Das Argument φ von $z \neq 0$ mit $0 \leqq \varphi < 2\pi$ *veranschaulicht* man durch die „Bogenlänge" auf S^1, gemessen von 1 im Gegenuhrzeigersinn (= „mathematisch positiven Drehsinn") bis zum Schnittpunkt der durch z bestimmten Halbgerade mit S^1 (vgl. Bild 22)*).

---

*) Die „Bogenlänge" ist hiermit noch nicht als exakter mathematischer Begriff eingeführt. Das ist erst mit Hilfe der Integralrechnung möglich.

Demgemäß wird φ auch als *orientierter Winkel von z gegen* 1 bezeichnet. Die Veranschaulichung von Addition und Multiplikation liest man aus (29) und (30) ab; vgl. die Bilder 23 und 24.

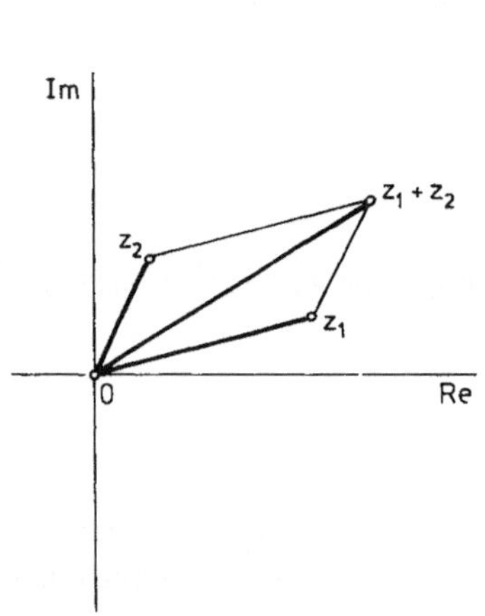

Bild 23 Addition in der
Gaußschen Zahlenebene

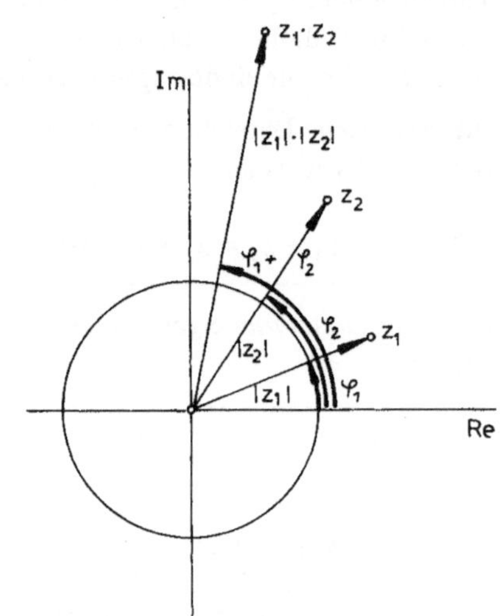

Bild 24 Multiplikation in der
Gaußschen Zahlenebene

Die Summe wird mit der Parallelogrammregel
für die zugehörigen Ortsvektoren gebildet,
beim Produkt multiplizieren sich die Beträge,
und es addieren sich die Argumente.

Der Übergang von z zu $\bar{z}$ bedeutet nach A
(a) *Spiegelung* an der reellen Achse (Bild 25).

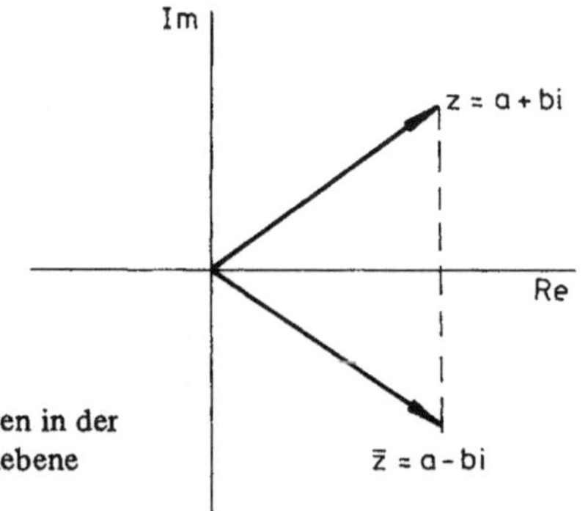

Bild 25 Konjugieren in der
Gaußschen Zahlenebene

Komplexe Wurzeln: Durch die Konstruktion der komplexen Zahlen ist viel mehr erreicht worden, als man ursprünglich wollte. Es hat nicht nur die Gleichung $z^2 + 1 = 0$ eine Lösung bekommen, sondern *jede* algebraische Gleichung (mit Koeffizienten in **C**). Das ist die Aussage des sog. *algebraischen Fundamentalsatzes in* **C**, der z. B. mit den Mitteln der komplexen Analysis bewiesen werden kann. Hier können wir dies zunächst nur für Gleichungen der Form

$$(31) \qquad z^n = w_0$$

mit festen $n \in \mathbf{N}$ und $w_0 \in \mathbf{C}$ verifizieren:

Satz H. *Ist* $w_0 = r_0 e^{i\varphi_0}$, *so hat die Gleichung* (31) *genau die Lösungen*

$$(32) \qquad z_k = \sqrt[n]{r_0} \cdot e^{i\,\frac{\varphi_0 + 2k\pi}{n}}, \qquad k = 0, 1, \ldots, n-1.$$

Diese sind paarweise verschieden, wenn $w_0 \neq 0$ *ist.*

Hinweis: Die Wurzel in (32) bedeutet die eindeutig bestimmte nichtnegative n-te reelle Wurzel der reellen Zahl $r_0 \geq 0$. Diese wird in der Analysis eingeführt.

Beweis von H. Wir unterscheiden die Fälle $w_0 = 0$ und $w_0 \neq 0$.

Im ersten Fall hat die Gleichung (31) die Form $z^n = 0$. Nach dem Gesetz (2) [1.2] folgt hieraus $z = 0$, und die Probe stimmt: $0^n = 0$. Die eindeutig bestimmte Lösung ist hier $z = 0$.

Im Falle $w_0 \neq 0$ sei das gesuchte z in der Polardarstellung $z = r e^{i\varphi}$ geschrieben. Dann ist (31) schrittweise äquivalent mit folgenden Zeilen:

$$(33) \qquad r^n e^{in\varphi} = r_0 e^{i\varphi_0}$$

$$(34) \qquad r^n = r_0, \quad e^{in\varphi} = e^{i\varphi_0}$$

$$(35) \qquad r^n = r_0, \quad n\varphi - \varphi_0 = 2k\pi \quad \text{für ein } k \in \mathbf{Z}$$

$$(36) \qquad r = \sqrt[n]{r_0}, \quad \varphi = \frac{\varphi_0 + 2k\pi}{n} \quad \text{für ein } k \in \mathbf{Z}.$$

Zwei solche φ-Werte wie in (36), etwa φ für k und φ' für k', liefern genau dann die gleiche Lösung $z = r e^{i\varphi} = r e^{i\varphi'}$, wenn gilt $\varphi - \varphi' = 2g\pi$ für ein $g \in \mathbf{Z}$, also

$$(37) \qquad \frac{\varphi_0 + 2k\pi}{n} - \frac{\varphi_0 + 2k'\pi}{n} = \frac{2(k - k')\pi}{n} = 2g\pi,$$

d.h.

$$(38) \qquad k - k' = g \cdot n \quad \text{für ein } g \in \mathbf{Z}.$$

Sei $M = \{0, 1, \ldots, n-1\}$ die Menge der in (32) genannten k-Werte. Zwei *verschiedene* $k, k' \in M$ erfüllen die Bedingung (38) nicht [da $0 < |k - k'| \leq n-1$], liefern also *verschiedene* Lösungen. Dagegen gibt es zu jedem $k \in \mathbf{Z} \setminus M$ ein $k' \in M$, das (38) erfüllt [k' ist der „Rest" der Division k/n], so daß also k und k' *dieselben* Lösungen liefern. Daraus folgt die Behauptung. $\qquad\qquad\square$

Die z_k in (32) nennt man die **komplexen n-ten Wurzeln aus** w_0.

Beispiel 2. Für $w_0 = 1$ handelt es sich um die Gleichung $z^n = 1$. Hier ist $r_0 = 1$, $\varphi_0 = 0$, also z_k aus (32) gegeben durch

$$(39) \qquad z_k = e^{i\,\frac{2k\pi}{n}} = \cos\frac{2k\pi}{n} + i \cdot \sin\frac{2k\pi}{n}, \qquad k = 0, 1, \ldots, n-1.$$

Diese n komplexen Zahlen nennt man
die **n-ten Einheitswurzeln.** In der Standardveranschaulichung liegen diese
Punkte auf dem Einheitskreis S^1 mit
Winkeln $\frac{2\pi}{n} \cdot k$ gegen $z_0 = 1$, d.h. sie
bilden die Ecken des gleichseitigen
(= *regulären*) S^1 einbeschriebenen
n-Ecks, das 1 als Ecke enthält (Bild 26
zeigt den Fall n = 8). Daher heißt $z^n = 1$
die **Kreisteilungsgleichung.** Mit ihrer
Hilfe hat Gauß als Achtzehnjähriger bewiesen, daß das reguläre Siebzehneck
mit Zirkel und Lineal konstruierbar
ist*), und er hat später alle solchermaßen konstruierbaren regulären
n-Ecke bestimmt.

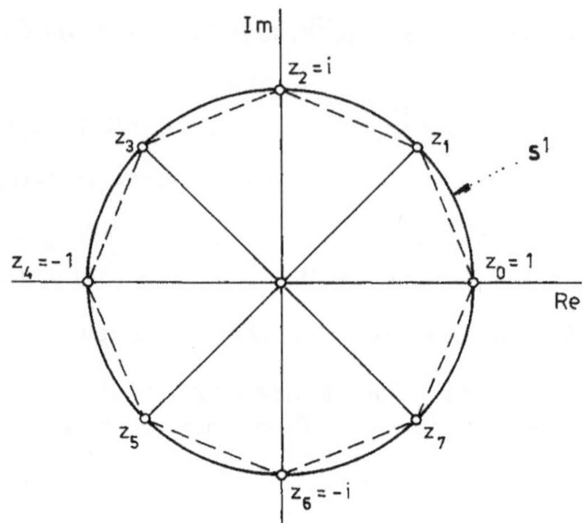

Bild 26 Zur Kreisteilungsgleichung

Aufgaben

1. Gegeben seien komplexe Zahlen a, b, c, wobei $a \neq 0$. Man zeige: Die Lösungen der
quadratischen Gleichung $az^2 + bz + c = 0$ (für die komplexe Unbekannte z) sind

$$z_{1,2} = -\frac{b}{2a} \pm \sqrt{\frac{b^2}{4a^2} - \frac{c}{a}},$$

wobei die Wurzel eine der Lösungen der Gleichung $w^2 = \frac{b^2}{4a^2} - \frac{c}{a}$ bezeichnet (welche, ist
egal).

Hinweis: Man dividiere die Ausgangsgleichung durch a und führe dann **quadratische Ergänzung** durch [nach dem Muster $z^2 + 2pz + q = z^2 + 2pz + p^2 - p^2 + q = (z + p)^2 - p^2 + q.$]

2. Gegeben sei eine *algebraische Gleichung* $a_0 + a_1 z + a_2 z^2 + \ldots + a_n z^n = 0$ mit *reellen* Koeffizienten a_j, $0 \leq j \leq n$. Man zeige: Ist $z_0 \in \mathbf{C}$ eine Lösung dieser Gleichung, so auch $\bar{z}_0$.

3. Durch Anwendung des binomischen Lehrsatzes (Aufgabe 2 [1.2]) auf die Moivreschen
Formeln (26) gewinne man Formeln, die $\cos n\varphi$ und $\sin n\varphi$ durch Potenzen von $\sin \varphi$ und
$\cos \varphi$ ausdrücken.

---

*) Explizite Konstruktion z. B. bei *Perron* (Teil II).

1.4 Polynome

Gegeben sei ein Körper K. Viele Fragen führen auf Gleichungen der Art

$$(1) \qquad \alpha_n x^n + \alpha_{n-1} x^{n-1} + \ldots + \alpha_1 x + \alpha_0 = 0$$

für eine Unbekannte x. Dabei ist $n \in \mathbf{N}_0$, und die **Koeffizienten** $\alpha_0, \ldots, \alpha_n$ sind als Elemente von K fest vorgegeben. Gesucht sind als **Lösungen** alle $x \in K$, die (1) erfüllen. Ist $\alpha_n \neq 0$, so nennt man (1) eine **algebraische Gleichung (über K) vom Grad** n.

Durch die linke Seite von (1) wird, wenn x als Variable aufgefaßt wird, eine Funktion von K in K definiert, die man als *ganzrationale Funktion* oder als *Polynom* bezeichnet. In den folgenden Bemerkungen besprechen wir einige Grundeigenschaften von Polynomen. Da der Leser aus der Schulmathematik mit diesem Gegenstand vertraut sein wird, können wir uns etwas kürzer fassen. Allerdings entsteht gegenüber dem reellen oder komplexen Fall eine kleine Schwierigkeit, weil es vorkommen kann, daß die Darstellung eines Polynoms durch die Funktionsvorschrift nicht eindeutig bestimmt ist.

1. Gegeben sei eine Funktion $P\colon K \to K$ mit der Darstellung

$$(2) \qquad P(x) = \alpha_n x^n + \ldots + \alpha_1 x + \alpha_0.$$

Ein $x_1 \in K$ heißt **Nullstelle** von P, wenn $P(x_1) = 0$ gilt. Eine algebraische Gleichung (1) ist somit die Frage nach den Nullstellen einer solchen Funktion P.

2. Ist x_1 Nullstelle von P in (2) und $n \geq 1$, so kann man den **Linearfaktor** $x - x_1$ abspalten, d.h. es gibt eine Funktion $Q\colon K \to K$ mit der Darstellung

$$(3) \qquad Q(x) = \beta_{n-1} x^{n-1} + \ldots + \beta_1 x + \beta_0,$$

so daß gilt*):

$$(4) \qquad P(x) = (x - x_1) \cdot Q(x).$$

Um $Q(x)$ zu gewinnen, zieht man von $P(x)$ den Ausdruck $\alpha_n x^{n-1}(x - x_1)$ ab, was bewirkt, daß der entstehende Ausdruck $P_1(x) := P(x) - \alpha_n x^{n-1}(x - x_1)$ nur noch Potenzen von x mit Exponenten $\leq n - 1$ enthält. Dasselbe Verfahren läßt sich gegebenenfalls mit P_1 anstelle von P wiederholen, usw. Da die Exponenten immer niedriger werden, gelangt man nach endlich vielen Schritten zu einer Konstanten $R \in K$:

$$(5) \qquad R := P(x) - Q(x) \cdot (x - x_1).$$

Einsetzen von $x = x_1$ in (5) zeigt aber dann $R = 0$, und damit folgt (4).

---

*) Gelegentlich verwenden wir hier der Kürze halber die Funktionsvorschrift als Name für die Funktion selbst, z.B. in der Gleichung (4). Demgemäß sind solche Gleichungen als Identitäten in x zu lesen.

Praktisch läuft dieses Verfahren auf das übliche *Divisionsschema* hinaus, das wir an folgendem *Beispiel* erläutern: Es sei (für $K = \mathbf{R}$) P gegeben durch $P(x) = x^4 - 9x^3 + 30x^2 - 44x + 24$. Eine Nullstelle ist z.B. $x_1 = 3$; denn man berechnet leicht $P(3) = 0$. Das Divisionsschema lautet:

$$(x^4 - 9x^3 + 30x^2 - 44x + 24) : (x - 3) = x^3 - 6x^2 + 12x - 8$$

(6)

$$
\begin{array}{l}
\underline{x^4 - 3x^3} \\
\quad -6x^3 + 30x^2 \\
\quad \underline{-6x^3 + 18x^2} \\
\qquad\quad 12x^2 - 44x \\
\qquad\quad \underline{12x^2 - 36x} \\
\qquad\qquad\quad -8x + 24 \\
\qquad\qquad\quad \underline{-8x + 24} \\
\qquad\qquad\qquad\quad =
\end{array}
$$

Also ist hier $Q(x) = x^3 - 6x^2 + 12x - 8$. Der Leser bestätige zur *Probe*, daß wirklich $P(x) = (x - 3) \cdot Q(x)$ gilt.

3. Ist eine Funktion $P : K \to K$ mit der Darstellung (2) gegeben, wobei $n \geq 1$ und $\alpha_n \neq 0$ gilt, so besitzt P höchstens n paarweise verschiedene Nullstellen. Den Beweis kann man auf folgende Weise durch vollständige Induktion nach n erbringen. *Induktionsanfang*: Für $n = 1$ ist $P(x) = \alpha_1 x + \alpha_0$ mit $\alpha_1 \neq 0$; es gilt $\alpha_1 x + \alpha_0 = 0$, genau wenn $x = -\alpha_0/\alpha_1$; d.h. hier existiert genau eine Nullstelle. *Induktionsschluß* von $n - 1$ auf n für $n \geq 2$: Ist x_1 Nullstelle von P, so gilt nach Bemerkung 2: $P(x) = (x - x_1) \cdot Q(x)$, wobei Q eine Darstellung der Form (3) besitzt. Für ein $x_1' \neq x_1$ ist also $P(x_1') = 0$ äquivalent mit $Q(x_1') = 0$. Da Q nach Induktionsvoraussetzung höchstens $n - 1$ Nullstellen besitzt, hat P höchstens eine mehr (nämlich x_1), also höchstens n Nullstellen.

4. Hat der Körper K *unendlich* viele Elemente, so können diese nach Bemerkung 3 nicht alle Lösungen ein und derselben algebraischen Gleichung von einem Grad ≥ 0 sein. Hieraus ergeben sich die folgenden Formen des **Identitätssatzes**:

Gilt für festes $n \in \mathbf{N}_0$ und feste $\alpha_0, \ldots, \alpha_n \in K$:

(7) $\qquad \alpha_n x^n + \ldots + \alpha_1 x + \alpha_0 = 0 \qquad$ für *alle* $x \in K$,

so folgt $\alpha_n = \ldots = \alpha_1 = \alpha_0 = 0$.

Gilt für feste $n, m \in \mathbf{N}_0$, feste $\alpha_0, \ldots, \alpha_n$ und $\beta_0, \ldots, \beta_m \in K$ mit $\alpha_n \neq 0$ und $\beta_m \neq 0$:

(8) $\qquad \alpha_n x^n + \ldots + \alpha_1 x + \alpha_0 = \beta_m x^m + \ldots + \beta_1 x + \beta_0 \qquad$ für *alle* $x \in K$,

so folgt $n = m$ und $\alpha_j = \beta_j$ für $0 \leq j \leq n$.

Für endliche Körper werden diese Sätze falsch*).

---

*) Ist K z.B. der Körper mit zwei Elementen von Beispiel 4 [1.2], so gilt $x = x^2$ für alle $x \in K$.

5. Damit wir den Identitätssatz weiter verwenden können, *setzen wir von jetzt ab beim Auftreten von Funktionen der Art* (2) *stillschweigend voraus, daß der betreffende Körper* K *unendlich viele Elemente besitzt*).* Unter dieser Voraussetzung kann ein **Polynom vom Grad** n (**über** K) definiert werden als eine Funktion $P : K \to K$, deren Zuordnungsvorschrift auf die Form gebracht werden kann:

$$(9) \qquad P(x) = \alpha_n x^n + \ldots + \alpha_1 x + \alpha_0$$

mit $n \in \mathbf{N}_0$ und $\alpha_0, \ldots, \alpha_n \in K$, wobei $\alpha_n \neq 0$. Die **Nullfunktion** 0 mit $0(x) = 0$ für alle $x \in K$ wird ebenfalls als Polynom bezeichnet und ihr Grad definiert als $-\infty$. Der obige Identitätssatz garantiert, daß die Form des Ausdrucks (9) *allein* durch die Zuordnung $P : K \to K$ bestimmt ist. In (9) heißen die α_j die **Koeffizienten**, speziell α_n der **Leitkoeffizient** und α_0 das **Absolutglied**. Ein Polynom P mit dem Leitkoeffizienten 1 wird **normiert** genannt. Die Polynome vom Grad ≤ 0 sind identifizierbar mit den Elementen von K.

6. **Summe** und **Produkt** von zwei Polynomen P, Q über K werden, wie bei Funktionen allgemein üblich, *argumentweise* definiert, d.h. durch die für alle $x \in K$ geltenden Festsetzungen:

$$(10) \qquad (P + Q)(x) := P(x) + Q(x), \quad (P \cdot Q)(x) := P(x) \cdot Q(x).$$

Wie man leicht an den entsprechenden Operationen für die Ausdrücke (2) feststellen kann, sind dann $P + Q$ und $P \cdot Q$ (wofür auch PQ geschrieben wird) wiederum Polynome über K. Beim Produkt gilt: Ist $P \neq 0$ vom Grad n und $Q \neq 0$ vom Grad m, so ist auch $P \cdot Q \neq 0$ (**Nullteilerfreiheit**), und zwar vom Grad $n + m$ (**Gradregel**). Das beruht darauf, daß der Leitkoeffizient von $P \cdot Q$ das Produkt der Leitkoeffizienten von P und Q ist.

An reinen *Rechenregeln* gilt: Die Polynome bilden unter der Addition eine kommutative Gruppe mit dem Nullpolynom als Neutralelement. Weiterhin übertragen sich folgende Regeln aus K leicht auf Polynome über K:

$$
\begin{aligned}
&(P + Q)\,R = PR + QR \\
(11) \qquad &(PQ)\,R = P(QR) =: PQR \\
&PQ = QP.
\end{aligned}
$$

Der Beweis dieser Regeln ist ganz leicht, wenn man beachtet, daß es sich im Grunde um Aussagen über die Werte P(x), Q(x), R(x) handelt, die ja in K erfüllt sind.

Eine Folge der Nullteilerfreiheit ist die folgende **Kürzregel** für Polynome P, P_1, Q über K:

$$(12) \qquad P \cdot Q = P_1 \cdot Q, \; Q \neq 0 \Rightarrow P = P_1.$$

Ein Polynom P heißt **Teiler** des Polynoms Q, wenn es ein Polynom Q_1 gibt mit $Q = PQ_1$.

7. Die Aussage von Bemerkung 2 läßt sich trivialerweise auch umkehren, d.h. ein $x_1 \in K$ ist dann und nur dann Nullstelle des Polynoms P vom Grad $n \geq 1$, wenn es ein Polynom Q (vom Grad $n - 1$) gibt, so daß (4) gilt, also wenn der Linearfaktor $x - x_1$ Teiler von P

---

*) Das meiste im folgenden über Polynome Gesagte ist auch ohne diese Voraussetzung gültig. Allerdings muß der Polynombegriff dann anders gefaßt werden.

ist. Q ist dann eindeutig bestimmt, wie unmittelbar aus der Kürzregel (12) folgt. Es kann dabei vorkommen, daß Q nochmals denselben Linearfaktor $x - x_1$ abspaltet, usw.. Man nennt dann x_1 eine **mehrfache** Nullstelle von P. Generell definiert man die **Vielfachheit** von x_1 als die größte Zahl $\nu \in \mathbf{N}$, zu der ein Polynom $\tilde{Q}$ existiert mit $P(x) = (x - x_1)^{\nu} \cdot \tilde{Q}(x)$. Natürlich gilt $\nu \leq n$. Eine Nullstelle der Vielfachheit 1 bzw. 2 heißt auch **einfach** bzw. **doppelt**.

8. Man sagt, das Polynom P vom Grad $n \geq 1$ **zerfällt** (in K), wenn es $r \geq 1$ Skalare $x_1, \ldots, x_r \in K$ und natürliche Zahlen $\nu_1, \ldots, \nu_r$ gibt, so daß gilt

$$(13) \qquad P(x) = a \cdot (x - x_1)^{\nu_1} \ldots (x - x_r)^{\nu_r}$$

mit einem $a \in K$. Es ist dann

$$(14) \qquad n = \nu_1 + \ldots + \nu_r.$$

Natürlich kann man nach eventueller Zusammenfassung gleicher Linearfaktoren in (13) erreichen, daß $x_1, \ldots, x_r$ paarweise verschieden sind. Dann sind $x_1, \ldots, x_r$ genau alle Nullstellen von P und $\nu_1, \ldots, \nu_r$ ihre Vielfachheiten; bis auf die Reihenfolge der Faktoren ist also in diesem Falle die Darstellung (13) eindeutig bestimmt.

9. Später wird folgende Tatsache verwendet werden: Zerfällt das Polynom P vom Grad $n \geq 1$ und ist Q Teiler von P vom Grad ≥ 1, so zerfällt auch Q. Dies kann man leicht durch vollständige Induktion nach n beweisen, was der Leser selbst durchführen möge.

10. Für algebraische Gleichungen vom Grad 2, 3 und 4 existieren allgemeine Lösungsformeln, die nur Wurzelfunktionen enthalten. Man findet diese Formeln in den Lehrbüchern der klassischen Algebra, z.B. bei *Perron*, Teil II; vgl. auch Aufgabe 1 [1.3]. Vom Grad $n = 5$ ab gibt es solche Lösungsformeln nicht mehr. Das ist ein berühmter Satz von Abel. Trotzdem bereitet die numerische Lösung algebraischer Gleichungen (für die Körper **R** und **C**) heute kein großes Problem mehr.

11. Der Körper K heißt **algebraisch abgeschlossen**, wenn jedes Polynom über K vom Grad ≥ 2 mindestens eine Nullstelle in K besitzt. Durch vollständige Induktion erkennt man mit dem Resultat von Bemerkung 2 leicht, daß dann *jedes* Polynom über K von Grad ≥ 1 in K zerfällt.

12. Der reelle Zahlkörper **R** ist nicht algebraisch abgeschlossen (das Polynom $x \mapsto x^2 + 1$ hat keine reelle Nullstelle). Wichtigstes Beispiel für einen algebraisch abgeschlossenen Körper ist $K = \mathbf{C}$. Das ist der Inhalt des **algebraischen Fundamentalsatzes in C** (der vom 22-jährigen Gauß bewiesen wurde). Der heute einfachste Beweis stützt sich auf die komplexe Analysis. Da dieser Satz von uns erst später bewiesen werden kann, wollen wir uns vorerst nicht auf ihn berufen.

13. Besitzt P *ganzzahlige* Koeffizienten:

$$(15) \qquad P(x) = \alpha_n x^n + \ldots + \alpha_0$$

$$(16) \qquad \alpha_i \in \mathbf{Z} \text{ für } 0 \leq i \leq n, \quad \alpha_n \neq 0, \ \alpha_0 \neq 0,$$

so kann man alle *rationalen* Nullstellen von P explizit bestimmen. Es gilt nämlich:

(*) Ist $x_0 = \dfrac{p}{q}$ mit teilerfremden p, $q \in \mathbf{Z} \setminus \{0\}$ Nullstelle von (15), so ist p Teiler von α_0 und q Teiler von α_n.

Der Beweis von (*) ergibt sich durch Umrechnen der Gleichung $P\left(\dfrac{p}{q}\right) = 0$:

$$(17) \qquad \alpha_n \frac{p^n}{q^n} + \alpha_{n-1} \frac{p^{n-1}}{q^{n-1}} + \ldots + \alpha_1 \frac{p}{q} + \alpha_0 = 0$$

$$(18) \qquad \alpha_n p^n + \alpha_{n-1} p^{n-1} q + \ldots + \alpha_1 p q^{n-1} + \alpha_0 q^n = 0.$$

Hieraus liest man ab, daß q Teiler von $\alpha_n p^n$ und p Teiler von $\alpha_0 q^n$ ist. Nach elementaren Teilbarkeitseigenschaften ganzer Zahlen folgt daraus die Behauptung.

Demnach kommen als rationale Nullstellen von P *höchstens* die endlich vielen Zahlen $\dfrac{p}{q}$ mit der in (*) genannten Eigenschaft in Betracht. Durch die *Probe* findet man, welche darunter tatsächlich Nullstellen sind.

14. Die Menge aller Polynome über K vom Grad $\leq$ m werden wir in Zukunft durch $\Pi_m(K)$ bezeichnen; für m = 0 gilt $\Pi_0(K) = K$. Ferner sei $\Pi(K)$ die Menge *aller* Polynome über K.

Aufgaben

1. Man betrachte ein zerfallendes normiertes Polynom P vom Grad $n \geq 1$ einerseits in der *additiven Darstellung*

$$(A) \qquad P(x) = x^n + \alpha_{n-1} x^{n-1} + \ldots + \alpha_1 x + \alpha_0,$$

andererseits in der *multiplikativen Darstellung*

$$(M) \qquad P(x) = (x - \xi_1)(x - \xi_2) \ldots (x - \xi_n),$$

die aus (13) entsteht, indem die Potenzen der Linearfaktoren ausgeschrieben werden; d.h. $\{\xi_1, \ldots, \xi_n\}$ ist die Menge der Nullstellen von P, wobei jede so oft genannt ist, wie ihre Vielfachheit angibt. Durch Vergleich von (A) und (M) beweise man den **Wurzelsatz von Vieta**:

$$(V) \qquad (-1)^j \alpha_{n-j} = \sum_{1 \leq k_1 < k_2 < \ldots < k_j \leq n} \xi_{k_1} \xi_{k_2} \cdots \xi_{k_j},$$

speziell

$$(-1)^n \alpha_0 = \xi_1 \xi_2 \ldots \xi_n, \quad -\alpha_{n-1} = \xi_1 + \xi_2 + \ldots + \xi_n.$$

Man nennt die rechten Seiten von (V) die **elementarsymmetrischen Funktionen** von $\xi_1, \ldots, \xi_n$.

2. Man beweise in Verallgemeinerung von (5) die folgende Aussage über die sog. **Division mit Rest** in $\Pi(K)$: Ist P vom Grad g und P_1 vom Grad $k \geq 1$, so gibt es genau ein Paar von Polynomen Q, R mit $P = P_1 Q + R$ und $R \in \Pi_{k-1}(K)$. Praktisch können Q und R wieder durch ein Divisionsschema ermittelt werden. Man beschreibe dieses!

3. Man ermittle mit Hilfe von Bemerkung 13 alle Nullstellen des Polynoms P im Beispiel von Bemerkung 2 und schreibe die entsprechende Produktdarstellung (13) auf.

1.5 Einige weitere algebraische Strukturen

Durch Abwandlung der Axiome einer Gruppe oder eines Körpers ergeben sich viele weitere Gebilde, die in der Algebra eingehend untersucht werden. Wir erwähnen hier einige dieser Strukturen.

Eine Menge M mit einer inneren Verknüpfung τ wie in (G.0) [1.1] heißt generell ein **Verknüpfungsgebilde** (M, τ). Genügt diese Verknüpfung dem Assoziativgesetz (G.1) A [1.1], so nennt man (M, τ) **Halbgruppe** oder **Monoid**; gilt das Kommutativgesetz (G.4) A [1.1], so heißt (M, τ) **kommutativ**. Einige Folgerungen aus (G.0), (G.1) und (G.4) wurden in B bis E [1.1] gezogen. Ein $e' \in M$ heißt **rechtsneutral** (bzw. $'e \in M$ **linksneutral**), wenn $a \tau e' = a$ (bzw. $'e \tau a = a$) für alle $a \in M$ gilt. Ein ähnlicher Schluß wie bei F [1.1] zeigt, daß jedes rechtsneutrale Element mit jedem linksneutralen Element zusammenfällt, *vorausgesetzt* solche neutralen Elemente beider Sorten existieren; in diesem Fall spricht man kurz von *dem* **Neutralelement**. Ist (M, τ) ein Verknüpfungsgebilde mit dem Neutralelement e, und ist ein $a \in M$ gegeben, so heißt $a^* \in M$ (bzw. $^*a \in M$) **rechtsinvers** (bzw. **linksinvers**) zu a, wenn $a \tau a^* = e$ (bzw. $^*a \tau a = e$) gilt. Wenn (M, τ) Halbgruppe ist und zu $a \in M$ Inverse beider Sorten existieren, so stimmen sie überein. Das sieht man leicht, indem man $^*a \tau a \tau a^*$ auf die beiden möglichen Weisen nach dem Assoziativgesetz ausrechnet. In diesem Fall existiert also zu a genau ein **Inverses**.

Eine Menge (M, +, $\cdot$) mit *zwei* inneren Verknüpfungen wird **Ring** genannt, wenn (M, +) eine abelsche Gruppe ist und die beiden Distributivgesetze (K.3) A [1.2] gelten. Die Regeln von B [1.2] bleiben auch für einen Ring richtig, da dort in Wirklichkeit nur die Gruppeneigenschaften von (M, +) und die Distributivgesetze ausgenutzt werden. Je nachdem (M, $\cdot$) assoziativ bzw. kommutativ ist bzw. ein Neutralelement 1 besitzt, spricht man von einem **assoziativen** bzw. **kommutativen Ring** bzw. von einem **Ring mit Einselement** 1.

Man nennt (M, +, $\cdot$) einen **Schiefkörper**, falls (M, +) eine abelsche Gruppe (mit Neutralelement 0) und M \ 0 eine Gruppe (mit Neutralelement 1) ist und die beiden Distributivgesetze (K.3) A [1.2] gelten. Ein Körper ist also stets ein Schiefkörper, nämlich ein solcher mit abelscher multiplikativer Gruppe (M \ 0, $\cdot$). Es gibt aber Schiefkörper, die keine Körper sind (vgl. Aufgabe 2). Ein berühmter *Satz von Wedderburn* besagt, daß jeder *endliche* Schiefkörper ein Körper ist.

Aufgaben

1. Sei K ein Körper und $\Pi(K)$ die Menge aller Polynome über K (vgl. 1.4). Man zeige, daß $\Pi(K)$ mit den in 1.4 eingeführten Verknüpfungen ein assoziativer und kommutativer Ring mit Einselement $1 \in \Pi_0(K) = K$ ist.

2. Es sei $M = \mathbf{R} \times \mathbf{R}^3$ die Menge aller Paare (a, u) mit $a \in \mathbf{R}$ und $u \in \mathbf{R}^3$. Für $q = (a, u)$ und $p = (b, v)$ aus M seien Addition und Multiplikation definiert durch

$$q + p := (a + b, u + v),$$
$$q \cdot p := (ab - \langle u, v \rangle, av + bu + u \times v).$$

Man zeige, daß (M, +, $\cdot$) ein Schiefkörper aber *kein* Körper ist. Man nennt M den Schiefkörper der **Quaternionen** (a, u).

2 Vektorräume

Die zentrale Struktur der linearen Algebra ist der *Vektorraum*. Ein Beispiel dafür haben wir bereits kennengelernt, nämlich den $\mathbf{R}^n$, dessen Grundregeln im Satz A [0.1.8] aufgeschrieben sind. Diese dort beweisbaren Regeln werden nunmehr als Axiome verwendet. Dabei wird in zwei weiteren Richtungen verallgemeinert: Einmal sind statt reeller Zahlen die Elemente eines beliebigen Körpers als „Skalare" zugelassen, zum zweiten wird vorerst keine Einschränkung über die „Dimension" gemacht.

2.1 Der Vektorraumbegriff

Es sei K ein fest gewählter Körper. Seine Elemente werden hier auch **Skalare** genannt.

Definition A. *Eine Menge* V *heißt* K-*Vektorraum (oder Vektorraum über dem Körper K), wenn für sie zwei Operationen definiert sind, eine* **Addition**

$$(1) \qquad \begin{array}{l} + : V \times V \to V \\ (u, v) \mapsto u + v \end{array}$$

als innere Verknüpfung und eine **Multiplikation mit Skalaren**

$$(M.0) \qquad \begin{array}{l} \cdot : K \times V \to V \\ (\lambda, u) \mapsto \lambda \cdot u \end{array}$$

als „äußere" Verknüpfung, so daß folgende Regeln erfüllt sind:

(A) (V, +) *ist eine kommutative Gruppe.*

(M.1) $\qquad (\lambda + \mu)\, u = \lambda u + \mu u$

(M.2) $\qquad (\lambda \mu)\, u = \lambda(\mu u)$

(M.3) $\qquad 1 \cdot u = u$

(M.4) $\qquad \lambda(u + v) = \lambda u + \lambda v.$

Die Elemente von V heißen auch **Vektoren.** Es ist nicht nötig, zur Bezeichnung dieser Elemente ein eigenes Alphabet (oder sonstige Markierungen) zu verwenden, wie dies früher üblich war. Mittels der Mengenschreibweise kann nötigenfalls präzise ausgedrückt werden, daß ein Objekt u zu V gehört: $u \in V$. Statt „Vektorraum" sagt man auch **linearer Raum.**

Das *Neutralelement* der Gruppe (V, +) wird einfach durch 0 bezeichnet und **Nullvektor** genannt. Der Körper K heißt auch **Grundkörper** oder **Skalarenkörper.** Die in (M.0) ausgedrückte **Abgeschlossenheit** auch der Multiplikation mit Skalaren ist ein wesentlicher Bestandteil der Definition. In den Regeln (M.1) bis (M.4) wurde bereits von den üblichen Konventionen $\lambda \cdot u =: \lambda u$ und $(\lambda u) + v =: \lambda u + v$ Gebrauch gemacht. Die 1 in (M.3) bezeichnet natürlich das multiplikative Neutralelement des Körpers K. Ist $\lambda \neq 0$, so schreibt man gelegentlich

$$(2) \qquad \frac{1}{\lambda} u =: \frac{u}{\lambda} =: u/\lambda.$$

Im Falle $K = \mathbf{R}$ bzw. $K = \mathbf{C}$ nennt man V einen **reellen** bzw. **komplexen** Vektorraum.

Beispiele. 1. Es sei $V = K^n$ die Menge der n-Tupel $u = (x_1, x_2, \ldots, x_n)$ von Elementen von K mit den *koordinatenweisen* Verknüpfungen

$$(3) \qquad (x_1, x_2, \ldots, x_n) + (y_1, y_2, \ldots, y_n) := (x_1 + y_1, x_2 + y_2, \ldots, x_n + y_n)$$

$$(4) \qquad \lambda \cdot (x_1, x_2, \ldots, x_n) := (\lambda x_1, \lambda x_2, \ldots, \lambda x_n).$$

Wie früher (Satz A [0.1.8]) ist leicht nachzurechnen, daß die Vektorraumaxiome A erfüllt sind. Für $K = \mathbf{R}$ kommt man damit wieder auf den **reellen Zahlenraum** $\mathbf{R}^n$ zurück. Für $K = \mathbf{C}$ entsteht der **komplexe Zahlenraum** $\mathbf{C}^n$.

2. Sei M eine feste nichtleere Menge. Wir betrachten Abbildungen f von M in K und fassen alle diese Abbildungen in einer Menge V zusammen:

$$(5) \qquad V := \{f \mid f \text{ ist Abbildung von M in K}\}.$$

Sind $f : M \to K$ und $g : M \to K$ zwei solche Abbildungen, und ist $\lambda \in K$, so seien neue Abbildungen $f + g$ und $\lambda \cdot g = \lambda g$ *argumentweise* definiert:

$$(6) \qquad (f + g)(p) := f(p) + g(p)$$

$$(7) \qquad (\lambda f)(p) := \lambda \cdot f(p) \qquad \text{für alle } p \in M.$$

Natürlich sind dann f + g und λf wieder Elemente von V, so daß die Abgeschlossenheit erfüllt ist. Auch die Vektorraumaxiome A (M.1) bis (M.4) sind leicht nachzuprüfen, z. B. ist das Neutralelement in (V, +) die **Nullabbildung**, 0 genannt, die jedem $p \in M$ die 0 von K zuordnet; denn es gilt ja für $f \in V$: $f(p) + 0(p) = f(p) + 0 = f(p)$, also nach (6) und nach der Gleichheitsdefinition für Abbildungen: f + 0 = f. Der Vektorraum (5) ist das einfachste Beispiel für einen *Funktionenraum*; solche Funktionenräume spielen vor allem für $K = \mathbf{R}$ und $K = \mathbf{C}$ eine sehr wichtige Rolle in der Analysis.

Übrigens ist K^n ein Spezialfall hiervon, nämlich der für $M = \{1, 2, \ldots, n\}$, weil ein n-Tupel im Grunde nichts anderes ist als eine Abbildung dieses M in K.

3. Soll eine *einelementige* Menge $\{\epsilon\}$ ein K-Vektorraum sein, so hat man die Verknüpfungen (1), (M.0) zwangsläufig durch $\epsilon + \epsilon := \epsilon$, $\lambda \cdot \epsilon = \epsilon$ zu definieren. Tatsächlich sind damit alle Vektorraumaxiome leicht zu bestätigen, wobei der Nullvektor notwendig ϵ selbst ist. Man bezeichnet den so entstehenden Vektorraum daher durch $\{0\}$ oder einfach durch 0 und nennt ihn **Nullraum.**   □

Wir ziehen nun einige einfache Folgerungen aus den Vektorraumaxiomen. Dabei brauchen wir Folgerungen aus dem Gruppenaxiom (A) nicht nocheinmal aufzuschreiben, da dies bereits in 1.1 geschehen ist.

Satz B. *Für einen K-Vektorraum* V *gelten die Regeln*:

(i) $0 \cdot u = 0$

(ii) $\lambda \cdot 0 = 0$.

(iii) Aus $\lambda \cdot u = 0$ *folgt* $\lambda = 0$ *oder* $u = 0$.

(iv) $(-\lambda) u = \lambda(-u) = -(\lambda u) =: -\lambda u$.

Hinweis: Man beachte die zwei Bedeutungen des Symbols 0 in (i) bis (iii), einmal als 0 von K, zum anderen als 0 von V.

Beweis von B. *Zu* (i): Setzt man in (M.1): $\lambda = \mu = 0$, so folgt $(0 + 0) \cdot u = 0 \cdot u + 0 \cdot u$. Da links $0 + 0 = 0$ ist [Rechnen in (K, +)!], folgt $0 \cdot u = 0 \cdot u + 0 \cdot u$. Hieraus folgt durch Rechnen in (V, +): $0 \cdot u = 0$.

Zu (ii): Die Überlegung verläuft analog, wenn in (M.4) $u = v = 0$ gesetzt wird.

Zu (iii): Wir führen einen Widerspruchsbeweis durch. Wäre $\lambda \cdot u = 0$ aber $\lambda \neq 0$ und $u \neq 0$, so ergäbe sich durch Multiplikation von $\lambda \cdot u = 0$ von „links" mit λ^{-1} : $\lambda^{-1}(\lambda u) = \lambda^{-1} \cdot 0$, also nach (M.2) und (ii): $(\lambda^{-1}\lambda) u = 0$, also $1 \cdot u = 0$, also nach (M.3): $u = 0$, im Widerspruch zu der Annahme.

Zu (iv): Die Regel $(-\lambda) u = -(\lambda u)$ ergibt sich, indem in (M.1) $\mu := -\lambda$ gesetzt wird durch ähnliche Schlüsse wie bei (i), die Regel $\lambda(-u) = -(\lambda u)$ folgt analog aus (M.4) mit der Substitution $v := -u$. Die Durchführung sei dem Leser empfohlen. $\square$

Schließlich sei noch bemerkt, daß die Regeln (M.1) und (M.4) sinngemäß für mehr als zwei (jedoch endlich viele) Summanden gelten. Das erkennt man leicht durch vollständige Induktion. Kombiniert man dies mit der Regel nach Fubini D [1.1], so erhält man das Gesetz

$$(8) \qquad \left(\sum_{i \in I} \lambda_i \right) \left(\sum_{j \in J} u_j \right) = \sum_{(i,\,j) \in I \times J} \lambda_i u_j;$$

dabei sind I und J endliche Indexmengen und $\lambda_i \in K$ und $u_j \in V$.

Analog verallgemeinert sich die Regel (M.2) auf endlich viele skalare Faktoren:

$$(9) \qquad \left(\prod_{i=1}^{k} \lambda_i \right) u = \lambda_1(\dots(\lambda_{k-1}(\lambda_k u))\dots).$$

Infolgedessen braucht man in Ausdrücken der Art $\lambda_1 \lambda_2 \dots \lambda_k u$ keine Klammern zu setzen.

Aufgaben

1. In der Menge $\mathbb{R}^2$ der Paare reeller Zahlen sei eine Addition $\boxplus$ und eine Multiplikation mit reellen Zahlen $\boxdot$ eingeführt gemäß folgenden Festsetzungen:

a) $(a, b) \boxplus (c, d) := (a + c, b + d + 1)$ b) $(a, b) \boxplus (c, d) := (a + c, b + d)$

   $\lambda \boxdot (a, b) := (\lambda a, \lambda b + \lambda - 1)$ $\lambda \boxdot (a, b) := (\lambda a, b)$.

Man prüfe jeweils, ob $\mathbb{R}^2$ mit diesen Verknüpfungen ein reeller Vektorraum ist, und benenne gegebenenfalls dessen Nullelement und das (additive) Inverse zu (a, b).

2. Aus den Vektorraumaxiomen und den bereits gezogenen Folgerungen daraus sollen nachstehende Regeln bewiesen werden:

a) $(\lambda - \mu)\, u = \lambda u - \mu u$ c) $\lambda u = \mu u,\ u \neq 0 \Rightarrow \lambda = \mu$

b) $\lambda(u - v) = \lambda u - \lambda v$ d) $\lambda u = \lambda v,\ \lambda \neq 0 \Rightarrow u = v$.

Man benenne bei jedem Beweisschritt die benötigten Hilfsmittel.

2.2 Lineare Abhängigkeit

Sei V ein K-Vektorraum.

Die hier zu definierenden Begriffe zielen auf die Klärung des Dimensionsbegriffs. Wir sprechen dabei über Systeme von endlich vielen Vektoren $a_1, a_2, \ldots, a_k$ in V (mit $k \geq 1$). Genauer gesagt, ist ein solches System ein k-Tupel $(a_1, a_2, \ldots, a_k)$ mit $a_j \in V$ für $j = 1, 2, \ldots, k$. Wir lassen jedoch in diesem Zusammenhang die Klammern weg. Die natürliche Zahl k heiße die **Länge** des Systems.

Warnung: In a_j ist j ein Numerierungsindex für Elemente aus V und nicht die Bezeichnung für eine Koordinate (ein Begriff, der in diesem allgemeinen Rahmen gar nicht existiert).

Die folgenden Begriffe klassifizieren ein gegebenes Vektorsystem $a_1, a_2, \ldots, a_k$ nach dem Lösungsverhalten der vektoriellen Gleichung

(1) $\lambda_1 a_1 + \lambda_2 a_2 + \ldots + \lambda_k a_k = 0$

in den Unbekannten $\lambda_j \in K$:

Definition A. *Ein Vektorsystem* $a_1, a_2, \ldots, a_k$ *in* V *heißt:*

(i) *linear abhängig, falls Elemente* $\lambda_1, \lambda_2, \ldots, \lambda_k \in K$ *existieren, die* (1) *erfüllen und nicht alle* 0 *sind*;

(ii) *linear unabhängig, falls* (i) *nicht zutrifft, d. h. falls aus* (1) *stets folgt* $\lambda_1 = \lambda_2 = \ldots = \lambda_k = 0$.

In praktischen Beispielen versucht man, die vektorielle Gleichung (1) in ein äquivalentes lineares Gleichungssystem umzuformen. Hat dieses eine nichttriviale Lösung, so liegt Fall (i) vor, hat es nur die triviale Lösung, so liegt Fall (ii) vor.

Beispiele. 1. Sei $V = \mathbf{R}^3$, $k = 3$,

$$
(2) \quad
\begin{aligned}
a_1 &= (-1, \quad 1, \quad 2) \\
a_2 &= (\ \ 0, \quad 3, -1) \\
a_3 &= (\ \ 2, -14, \quad 0).
\end{aligned}
$$

Ist a_1, a_2, a_3 linear abhängig oder unabhängig? *Lösung:* Man berechnet $\lambda_1 a_1 + \lambda_2 a_2 + \lambda_3 a_3$ $= (-\lambda_1 + 2\lambda_3, \lambda_1 + 3\lambda_2 - 14\lambda_3, 2\lambda_1 - \lambda_2)$. Die Gleichung (1) ist also äquivalent mit dem System

$$
(3) \quad
\begin{aligned}
-\lambda_1 \qquad + \ 2\lambda_3 &= 0 \\
\lambda_1 + 3\lambda_2 - 14\lambda_3 &= 0 \\
2\lambda_1 - \ \lambda_2 \qquad &= 0.
\end{aligned}
$$

Mit den Verfahren von 0.1 kann man die Lösungen bestimmen, eine ist z.B. $\lambda_1 = 2$, $\lambda_2 = 4$, $\lambda_3 = 1$. Also gilt auch

$$
(4) \quad 2a_1 + 4a_2 + a_3 = 0,
$$

also ist a_1, a_2, a_3 linear abhängig. [Mit etwas Geschick, hätte man dies auch unmittelbar aus (2) erraten können!]

2. Das System a_1, a_2 (ohne a_3) aus Beispiel 1 ist linear unabhängig. *Lösung:* Hier ist $k = 2$, und (1) ist äquivalent mit

$$
(5) \quad
\begin{aligned}
-\lambda_1 \qquad &= 0 \\
\lambda_1 + 3\lambda_2 &= 0 \\
2\lambda_1 - \ \lambda_2 &= 0,
\end{aligned}
$$

was nur geht, wenn $\lambda_1 = \lambda_2 = 0$ ist. $\qquad\qquad\qquad\qquad\qquad\qquad\qquad\qquad$ $\square$

Wir beweisen nun eine Reihe von Sätzen über diese Begriffe, die im folgenden ständig gebraucht werden.

Zunächst besteht *Unabhängigkeit von der Reihenfolge:*

Satz B. *Sei* a_1, a_2, ..., a_k *ein Vektorsystem in* V *und* σ *eine Permutation der Ziffern von* 1 *bis* k. *Dann ist* a_1, a_2, ..., a_k *linear abhängig genau dann, wenn* $a_{\sigma(1)}$, $a_{\sigma(2)}$, ..., $a_{\sigma(k)}$ *linear abhängig ist. Dies gilt entsprechend auch für „linear unabhängig" anstelle von „linear abhängig".*

Beweis. Die Behauptung ergibt sich unmittelbar aus Definition A, wenn man bedenkt, daß für die linke Seite in (1) gilt

$$
(6) \quad \sum_{j=1}^{k} \lambda_j a_j = \sum_{j=1}^{k} \lambda_{\sigma(j)} a_{\sigma(j)}. \qquad\qquad\qquad\qquad\qquad\qquad \square
$$

Satz B rechtfertigt es, die Sprechweise „das Vektor*system* a_1, ..., a_k *ist* linear abhängig (bzw. unabhängig)" zu ersetzen durch „die *Vektoren* a_1, ..., a_k *sind* linear abhängig (bzw. unabhängig)".

Bei $k = 1$ gilt:

Satz C. *Ein einzelner Vektor* $a \in V$ *ist linear unabhängig genau dann, wenn* $a \neq 0$ *ist.*

Beweis. Dieser zerfällt in zwei Teile.

Ist $a \neq 0$ vorausgesetzt, so impliziert $\lambda \cdot a = 0$ nach B (iii) [2.1]: $\lambda = 0$; also ist a linear unabhängig.

Wird umgekehrt die lineare Unabhängigkeit von a vorausgesetzt, so muß $a \neq 0$ sein: Angenommen, es wäre $a = 0$, so gilt nach B (ii) [2.1]: $1 \cdot a = 0$; wegen $1 \neq 0$ ist dann a linear abhängig – ein Widerspruch. $\square$

Satz D. *Die lineare Abhängigkeit bleibt bei Verlängerung eines Vektorsystems erhalten:*
Ist das Vektorsystem $a_1, \ldots, a_k$ *linear abhängig, und sind* $a_{k+1}, \ldots, a_l$ *weitere Vektoren von* V, *so ist auch* $a_1, \ldots, a_l$ *linear abhängig.*

Beweis. Nach Voraussetzung existieren $\lambda_1, \ldots, \lambda_k \in K$, die nicht alle 0 sind, so daß gilt

$$(7) \qquad \lambda_1 a_1 + \ldots + \lambda_k a_k = 0.$$

Setzt man

$$(8) \qquad \lambda_{k+1} = \ldots = \lambda_l = 0,$$

so gilt nach B (i) [2.1]:

$$(9) \qquad \lambda_1 a_1 + \ldots + \lambda_k a_k + \lambda_{k+1} a_{k+1} + \ldots + \lambda_l a_l = 0.$$

Da $\lambda_1, \ldots, \lambda_l$ nicht alle 0 sind, so folgt hieraus die lineare Abhängigkeit von $a_1, \ldots, a_l$. $\square$

Satz E. *Die lineare Unabhängigkeit bleibt bei Verkürzung eines Vektorsystems erhalten:*
Ist $a_1, \ldots, a_k$ *linear unabhängig und* $g \in \{1, \ldots, k\}$, *so ist auch* $a_1, \ldots, a_g$ *linear unabhängig.*

Beweis. Wäre $a_1, \ldots, a_g$ linear abhängig, so wäre nach D auch $a_1, \ldots, a_k$ linear abhängig.
                                                                                          $\square$

Definition F. *Sei* $a_1, \ldots, a_k$ *ein Vektorsystem in* V. *Ein weiterer Vektor* $b \in V$ *heißt*
Linearkombination *von* $a_1, \ldots, a_k$, *wenn es Elemente* $\beta_1, \ldots, \beta_k \in K$ *gibt, so daß gilt*

$$(10) \qquad b = \beta_1 a_1 + \ldots + \beta_k a_k.$$

In (10) heißen die Skalare β_j **Koeffizienten**. Die Linearkombinationen eines einzigen Vektors ($k = 1$) heißen auch seine **(skalaren) Vielfachen**.

Satz G. *Ein Vektorsystem* $a_1, \ldots, a_k$ *in* V *ist genau dann linear unabhängig, wenn jede Linearkombination von* $a_1, \ldots, a_k$ *eindeutig bestimmte Koeffizienten hat, d. h. wenn aus*

$$(11) \qquad \sum_{j=1}^{k} \beta_j a_j = \sum_{j=1}^{k} \gamma_j a_j$$

stets folgt $\beta_j = \gamma_j$ *für* $j = 1, \ldots, k.$

Beweis. Dieser zerfällt in zwei Teile.

Sei zunächst die lineare Unabhängigkeit von $a_1, \ldots, a_k$ vorausgesetzt. Aus einer Relation (11) folgt dann durch Anwendung der Rechenregeln von 2.1

$$(12) \qquad \sum_{j=1}^{k} (\beta_j - \gamma_j)\, a_j = 0.$$

Dies impliziert laut Definition A (ii): $\beta_j - \gamma_j = 0$, also $\beta_j = \gamma_j$ für $j = 1, \ldots, k$.

Sei umgekehrt die Eindeutigkeit der Koeffizienten vorausgesetzt. Aus einer Relation der Art (1):

$$(13) \qquad \sum_{j=1}^{k} \lambda_j a_j = 0$$

folgt dann durch Umschreiben der rechten Seite gemäß B (i) [2.1]:

$$(14) \qquad \sum_{j=1}^{k} \lambda_j \cdot a_j = \sum_{j=1}^{k} 0 \cdot a_j.$$

also $\lambda_j = 0$ für $j = 1, \ldots, k$. $\qquad\square$

Satz H. *Das Vektorsystem* $a_1, \ldots, a_k, a_{k+1}$ *in* V *sei linear abhängig, jedoch sei das Teilsystem* $a_1, \ldots, a_k$ *linear unabhängig. Dann ist* a_{k+1} *eine Linearkombination von* $a_1, \ldots, a_k$.

Beweis. Nach der Voraussetzung über $a_1, \ldots, a_{k+1}$ existieren Skalare $\lambda_1, \ldots, \lambda_{k+1}$, die nicht alle 0 sind, so daß gilt:

$$(15) \qquad \sum_{j=1}^{k} \lambda_j a_j + \lambda_{k+1} a_{k+1} = 0.$$

Wäre hierin $\lambda_{k+1} = 0$, so folgte

$$(16) \qquad \sum_{j=1}^{k} \lambda_j a_j = 0,$$

also nach der Voraussetzung über $a_1, \ldots, a_k$:

$$(17) \qquad \lambda_1 = \ldots = \lambda_k = 0.$$

Da jedoch nicht alle λ_j Null sein dürfen, muß $\lambda_{k+1} \neq 0$ sein. Damit ergibt sich aus (15)

$$(18) \qquad a_{k+1} = \sum_{j=1}^{k} \left(- \frac{\lambda_j}{\lambda_{k+1}}\right) \cdot a_j. \qquad\square$$

Der folgende Satz spielt eine wichtige Rolle bei der eindeutigen Festlegung der „Dimension" im nächsten Abschnitt:

Satz I. *Gegeben seien zwei Vektorsysteme* $a_1, \ldots, a_k$ *und* $b_1, \ldots, b_{k+1}$ *in* V. *Jedes* b_j, $1 \leq j \leq k + 1$, *sei eine Linearkombination von* $a_1, \ldots, a_k$. *Dann ist* $b_1, \ldots, b_{k+1}$ *linear abhängig.*

Beweis. Wir führen vollständige Induktion nach k durch.

Beim *Induktionsanfang* k = 1 lautet die Voraussetzung:

$$(19) \qquad b_1 = \beta a_1, \, b_2 = \gamma a_1 \qquad \text{mit } \beta, \gamma \in K.$$

Im Falle $\beta = 0$ ist $b_1 = 0$, also b_1, b_2 linear abhängig nach C und D. Im Falle $\beta \neq 0$ folgt aus der ersten Gleichung von (19): $a_1 = \beta^{-1} b_1$, und damit aus der zweiten $b_2 = \gamma \beta^{-1} b_1$, also $-\gamma \beta^{-1} b_1 + 1 \cdot b_2 = 0$. Wegen $1 \neq 0$ folgt hieraus die lineare Abhängigkeit von b_1, b_2.

Beim *Induktionsschluß* von $k - 1$ auf k für $k \geq 2$ schreiben wir die Voraussetzung in der Form auf

$$(20) \qquad \begin{aligned} b_1 &= \beta_{11} a_1 + \ldots + \beta_{1k} a_k \\ &\;\;\vdots \\ b_{k+1} &= \beta_{k+1,1} a_1 + \ldots + \beta_{k+1,k} a_k \end{aligned} \qquad \beta_{ij} \in K,$$

und unterscheiden die Fälle, daß die Koeffizienten der letzten *Spalte* alle 0 sind oder nicht.

Im ersten Fall ($\beta_{1k} = \ldots = \beta_{k+1,k} = 0$) sind $b_1, \ldots, b_k$ nach (20) Linearkombinationen von $a_1, \ldots, a_{k-1}$, also nach Induktionsvoraussetzung linear abhängig. Umsomehr trifft dies nach D für $b_1, \ldots, b_{k+1}$ zu.

Im zweiten Fall können wir nach B ohne Einschränkung annehmen, daß $\beta_{k+1,k} \neq 0$ ist. Dann liefert die letzte Gleichung von (20) durch Auflösen nach a_k etwas von der Form

$$(21) \qquad a_k = \frac{1}{\beta_{k+1,k}} \cdot b_{k+1} + A,$$

wobei A eine Linearkombination von $a_1, \ldots, a_{k-1}$ ist, deren Koeffizienten nicht weiter interessieren. Einsetzen von (21) in die vorangehenden Gleichungen von (20) ergibt dann

$$(22) \qquad \begin{aligned} b_1 - \frac{\beta_{1k}}{\beta_{k+1,k}} \cdot b_{k+1} &= B_1 \\ &\;\;\vdots \\ b_k - \frac{\beta_{kk}}{\beta_{k+1,k}} \cdot b_{k+1} &= B_k, \end{aligned}$$

wobei die $B_1, \ldots, B_k$ wiederum Linearkombinationen von $a_1, \ldots, a_{k-1}$ sind. Nach Induktionsvoraussetzung, angewandt auf $a_1, \ldots, a_{k-1}$ und $B_1, \ldots, B_k$, folgt die lineare Abhängigkeit von $B_1, \ldots, B_k$. Daher existieren Skalare $\lambda_1, \ldots, \lambda_k$, die nicht alle 0 sind, mit:

$$(23) \qquad \sum_{j=1}^{k} \lambda_j B_j = 0.$$

Nach (22) bedeutet dies

$$(24) \qquad \sum_{j=1}^{k} \lambda_j \left(b_j - \frac{\beta_{jk}}{\beta_{k+1,k}} \cdot b_{k+1} \right) = 0,$$

also

$$(25) \qquad \sum_{j=1}^{k} \lambda_j b_j - \left(\sum_{j=1}^{k} \frac{\lambda_j \beta_{jk}}{\beta_{k+1,k}} \right) b_{k+1} = 0.$$

Hieraus liest man die lineare Abhängigkeit von $b_1, \ldots, b_{k+1}$ ab. $\qquad \square$

Natürlich gilt ein entsprechender Satz, wenn $b_1, \ldots, b_{k+1}$ ersetzt wird durch ein *längeres* System $b_1, \ldots, b_{k+p}$ (mit $p > 1$), dessen Elemente Linearkombinationen von $a_1, \ldots, a_k$ sind; man braucht nur Satz D anzuwenden. Daher kann man sagen: *Mehr als* k *Linearkombinationen von* k *Vektoren* $a_1, \ldots, a_k$ *sind stets linear abhängig.*

Als Folgerung ergibt sich:

Satz J (Austauschsatz). *Seien* $a_1, \ldots, a_k$ *und* $b_1, \ldots, b_{k+l}$ *linear unabhängige Vektorsysteme in* V *(mit* $l \geq 1$ *). Dann existieren paarweise verschiedene Elemente* $j_1, \ldots, j_l$ $\in \{1, \ldots, k+l\}$, *so daß das Vektorsystem*

$$(26) \qquad a_1, \ldots, a_k, b_{j_1}, \ldots, b_{j_l}$$

linear unabhängig ist.

Beweis. Wir beweisen zunächst die Aussage:

(*) Es gibt ein $j \in \{1, \ldots, k+l\}$, so daß $a_1, \ldots, a_k, b_j$ linear unabhängig ist.

Angenommen, dies wäre *nicht* der Fall. Dann wäre jedes b_j nach H Linearkombination von $a_1, \ldots, a_k$. Wegen $k+l \geq k+1$ wäre dann $b_1, \ldots, b_{k+l}$ linear abhängig, entgegen der Voraussetzung.

Die Aussage (*) bedeutet, daß man ein gewisses b_j des zweiten Systems zum ersten System hinzufügen kann, ohne dessen lineare Unabhängigkeit zu zerstören. Die allgemeine Behauptung ergibt sich durch mehrfache Anwendung dieses Schrittes, der so lange möglich ist, als das erste System noch kürzer als das zweite ist. Die zum ersten System hinzugefügten Vektoren sind dabei paarweise verschieden, weil generell ein linear unabhängiges Vektorsystem keine zwei gleichen Vektoren enthalten kann. Diese letzte Tatsache kann man unmittelbar einsehen; sie folgt jedoch auch aus den Sätzen I und D. $\qquad \square$

Zum Schluß dieses Abschnittes beweisen wir eine einfache, häufig gebrauchte Tatsache:

Satz K. *Ein Vektorsystem* $a_1, \ldots, a_k$ *in* V *(mit* $k \geq 2$*) ist dann und nur dann linear abhängig, wenn es ein* $g \in \{1, \ldots, k\}$ *gibt, so daß* a_g *eine Linearkombination von* $a_1, \ldots, a_{g-1}, a_{g+1}, \ldots, a_k$ *ist.*

Konvention: Wird in einer Liste wie $a_1, \ldots, a_k$ ein festes a_g gestrichen, so wird das *Restsystem* $a_1, \ldots, a_{g-1}, a_{g+1}, \ldots, a_k$ auch durch $a_1, \ldots, \widehat{a_g}, \ldots, a_k$ bezeichnet.

Beweis von K. Wieder zerfällt der Beweis in zwei Teile.

„Dann": Es wird vorausgesetzt, a_g ist Linearkombination von $a_1, \ldots, \widehat{a_g}, \ldots, a_k$. Also gilt mit Skalaren $\beta_1, \ldots, \beta_{g-1}, \beta_{g+1}, \ldots, \beta_k$:

$$(27) \qquad a_g = \beta_1 a_1 + \ldots + \beta_{g-1} a_{g-1} + \beta_{g+1} a_{g+1} + \ldots + \beta_k a_k.$$

Hieraus folgt durch Addition von $-a_g = (-1) a_g$ auf beiden Seiten:

$$(28) \qquad 0 = \beta_1 a_1 + \ldots + \beta_{g-1} a_{g-1} + (-1) a_g + \beta_{g+1} a_{g+1} + \ldots + \beta_k a_k.$$

Mit $\beta_g := -1$ gilt also

$$(29) \qquad \sum_{j=1}^{k} \beta_j a_j = 0.$$

Wegen $\beta_g = -1 \neq 0$ sind nicht alle β_j Null, also folgt die lineare Abhängigkeit von $a_1, \ldots, a_k$.

„Nur dann": Es wird vorausgesetzt, $a_1, \ldots, a_k$ ist linear abhängig. Dann gilt mit Skalaren λ_j, die nicht alle 0 sind:

$$(30) \qquad \lambda_1 a_1 + \ldots + \lambda_k a_k = 0.$$

Sei z.B. $\lambda_g \neq 0$. Dann folgt aus (30) der Reihe nach

$$(31) \qquad \lambda_g a_g = -\lambda_1 a_1 - \ldots - \lambda_{g-1} a_{g-1} - \lambda_{g+1} a_{g+1} - \ldots - \lambda_k a_k$$

$$(32) \qquad a_g = -\frac{\lambda_1}{\lambda_g} a_1 - \ldots - \frac{\lambda_{g-1}}{\lambda_g} a_{g-1} - \frac{\lambda_{g+1}}{\lambda_g} a_{g+1} - \ldots - \frac{\lambda_k}{\lambda_g} a_k.$$

Also ist a_g Linearkombination von $a_1, \ldots, \widehat{a_g}, \ldots, a_k$. $\qquad\qquad\square$

Bemerkung 1. Für $k = 2$ besagt Satz K, daß a_1, a_2 genau dann *linear abhängig* ist, wenn a_1 und a_2 **proportional** sind, d.h. wenn ein $\mu \in K$ existiert mit $a_2 = \mu a_1$ oder ein $\tilde{\mu} \in K$ mit $a_1 = \tilde{\mu} a_2$. Daraus folgt leicht die folgende Charakterisierung der *linearen Unabhängigkeit* von a_1, a_2: Es gilt $a_1 \neq 0$, $a_2 \neq 0$, und a_2 ist *nicht* von der Form $a_2 = \mu a_1$ (also *kein* Vielfaches von a_1). In dieser Weise ist die lineare Unabhängigkeit zweier Vektoren in 0.2.4 eingeführt worden.

Aufgaben

1. Man entscheide, ob die folgenden Vektorsysteme in den Räumen $\mathbf{R}^2, \mathbf{R}^3, \mathbf{R}^4$ linear abhängig oder linear unabhängig sind:

a) $a_1 = (1, 2)$, $a_2 = (1, -1)$

b) $a_1 = (1, 10)$, $a_2 = (100, 1000)$, $a_3 = (10000, 1)$

c) $a_1 = (1, 2, 3)$, $a_2 = (1, 4, -1)$, $a_3 = (4, 3, 1)$

d) $a_1 = (2, -2, 4, 2)$, $a_2 = (-1, 1, -2, -1)$, $a_3 = (1, -2, 1, -1)$, $a_4 = (-1, -1, -1, -2)$.

2. In $\mathbb{C}^n$ sei ein Vektorsystem $a_1, \ldots, a_n$ mit $a_i := (a_{i1}, \ldots, a_{in})$ gegeben. Man zeige: Gilt

$$|a_{jj}| > \sum_{\substack{i=1 \\ i \neq j}}^{n} |a_{ij}| \quad \text{für } j = 1, \ldots, n,$$

so ist $a_1, \ldots, a_n$ linear unabhängig.

2.3 Dimension und Basis

Es sei V wieder ein Vektorraum über dem Körper K.

In V können wir alle möglichen Vektorsysteme $a_1, \ldots, a_k$ mit beliebigem $k \in \mathbb{N}$ betrachten. Ist V nicht der Nullraum, so gibt es mindestens ein linear unabhängiges Vektorsystem (der Länge 1). Man wird V eine *endliche Dimension* zuschreiben, wenn die Längen aller linear unabhängigen Vektorsysteme nach oben beschränkt sind, und man wird die maximale Länge dieser Vektorsysteme dann als *Dimension* bezeichnen. Dies führt auf die folgende Begriffsbildung:

Definition A. *Der Vektorraum* V *hat die (endliche) Dimension* n, *wenn gilt:*

(i) V *enthält ein linear unabhängiges Vektorsystem der Länge* n.

(ii) *Jedes Vektorsystem in* V *der Länge* n + 1 *ist linear abhängig.*

Streng genommen, gilt diese Definition nur, wenn V nicht der Nullraum ist, und dann ist $n \in \mathbb{N}$. Dem *Nullraum* 0 ordnet man die Dimension 0 zu, und man schreibt in beiden Fällen

$$(1) \qquad n =: \dim V < \infty.$$

Um den Nullraum nicht ständig getrennt behandeln zu müssen, kann man formal ein **leeres Vektorsystem** einführen und ihm die Länge 0 erteilen. Wenn man es als linear unabhängig definiert, so ist Definition A mit n = 0 auch im Falle V = 0 gültig.

Ist (ii) erfüllt, so ist nach D [2.2] jedes Vektorsystem in V einer Länge $\geq$ n + 1 erst recht linear abhängig.

Satz B. *Sei* V *von der Dimension* n *und* $a_1, \ldots, a_n$ *ein linear unabhängiges Vektorsystem in* V. *Dann kann jeder Vektor* $u \in V$ *als Linearkombination* $u = x_1 a_1 + \ldots + x_n a_n$ *mit eindeutig bestimmten Koeffizienten* $x_j \in K$ *dargestellt werden.*

Beweis. Nach Definition A (ii) ist das Vektorsystem $a_1, \ldots, a_n$, u linear abhängig, also folgt nach H [2.2], daß u eine Linearkombination von $a_1, \ldots, a_n$ ist. Nach G [2.2] sind die Koeffizienten einer solchen Linearkombination eindeutig bestimmt.   □

Hiervon gilt die folgende Umkehrung:

Satz C. *Sei* $a_1, \ldots, a_n$ *ein Vektorsystem in* V *mit der Eigenschaft, daß jeder Vektor von* V *als Linearkombination von* $a_1, \ldots, a_n$ *mit eindeutig bestimmten Koeffizienten dargestellt werden kann. Dann sind* $a_1, \ldots, a_n$ *linear unabhängig, und* V *hat die endliche Dimension* n.

Beweis. Die lineare Unabhängigkeit von $a_1, \ldots, a_n$ folgt mittels G [2.2]; somit ist die Eigenschaft A (i) erfüllt. Da je n + 1 Vektoren von V als Linearkombinationen von $a_1, \ldots, a_n$ dargestellt werden können, also nach I [2.2] linear abhängig sind, ist auch die Eigenschaft A (ii) erfüllt. Es folgt dim V = n $<\infty$.   □

Definition D. *Ein Vektorsystem* $a_1, \ldots, a_n$ *in* V *ist eine **Basis** von* V, *wenn jeder Vektor* $u \in V$ *als Linearkombination von* $a_1, \ldots, a_n$:

$$(2) \qquad u = x_1 a_1 + \ldots + x_n a_n$$

mit eindeutig bestimmten Koeffizienten x_j *dargestellt werden kann. Ist dies der Fall, so heißt* x_j *in* (2) *die* j-te **Koordinate** *von* u *bezüglich (oder in) der Basis* $a_1, \ldots, a_n$.

In dieser Sprechweise besagt Satz B: *Ist bekannt, daß* V *die Dimension* n *besitzt, so bildet jedes linear unabhängige Vektorsystem* $a_1, \ldots, a_n$ *von* V *der Länge* n *eine Basis von* V.

Satz E. *Ein Vektorraum* V *hat genau dann die endliche Dimension* n, *wenn in* V *eine Basis der Länge* n *existiert.*

In diesem Falle hat jede Basis von V *die Länge* n.

Beweis. Die Äquivalenzbehauptung des ersten Teils ergibt sich unmittelbar aus den Sätzen B und C. Der letzte Teil ist klar, weil die Dimension ihrer Definition nach eindeutig bestimmt ist.   □

Satz E kann insbesondere zur *Dimensionsbestimmung* verwendet werden: Man hat ja lediglich eine einzige Basis anzugeben, und kann dann aus deren Länge die Dimension ablesen. Ein Beispiel hierfür ist

Satz und Definition F. *Der Vektorraum* K^n *hat die Dimension* n. *Eine Basis wird gebildet von:*

$$
\begin{aligned}
e_1 &:= (1, 0, \ldots, 0) \\
e_2 &:= (0, 1, \ldots, 0) \\
&\;\;\vdots \\
e_n &:= (0, 0, \ldots, 1).
\end{aligned}
$$

(3)

$e_1, \ldots, e_n$ *heißt **Standardbasis** von* K^n.

Beweis. Im Falle K = R ist bei Satz A [0.2.2] explizit gezeigt worden, daß $e_1, \ldots, e_n$ die Definition D erfüllt. Dieser Nachweis läßt sich wörtlich auf beliebiges K übertragen. Damit folgt durch Anwendung von Satz E:

$$(4) \qquad \boxed{\dim K^n = n.}$$
    □

Setzt man speziell $n = 1$, so erkennt man, *daß* K *selbst ein eindimensionaler Vektorraum über* K *(mit der Standardbasis 1)* ist.

Wenn ein Vektorraum eine Basis besitzt, so ist diese i.a. keineswegs eindeutig bestimmt (z.B. ist im $\mathbf{R}^n$ auch $-e_1, -e_2, \ldots, -e_n$ eine Basis). Jedoch haben alle Basen dieselbe Länge.

Beispiel 1. Nicht jeder Vektorraum ist endlich dimensional: Sei M eine *nichtleere* Menge und V der Vektorraum aller Abbildungen $f : M \to K$; vgl. Beispiel 2 [2.1]. Für jedes $p' \in M$ sei ein $f_{p'} \in V$ definiert durch

$$(5) \qquad f_{p'}(p) = \begin{cases} 1 & \text{für } p = p' \\ 0 & \text{für } p \neq p' \end{cases} \quad p \in M.$$

Sind nun $p_1, \ldots, p_k$ *paarweise verschiedene* Elemente von M, so ist $f_{p_1}, \ldots, f_{p_k}$ linear unabhängig; denn aus einer Relation der Form

$$(6) \qquad \lambda_1 f_{p_1} + \ldots + \lambda_k f_{p_k} = 0$$

folgt durch *Auswerten* an der Stelle p_j gemäß den Definitionen (6), (7) [2.1]:

$$(7) \qquad \lambda_1 f_{p_1}(p_j) + \ldots + \lambda_k f_{p_k}(p_j) = 0,$$

also nach (5): $\lambda_j \cdot 1 = 0$ für $1 \leq j \leq k$. Ist M *unendlich*, so kann k beliebig groß gewählt werden, also gibt es dann in V linear unabhängige Vektorsysteme beliebig größer Länge! $\square$

Ein Vektorraum, der keine endliche Dimension besitzt, heißt **unendlich dimensional.**

Der Basisbegriff kann auch für nicht endlich dimensionale Vektorräume eingeführt werden. Da hierzu weitergehende Hilfsmittel der „transfiniten" Mengenlehre erforderlich sind, soll dies hier unterbleiben.

Aufgaben

1. Für die Vektorsysteme von Aufgabe 1 [2.2] entscheide man, ob sie jeweils eine Basis des betreffenden Raumes bilden.

2. Es sei $\Pi_m(K)$ die Menge aller Polynome über K vom Grad $\leq m$; vgl. 1.4. Man zeige:

a) $\Pi_m(K)$ bildet mit den für Funktionen üblichen Verknüpfungen (6), (7) [2.1] einen K-Vektorraum.

b) Die **Monome** $1, x, x^2, \ldots, x^m$ bilden eine Basis von $\Pi_m(K)$, also gilt:

$$\dim \Pi_m(K) = m + 1.$$

3. Sei $\dim V = n < \infty$ und $a_1, \ldots, a_k$ ein Vektorsystem in V mit $k < n$. Man zeige: $a_1, \ldots, a_k$ ist dann und nur dann linear abhängig, wenn $a_1, \ldots, a_k, v$ für alle $v \in V$ linear abhängig ist.

2.4 Untervektorräume

Sei V Vektorraum über dem Körper K.

Eine nichtleere Teilmenge U von V wird man *Untervektorraum* nennen, wenn U mit den von V *ererbten* Verknüpfungen wieder K-Vektorraum ist. Ohne Mühe kann man einsehen, daß folgende Definition hiermit gleichwertig ist:

Definition A. *Eine nichtleere Teilmenge* $U \subseteq V$ *heißt* **Untervektorraum** *(oder linearer Unterraum) von* V, *wenn gilt:*

(i) *Aus* $u, v \in U$ *folgt* $u + v \in U$.

(ii) *Aus* $\lambda \in K$ *und* $u \in U$ *folgt* $\lambda \cdot u \in U$.

Tatsächlich rechnet man leicht nach, daß unter Voraussetzung von (i), (ii) alle Vektorraumaxiome für U anstelle V erfüllt sind. Der Nullvektor von U ist dabei derselbe wie in V, und entsprechendes gilt für das additive Inverse.

Jeder Vektorraum V enthält zwei **triviale** Untervektorräume, nämlich den Nullraum $0 = \{0\}$ und V selbst. Natürlich ist 0 der einzige Untervektorraum von V der endlichen Dimension 0. Alle von 0 und V verschiedenen Untervektorräume von V nennt man **echt**.

Die *Abgeschlossenheitsforderungen* (i), (ii) kann man zusammenfassen in:

$$(1) \qquad \left.\begin{array}{l} \lambda, \mu \in K \\ u, v \in U \end{array}\right\} \Rightarrow \lambda u + \mu v \in U.$$

Natürlich folgt hieraus $0 \in U$ und die (1) entsprechende Aussage für Linearkombinationen aus mehr als zwei Vektoren.

Beispiele. 1. Es sei $V = K^n$. Für ein festes k mit $0 < k < n$ bestehe die Teilmenge U_k von V aus denjenigen n-Tupeln, die an den letzten $n - k$ Koordinaten nur Nullen haben:

$$(2) \qquad U_k := \{(x_1, \ldots, x_k, 0, \ldots, 0) \mid x_j \in K\}.$$

Da U_k nichtleer ist und offensichtlich (i) und (ii) erfüllt, ist U_k Untervektorraum von K^n.

2. Sei V der Vektorraum aller Abbildungen f einer nichtleeren Menge M in K. Wir definieren eine Teilmenge V_0 von V so: Es gilt $f \in V_0$ genau dann, wenn f an höchstens *endlich* vielen Stellen von M ungleich Null ist:

$$(3) \qquad V_0 := \{f \in V \mid f^{-1}(K \setminus \{0\}) \text{ ist endlich}\}.$$

V_0 ist nicht leer; vgl. Beispiel 1 [2.3]. Ferner gilt: Sind $\lambda, \mu \in K$ und haben f und g diese Eigenschaft, also

$$(4) \qquad \begin{array}{llll} f(p_1) \neq 0, \ldots, f(p_k) \neq 0, & f(p) = 0 & \text{sonst}, \\ g(q_1) \neq 0, \ldots, g(q_l) \neq 0, & g(p) = 0 & \text{sonst}, \end{array}$$

so ist $\lambda f(p) + \mu g(p) = 0$ für alle $p \in M$, die von $p_1, \ldots, p_k, q_1, \ldots, q_l$ verschieden sind. Also ist V_0 Untervektorraum von V. Man nennt V_0 den **freien**, von M **erzeugten** K-Vektorraum.

Für *unendliches* M zeigen die speziellen Elemente f_p, von Beispiel 1 [2.3], daß bereits V_0 nicht endlich dimensional ist. Für *endliches* M (mit den paarweise verschiedenen Elementen $p_1, \ldots, p_k$) gilt natürlich $V = V_0$, und die Funktionen $f_{p_1}, \ldots, f_{p_k}$ bilden eine Basis von V_0; hier ist also die Dimension von $V = V_0$ gleich der Anzahl der Elemente von M.

Satz B. *Sind* U_1 *und* U_2 *Untervektorräume von* V, *so ist auch der* <u>*Durchschnitt*</u> $U_1 \cap U_2$ *Untervektorraum von* V.

Beweis. Wegen $0 \in U_1, 0 \in U_2$ ist auch $0 \in U_1 \cap U_2$, also $U_1 \cap U_2 \neq \emptyset$. Zum Nachweis von (1) seien $\lambda, \mu \in K$ und $u, v \in U_1 \cap U_2$ vorgegeben. Dann gilt nach Voraussetzung $\lambda u + \mu v \in U_1$ sowie $\lambda u + \mu v \in U_2$, also $\lambda u + \mu v \in U_1 \cap U_2$. $\square$

Dieser Satz und sein Beweis gelten natürlich ebenso für die Durchschnittsbildung von *beliebig vielen* Untervektorräumen von V.

Eine analoge Aussage für die Vereinigung ist jedoch *nicht* richtig.

Beispiel 3. Sei $V = K^2$, $U_1 := \{(\alpha, 0) | \alpha \in K\}$ und $U_2 := \{(0, \beta) | \beta \in K\}$. Dann sind U_1, U_2 Untervektorräume von V, nicht aber $U_1 \cup U_2$: Wäre $U_1 \cup U_2$ Untervektorraum von V, so ergäbe sich aus $(1, 0) \in U_1 \subsetneq U_1 \cup U_2$ und $(0, 1) \in U_2 \subsetneq U_1 \cup U_2$ nach A (i): $(1, 0) + (0, 1) \in U_1 \cup U_2$, also $(1, 1) \in U_1 \cup U_2$, was nicht der Fall ist. $\square$

Als Ersatz für die Vereinigung bietet sich die *Summe* an:

Definition C. *Sind* U_1, U_2 *nichtleere* <u>*Teilmengen*</u> *von* V, *so ist die* **Summe** $U_1 + U_2$ *die Menge aller Vektoren* $u \in V$, *die sich in der Form*

$$(5) \qquad u = u_1 + u_2 \quad mit \quad u_1 \in U_1, u_2 \in U_2$$

darstellen lassen.

Hierfür gilt:

Satz D. *Sind* U_1, U_2 *Untervektorräume von* V, *so ist auch* $U_1 + U_2$ *Untervektorraum von* V.

Beweis. Wegen $0 \in U_1, 0 \in U_2$ ist $0 = 0 + 0 \in U_1 + U_2$, also $U_1 + U_2 \neq \emptyset$. Nachweis von (1): Zu $u, v \in U_1 + U_2$ existieren $u_1, v_1 \in U_1$ und $u_2, v_2 \in U_2$ mit:

$$(6) \qquad u = u_1 + u_2, \quad v = v_1 + v_2.$$

Hieraus folgt

$$(7) \qquad \lambda u + \mu v = \lambda(u_1 + u_2) + \mu(v_1 + v_2) = (\lambda u_1 + \mu v_1) + (\lambda u_2 + \mu v_2).$$

Da $\lambda u_1 + \mu v_1 \in U_1$ und $\lambda u_2 + \mu v_2 \in U_2$, folgt $\lambda u + \mu v \in U_1 + U_2$. $\square$

Definition E. *Seien* U_1, U_2 *Untervektorräume von* V. *Die Summenbildung* $U_1 + U_2$ *heißt direkt, wenn eine der beiden folgenden äquivalenten Forderungen erfüllt ist:*

(i) *Jeder Vektor* $u \in U_1 + U_2$ *ist auf genau eine Weise in der Form* (5) *darstellbar.*

(ii) *Aus* $u_1 + u_2 = 0$, $u_1 \in U_1$, $u_2 \in U_2$ *folgt stets* $u_1 = u_2 = 0$.

Ist dies der Fall so schreibt man

$$(8) \qquad U_1 + U_2 = U_1 \oplus U_2.$$

Zur Äquivalenz von (i), (ii): Aus (i) folgt (ii), weil $u_1 + u_2 = 0 = 0 + 0$ wegen $0 \in U_1$, $0 \in U_2$ impliziert $u_1 = 0$, $u_2 = 0$. Aus (ii) folgt (i), weil $u_1 + u_2 = v_1 + v_2$ mit $u_1, v_1 \in U_1$, $u_2, v_2 \in U_2$ impliziert $(u_1 - v_1) + (u_2 - v_2) = 0$ mit $u_1 - v_1 \in U_1$, $u_2 - v_2 \in U_2$, also $u_1 - v_1 = 0$, $u_2 - v_2 = 0$, also $u_1 = v_1$, $u_2 = v_2$. $\qquad\square$

Sind U_1, U_2 Untervektorräume von V und gilt

$$(9) \qquad V = U_1 \oplus U_2,$$

so spricht man von einer **direkten Zerlegung** von V. In diesem Fall heißt das zu jedem $u \in V$ durch (5) eindeutig bestimmte Element $u_1 \in U_1$ (bzw. $u_2 \in U_2$) die **erste** (bzw. **zweite**) **Komponente** von u [bezüglich (9)].

Die Aussagen C bis E lassen sich in völlig analoger Weise auf *endlich viele* Teilmengen $U_1, \ldots, U_p$ (bzw. Untervektorräume) übertragen. Z.B. ist V die direkte Summe der Untervektorräume $U_1, U_2, \ldots, U_p$, geschrieben

$$(10) \qquad V = U_1 \oplus U_2 \oplus \ldots \oplus U_p,$$

wenn jedes $u \in V$ in der Form

$$(11) \qquad u = u_1 + u_2 + \ldots + u_p$$

mit eindeutig bestimmten $u_j \in U_j$, $1 \leqq j \leqq p$ dargestellt werden kann. Gleichwertig mit der *Eindeutigkeit* ist hierbei, daß aus $u_1 + u_2 + \ldots + u_p = 0$ und $u_j \in U_j$ für $1 \leqq j \leqq p$ stets folgt $u_1 = u_2 = \ldots = u_p = 0$.

Die folgende Kennzeichnung von „direkt" gilt nur für *zwei* Untervektorräume (p = 2):

Satz F. *Sind* U_1, U_2 *Untervektorräume von* V, *so ist die Summenbildung* $U_1 + U_2$ *dann und nur dann direkt, wenn* $U_1 \cap U_2 = 0$ *gilt.*

Beweis. Dieser zerfällt in zwei Teile:

Sei die Summenbildung direkt vorausgesetzt. Wir haben $U_1 \cap U_2 = 0$ nachzuweisen: Ist $u \in U_1 \cap U_2$ gegeben, so gilt $0 = 0 + 0 = u + (-1) \cdot u$ mit $0, u \in U_1$ und $0, (-1)u \in U_2$. Also folgt $0 = u$ [und $0 = (-1) \cdot u$].

Sei umgekehrt $U_1 \cap U_2 = 0$ vorausgesetzt. Um die Direktheit von $U_1 + U_2$ gemäß E (ii) zu beweisen, sei $u_1 + u_2 = 0$ mit $u_1 \in U_1$, $u_2 \in U_2$ vorausgesetzt. Hieraus folgt $U_1 \ni u_1 = -u_2 \in U_2$, also $u_1, u_2 \in U_1 \cap U_2$, also $u_1 = u_2 = 0$. $\qquad\square$

Im Rest dieses Abschnitts beschäftigen wir uns besonders mit Untervektorräumen *endlicher* Dimension.

Satz G. *Sei* U *Untervektorraum von* V. *Ist* V *endlich dimensional, so ist auch* U *endlich dimensional, und es gilt*

(12) $\dim U \leq \dim V.$

Hierin steht genau dann das Gleichheitszeichen, wenn U = V *ist.*

Beweis. Durch Zurückgehen auf Definition A [2.2] sieht man: Ein Vektorsystem $a_1, ..., a_k$ in U ist genau dann in U linear abhängig (unabhängig), wenn es in V linear abhängig (unabhängig) ist. Hieraus folgt laut Definition der endlichen Dimension (A [2.3]) bereits die Ungleichung (12).

Diskussion des Gleichheitszeichens: Daß aus U = V folgt $\dim U = \dim V$, ist trivial. Sei umgekehrt $\dim U = \dim V =: n$ vorausgesetzt. Wir müssen folgern U = V: Nach E [2.3] existiert eine Basis $a_1, ..., a_n$ von U. Da $a_1, ..., a_n$ in U und damit auch in V linear unabhängig ist, folgt nach B [2.3], daß $a_1, ..., a_n$ auch Basis von V ist. Also bestehen sowohl U wie V aus allen Linearkombinationen von $a_1, ..., a_n$, also ist U = V.   □

Satz H (Dimensionssatz für direkte Summen). *Sind* U_1, U_2 *endlich dimensionale Untervektorräume von* V *mit* <u>*direkter*</u> *Summe, so gilt:*

(13) $\dim(U_1 \oplus U_2) = \dim U_1 + \dim U_2.$

Beweis: Sei $k := \dim U_1$, $l := \dim U_2$, $a_1, ..., a_k$ eine Basis von U_1, $b_1, ..., b_l$ eine Basis von U_2. Wir zeigen, daß das **zusammengefügte** System

(14) $a_1, ..., a_k, b_1, ..., b_l$

eine Basis von $U_1 + U_2$ ist, indem wir D [2.3] verifizieren: Ist $u \in U_1 + U_2$ beliebig gegeben, so gibt es dazu eindeutig bestimmte Vektoren $u_1 \in U_1$ und $u_2 \in U_2$ mit $u = u_1 + u_2$. Zu u_1 bzw. u_2 existieren eindeutig bestimmte Skalare $x_{11}, ..., x_{1k}$ bzw. $x_{21}, ..., x_{2l}$, so daß gilt

(15) $u_1 = \sum_{i=1}^{k} x_{1i} a_i, \quad u_2 = \sum_{j=1}^{l} x_{2j} b_j.$

Hieraus folgt

(16) $u = u_1 + u_2 = \sum_{i=1}^{k} x_{1i} a_i + \sum_{j=1}^{l} x_{2j} b_j$

mit eindeutig bestimmten Koeffizienten. Aus der so bewiesenen Basiseigenschaft von (14) folgt die Behauptung $\dim(U_1 \oplus U_2) = k + l$.   □

Satz H gilt samt Beweis analog für endlich viele, endlich dimensionale Untervektorräume $U_1, ..., U_p$ von V mit *direkter* Summe. Insbesondere erhält man eine Basis von $U_1 \oplus ... \oplus U_p$, wenn man p einzelne Basen von $U_1, ..., U_p$ *zusammenfügt.*

Häufig entsteht die Frage, ob es zu einem gegebenen Untervektorraum $U_1 \subseteq V$ einen Untervektorraum $U_2 \subseteq V$ gibt, für den $V = U_1 \oplus U_2$ gilt. U_1 heißt dann ein **direkter**

Summand von V und U_2 ein **Ergänzungs-** oder **Komplementärraum** zu U_1 in V. Diese Frage läßt sich allgemein positiv beantworten, jedoch können wir hier nur den Fall endlicher Dimension behandeln:

Satz I (Ergänzungssätze). *Sei* dim V = n $<\infty$. *Dann gilt:*

(i) *Ist* $a_1, \ldots, a_k$ *ein linear unabhängiges Vektorsystem in* V, *so existieren Vektoren* $a_{k+1}, \ldots, a_n$, *so daß* $a_1, \ldots, a_n$ *Basis von* V *ist.*

(ii) *Ist* U_1 *ein Untervektorraum von* V *der Dimension* k, *so existiert ein Untervektorraum* U_2 *von* V *der Dimension* n − k, *so daß* V = $U_1 \oplus U_2$.

Bei (i) nennt man $a_{k+1}, \ldots, a_n$ eine **Basisergänzung** von $a_1, \ldots, a_k$.

Beweis von I. *Zu* (i): Nach A (ii) [2.3] gilt k $\leq$ n. Ist k = 0 (leeres System) bzw. k = n, so ist die Behauptung trivial (vgl. E [2.3] bzw. B [2.3]). Im Falle 0 $<$ k $<$ n wenden wir den Austauschsatz J [2.2] an: Sei dazu eine Basis $b_1, \ldots, b_n$ von V gewählt. Dann gibt es in dieser Basis Elemente der Anzahl n − k, die wir gleich $a_{k+1}, \ldots, a_n$ nennen, so daß das System $a_1, \ldots, a_k, a_{k+1}, \ldots, a_n$ linear unabhängig ist, also nach B [2.3] eine Basis von V bildet.

Zu (ii): Die Fälle k = 0 (U_1 = 0) bzw. k = n (U_1 = V) sind wieder trivial: man setze U_2 = V bzw. U_2 = 0. Ist 0 $<$ k $<$ n, so werde eine Basis $a_1, \ldots, a_k$ von U_1 gewählt. Die Elemente dieser Basis sind dann in U_1, also in V linear unabhängig, so daß sie durch Hinzunahme weiterer n − k Vektoren gemäß Teil (i) zu einer Basis $a_1, \ldots, a_k, a_{k+1}, \ldots, a_n$ ergänzt werden können. Als U_2 können wir nun die Menge aller Linearkombinationen von $a_{k+1}, \ldots, a_n$ wählen. Diese Menge ist mittels (1) ohne Mühe als Untervektorraum von V nachzuweisen. Ferner gilt V = $U_1 \oplus U_2$. Denn ein beliebiges u $\in$ V kann eindeutig in der Form geschrieben werden

$$(17) \qquad u = \sum_{\nu=1}^{k} x_\nu a_\nu + \sum_{\nu=k+1}^{n} x_\nu a_\nu.$$

Hieraus liest man ab, daß es eindeutig bestimmte Elemente $u_1 \in U_1$ und $u_2 \in U_2$ gibt, so daß u = $u_1 + u_2$ gilt. Daß dim U_2 = n − k gilt, folgt z. B. mittels H. $\qquad\Box$

Satz J (Dimensionssatz für Untervektorräume). *Seien* U_1, U_2 *endlich dimensionale Untervektorräume von* V. *Dann sind auch* $U_1 \cap U_2$ *und* $U_1 + U_2$ *von endlicher Dimension, und es gilt:*

$$(18) \qquad \boxed{\dim(U_1 \cap U_2) + \dim(U_1 + U_2) = \dim U_1 + \dim U_2.}$$

Vorbemerkung: Natürlich gilt generell das Inklusionsschema

$$(19) \qquad U_1 \cap U_2 \subseteqq \begin{matrix} U_1 \\ U_2 \end{matrix} \subseteqq U_1 + U_2.$$

Beweis von J. Wir setzen

$$(20) \qquad k := \dim U_1, \quad l := \dim U_2, \quad d := \dim(U_1 \cap U_2)$$

und zeigen zunächst die endliche Dimension von $U_1 + U_2$: Ist $a_1, \ldots, a_k$ eine Basis von U_1 und $b_1, \ldots, b_l$ eine Basis von U_2, so ist jedes Element von $U_1 + U_2$ als Linearkombination von $a_1, \ldots, a_k, b_1, \ldots, b_l$ darstellbar. Also sind nach I [2.2] alle Vektorsysteme in $U_1 + U_2$ der Länge $> k + l$ linear abhängig, und nach A [2.3] folgt:

$$(21) \qquad s := \dim(U_1 + U_2) \leqq k + l.$$

Zum Beweis von (18) sei weiter gesetzt:

$$(22) \qquad D := U_1 \cap U_2, \quad S := U_1 + U_2.$$

Nach I (ii) existieren Untervektorräume D_1, D_2 mit

$$(23) \qquad D \oplus D_1 = U_1, \quad D \oplus D_2 = U_2.$$

Hieraus beweisen wir:

$$(24) \qquad D \oplus D_1 \oplus D_2 = U_1 + U_2.$$

Zu $D + D_1 + D_2 \subseteqq U_1 + U_2$: Aus $v + v_1 + v_2 \in D + D_1 + D_2$ folgt mit (23) $v + v_1 + v_2 =$ $= (v + v_1) + (0 + v_2) \in U_1 + U_2$.

Zu $D + D_1 + D_2 \supseteqq U_1 + U_2$: Aus $u_1 + u_2 \in U_1 + U_2$ folgt, da nach (23) $u_1 = v + v_1$ mit $v \in D$, $v_1 \in D_1$ und $u_2 = \tilde{v} + v_2$ mit $\tilde{v} \in D$, $v_2 \in D_2$ gilt: $u_1 + u_2 = (v + \tilde{v}) + v_1 + v_2 \in D + D_1 + D_2$.

Zu $D + D_1 + D_2 = D \oplus D_1 \oplus D_2$: Aus $v + v_1 + v_2 = 0$ mit $v \in D$, $v_1 \in D_1$, $v_2 \in D_2$ folgt mittels (23)

$$(25) \qquad \begin{aligned} U_1 &\ni v + v_1 = -v_2 \in D_2 \subseteqq U_2 \\ U_2 &\ni v + v_2 = -v_1 \in D_1 \subseteqq U_1 \end{aligned},$$

also $v_1, v_2 \in D$, also nochmals mit (23) und nach F: $v_1 = v_2 = 0$, also auch $v = 0$.

Setzen wir nun

$$(26) \qquad d_1 := \dim D_1, \quad d_2 := \dim D_2,$$

so folgt aus (23) mittels Satz H:

$$(27) \qquad d + d_1 = k, \quad d + d_2 = l,$$

und ebenso aus (24) nach dem Analogon von Satz H für drei direkte Summanden:

$$(28) \qquad d + d_1 + d_2 = s.$$

Aus (27), (28) ergibt sich durch Elimination von d_1, d_2 die Behauptung $k + l - d = s$. $\quad\square$

Gibt es zu einem Untervektorraum $U_1 \subseteq V$ einen Ergänzungsraum $U_2 \subseteq V$, so ist dieser
i. a. *nicht eindeutig* bestimmt. Dies zeigt das folgende

Beispiel 4. Es sei $V = \mathbf{R}^2$ und

$$(29) \qquad U_1 := \{(\alpha, 0) | \alpha \in \mathbf{R}\}, \quad U_2 := \{(0, \beta) | \beta \in \mathbf{R}\}, \quad \tilde{U}_2 := \{(\gamma, \gamma) | \gamma \in \mathbf{R}\}.$$

Dann sind U_1, U_2, $\tilde{U}_2$ Untervektorräume von V der Dimension 1. Eine Basis von U_1 ist
$e_1 = (1, 0)$, eine Basis von U_2 ist $e_2 = (0, 1)$, eine Basis von $\tilde{U}_2$ ist $a := (1, 1)$; denn die genannten Vektoren sind jeweils $\neq 0$, und die zugehörigen Räume bestehen jeweils aus den
Linearkombinationen (d.h. den Vielfachen) dieser einzelnen Vektoren. Es gilt sowohl

$$(30) \qquad V = U_1 \oplus U_2$$

wie auch

$$(31) \qquad V = U_1 \oplus \tilde{U}_2.$$

Dies kann man leicht direkt bestätigen, was dem Leser zur Übung empfohlen sei. Man kann
aber auch die bewiesenen Sätze dazu heranziehen: Offensichtlich gilt $U_1 \cap U_2 = 0$ und
$U_1 \cap \tilde{U}_2 = 0$, daraus folgt nach Satz F die Direktheit der Summen $U_1 \oplus U_2$ und $U_1 \oplus \tilde{U}_2$.
Mittels Satz H folgt damit $\dim(U_1 \oplus U_2) = 2$ und $\dim(U_1 \oplus \tilde{U}_2) = 2$, und nach dem
letzten Teil von Satz G ergibt sich hieraus die Behauptung (30), (31). Die Figuren von Bild
27 veranschaulichen die eindeutige Zerlegung eines und desselben Vektors $u \in V$ einmal

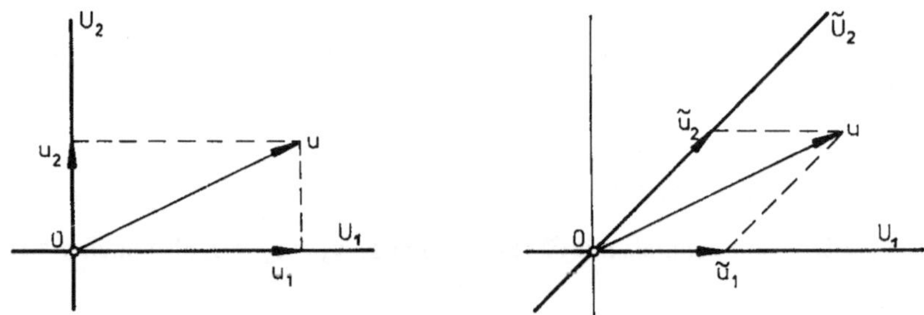

Bild 27 Direkte Zerlegung von $\mathbf{R}^2$

als $u = u_1 + u_2$ entsprechend der Darstellung (30), zum anderen als $u = \tilde{u}_1 + \tilde{u}_2$ entsprechend
der Darstellung (31). Man beachte: $u_1 \neq \tilde{u}_1$!   □

Ist V von endlicher Dimension, so ist zwar zu einem gegebenen Untervektorraum $U_1 \subseteq V$
ein Ergänzungsraum $U_2 \subseteq V$ nicht eindeutig bestimmt, wohl aber nach H dessen Dimension als $\dim V - \dim U_1$.

Aufgaben

1. Es sei V der **R**-Vektorraum aller Funktionen $f : \mathbf{R} \to \mathbf{R}$ (Beispiel 2 [2.1] für $K = M = \mathbf{R}$). Eine Funktion $g \in V$ heißt **gerade**, wenn $g(-x) = g(x)$ für alle $x \in \mathbf{R}$ gilt; eine Funktion $u \in V$ heißt **ungerade**, wenn $u(-x) = -u(x)$ für alle $x \in \mathbf{R}$ gilt. Man zeige:

a) Die Menge G aller geraden Funktionen (bzw. die Menge U aller ungeraden Funktionen) ist ein Untervektorraum von V.

b) Es gilt $V = G \oplus U$.

2. Im Vektorraum $V = \Pi_3(\mathbf{R})$ der reellen Polynome vom Grad ≤ 3 seien folgende Teilmengen definiert:

a) $U_1 := \{P \in V | P(1) = 0\}$
b) $U_2 := \{Q \in V | Q(0) + Q(1) = 2\}$
c) $U_3 := \{R \in V | R \text{ ist ungerade}\}$.

Welche dieser Teilmengen sind Untervektorräume von V? Ist dies der Fall, so soll jeweils auch die Dimension des Untervektorraumes angegeben werden.

3. Man beweise: Die Summe von nichtleeren Teilmengen von V ist *assoziativ*, d.h. für $\emptyset \subset U_i \subseteqq V$ $(i = 1, 2, 3)$ gilt: $(U_1 + U_2) + U_3 = U_1 + (U_2 + U_3) = U_1 + U_2 + U_3$.

4. Es seien $U_1, \ldots, U_p$ endlich dimensionale Untervektorräume von V. Man beweise die Ungleichung

$$\dim(U_1 + \ldots + U_p) \leqq \dim U_1 + \ldots + \dim U_p$$

und zeige, daß in dieser genau dann das Gleichheitszeichen steht, wenn die Summe $U_1 + \ldots + U_p$ direkt ist.

Hinweis: Vollständige Induktion nach p unter Verwendung von Satz J.

5. Es seien $U_1, \ldots, U_p$ Untervektorräume des Vektorraumes V mit $\dim V = n < \infty$. Man beweise die Ungleichung

$$\dim(U_1 \cap \ldots \cap U_p) \geqq \dim U_1 + \ldots + \dim U_p - (p-1)\,n.$$

6. Es seien $U_1, \ldots, U_p$ Untervektorräume von V. Man zeige: Die Summe $U_1 + \ldots + U_p$ ist direkt genau dann, wenn für alle $j \in \{1, \ldots, p\}$ gilt:

$$(U_1 + \ldots + U_{j-1} + U_{j+1} + \ldots + U_p) \cap U_j = 0.$$

7. Es sei V ein K-Vektorraum der endlichen Dimension $n \geqq 2$, und es sei U ein echter Untervektorraum von V, der mit jedem zweidimensionalen Untervektorraum von V mindestens einen von Null verschiedenen Vektor gemeinsam hat. Welche Dimension hat U?

2.5 Erzeugung endlich dimensionaler Untervektorräume, Matrizen

Es sei V Vektorraum über dem Körper K.

Wir betrachten ein Vektorsystem $a_1, \ldots, a_k$ in V und konstruieren alle Linearkombinationen:

$$(1) \qquad b = \sum_{j=1}^{k} \beta_j a_j, \quad \beta_j \in K.$$

Diese bilden einen Untervektorraum von V; denn für b und

$$(2) \qquad c = \sum_{j=1}^{k} \gamma_j a_j, \quad \gamma_j \in K$$

sowie $\lambda \in K$ gilt:

$$(3) \qquad b + c = \sum_{j=1}^{k} (\beta_j + \gamma_j)\, a_j, \quad \lambda \cdot b = \sum_{j=1}^{k} (\lambda \beta_j)\, a_j.$$

Nach I [2.2] besitzt dieser Untervektorraum eine endliche Dimension $\leq k$; also folgt:

Satz und Definition A. *Ist $a_1, \ldots, a_k$ ein Vektorsystem in V, so ist die Menge aller Linearkombinationen von $a_1, \ldots, a_k$ ein Untervektorraum $U \subseteq V$ einer endlichen Dimension $\leq k$. Dieser Untervektorraum U heißt der **Spann** von $a_1, \ldots, a_k$, und man schreibt:*

$$(4) \qquad U = sp(a_1, \ldots, a_k).$$

*Andere Sprechweisen hierfür sind: $a_1, \ldots, a_k$ ist ein **Erzeugendensystem** von U, oder: $a_1, \ldots, a_k$ **spannen** U **auf**.* □

Auch hier besteht natürlich wieder Unabhängigkeit von der Reihenfolge:

Lemma B. *Für $\sigma \in \mathfrak{S}_k$ gilt:*

$$(5) \qquad sp(a_1, \ldots, a_k) = sp(a_{\sigma(1)}, \ldots, a_{\sigma(k)}).$$ □

Unmittelbar klar sind nach 2.3 folgende Feststellungen:

Satz C. *Ist $a_1, \ldots, a_k$ linear unabhängig, so ist $a_1, \ldots, a_k$ Basis von $sp(a_1, \ldots, a_k)$.*

Jeder k-dimensionale Untervektorraum $U \subseteq V$ ist der Spann einer beliebigen Basis von U.

Eine Basis eines endlich dimensionalen Untervektorraumes U von V ist also nichts anderes als ein linear unabhängiges Erzeugendensystem von U. □

Wir betrachten einige spezielle Werte von k.

k = 1: Ein *eindimensionaler* Untervektorraum $U \subseteq V$ heißt **Gerade** in V (durch 0)*). Für ein solches U gilt

(6) $U = sp(a) = \{\alpha a \mid \alpha \in K\}$,

wobei $a \in U$ fest und $a \neq 0$ ist; d.h. U besteht aus allen *Vielfachen* von a. In Anlehnung an die Standardveranschaulichung (0.2) kann man U durch Bild 28 symbolisieren.

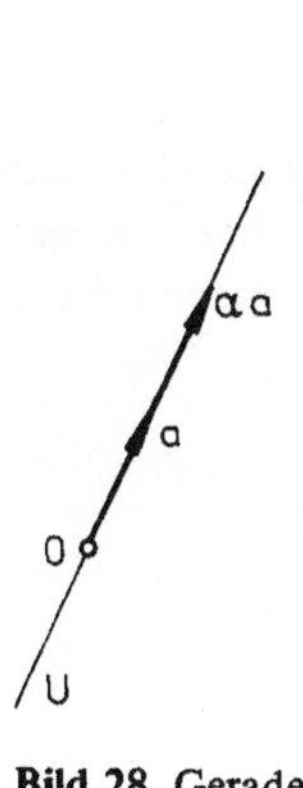

Bild 28 Gerade

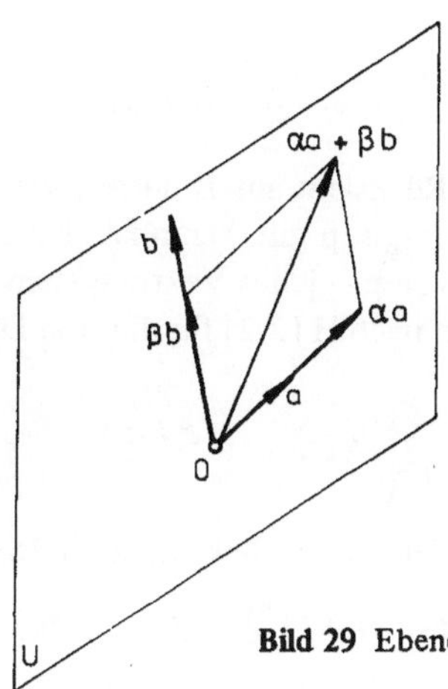

Bild 29 Ebene

k = 2: Ein *zweidimensionaler* Untervektorraum $U \subseteq V$ heißt **Ebene** in V (durch 0). Für eine solche gilt

(7) $U = sp(a, b) = \{\alpha a + \beta b \mid \alpha, \beta \in K\}$,

wobei a, b zwei feste linear unabhängige Vektoren aus U sind (Bild 29).

Sei V endlich dimensional, $\dim V = n$, $k = n - 1$: Ein $(n - 1)$-dimensionaler Untervektorraum $U \subseteq V$ heißt **Hyperebene** in V (durch 0). Eine solche wird von $n - 1$ linear unabhängigen Vektoren aufgespannt. (Im Spezialfall $n = 2$ bedeutet Gerade und Hyperebene, im Fall $n = 3$ Ebene und Hyperebene dasselbe.)

Definition D. *Unter dem **Rang** eines Vektorsystems* $a_1, \ldots, a_k$ *in V versteht man die Dimension des von* $a_1, \ldots, a_k$ *aufgespannten Untervektorraumes:*

(8) $\mathrm{Rang}(a_1, \ldots, a_k) := \dim(sp(a_1, \ldots, a_k))$.

---

*) Der Zusatz „durch 0" ist gelegentlich wichtig, weil später auch entsprechende *affine* Teilmengen von V definiert werden, die dann 0 nicht zu enthalten brauchen.

Der folgende Satz sagt, wie dieser Rang direkt aus dem Vektorsystem abgelesen werden kann. Zunächst sei folgende Definition vorausgeschickt:

Definition E. *Ist $a_1, \ldots, a_k$ ein Vektorsystem in V und sind $j_1, \ldots, j_l$ natürliche Zahlen mit $1 \leq j_1 < j_2 < \ldots < j_l \leq k$, so heißt $a_{j_1}, \ldots, a_{j_l}$ Teilsystem von $a_1, \ldots, a_k$ (das Teilsystem hat dann also die Länge $l \leq k$).*

Satz F. *Sei $a_{j_1}, \ldots, a_{j_p}$ ein linear unabhängiges Teilsystem von $a_1, \ldots, a_k$ mit* <u>*maximaler*</u> *Länge p. Dann ist*

$$(9) \qquad sp(a_{j_1}, \ldots, a_{j_p}) = sp(a_1, \ldots, a_k),$$

insbesondere

$$(10) \qquad\qquad\qquad p = Rang(a_1, \ldots, a_k).$$

Beweis. Mit Rücksicht auf B dürfen wir ohne Beschränkung der Allgemeinheit annehmen, daß $j_1 = 1, \ldots, j_p = p$ gilt. Dann ist also $a_1, \ldots, a_p$ linear unabhängig, aber − wegen der Maximalität von p − jedes Vektorsystem $a_1, \ldots, a_p, a_j$ mit $p < j \leq k$ linear abhängig. Daraus folgen nach H [2.2] für diese a_j Darstellungen der Form

$$(11) \qquad a_j = \sum_{l=1}^{p} \alpha_{jl} a_l, \quad p < j \leq k,$$

mit $\alpha_{jl} \in K$. Hieraus schließt man die Inklusion

$$(12) \qquad sp(a_1, \ldots, a_p) \supseteq sp(a_1, \ldots, a_k);$$

denn jede Linearkombination von $a_1, \ldots, a_p, a_{p+1}, \ldots, a_k$ läßt sich durch Ersetzen der letzten $k - p$ Elemente gemäß (11) auch als Linearkombination von $a_1, \ldots, a_p$ schreiben. Die umgekehrte Inklusion zu (12) ist ohnehin trivial, also folgt die Behauptung (9). Übergang zu den Dimensionen liefert nach C die Gleichung (10). $\square$

Endlich dimensionale Untervektorräume werden sehr häufig als Spanne von Vektorsystemen $a_1, \ldots, a_k$ angegeben. Wir überlegen nun, wie aus solchen Daten weitere Größen explizit konstruiert werden können.

Um den *Rang* von $a_1, \ldots, a_k$, also die Dimension von $sp(a_1, \ldots, a_k)$, zu berechnen, hat man nach Satz F unter allen (endlich vielen!) Teilsystemen von $a_1, \ldots, a_k$ die linear unabhängigen zu ermitteln und die größte Länge dieser Teilsysteme festzustellen. Ein weiteres Verfahren besteht in der Durchführung von elementaren Umformungen ähnlich wie beim Gaußschen Verfahren in 0.1.5.

Definition G. *Elementare Umformungen eines Vektorsystems $a_1, \ldots, a_k$ in V sind:*

(I) Vertauschen zweier Vektoren des Systems.

(II) Multiplikation eines Vektors mit einem Skalar $\neq 0$.

(III) Addition eines mit einem beliebigen Skalar multiplizierten Vektors zu einem anderen.

Dabei werden die nicht betroffenen Elemente jeweils beibehalten. Der Nutzen dieser elementaren Umformungen beruht auf folgendem

Satz H. *Unter elementaren Umformungen der Typen* (I) *bis* (III), *angewandt auf* $a_1, \ldots, a_k$, *ändert sich der Spann* $sp\,(a_1, \ldots, a_k)$ *nicht.*

Beweis. Für den Typ (I) handelt es sich um einen Spezialfall von B. Typ (II) ist so einfach, daß er dem Leser überlassen sei. Wir führen den Nachweis bei Typ (III): Seien $i, j \in \{1, \ldots, k\}$ mit $i < j$ fest gewählt. Das *Ausgangssystem* sei

$$(13) \qquad a_1, \ldots, a_i, \ldots, a_j, \ldots, a_k,$$

das *umgeformte* Vektorsystem hat dann die Gestalt

$$(14) \qquad a_1, \ldots, a_i, \ldots, a_j + \gamma a_i, \ldots, a_k \quad \text{mit } \gamma \in K.$$

Daß jede Linearkombination von (14) auch Linearkombination von (13) ist, ist offensichtlich. Zum Beweis der umgekehrten Inklusion, sei eine Linearkombination von (13) vorgegeben:

$$(15) \qquad b = \sum_{l \in J} \beta_l a_l + \beta_i a_i + \beta_j a_j, \quad J := \{1, \ldots, k\} \setminus \{i, j\}.$$

Diese kann man so umformen:

$$(16) \qquad b = \sum_{l \in J} \beta_l a_l + (\beta_i - \beta_j \gamma)\, a_i + \beta_j\,(a_j + \gamma a_i),$$

also ist sie auch Linearkombination von (14). Hieraus folgt die Behauptung. $\qquad \square$

$$* \quad *$$
$$*$$

Bei der weiteren Diskussion dieses Abschnitts beschränken wir uns auf Vektorsysteme in K^n; für andere Vektorräume endlicher Dimension können analoge Fragen auf diesen Spezialfall zurückgeführt werden.

Gegeben sei ein Vektorsystem $a_1, \ldots, a_p$ in K^n durch

$$(17) \qquad \begin{aligned} a_1 &= (a_{11}, a_{12}, \ldots, a_{1n}) \\ a_2 &= (a_{21}, a_{22}, \ldots, a_{2n}) \\ &\;\;\vdots \\ a_p &= (a_{p1}, a_{p2}, \ldots, a_{pn}), \end{aligned}$$

wobei also $a_{ij} \in K$ gilt. Die Skalare a_{ij}, die hier vorkommen, sollen in einer Tabelle zusammengefaßt werden:

$$(18) \qquad A = \begin{pmatrix} a_{11} & a_{12} & \cdots & a_{1n} \\ a_{21} & a_{22} & \cdots & a_{2n} \\ \vdots & \vdots & & \vdots \\ a_{p1} & a_{p2} & \cdots & a_{pn} \end{pmatrix}.$$

Eine solche Tabelle wird als *Matrix* bezeichnet.

Definition I. *Eine* (n × p)-*Matrix* A *(über K) ist ein* np-*Tupel von Elementen von* K *in der rechteckigen Anordnung* (18). *Die Elemente* (17) $a_1, ..., a_p \in K^n$ *heißen die* **Zeilen**-n-**Tupel** *oder* **Zeilen** *von* A, *die Elemente* $b_1, ..., b_n \in K^p$ *mit*

$$(19) \qquad b_1 = \begin{pmatrix} a_{11} \\ a_{21} \\ \cdot \\ \cdot \\ \cdot \\ a_{p1} \end{pmatrix}, \qquad b_2 = \begin{pmatrix} a_{12} \\ a_{22} \\ \cdot \\ \cdot \\ \cdot \\ a_{p2} \end{pmatrix}, ..., b_n = \begin{pmatrix} a_{1n} \\ a_{2n} \\ \cdot \\ \cdot \\ \cdot \\ a_{pn} \end{pmatrix}$$

heißen die **Spalten**-p-**Tupel** *oder* **Spalten** *von* A. *Die Zahl* n *heißt* **Zeilenlänge**, *die Zahl* p **Spaltenlänge** *von* A. *Das Paar* (n, p) *kann man das* **Format** *von* A *nennen.*

Ist p = n, *so nennt man* A *eine* **quadratische Matrix** *(der Größe* p = n*); man spricht dann auch von einer* **n-reihigen Matrix.**

Die Koordinaten a_{ij} *des* np-*Tupels* (18) *nennt man auch die* **Elemente** *von* A. *Sind diese aus* R *bzw.* C, *so spricht man von einer* **reellen** *bzw.* **komplexen Matrix.**

Wir haben dabei die p-Tupel (19), abweichend vom bisherigen Gebrauch, in *senkrechter* Anordnung geschrieben, da sie so in der Matrix A vorkommen.

Zusatz zu I. *Der Rang des Vektorsystems* $a_1, ..., a_p$ *in* K^n *heißt* **Zeilenrang** *von* A, *der Rang des Vektorsystems* $b_1, ..., b_n$ *in* K^p *heißt* **Spaltenrang** *von* A.

Übrigens wird später bewiesen werden, daß Zeilenrang und Spaltenrang übereinstimmen, aber im Augenblick bleibt dies offen.

Wird die Tabelle (18) als Koeffizientenschema eines linearen Gleichungssystems gedeutet, so entsprechen den elementaren Umformungen (I) bis (III) des Vektorsystems (17) die elementaren Umformungen beim Gaußschen Verfahren (Satz A [0.1.5]). Hieraus folgt [vgl. auch (S) in 0.1.5]:

Satz und Definition J. *Jede* (n × p)-*Matrix* A (18) *kann durch elementare Umformungen des Systems ihrer Zeilen (***elementare Zeilenumformungen*** genannt) in eine* (n × p)-*Matrix in* **gestaffelter Form**

$$(20) \qquad B = \begin{pmatrix} 0 \,...\, 0\, c_{1,r_1} \;*\; .... \;* \\ 0 \;.............\; 0\, c_{2,r_2} \;*\; .... \;* \\ \cdot \\ \cdot \\ 0 \;.....................\; 0\, c_{k,r_k} \;* ...\; * \\ 0 \;.............................\; 0 \\ \cdot \\ \cdot \\ 0 \;.............................\; 0 \end{pmatrix}$$

überführt werden. Diese heißt **Zeilenstufenform***; in ihr gilt:*

$$(21) \qquad 1 \leqq r_1 < r_2 < ... < r_k \leqq n, \quad 0 \leqq k \leqq p$$

$$(22) \qquad c_{1,r_1} \neq 0, \; c_{2,r_2} \neq 0, ..., c_{k,r_k} \neq 0.$$

Die Sternchen bezeichnen dabei nicht näher interessierende Skalare.   □

Nach Satz H spannen die Zeilen von A und von B denselben Untervektorraum Z von K^n auf. Da die letzten $p - k$ Zeilen von B Null sind, wird Z schon von den ersten k Zeilen von B aufgespannt. Diese enthalten alle Informationen über Z:

Zusatz zu J. (i) *Die ersten k Zeilen von B bilden eine Basis des Untervektorraumes $Z \subseteq K^n$, der von den Zeilen von A oder B aufgespannt wird. Insbesondere ist der Zeilenrang von A und B gleich k.*

(ii) *Sind $s_1, \ldots, s_{n-k}$ die von $r_1, \ldots, r_k$ verschiedenen Zahlen in $\{1, 2, \ldots, n\}$, so ist der von den Elementen $e_{s_1}, \ldots, e_{s_{n-k}}$ der Standardbasis von K^n aufgespannte Untervektorraum E ein Ergänzungsraum zu Z in K^n.*

Beweis. *Zu* (i): Die ersten k Zeilen von B seien mit $c_1, \ldots, c_k$ bezeichnet. Wegen $Z = sp(c_1, \ldots, c_k)$ ist nur nachzuweisen, daß $c_1, \ldots, c_k$ linear unabhängig ist. Hierzu ist aus

$$(23) \qquad \lambda_1 c_1 + \ldots + \lambda_k c_k = 0$$

auf $\lambda_1 = \ldots = \lambda_k = 0$ zu schließen.

Wir beweisen $\lambda_1 = \ldots = \lambda_i = 0$ für $1 \leq i \leq k$ durch vollständige Induktion nach i. Für $i = 1$ ist dies richtig; denn aus (23) ergibt sich für die r_1-te Koordinate laut (20):

$$(24) \qquad \lambda_1 c_{1, r_1} = 0,$$

also $\lambda_1 = 0$. Ist $\lambda_1 = \ldots = \lambda_i = 0$ für ein i mit $1 \leq i < k$ schon bewiesen, so ergibt sich aus (23) für die r_{i+1}-te Koordinate gemäß (20):

$$(25) \qquad \lambda_{i+1} c_{i+1, r_{i+1}} = 0,$$

also $\lambda_{i+1} = 0$.

Zu (ii): Schreibt man die Elemente $c_1, \ldots, c_k, e_{s_1}, \ldots, e_{s_{n-k}} \in K^n$ in geeigneter Reihenfolge in die Zeilen einer Matrix, so erhält man eine *quadratische* Matrix in Zeilenstufenform:

$$(26) \qquad C = \begin{pmatrix} \gamma_{11} & * & \cdots & * \\ 0 & \gamma_{22} & \ddots & \vdots \\ \vdots & \ddots & \ddots & * \\ 0 & \cdots & 0 & \gamma_{nn} \end{pmatrix}$$

mit $\gamma_{11} \neq 0, \ldots, \gamma_{nn} \neq 0$ (gewisse der γ_{ii} sind $c_{1, r_1}, \ldots, c_{k, r_k}$, die anderen sind 1). Da die Zeilen von (26), wie bei (i) bewiesen, linear unabhängig sind, ist $c_1, \ldots, c_k, e_{s_1}, \ldots, e_{s_{n-k}}$ eine Basis von K^n. Hieraus folgt wie beim Beweis von Satz I [2.4], daß K^n die direkte Summe von $Z = sp(c_1, \ldots, c_k)$ und $E := sp(e_{s_1}, \ldots, e_{s_{n-k}})$ ist. $\qquad \square$

Eine zu J analoge Aussage gilt natürlich auch für die Spalten anstelle der Zeilen.

Beispiel 1. In $\mathbf{R}^5$ sei ein Vektorsystem a_1, a_2, a_3, a_4 gegeben durch $a_1 = (2, -1, 1, -1, 1)$, $a_2 = (-2, 1, -2, -1, 2)$, $a_3 = (4, -2, 1, -1, -1)$, $a_4 = (2, -1, -1, -2, 1)$. Es sei $Z = \mathrm{sp}(a_1, a_2, a_3, a_4)$. Man ermittle eine Basis von Z, die Dimension von Z sowie einen Ergänzungsraum U von Z in $\mathbf{R}^5$. *Lösung:* Zur Beantwortung dieser Fragen werden zunächst die gegebenen 5-Tupel in die Zeilen einer Matrix geschrieben:

$$(27) \qquad A = \begin{pmatrix} 2 & -1 & 1 & -1 & 1 \\ -2 & 1 & -2 & -1 & 2 \\ 4 & -2 & 1 & -1 & -1 \\ 2 & -1 & -1 & -2 & 1 \end{pmatrix}.$$

Diese Matrix muß nun nach dem obigen Verfahren durch elementare Zeilenumformungen auf die gestaffelte Form (20) gebracht werden. Die rechnerische Durchführung dieser Umformungen ist bereits früher erfolgt, und zwar in Gestalt des linearen Gleichungssystems in Beispiel 2 [0.1.5]; wir können also das dortige Resultat aus (9) [0.1.5] übernehmen (vgl. auch die abgekürzte Variante in (1) [0.1.7]):

$$(28) \qquad B = \begin{pmatrix} 2 & -1 & 1 & -1 & 1 \\ 0 & 0 & -1 & -2 & 3 \\ 0 & 0 & 0 & 3 & -6 \\ 0 & 0 & 0 & 0 & 0 \end{pmatrix}.$$

Also bilden nach J die Vektoren

$$(29) \qquad \begin{aligned} c_1 &= (2, -1, 1, -1, 1) \\ c_2 &= (0, 0, -1, -2, 3) \\ c_3 &= (0, 0, 0, 3, -6) \end{aligned}$$

eine *Basis* von Z, und die *Dimension* von Z ist 3. Die Zeilen (29) von B werden durch Einschub der Vektoren e_2, e_5 der Standardbasis e_1, e_2, e_3, e_4, e_5 zu einer quadratischen Matrix in Zeilenstufenform ergänzt:

$$(30) \qquad C = \begin{pmatrix} 2 & -1 & 1 & -1 & 1 \\ 0 & 1 & 0 & 0 & 0 \\ 0 & 0 & -1 & -2 & 3 \\ 0 & 0 & 0 & 3 & -6 \\ 0 & 0 & 0 & 0 & 1 \end{pmatrix},$$

also ist $E := \mathrm{sp}\,(e_2, e_5)$ ein Ergänzungsraum zu Z:

$$(31) \qquad \mathbf{R}^5 = Z \oplus E. \qquad\qquad\qquad\qquad\qquad\qquad\qquad \square$$

Sind zwei Untervektorräume von $\mathbf{K}^n$ durch Erzeugendensysteme gegeben:

$$(32) \qquad U_1 = \mathrm{sp}\,(a_1, \ldots, a_k)$$

$$(33) \qquad U_2 = \mathrm{sp}\,(b_1, \ldots, b_l),$$

so besteht die Frage nach Erzeugendensystemen oder Basen von $U_1 + U_2$ und $U_1 \cap U_2$.

Bei der *Summe* $U_1 + U_2$ kann man die einfache Tatsache verwenden, daß gilt:

$$(34) \qquad U_1 + U_2 = \mathrm{sp}(a_1, \ldots, a_k, b_1, \ldots, b_l).$$

Diese ergibt sich unmittelbar aus den Definitionen C [2.4] und A. Aus dem Erzeugendensystem $a_1, \ldots, a_k, b_1, \ldots, b_l$ von $U_1 + U_2$ kann dann nach den obigen Verfahren eine Basis von $U_1 + U_2$ konstruiert werden.

Beim *Durchschnitt* $U_1 \cap U_2$ kann man so vorgehen: $U_1 \cap U_2$ besteht aus allen Vektoren u, zu denen es Skalare $\lambda_1, \ldots, \lambda_k$ und $\mu_1, \ldots, \mu_l$ gibt, so daß

$$(35) \qquad u = \lambda_1 a_1 + \ldots + \lambda_k a_k = \mu_1 b_1 + \ldots + \mu_l b_l$$

gilt. In Koordinaten ist (35) äquivalent mit einem linearen Gleichungssystem in den Unbekannten $\lambda_1, \ldots, \lambda_k, \mu_1, \ldots, \mu_l$. Setzt man die Lösungen etwa für $\lambda_1, \ldots, \lambda_k$ in den ersten Teil von (35) ein, so erhält man u als Linearkombination gewisser neuer Vektoren, die dann ein Erzeugendensystem von $U_1 \cap U_2$ bilden. Aus diesem kann, falls gewünscht, wieder eine Basis von $U_1 \cap U_2$ konstruiert werden.

Beispiel 2. In Fortsetzung von Beispiel 1 soll eine Basis von $U \cap Z$ konstruiert werden, wobei $U := \mathrm{sp}(e_1, e_2, e_4, e_5)$ und $Z = \mathrm{sp}(a_1, a_2, a_3, a_4)$ gegeben sind. *Lösung:* Anstatt das eben geschilderte Verfahren auf die gegebenen Erzeugendensysteme direkt anzuwenden, ist es rechnerisch geschickter, Z gleich gemäß Beispiel 1 durch die Vektoren c_1, c_2, c_3 aufzuspannen. Wir bestimmen also die U und Z gemeinsamen Vektoren in der Form

$$(36) \qquad \lambda_1 e_1 + \lambda_2 e_2 + \lambda_4 e_4 + \lambda_5 e_5 = \mu_1 c_1 + \mu_2 c_2 + \mu_3 c_3.$$

In Koordinaten ist dies äquivalent zu [setze rechts gemäß (29) ein]:

$$(37) \qquad \begin{aligned} \lambda_1 &= 2\mu_1 \\ \lambda_2 &= -\mu_1 \\ 0 &= \mu_1 - \mu_2 \\ \lambda_4 &= -\mu_1 - 2\mu_2 + 3\mu_3 \\ \lambda_5 &= \mu_1 + 3\mu_2 - 6\mu_3. \end{aligned}$$

Dieses lineare Gleichungssystem für $\lambda_1, \lambda_2, \lambda_4, \lambda_5, \mu_1, \mu_2, \mu_3$ besitzt die Lösungsgesamtheit

$$(38) \qquad \begin{aligned} \mu_1 &= \alpha, & \mu_2 &= \alpha, & \mu_3 &= \beta, \\ \lambda_1 &= 2\alpha, & \lambda_2 &= -\alpha, & \lambda_4 &= -3\alpha + 3\beta, & \lambda_5 &= 4\alpha - 6\beta, \end{aligned}$$

wobei α, β frei sind. Hiermit folgt für die Vektoren u der Gestalt (36)

$$(39) \qquad \begin{aligned} u &= 2\alpha e_1 - \alpha e_2 + (-3\alpha + 3\beta) e_4 + (4\alpha - 6\beta) e_5 \\ &= \alpha \cdot (2e_1 - e_2 - 3e_4 + 4e_5) + 3\beta \cdot (e_4 - 2e_5), \end{aligned}$$

also wird $U \cap Z$ aufgespannt von b_1, b_2 mit

$$(40) \qquad \begin{aligned} b_1 &:= 2e_1 - e_2 - 3e_4 + 4e_5 = (2, -1, 0, -3, 4), \\ b_2 &:= e_4 - 2e_5 = (0, 0, 0, 1, -2). \end{aligned}$$

Da b_1, b_2 linear unabhängig sind, ist b_1, b_2 bereits eine Basis des Durchschnitts $U \cap Z$, dieser also zweidimensional (d.h. eine Ebene durch 0 in $\mathbf{R}^5$). $\qquad \square$

* *
*

Wir erklären noch einige Besonderheiten, die bei einer *quadratischen* Matrix

$$(41) \qquad A = \begin{pmatrix} a_{11} & \cdots & a_{1n} \\ \cdot & & \cdot \\ \cdot & & \cdot \\ \cdot & & \cdot \\ a_{n1} & \cdots & a_{nn} \end{pmatrix}$$

auftreten können. In einer solchen heißt die Schrägzeile von a_{11} nach a_{nn} die **Hauptdiagonale** und die Schrägzeile von a_{1n} nach a_{n1} die **Nebendiagonale.**

Definition K. *Eine quadratische Matrix* A (41) *heißt*:
(a) *obere Dreiecksmatrix, wenn* $a_{ij} = 0$ *für alle* $i > j$,
(b) *untere Dreiecksmatrix, wenn* $a_{ij} = 0$ *für alle* $i < j$,
(c) *Diagonalmatrix (oder Hauptdiagonalmatrix), wenn* $a_{ij} = 0$ *für alle* $i \neq j$ *gilt.*

Konvention: Man symbolisiert diese drei Typen meistens durch folgende Schreibweisen:

$$(42) \qquad \begin{pmatrix} a_{11} & \cdots & a_{1n} \\ & \ddots & \vdots \\ 0 & & \ddots & \vdots \\ & & & a_{nn} \end{pmatrix}, \quad \begin{pmatrix} a_{11} & & 0 \\ \vdots & \ddots & \\ \vdots & & \ddots \\ a_{n1} & \cdots & a_{nn} \end{pmatrix}, \quad \begin{pmatrix} a_{11} & & 0 \\ & \ddots & \\ 0 & & \ddots \\ & & & a_{nn} \end{pmatrix}.$$

obere   *untere*   *Diagonalmatrix*
Dreiecksmatrix   *Dreiecksmatrix*   *(Hauptdiagonalmatrix)*

Dabei deutet das große Zeichen 0 an, daß das betreffende Gebiet (unterhalb der Hauptdiagonale bzw. oberhalb der Hauptdiagonale bzw. beidseits der Hauptdiagonale) durch Nullen zu besetzen ist. Manchmal werden diese Nullenbereiche auch einfach durch Freilassen bezeichnet. Statt „obere Dreiecksmatrix" sagt man auch Matrix in **oberer Dreiecksgestalt**, usw..

2.6 Affine Struktur eines Vektorraumes

Wiederum sei V ein Vektorraum über dem Körper K.

Ausgezeichnete Teilmengen von V sind die Untervektorräume; diese bilden die *lineare* Struktur von V. Bereits in Kapitel 0 ist aber deutlich geworden, daß auch solche Teilmengen von V eine Rolle spielen, die durch *Parallelverschiebung* aus Untervektorräumen hervorgehen, wie z.B. *Geraden* und *Ebenen*. Solche Teilmengen heißen *affine Unterräume*. Das System dieser affinen Unterräume definiert sozusagen die *affine Struktur* von V, die hier eingeführt werden soll. Eine eingehende Diskussion erfolgt später im Rahmen der *affinen Geometrie*.

Definition A. *Eine nichtleere Teilmenge* $\Gamma \subseteq V$ *heißt **affiner Unterraum** von* V, *wenn es ein* $u_0 \in V$ *und einen Untervektorraum* $U \subseteq V$ *gibt, so daß gilt:*

(1) $\Gamma = \{u_0 + v \mid v \in U\}$.

Die Menge Γ in (1) entsteht durch Addition aller Vektoren v eines Untervektorraumes U zu einem *festen* Element u_0 von V; man spricht daher auch vom **Abtragen** von U von u_0 aus. Für $v = 0$ sieht man aus (1), daß u_0 selbst zu Γ gehört; vgl. Bild 30.

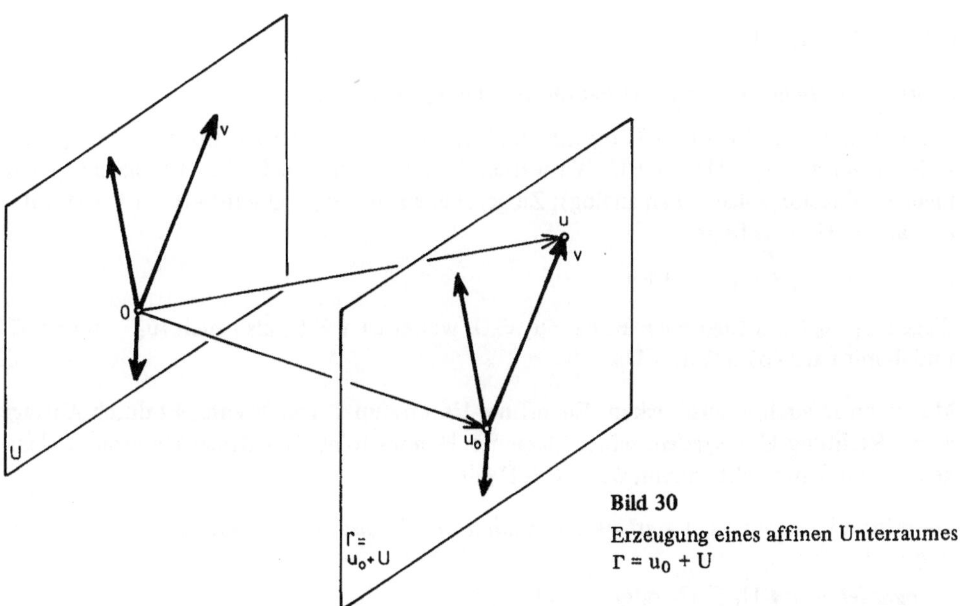

Bild 30
Erzeugung eines affinen Unterraumes
$\Gamma = u_0 + U$

In der in Definition C [2.4] eingeführten Schreibweise kann man (1) auch so ausdrücken:

(2) $\Gamma = \{u_0\} + U$;

hierin läßt man meistens die Klammern weg und schreibt einfach

(3) $\Gamma = u_0 + U$.

Setzt man $u_0 = 0$, so folgt, daß jeder Untervektorraum U von V auch affiner Unterraum von V ist.

Der Untervektorraum U in (1) ist durch die Menge Γ eindeutig bestimmt:

Satz B. *Ist* $u_0 \in V$ *und* U *Untervektorraum von* V *sowie* $\Gamma := u_0 + U$, *so gilt:*

(4) $U = \{v \in V \mid$ es gibt $u_1, u_2 \in \Gamma$ mit $v = u_1 - u_2\}$.

Beweis. Es sind die beiden der Gleichung (4) entsprechenden Inklusionen nachzuweisen: Ist zunächst $v \in U$ gegeben, so gilt $u_1 := u_0 + v \in \Gamma$, also $v = u_1 - u_0$ mit $u_1, u_0 \in \Gamma$. Ist umgekehrt $u_1, u_2 \in \Gamma$ gegeben und $v := u_1 - u_2$, so folgt $u_1 = u_0 + v_1$ und $u_2 = u_0 + v_2$ mit $v_1, v_2 \in U$, also $v = u_1 - u_2 = v_1 - v_2 \in U$.   □

Definition C. *Der nach Satz* B *zu jedem affinen Unterraum* Γ (3) *eindeutig bestimmte Untervektorraum* U *heißt die* **Richtung** *von* Γ.

Bei gegebenem Untervektorraum U liegt jedes Element von V in genau einem affinen Unterraum der Richtung U:

Satz D. *Ist* $u_1 \in V$ *und* U *Untervektorraum von* V, *so existiert genau ein affiner Unterraum* Γ *von* V *der Richtung* U *mit* $u_1 \in \Gamma$, *nämlich*

(5) $\qquad \Gamma = u_1 + U.$

Beweis. *Existenz:* $\Gamma := u_1 + U$ hat die verlangte Eigenschaft.

Eindeutigkeit: Ist $\Gamma_0 = u_0 + U$ *irgend* ein affiner Unterraum der Richtung U mit $u_1 \in \Gamma_0$, so ist zu zeigen: $u_0 + U = u_1 + U$. Wir weisen die Inklusion $u_0 + U \subseteq u_1 + U$ nach (die dazu inverse Inklusion folgert man analog): Zu gegebenem $u \in u_0 + U$ existiert ein $v \in U$ mit $u = u_0 + v$. Hieraus folgt

(6) $\qquad u = u_1 + (u_0 - u_1) + v.$

Wegen $u_1, u_0 \in \Gamma_0$ folgt nach B: $u_0 - u_1 \in U$, weiter ist $v \in U$, also auch $(u_0 - u_1) + v \in U$ und damit nach (6) $u \in u_1 + U$. $\qquad\qquad\qquad\qquad\qquad\qquad\qquad\qquad\qquad$ $\square$

Man kann D auch so ausdrücken: Ein affiner Unterraum Γ von V entsteht durch Abtragen seiner Richtung U aus *jedem* seiner Elemente. Hieraus folgt: Ein affiner Unterraum Γ ist genau dann Untervektorraum, wenn $0 \in \Gamma$ gilt.

Definition E. *Seien* Γ_1, Γ_2 *affine Unterräume von* V *mit den Richtungen* U_1, U_2. *Dann heißen* Γ_1, Γ_2
(i) **parallel,** *wenn* $U_1 \subseteq U_2$ *oder* $U_2 \subseteq U_1$ *gilt*;
(ii) **echt parallel,** *geschrieben* $\Gamma_1 \parallel \Gamma_2$, *wenn* $U_1 = U_2$ *gilt*.

Beispiel 1. Bei der Standardveranschaulichung des R^3 sind z.B. eine Ebene und eine sie nicht schneidende Gerade parallel, und zwei Ebenen, die sich nicht schneiden, echt parallel.

Definition F. *Ein affiner Raum* Γ *von* V *heißt von* **endlicher Dimension** k, *wenn seine Richtung* U *von endlicher Dimension* k *ist, und in diesem Fall schreibt man:*

(7) $\qquad \dim \Gamma := \dim U = k < \infty.$

Ist dies der Fall und $a_1, \ldots, a_k$ eine Basis von U, so erhält man die Elemente u von $\Gamma = u_0 + U$ nach (3) in der Gestalt

(8) $\qquad u = u_0 + \lambda_1 a_1 + \ldots + \lambda_k a_k,$

wobei $\lambda_1, \ldots, \lambda_k$ unabhängig voneinander alle Skalare durchlaufen. Diese Formel heißt eine **Parameterdarstellung** des endlich dimensionalen affinen Unterraumes Γ (mit dem **Anfangspunkt** u_0, den **Richtungsvektoren** $a_1, \ldots, a_k$ und den **Parametern** $\lambda_1, \ldots, \lambda_k$).

In Analogie zu 2.5 hat man folgende Spezialfälle:

$k = 0$: Ein *nulldimensionaler* affiner Unterraum hat die Gestalt $\Gamma = \{u_0\} + \{0\} = \{u_0\}$, besteht also aus einem einzigen Element $u_0 \in V$. Man nennt deswegen $\{u_0\}$ (oder auch u_0 selbst) einen **Punkt**.

$k = 1$: Ein *eindimensionaler* affiner Unterraum Γ heißt **Gerade** in V. Eine Parameterdarstellung (8) lautet hier

$$(9) \qquad u = u_0 + \lambda a.$$

$k = 2$: Ein *zweidimensionaler* affiner Unterraum Γ heißt **Ebene** in V. Eine Parameterdarstellung (8) lautet hier

$$(10) \qquad u = u_0 + \lambda a + \mu b.$$

$\dim V = n$, $\dim \Gamma = k = n - 1$: Γ heißt hier **Hyperebene** in V.

Aufgaben

1. Es seien $\Gamma_1 = u_1 + U_1$ und $\Gamma_2 = u_2 + U_2$ zwei affine Unterräume von V. Man beweise die Äquivalenzen:

a) $\Gamma_1 = \Gamma_2 \Leftrightarrow u_1 - u_2 \in U_1 = U_2$.

b) $\Gamma_1 \cap \Gamma_2 \neq \emptyset \Leftrightarrow u_1 - u_2 \in U_1 + U_2$.

2. Man zeige: Zwei Hyperebenen Γ_1 und Γ_2 des n-dimensionalen Vektorraumes V sind dann und nur dann echt parallel, wenn sie gleich sind oder leeren Durchschnitt besitzen.

Hinweis: Beim Teil „dann" verwende man Aufgabe 1, b) und den Dimensionssatz J [2.4] für die Richtungen U_1, U_2 von Γ_1, Γ_2.

3 Lineare Abbildungen

Mittels linearer Abbildungen lassen sich Vektorräume hinsichtlich ihrer linearen Struktur vergleichen. In der Analysis sind lineare Abbildungen die einfachsten Abbildungen, durch die man kompliziertere Funktionen annähern kann.

Wenn in diesem Kapitel mehrere Vektorräume gleichzeitig auftreten, so sollen sie immer zum gleichen Skalarenkörper K gehören. Bezüglich genereller Grundbegriffe über Abbildungen sei auf den Anhang verwiesen.

3.1 Definition und grundlegende Eigenschaften

Seien V und W zwei K-Vektorräume.

Definition A. *Eine Abbildung* L : V → W *heißt* **linear**, *wenn für alle* u, v ∈ V *und* λ ∈ K *gilt:*

(i) $L(u + v) = L(u) + L(v)$

(ii) $L(\lambda \cdot u) = \lambda \cdot L(u)$.

Man nennt V *den* **Definitionsraum** *und* W *den* **Zielraum** *von* L.

Wegen dieser Eigenschaften sind die linearen Abbildungen gewissermaßen die *strukturverträglichen* Abbildungen von Vektorräumen. Man nennt (i) die **Additivität** und (ii) die **Homogenität**. Statt „linearer Abbildung" sagt man auch **(Vektorraum-) Homomorphismus** oder **lineare Transformation**, bei V = W auch **(Vektorraum-) Endomorphismus** oder **linearer Operator** (von V), bei W = K auch **Linearform** oder **lineares Funktional** (auf oder über V).

Die Forderungen von Definition A lassen sich natürlich zusammenfassen in:

$$(1) \qquad L(\lambda u + \mu v) = \lambda L(u) + \mu L(v),$$

woraus eine analoge Regel für beliebige Linearkombinationen folgt.

Setzt man in (i): u = v = 0 bzw. u + v = 0, so folgt weiter

$$(2) \qquad L(0) = 0, \quad L(-u) = -L(u).$$

Beispiele. 1. Die **Nullabbildung** 0 : V → W ordnet jedem u ∈ V den Nullvektor 0 von W zu. Die Nullabbildung ist linear; denn (i) und (ii) sind offensichtlich erfüllt.

2. Ist V = W, so ist die **Identität** I : V → V definiert durch: I(u) = u für alle u ∈ V. Auch die Identität erfüllt (i) und (ii), ist also linear.

3. Sei a ∈ V fest gewählt. Dann ist die Abbildung L : K → V mit $L(\mu) = \mu a$ linear. Dies ist gerade die Aussage der Axiome (M.1) und (M.2) in der Definition des Vektorraumes A [2.1].

4. Ist $V = K^n$, $W = K^p$ und A eine $(n \times p)$-Matrix (18) [2.5] über K, so definieren die Gleichungen

$$(3) \qquad \begin{aligned} y_1 &= a_{11}x_1 + \ldots + a_{1n}x_n \\ &\;\;\vdots \\ y_p &= a_{p1}x_1 + \ldots + a_{pn}x_n \end{aligned}$$

eine lineare Abbildung $L : K^n \to K^p$, nämlich diejenige, die jedem n-Tupel $x = (x_1, \ldots, x_n)$ das durch (3) bestimmte p-Tupel $y = (y_1, \ldots, y_p)$ zuordnet. Zum Nachweis von (i) und (ii) schreibt man (3) zweckmäßig in der Form

$$(4) \qquad y_i = \sum_{j=1}^{n} a_{ij}x_j, \quad i = 1, \ldots, p.$$

Gilt dann für ein weiteres n-Tupel $x' = (x_1', \ldots, x_n')$

$$(5) \qquad y_i' = \sum_{j=1}^{n} a_{ij}x_j', \quad i = 1, \ldots, p,$$

so folgt durch Addition entsprechender Gleichungen von (4) und (5) bzw. durch Multiplikation von (4) mit $\lambda \in K$:

$$(6) \qquad y_i + y_i' = \sum_{j=1}^{n} a_{ij}(x_j + x_j'), \quad \lambda y_i = \sum_{j=1}^{n} a_{ij}(\lambda x_j), \quad i = 1, \ldots, p,$$

was gerade bedeutet, daß (i) und (ii) erfüllt sind. Wir werden später sehen, daß Abbildungen der Art (3) gewissermaßen den *Prototyp* linearer Abbildungen zwischen endlich dimensionalen Vektorräumen darstellen. $\qquad\square$

Mit jeder linearen Abbildung sind zwei ausgezeichnete Untervektorräume verbunden:

Definition und Satz B. *Sei* $L : V \to W$ *eine lineare Abbildung. Dann sind Kern und Bild von* L *definiert durch:*

$$(7) \qquad \text{Kern } L := \{u \in V \,|\, L(u) = 0\}$$

$$(8) \qquad \text{Bild } L := \{w \in W \,|\, \text{es gibt } u \in V \text{ mit } L(u) = w\}.$$

Kern L *ist Untervektorraum von* V, Bild L *ist Untervektorraum von* W.

Beweis. *Zum Kern:* Es ist zu zeigen:

$$(9) \qquad u, v \in \text{Kern } L, \quad \lambda, \mu \in K \Rightarrow \lambda u + \mu v \in \text{Kern } L.$$

Nach Voraussetzung gilt

$$(10) \qquad L(u) = 0, \quad L(v) = 0.$$

Hieraus folgt nach (1)

$$(11) \qquad L(\lambda u + \mu v) = \lambda L(u) + \mu L(v) = \lambda \cdot 0 + \mu \cdot 0 = 0,$$

also die Behauptung.

Zum Bild: Es ist zu zeigen:

(12) $w_1, w_2 \in$ Bild L, $\lambda_1, \lambda_2 \in K \Rightarrow \lambda_1 w_1 + \lambda_2 w_2 \in$ Bild L.

Nach Voraussetzung gibt es $u_1, u_2 \in V$ mit

(13) $w_1 = L(u_1)$, $w_2 = L(u_2)$.

Hieraus folgt mittels (1)

(14) $\lambda_1 w_1 + \lambda_2 w_2 = \lambda_1 L(u_1) + \lambda_2 L(u_2) = L(\lambda_1 u_1 + \lambda_2 u_2)$,

also die Behauptung. $\square$

Warnung: Man unterscheide scharf zwischen dem Bild von L und dem Zielraum W.

Wir bringen nun die grundlegenden Abbildungseigenschaften „injektiv" und „surjektiv" in die Diskussion. Aufgrund von (8) gilt natürlich

(15)   L surjektiv $\Leftrightarrow$ Bild L = W.

Satz C. *Sei* $L : V \to W$ *eine lineare Abbildung. Dann gilt:*

(16)   L *injektiv* $\Leftrightarrow$ Kern L = 0.

Beweis. *Zur Implikation* $\Rightarrow$: Sei L injektiv vorausgesetzt. Aus $u \in$ Kern L folgt $L(u) = 0 = L(0)$, also $u = 0$.

Zur Implikation $\Leftarrow$: Sei Kern L = 0 vorausgesetzt. Es ist zu zeigen: $L(u_1) = L(u_2)$ impliziert $u_1 = u_2$. Aus $L(u_1) = L(u_2)$ folgt nach (i), (ii): $L(u_1 - u_2) = 0$, also nach Voraussetzung $u_1 - u_2 = 0$, also $u_1 = u_2$. $\square$

Hinweis: Kern L = 0 bedeutet: $L(u) = 0 \Rightarrow u = 0$.

Beispiel 5. Ist $V = U_1 \oplus U_2$ eine *direkte Zerlegung* (9) [2.4], so kann man zwei Abbildungen $P_1, P_2 : V \to V$ definieren, indem man für jedes

(17) $u = u_1 + u_2 \in V$ mit $u_1 \in U_1, u_2 \in U_2$

festsetzt:

(18) $P_1(u) := u_1$, $P_2(u) := u_2$.

Diese Abbildungen sind linear, denn aus (17) und aus $v = v_1 + v_2 \in V$ mit $v_1 \in U_1, v_2 \in U_2$ folgt

(19) $\lambda u + \mu v = \underbrace{\lambda u_1 + \mu v_1}_{\in U_1} + \underbrace{\lambda u_2 + \mu v_2}_{\in U_2}$,

also z.B. $P_1(\lambda u + \mu v) = \lambda u_1 + \mu v_1 = \lambda P_1(u) + \mu P_1(v)$, und analog für P_2. Man nennt P_1 (bzw. P_2) die **erste** (bzw. **zweite**) **Projektion** der direkten Zerlegung $V = U_1 \oplus U_2$. Es gilt Bild $P_1 = U_1$ und Bild $P_2 = U_2$.

Analoge Aussagen ergeben sich bei einer beliebigen direkten Zerlegung (10) [2.4]. $\square$

Die folgende Aussage ist eine Verallgemeinerung von B. Da ihr Beweis völlig analog verläuft, kann er dem Leser überlassen werden:

Satz B'. *Sei* L : V → W *eine lineare Abbildung,* U *ein Untervektorraum von* V *und* Z *ein Untervektorraum von* W. *Dann ist das Bild* L(U) *von* U *unter* L *ein Untervektorraum von* W *und das Urbild* $L^{-1}(Z)$ *von* Z *unter* L *ein Untervektorraum von* V. $\qquad\square$

Natürlich gilt Bild L = L(V) und Kern L = $L^{-1}(0)$.

Ist L : V → W gegeben und U ein Untervektorraum von V, so fassen wir die *Restriktion* L|U von L auf U meistens auf als Abbildung L|U : U → W; gelegentlich ist aber auch die Auffassung L|U : U → L(U) zweckmäßig. In jedem Falle ist natürlich mit L auch L|U linear.

$$* \quad *$$
$$*$$

Wir beschäftigen uns nunmehr mit gewissen endlich dimensionalen Fällen.

Satz D. *Sei* L : V → W *eine lineare Abbildung. Ist* $a_1, \ldots, a_k$ *Erzeugendensystem von* V, *so ist* $L(a_1), \ldots, L(a_k)$ *Erzeugendensystem von* Bild L.

Beweis. Nach Voraussetzung hat jeder Vektor u ∈ V eine Darstellung

$$(20) \qquad u = \lambda_1 a_1 + \ldots + \lambda_k a_k$$

mit $\lambda_i \in K$. Hieraus folgt für die Elemente L(u) von Bild L nach (1)

$$(21) \qquad L(u) = \lambda_1 L(a_1) + \ldots + \lambda_k L(a_k). \qquad\qquad \square$$

Besonders wichtig ist natürlich der Fall, daß das vorgegebene Vektorsystem in V eine Basis ist. Wir untersuchen jetzt, inwieweit die Bildvektoren einer solchen Basis die Abbildung L festlegen und wie man an diesen Bildvektoren Eigenschaften von L ablesen kann:

Satz E. *Es sei* $a_1, \ldots, a_n$ *eine Basis von* V *und* $c_1, \ldots, c_n$ *ein Vektorsystem in* W. *Dann existiert genau eine lineare Abbildung* L : V → W *mit:*

$$(22) \qquad L(a_1) = c_1, \ldots, L(a_n) = c_n.$$

Hierbei gilt:

$$(23) \qquad L \text{ injektiv} \iff c_1, \ldots, c_n \text{ linear unabhängig}$$

$$(24) \qquad L \text{ surjektiv} \iff c_1, \ldots, c_n \text{ Erzeugendensystem von } W.$$

Beweis. *Eindeutigkeit von* L: Angenommen, L erfüllt (22). Dann folgt für einen beliebigen Vektor

$$(25) \qquad u = \sum_{i=1}^{n} \lambda_i a_i \in V, \quad \lambda_i \in K,$$

durch Anwendung von L wie oben

$$(26) \qquad L(u) = \sum_{i=1}^{n} \lambda_i L(a_i) = \sum_{i=1}^{n} \lambda_i c_i.$$

Hierdurch ist $L(u)$ für jedes $u \in V$ eindeutig bestimmt.

Existenz von L: Wir definieren $L : V \to W$ durch die Festsetzung

$$(27) \qquad u = \sum_{i=1}^{n} \lambda_i a_i \Rightarrow L(u) := \sum_{i=1}^{n} \lambda_i c_i.$$

Da die λ_i durch u eindeutig bestimmt sind, ist $L(u)$ hierdurch wohldefiniert. Weiter ist

L linear; denn für $v = \sum_{i=1}^{n} \mu_i a_i$ mit $\mu_i \in K$ gilt

$$
\begin{aligned}
L(\alpha u + \beta v) &= L\left(\sum_{i=1}^{n} (\alpha\lambda_i + \beta\mu_i)\, a_i \right) \\
&= \sum_{i=1}^{n} (\alpha\lambda_i + \beta\mu_i)\, c_i \qquad\qquad (27) \\
&= \alpha \sum_{i=1}^{n} \lambda_i c_i + \beta \sum_{i=1}^{n} \mu_i c_i \\
&= \alpha L(u) + \beta L(v) \qquad\qquad\qquad (27).
\end{aligned}
$$

(28)

Weiterhin folgt aus der Festsetzung (27) unmittelbar: $L(a_j) = c_j$ für $1 \leqq j \leqq n$, so daß L alle verlangten Eigenschaften besitzt.

Zu (23), $\Rightarrow$: Zum Nachweis der linearen Unabhängigkeit von $c_1, \ldots, c_n$ schließt man so:

$$(29) \qquad \sum_{i=1}^{n} \lambda_i c_i = 0 \overset{(22)}{\Rightarrow} \sum_{i=1}^{n} \lambda_i L(a_i) = 0 \overset{(1)}{\Rightarrow} L\left(\sum_{i=1}^{n} \lambda_i a_i \right) = 0 \overset{C}{\Rightarrow} \sum_{i=1}^{n} \lambda_i a_i = 0.$$

Die letzte Gleichung impliziert aber $\lambda_1 = \ldots = \lambda_n = 0$.

Zu (23), $\Leftarrow$: Wir verifizieren Kern $L = 0$. Sei u mit $L(u) = 0$ gegeben. Dann folgt nach (27)

$$\sum_{i=1}^{n} \lambda_i c_i = 0, \text{ also } \lambda_i = 0 \text{ für } 1 \leqq i \leqq n, \text{ also } u = 0.$$

Zu (24): Nach D ist Bild $L = \mathrm{sp}\,(c_1, \ldots, c_n)$. Hieraus folgt mit (15) die Behauptung. $\qquad\square$

Im Falle (23) ist $c_1 = L(a_1), \ldots, c_n = L(a_n)$ Basis von Bild L (D und C [2.5]). Hieraus folgt durch Übergang zur Dimension:

Folgerung F (Dimensionssatz für injektive lineare Abbildungen). *Sei* L : V → W *eine lineare Abbildung. Ist* L *injektiv und* V *endlich dimensional, so gilt:*

$$(30) \qquad \dim V = \dim(\text{Bild } L). \qquad \qquad \square$$

Der folgende Satz verallgemeinert diese Aussage:

Satz G (Dimensionssatz für lineare Abbildungen). *Ist* L : V → W *linear und* V *endlich dimensional, so sind auch* Kern L *und* Bild L *endlich dimensional, und es gilt:*

$$(31) \qquad \boxed{\dim V = \dim(\text{Kern } L) + \dim(\text{Bild } L).}$$

Beweis. Kern L ist endlich dimensional, da Untervektorraum von V (G [2.4]); Bild L ist endlich dimensional nach D. Es verbleibt der Nachweis von (31). Dazu wählen wir einen Ergänzungsraum U zu Kern L in V:

$$(32) \qquad V = \text{Kern } L \oplus U.$$

Dies ist nach I [2.4] möglich.

Wir zeigen zunächst, daß die Restriktion

$$(33) \qquad \tilde{L} : U \to \text{Bild } L, \qquad \tilde{L}(u) := L(u)$$

linear und bijektiv ist: Die *Linearität* von $\tilde{L}$ ist klar, da $\tilde{L}$ und L auf U übereinstimmen. $\tilde{L}$ ist *injektiv*: Aus $\tilde{L}(u) = 0$ für ein $u \in U$ folgt $L(u) = 0$, also $u \in$ Kern L. Da u zu beiden Summanden der direkten Zerlegung (32) gehört, folgt nach F [2.4]: $u = 0$. $\tilde{L}$ ist *surjektiv*: Ist $w \in$ Bild L vorgegeben, so existiert ein $v \in V$ mit $w = L(v)$. Wir zerlegen v gemäß (32) in $v = v_1 + v_2$ mit $v_1 \in$ Kern L und $v_2 \in U$. Dann folgt $w = L(v) = L(v_1) + L(v_2) = L(v_2) = \tilde{L}(v_2)$, also ist v_2 ein Urbild von w in U unter $\tilde{L}$.

Nun folgt die Behauptung durch Übergang zu den Dimensionen: Aus (32) ergibt sich nach H [2.4]:

$$(34) \qquad \dim V = \dim(\text{Kern } L) + \dim U,$$

aus (33) ergibt sich nach F wegen der Bijektivität:

$$(35) \qquad \dim U = \dim(\text{Bild } L);$$

(34) und (35) enthalten die Behauptung (31).

Man drückt die wesentliche Idee dieses Beweises so aus, daß man sagt, L „lasse sich durch Abspalten des Kerns und Einengung des Zielraumes bijektiv machen". $\qquad \square$

Die „Größe" eines endlich dimensionalen Vektorraumes wird sozusagen durch seine Dimension gemessen. Die bewiesene Relation (31) beinhaltet, daß — bei festem V — das Bild von L umso „größer" ausfällt, je „kleiner" der Kern von L ist, also je „weniger" auf Null abgebildet wird, und umgekehrt. Das ist sehr intuitiv.

Definition H. *Eine lineare Abbildung* L : V $\to$ W *hat* **endlichen Rang,** *wenn* Bild L *endliche Dimension hat. In diesem Fall setzt man*

(36)   Rang L := dim (Bild L).

Bei endlich dimensionalem V besagt also (31):

(37)   dim V = dim (Kern L) + Rang L.

Diese Relation ist ein wichtiges Hilfsmittel zur Untersuchung linearer Abbildungen im endlich dimensionalen Fall. An dieser Stelle geben wir folgende Anwendung:

Satz I. *Sei* L : V $\to$ W *eine lineare Abbildung und* dim V = n, dim W = p. *Dann gilt:*
(i) $0 \leq$ Rang L $\leq$ n *und* Rang L = n *genau dann, wenn* L *injektiv ist.*
(ii) $0 \leq$ Rang L $\leq$ p *und* Rang L = p *genau dann, wenn* L *surjektiv ist.*

Beweis. *Zu* (i): Da Kern L Untervektorraum von V ist, folgt $0 \leq$ dim (Kern L) $\leq$ n. Mittels (37) ergeben sich hieraus die behaupteten Ungleichungen. Ebenfalls nach (37) ist Rang L = n äquivalent mit Kern L = 0, also nach C mit der Injektivität von L.

Zu (ii): Die behaupteten Ungleichungen folgen aus der Tatsache, daß Bild L Untervektorraum von W ist. Der Zusatz besteht, weil die Gleichheit von Bild L und W nach G [2.4] äquivalent ist mit der Gleichheit der zugehörigen Dimensionen. $\square$

Insbesondere ergibt sich der

Zusatz zu I. *Ist* p = n, *so gilt:*

(38)   L injektiv $\Longleftrightarrow$ L surjektiv $\Longleftrightarrow$ Rang L = n. $\square$

Bei *linearen* Abbildungen zwischen Vektorräumen *gleicher* endlicher Dimension sind also die Eigenschaften „injektiv" und „surjektiv" miteinander äquivalent. Das ist sehr bemerkenswert, da diese Äquivalenz bei beliebigen Abbildungen nicht besteht.

$$* \quad *$$
$$*$$

Für spätere Zwecke führen wir die folgende Verallgemeinerung linearer Abbildungen ein. Gegeben seien r + 1 Vektorräume $V_1, \ldots, V_r$ und W über K. Wir betrachten eine Abbildung des cartesischen Produktes von $V_1, \ldots, V_r$ in W:

(39) $\Phi : V_1 \times V_2 \times \ldots \times V_r \to W$.

Eine solche Abbildung ordnet jedem r-Tupel $(v_1, \ldots, v_r)$ von Vektoren $v_\rho \in V_\rho$ für $1 \leq \rho \leq r$ einen Vektor $\Phi(v_1, v_2, \ldots, v_r)$ aus W zu. Es handelt sich also um eine *vektorielle* Funktion von *mehreren* vektoriellen Veränderlichen. In $\Phi(v_1, v_2, \ldots, v_r)$ ist $v_1, v_2, \ldots, v_r$ die *Argumentliste* und v_ρ das ρ-te *Argument.*

Definition J. *Die Abbildung* Φ (39) *heißt* **multilinear** *(genauer: r-linear), wenn* $\Phi(v_1,\dots,v_r)$ *von jedem Argument linear abhängt, d. h. wenn für jedes* ρ *mit* $1 \leq \rho \leq r$ *und alle* $(v_1,\dots,v_r) \in V_1 \times \dots \times V_r$, $v'_\rho \in V_\rho$ *und* $\lambda_\rho, \lambda'_\rho \in K$ *gilt:*

$$(40) \qquad \Phi(v_1,\dots,\lambda_\rho v_\rho + \lambda'_\rho v'_\rho,\dots,v_r) = \lambda_\rho \Phi(v_1,\dots,v_\rho,\dots,v_r) + \lambda'_\rho \Phi(v_1,\dots,v'_\rho,\dots,v_r).$$

Für $r = 1$ kommt man auf den Begriff der linearen Abbildung zurück. Bei $r = 2, 3, 4$ spricht man von **bilinearen, trilinearen, quadrilinearen** Abbildungen. Ist $W = K$, so spricht man von **Multilinearformen** (genauer: r-**Linearformen**). Ist $V_1 = V_2 = \dots = V_r =: V$, so sagt man, die betreffende Abbildung sei **über** oder **auf** V definiert.

Beispiele. 6. Bilineare Abbildungen sind das *Skalarprodukt* (4) [0.3.1] (hier ist $V_1 = V_2 = R^n$ und $W = R$, es handelt sich also genauer um eine *Bilinearform*) und das *Vektorprodukt* (1) [0.3.3] (hier ist $V_1 = V_2 = R^3$ und $W = R^3$).

7. Eine *Trilinearform* ist das Spatprodukt (15) [0.3.3]; hierbei ist $V_1 = V_2 = V_3 = R^3$. $\square$

Soweit nur die Abhängigkeit von einer der Variablen v_ρ berührt wird, gelten für multilineare Abbildungen entsprechende Regeln wie für lineare Abbildungen; z.B. überträgt sich (2) auf eine multilineare Abbildung Φ so:

$$(41) \qquad \Phi(v_1,\dots,0,\dots,v_r) = 0, \qquad \Phi(v_1,\dots,-v_\rho,\dots,v_r) = -\Phi(v_1,\dots,v_\rho,\dots,v_r).$$

Zum Beweis hat man lediglich in (40) $\lambda_\rho = \lambda'_\rho = 0$ bzw. $\lambda_\rho = -1$, $\lambda'_\rho = 0$ zu setzen. Auch der erste Teil von Satz E bleibt analog für multilineare Abbildungen gültig; wir gehen darauf bei einigen konkreten Anlässen in den Kapiteln 4 und 5 ein. Dagegen sind Fragen des Ranges und der Injektivität und Surjektivität bei multilinearen Abbildungen schwierig. Eine systematische Behandlung von multilinearen Abbildungen erfolgt später in der *multilinearen Algebra*.

Aufgaben

1. Es sei $\Pi_m(K)$ der Vektorraum der Polynome über K vom Grad $\leq m$ (1.4). Man entscheide, ob folgende Abbildungen linear sind:

a) $F_1 : \Pi_m(K) \to K$, $F_1(P) := P(1)$.

b) $F_2 : \Pi_m(K) \to \Pi_{m+1}(K)$, $F_2(P) = \tilde{P}$, mit $\tilde{P}(x) := x \cdot P(x) + 1$.

c) $F_3 : \Pi_m(K) \to \Pi_m(K)$, $F_3(P) = \tilde{P}$ mit $\tilde{P}(x) := P(x) - P(0)$.

d) $F_4 : \Pi_m(K) \to \Pi_m(K)$, $F_4(P) = \tilde{P}$ mit $\tilde{P}(x) := P(x-1)$.

Gegebenenfalls sollen auch Kern, Bild und Rang festgestellt werden.

Bei den folgenden Aufgaben sei $L : V \to W$ *eine lineare Abbildung.*

2. Für jedes Vektorsystem $a_1,\dots,a_k$ in V beweise man:

$L(sp(a_1,\dots,a_k)) = sp(L(a_1),\dots,L(a_k))$.

3. Für Untervektorräume U_1, U_2 von V bzw. Untervektorräume Z_1, Z_2 von W zeige man:

$L(U_1 + U_2) = L(U_1) + L(U_2)$ und $L^{-1}(Z_1 \cap Z_2) = L^{-1}(Z_1) \cap L^{-1}(Z_2)$.

4. Für die Projektionen P_1, P_2 (Beispiel 5) zeige man: Kern $P_1 = U_2$, Kern $P_2 = U_1$.

5. Aus $\dim(\text{Kern } L) < \infty$, $\dim(\text{Bild } L) < \infty$ folgere man $\dim V < \infty$.

3.2 Anwendung auf lineare Gleichungssysteme

Wir betrachten zunächst ein *homogenes* lineares Gleichungssystem

$$(H) = (1) \qquad \boxed{\begin{array}{l} a_{11}x_1 + \ldots + a_{1n}x_n = 0 \\ \phantom{a_{11}x_1 \ } \vdots \\ a_{p1}x_1 + \ldots + a_{pn}x_n = 0, \end{array}}$$

wobei die Koeffizienten a_{ij} gegebene Elemente eines Körpers K sind. Die üblichen Bezeichnungsweisen von 0.1.3 werden hier übernommen; insbesondere ist eine *Lösung* von (H) ein n-Tupel $x = (x_1, \ldots, x_n) \in K^n$, das (H) erfüllt. Es bezeichne jetzt

(2) \qquad S die *Lösungsmenge* von (H).

Dem System (H) ordnen wir die **Koeffizientenmatrix** zu:

$$(3) \qquad A := \begin{pmatrix} a_{11} & \cdots & a_{1n} \\ \vdots & & \vdots \\ a_{p1} & \cdots & a_{pn} \end{pmatrix}.$$

Ferner ist mit (H) eine lineare Abbildung

$$(4) \qquad L : K^n \to K^p$$

verknüpft, nämlich diejenige, die jedem n-Tupel $x = \begin{pmatrix} x_1 \\ \vdots \\ x_n \end{pmatrix}$ das p-Tupel $y = \begin{pmatrix} y_1 \\ \vdots \\ y_p \end{pmatrix}$ zuordnet gemäß den Formeln

$$(5) \qquad \begin{array}{l} y_1 = a_{11}x_1 + \ldots + a_{1n}x_n \\ \vdots \\ y_p = a_{p1}x_1 + \ldots + a_{pn}x_n. \end{array}$$

Gelegentlich ist es zweckmäßig, wie hier geschehen, die Tupel in senkrechter Anordnung zu schreiben; wesentlich ist dies jedoch meistens nicht. Die Linearität von L war im Beispiel 3 [3.1] gezeigt worden. A heißt auch **Koeffizientenmatrix** von L.

Die drei Objekte (H), A, L werden nun durch eine Reihe von Feststellungen (I)–(IV) in Verbindung zueinander gebracht.

$$(I) \qquad \boxed{S = \text{Kern } L.}$$

Beweis. Dies folgt unmittelbar aus der Definition des Kerns in B [3.1]. $\qquad \square$

Hieraus ergibt sich insbesondere, daß S ein *Untervektorraum* von K^n ist (was in A [0.1.9] bereits direkt bewiesen war). Der Dimensionssatz G [3.1] liefert sofort:

$$(II) \qquad \boxed{n = \dim S + \dim(\text{Bild } L) = \dim S + \text{Rang } L.} \qquad \square$$

Der hier auftretende Rang von L soll nun mit den Rangzahlen der Matrix A (3) in Verbindung gebracht werden. Es bezeichne:

(6) $\quad$ $z(A)$ den *Zeilenrang* von A $\qquad$ (vgl. I [2.5]).
$\qquad$ $s(A)$ den *Spaltenrang* von A

Dann gilt:

(III) $\qquad$ $\boxed{\dim (\text{Bild } L) = s(A).}$

Beweis. Es sei $e_1, \ldots, e_n$ die Standardbasis von K^n. Dann gilt nach der Vorschrift (5)

$$(7) \qquad L(e_i) = \begin{pmatrix} a_{1i} \\ \vdots \\ a_{pi} \end{pmatrix},$$

d.h. $L(e_i)$ ist die i-te Spalte von A. (Hieraus sieht man übrigens, daß A durch L eindeutig bestimmt ist.) Nach D [3.1] folgt

$$(8) \qquad \text{Bild } L = \text{sp}(L(e_1), \ldots, L(e_n)),$$

und hieraus folgt (III) durch Übergang zur Dimension. $\qquad \square$

Es fehlt jetzt noch eine Relation für den Zeilenrang. Zunächst gilt folgende Ungleichung:

(IV) $\qquad$ $\boxed{n \leqq \dim S + z(A).}$

Beweis. Wir wählen ein linear unabhängiges Teilsystem der Zeilen von A mit *maximaler* Länge; ohne Beschränkung dürfen wir annehmen, daß dieses Teilsystem aus den ersten z Zeilen von A besteht: $a_1, \ldots, a_z$. Dabei gilt nach F [2.5]

$$(9) \qquad z = z(A).$$

Für die *weiteren* Zeilen $a_{z+1}, \ldots, a_p$ von A gilt dann nach H [2.2]:

$$(10) \qquad \left. \begin{matrix} a_{z+1} \\ \vdots \\ a_p \end{matrix} \right\} \quad \text{ist Linearkombination von } a_1, \ldots, a_z.$$

Neben dem System (H) sei nun das System $(\tilde{H})$ betrachtet, das nur aus den *ersten* z Gleichungen von (H) besteht:

$$(\tilde{H}) = (11) \qquad \begin{matrix} a_{11}x_1 + \ldots + a_{1n}x_n = 0 \\ \vdots \\ a_{z1}x_1 + \ldots + a_{zn}x_n = 0. \end{matrix}$$

Es sei $\tilde{L}$ die zugehörige lineare Abbildung $\tilde{L} : K^n \to K^z$.

Die Gleichungssysteme (H) und ($\widetilde{H}$) sind äquivalent, d.h. sie besitzen dieselben Lösungsmengen $S = \widetilde{S}$: Daß jede Lösung von (H) auch Lösung von ($\widetilde{H}$) ist, ist offensichtlich. Sei umgekehrt x eine Lösung von ($\widetilde{H}$). Dann erfüllt x auch die Gleichungen von (H) mit den Nummern $z + 1, \ldots, p$; denn jede dieser Gleichungen entsteht gemäß (10) durch Linearkombination aus den ersten z Gleichungen, ist also zusammen mit diesen erfüllt.

Anwendung von (II) auf ($\widetilde{H}$) liefert

$$(12) \qquad n = \dim S + \dim (\text{Bild } \widetilde{L}) \leqq \dim S + z,$$

dabei wurde verwendet, daß Bild $\widetilde{L}$ als Untervektorraum von K^z höchstens die Dimension z haben kann. Wegen (9) ist die Behauptung in (12) enthalten. $\qquad\square$

Aus (II) bis (IV) folgt nun

$$(13) \qquad n = \dim S + s(A) \leqq \dim S + z(A),$$

also

$$(14) \qquad s(A) \leqq z(A).$$

Definition A. *Ist* A *eine Matrix* (3), *so entsteht die zu* A *transponierte Matrix* A^T *durch Vertauschen der Zeilen und Spalten von* A:

$$(15) \qquad A^T := \begin{pmatrix} a_{11} & \cdots & a_{p1} \\ \vdots & & \vdots \\ a_{1n} & \cdots & a_{pn} \end{pmatrix} .$$

Da (14) für jede Matrix richtig ist, so auch für A^T, also folgt

$$(16) \qquad z(A) = s(A^T) \leqq z(A^T) = s(A);$$

dabei ergeben sich die „äußeren" Gleichheitszeichen daraus, daß beim Übergang von A zu A^T sich die Rollen von Zeilen und Spalten vertauschen. Aus (14) und (16) erhält man die fundamentale Aussage:

Satz und Definition B. *Für jede Matrix* A *über* K *stimmen Zeilen- und Spaltenrang überein; man nennt diese gemeinsame Zahl den* **Rang** *von* A:

$$(17) \qquad \text{Rang } A := z(A) = s(A). \qquad\qquad\qquad\qquad\qquad\qquad\qquad\quad \square$$

Ferner gilt nach (III):

Satz C. *Zwischen dem Rang der linearen Abbildung* L (5) *und dem Rang der zugehörigen Koeffizientenmatrix* A (3) *besteht Gleichheit:*

$$(18) \qquad \text{Rang } L = \text{Rang } A. \qquad\qquad\qquad\qquad\qquad\qquad\qquad\qquad\quad \square$$

Schließlich liefert (II) den wichtigen **Dimensionssatz für den Lösungsraum**:

Satz D. *Die Dimension des Lösungsraumes* S *eines homogenen linearen Gleichungssystems* (H) *ist mit dem Rang seiner Koeffizientenmatrix* A *gekoppelt durch*

(19) $\qquad \boxed{\dim S = n - \text{Rang } A.}$ $\qquad\qquad\qquad$ $\square$

Man beachte, daß in diese Formel zwar die *Anzahl* n *der Unbekannten*, nicht aber die Anzahl p der Gleichungen eingeht.

$$* \quad * \atop *$$

Wir gehen nun zu einem *beliebigen*, nicht notwendig homogenen linearen Gleichungssystem über:

$$(G) = (20) \qquad \boxed{\begin{aligned} a_{11}x_1 + \ldots + a_{1n}x_n &= b_1 \\ &\vdots \\ a_{p1}x_1 + \ldots + a_{pn}x_n &= b_p \end{aligned}}$$

Diesem ordnen wir die beiden folgenden Matrizen zu:

$$(21) \qquad A := \begin{pmatrix} a_{11} & \cdots & a_{1n} \\ \vdots & & \vdots \\ a_{p1} & \cdots & a_{pn} \end{pmatrix}, \qquad \hat{A} := \begin{pmatrix} a_{11} & \cdots & a_{1n} & b_1 \\ \vdots & & \vdots & \vdots \\ a_{p1} & \cdots & a_{pn} & b_p \end{pmatrix}.$$

$\qquad$ **Koeffizientenmatrix** $\qquad\qquad$ **erweiterte Matrix** von (G)
$\qquad$ oder **einfache Matrix**
$\qquad$ von (G)

Es sei $r(A)$ der Rang von A und $r(\hat{A})$ der Rang von $\hat{A}$. Für diese Ränge gilt:

(22) $\qquad r(\hat{A}) = r(A) \quad oder \quad r(\hat{A}) = r(A) + 1 ;$

denn $\hat{A}$ hat eine Spalte mehr als A, also kann sich die maximale Länge linear unabhängiger Spalten beim Übergang von A zu $\hat{A}$ höchstens um 1 vergrößern.

Satz E (Lösungskriterium für lineare Gleichungssysteme). *Das System* (G) = (20) *ist dann und nur dann lösbar, wenn der Rang* $r(A)$ *der einfachen Matrix mit dem Rang* $r(\hat{A})$ *der erweiterten Matrix übereinstimmt:*

(23) $\qquad r(A) = r(\hat{A}).$

Die gemeinsame Zahl in (23) heißt dann der **Rang** des Gleichungssystems (G) = (20).

Beweis von E. Wir betrachten die Spalten-p-Tupel

$$(24) \qquad c_1 := \begin{pmatrix} a_{11} \\ \vdots \\ a_{p1} \end{pmatrix}, \ldots, c_n := \begin{pmatrix} a_{1n} \\ \vdots \\ a_{pn} \end{pmatrix}, \ b := \begin{pmatrix} b_1 \\ \vdots \\ b_p \end{pmatrix}$$

der erweiterten Matrix $\hat{A}$. Das System (G) kann damit zu der „vektoriellen" Gleichung zusammengefaßt werden:

$$(25) \qquad x_1 c_1 + \ldots + x_n c_n = b,$$

und die Frage der Lösbarkeit bedeutet einfach, *ob* b *als Linearkombination von* $c_1, \ldots, c_n$ *darstellbar ist.*

Wir beachten nun, daß gilt:

$$(26) \qquad sp(c_1, \ldots, c_n) \subseteq sp(c_1, \ldots, c_n, b);$$

denn jede Linearkombination von $c_1, \ldots, c_n$ ist auch Linearkombination von $c_1, \ldots, c_n, b$ (mit letztem Koeffizienten 0). Für das Eintreten des *Gleichheitszeichens* in (26) haben wir folgende Äquivalenzen, aus denen unsere Behauptung folgt:

$$
\begin{array}{c}
b \text{ Linearkombination von } c_1, \ldots, c_n \\
\Updownarrow \\
(27) \qquad sp(c_1, \ldots, c_n) = sp(c_1, \ldots, c_n, b) \\
\Updownarrow \\
r(A) = r(\hat{A}).
\end{array}
$$

Der untere Doppelpfeil ergibt sich dabei aus Satz G [2.4] zusammen mit (26). Beim oberen Doppelpfeil ist die Richtung von unten nach oben klar; denn b gehört zum rechtsstehenden Untervektorraum, also auch zum linksstehenden. Wird umgekehrt b als Linearkombination von $c_1, \ldots, c_n$ vorausgesetzt, so ist jede Linearkombination von $c_1, \ldots, c_n, b$ auch schon eine von $c_1, \ldots, c_n$, so daß zusammen mit (26) die Gleichheit der beiden Spanne in (27) folgt. $\qquad\qquad\square$

Der *Hauptgedanke* bei diesem Beweis war die *Überführung des Systems* (G) in die *vektorielle Gleichung* (25).

Eine andere wesentliche Idee besteht darin, auch das System (G) mit der linearen Abbildung L (4), (5) in Verbindung zu bringen. Dazu sei außer L das p-Tupel der rechten Seiten von (G) betrachtet:

$$(28) \qquad b = \begin{pmatrix} b_1 \\ \vdots \\ b_p \end{pmatrix}.$$

Offensichtlich ist dann das *System* (G) *äquivalent* mit der Gleichung

$$(29) \qquad \boxed{L(x) = b,}$$

d.h. mit der Frage, *welche Vektoren durch die gegebene Abbildung* L *auf den gegebenen Vektor* b *abgebildet werden.* Hierüber können wir folgende Feststellung machen, die sogar unabhängig von der endlichen Dimension ist:

Satz F. *Sei* $L : V \to W$ *eine lineare Abbildung und* b *ein gegebenes Element von* W. *Man betrachte die Gleichung*

$$(G) = (30) \qquad L(u) = b,$$

sowie die <u>zugehörige</u> homogene Gleichung

$$(HG) = (31) \qquad L(v) = 0.$$

Die Lösungsmenge von (G) *sei* S_G, *die von* (HG) *sei* S_{HG}. *Besitzt* (G) *wenigstens eine Lösung* $u_0 \in V$, *so gilt*

$$(32) \qquad S_G = \{u_0\} + S_{HG}.$$

Hinweis: Die Gleichung (32) ist im Sinne von Definition C [2.4] zu verstehen. Man kann sie auch so aussprechen: „*Die allgemeine Lösung von* (G) *ist die Summe einer partikulären Lösung* u_0 *von* (G) *und der allgemeinen Lösung von* (HG)". In dieser Form war dies bereits in B [0.1.9] festgestellt worden. Man beachte, daß $S_G \neq \emptyset$ vorausgesetzt ist! Natürlich gilt der

Zusatz zu F. $S_{HG} = $ Kern L.

Beweis von F. *Zur Inklusion* $S_G \supseteq \{u_0\} + S_{HG}$: Ist $u \in \{u_0\} + S_{HG}$ gegeben, so heißt dies, daß ein $v \in S_{HG}$ existiert mit $u = u_0 + v$. Anwendung von L hierauf liefert $L(u) = L(u_0) +$ $+ L(v)$. Hierin gilt $L(u_0) = b$ nach Voraussetzung und $L(v) = 0$ wegen $v \in S_{HG}$. Also folgt $L(u) = b$, d.h. $u \in S_G$.

Zur Inklusion $S_G \subseteq \{u_0\} + S_{HG}$: Ist $u \in S_G$ gegeben, so bedeutet dies $L(u) = b$. Wir definieren ein $v \in V$ durch $v := u - u_0$. Dann gilt $L(v) = L(u) - L(u_0) = b - b = 0$, also folgt $v \in S_{HG}$. Da $u = u_0 + v$, ergibt sich damit $u \in \{u_0\} + S_{HG}$.   □

Aus F und E liest man im Falle eines Systems $(G) = (20)$ folgendes ab:

Folgerung G (Kriterium für die eindeutige Lösbarkeit linearer Gleichungssysteme). *Das System* $(G) = (20)$ *ist genau dann eindeutig lösbar, wenn gilt*

$$(33) \qquad r(A) = r(\hat{A}) = n.$$

Beweis. Die erste Gleichung in (33) ist nach E äquivalent mit der Existenz einer Lösung, die Gleichung $r(A) = n$ bedeutet nach D, daß S_{HG} genau aus dem Nullvektor, also S_G nach (32) genau aus einem Element besteht.   □

In der Sprechweise der affinen Unterräume von 2.6 kann man Satz F so ausdrücken:

Satz F′. *Besitzt die Gleichung* (G) *wenigstens eine Lösung, so ist ihre Lösungsmenge ein affiner Unterraum von* V, *dessen Richtung die Lösungsmenge der zugehörigen homogenen Gleichung* (HG) *ist.*   □

Aufgabe

1. Man löse die Aufgaben 1, 2 [0.1.9] erneut mit den Hilfsmitteln dieses Abschnitts.

3.3 Operationen für lineare Abbildungen

Wir behandeln zunächst lineare Abbildungen mit festem Definitionsraum V und festem Zielraum W. Sind L_1, L_2 zwei solche Abbildungen:

$$(1) \qquad V \overset{L_1}{\underset{L_2}{\rightrightarrows}} W,$$

so ist die **Summe**

$$(2.a) \qquad L_1 + L_2 : V \to W,$$

definiert durch

$$(2.b) \qquad (L_1 + L_2)(u) := L_1(u) + L_2(u) \quad \text{für alle } u \in V.$$

Dies ist wieder eine lineare Abbildung; denn man berechnet:

$$\begin{aligned}
(L_1 + L_2)(\lambda u + \mu v) &= \\
&= L_1(\lambda u + \mu v) + L_2(\lambda u + \mu v) \qquad &(2.b)\\
(3) \qquad &= \lambda L_1(u) + \mu L_1(v) + \lambda L_2(u) + \mu L_2(v) \\
&= \lambda(L_1(u) + L_2(u)) + \mu(L_1(v) + L_2(v)) \\
&= \lambda \cdot (L_1 + L_2)(u) + \mu \cdot (L_1 + L_2)(v) \qquad &(2.b).
\end{aligned}$$

Ist ferner $\alpha \in K$ und

$$(4) \qquad L : V \to W$$

linear, so ist das **Produkt** oder **(skalare) Vielfache**

$$(5.a) \qquad \alpha \cdot L = \alpha L : V \to W$$

definiert durch

$$(5.b) \qquad (\alpha L)(u) := \alpha L(u) \quad \text{für alle } u \in V,$$

und man rechnet analog zu (3) nach, daß auch αL wieder linear ist.

Beispiel 1. Ist $\alpha \in K$ und $I : V \to V$ die Identität, so heißt $\alpha \cdot I$ die **Streckung** oder **Dilatation** von V (mit dem **Faktor** α).

Satz und Definition A. *Sind* V, W *zwei K-Vektorräume, so ist die Menge der linearen Abbildungen von* V *in* W *mit den Verknüpfungen* (2), (5) *wieder ein K-Vektorraum. Dieser wird durch* **L**(V, W) *bezeichnet. Für* V = W *schreibt man* **L**(V, V) =: **L**(V).

Beweis. Die Abgeschlossenheit gegenüber den Verknüpfungen (2), (5) ist vorweg gezeigt worden. Die einfache Nachprüfung der übrigen Vektorraumaxiome sei dem Leser überlassen. Das *Nullelement* ist die Nullabbildung $0 : V \to W$ (Beispiel 1 [3.1]), das (additive) *Inverse* zu $L : V \to W$ die Abbildung $-L$ mit $(-L)(u) := -L(u)$ für alle $u \in V$. $\qquad\square$

Zusatz zu A. *Der **Dualraum** zu* V *ist*

(6) $V^* := L(V, K)$.

Dieser ist also die Menge aller Linearformen über V.

Ist $L : V \to W$ linear *und* bijektiv, so ist die *Umkehrabbildung*

(7) $L^{-1} : W \to V$

definiert. Diese ist wiederum linear: Zum Nachweis ist $L^{-1}(\lambda_1 w_1 + \lambda_2 w_2)$ für $\lambda_1, \lambda_2 \in K$ und $w_1, w_2 \in W$ umzuformen. Dazu seien $u_1, u_2 \in V$ gewählt mit

(8) $L(u_1) = w_1, \quad L(u_2) = w_2$.

Dann gilt

(9) $\lambda_1 w_1 + \lambda_2 w_2 = \lambda_1 L(u_1) + \lambda_2 L(u_2) = L(\lambda_1 u_1 + \lambda_2 u_2)$,

also

(10) $L^{-1}(\lambda_1 w_1 + \lambda_2 w_2) = \lambda_1 u_1 + \lambda_2 u_2 = \lambda_1 L^{-1}(w_1) + \lambda_2 L^{-1}(w_2)$.

Definition und Satz B. *Eine lineare und bijektive Abbildung* $L : V \to W$ *heißt ein **(Vektorraum-) Isomorphismus** (von* V *auf* W). *Ist* L *Isomorphismus von* V *auf* W, *so ist* L^{-1} *Isomorphismus von* W *auf* V. *Im Falle* $V = W$ *sagt man statt „Isomorphismus" auch **Automorphismus**.*   □

Sind zwei K-Vektorräume V und W gegeben, so wird es i.a. keinen Isomorphismus von V auf W geben. Man nennt V und W ***isomorph***, geschrieben $V \cong W$, wenn wenigstens ein Isomorphismus $L : V \to W$ existiert. Ein solcher Isomorphismus bezieht V und W bijektiv und ***strukturerhaltend*** aufeinander. Jede Frage, die in V im Rahmen der Vektorraumstruktur behandelt ist, kann dann mit dem Isomorphismus L in eine analoge Situation in W übersetzt werden. Zum Beispiel gilt: *Ist* $a_1, \ldots, a_k$ *linear unabhängig in* V, *so ist* $L(a_1), \ldots$ $\ldots, L(a_k)$ *linear unabhängig in* W. *Oder: Sind* V, W *isomorph, und ist* V *endlich dimensional, so ist auch* W *endlich dimensional und* $\dim V = \dim W$.

Zusatz zu B. *Sind* V *und* W *von der gleichen <u>endlichen</u> Dimension* n, *so heißt ein Isomorphismus* $L : V \to W$ *auch eine **reguläre** lineare Abbildung. Eine solche wird nach* I[3.1] *charakterisiert durch:*

(11)   Rang $L = n$.

Nicht reguläre lineare Abbildungen $L : V \to W$ *nennt man auch **singulär**.*   □

Wir betrachten nunmehr die *Komposition* linearer Abbildungen:

$$V_1 \xrightarrow{\ L_1\ } V_2 \xrightarrow{\ L_2\ } V_3 \,.$$

(12) $L_2 \circ L_1$

Satz C. *Sind* L_1, L_2 *linear, so ist es auch* $L_2 \circ L_1$.

Beweis. Die Rechnung sieht so aus:

$$(13) \quad \begin{aligned}(L_2 \circ L_1)(\lambda u + \mu v) &= L_2(L_1(\lambda u + \mu v)) = L_2(\lambda L_1(u) + \mu L_1(v)) = \\ &= \lambda L_2(L_1(u)) + \mu L_2(L_1(v)) = \lambda \cdot (L_2 \circ L_1)(u) + \mu \cdot (L_2 \circ L_1)(v).\end{aligned} \qquad \square$$

Weiterhin hat man folgende Rechenregeln:

Satz D. *Sind alle Abbildungen des Diagramms*

$$(14) \qquad V_1 \underset{L_1'}{\overset{L_1}{\rightrightarrows}} V_2 \underset{L_2'}{\overset{L_2}{\rightrightarrows}} V_3 \overset{L_3}{\longrightarrow} V_4$$

linear, und ist $\alpha \in K$, *so gilt:*

(i) $\qquad L_3 \circ (L_2 \circ L_1) = (L_3 \circ L_2) \circ L_1 =: L_3 \circ L_2 \circ L_1$

(ii) $\qquad L_2 \circ (L_1 + L_1') = L_2 \circ L_1 + L_2 \circ L_1'$

(iii) $\qquad (L_2 + L_2') \circ L_1 = L_2 \circ L_1 + L_2' \circ L_1$

(iv) $\qquad (\alpha L_2) \circ L_1 = L_2 \circ (\alpha L_1) = \alpha(L_2 \circ L_1) =: \alpha L_2 \circ L_1$.

Beweis. (i) gilt für beliebige Abbildungen. Von den Rechenregeln (ii) bis (iv) sei als Muster nur (ii) vorgerechnet:

$$(15) \quad \begin{aligned}(L_2 \circ (L_1 + L_1'))(u) &= L_2((L_1 + L_1')(u)) = \\ &= L_2(L_1(u) + L_1'(u)) = L_2(L_1(u)) + L_2(L_1'(u)) \\ &= (L_2 \circ L_1)(u) + (L_2 \circ L_1')(u) = (L_2 \circ L_1 + L_2 \circ L_1')(u).\end{aligned} \qquad \square$$

Generell gilt für Abbildungen:

$$(16) \qquad L_1, L_2 \text{ bijektiv} \Rightarrow L_2 \circ L_1 \text{ bijektiv und } (L_2 \circ L_1)^{-1} = (L_1)^{-1} \circ (L_2)^{-1}.$$

Die Isomorphie von K-Vektorräumen hat die Eigenschaften einer „Äquivalenzrelation", d.h. es gilt:

$$(17) \qquad V \cong V, \quad V \cong W \Rightarrow W \cong V, \quad V \cong W, W \cong Z \Rightarrow V \cong Z.$$

Während die erste dieser Regeln trivial ist (die Identität I ist Automorphismus von V), folgen die beiden weiteren aus B und (16).

Für die Nullabbildung 0 und die Identität I hat man natürlich die Regeln

$$(18) \qquad L \circ 0 = 0, \quad 0 \circ L = 0, \quad L \circ I = L, \quad I \circ L = L,$$

sobald diese Kompositionen sinnvoll sind.

Verabredung: Die Komposition $L_2 \circ L_1$ wird (vor allem bei linearen Abbildungen) häufig durch $L_2 L_1$ bezeichnet, auch schreibt man gelegentlich statt $L(u)$ einfach Lu und statt $(L_2 \circ L_1)(u)$ einfach $L_2 \circ L_1(u)$ oder $L_2 L_1 u$.

Zum Abschluß behandeln wir noch *lineare Selbstabbildungen (Endomorphismen)* von V. Für solche Abbildungen $L : V \to V$ sind die **Potenzen** bildbar:

$$(19) \qquad L^p := \underbrace{L \circ L \circ \ldots \circ L}_{p}, \quad p \in \mathbf{N},$$

ferner

$$(20) \qquad L^0 := I$$

und, falls L bijektiv ist,

$$(21) \qquad L^{-p} := \underbrace{L^{-1} \circ L^{-1} \circ \ldots \circ L^{-1}}_{p} = (L^p)^{-1}, \quad p \in \mathbf{N}.$$

Darüberhinaus gilt:

Satz und Definition E. *Die Menge aller Automorphismen von V auf sich bildet mit der Komposition als Verknüpfung eine Gruppe, die (allgemeine) lineare Gruppe* **GL**(V) *von V.*

Beweis. Von den Gruppenaxiomen (G.0) bis (G.3) [1.1] folgt (G.0) aus B, (G.1) aus D (i). Neutralelement (G.2) ist nach (18) die Identität, Inverses zu L (G.3) die Umkehrabbildung L^{-1}.   □

Definition F. *Zwei Endomorphismen* L_1, $L_2 \in$ **L**(V) *heißen* **vertauschbar,** *wenn gilt:*

$$(22) \qquad L_1 \circ L_2 = L_2 \circ L_1.$$

Im allgemeinen werden zwei gegebene Endomorphismen nicht vertauschbar sein. Jedoch sind zwei Potenzen eines Endomorphismus $L \in$ **L**(V) stets vertauschbar:

$$(23) \qquad L^p \circ L^q = L^{p+q} = L^q \circ L^p, \quad p, q \in \mathbf{N}_0.$$

Das folgt unmittelbar aus den Definitionen (19) und (20).

Aufgaben

1. Man weise nach, daß die beiden Endomorphismen F_3, F_4 von Aufgabe 1 [3.1] nicht vertauschbar sind.

2. Für vertauschbare Endomorphismen $L, M \in$ **L**(V) und $n \in$ **N** beweise man die binomische Formel

$$(L + M)^n = \sum_{k=0}^{n} \binom{n}{k} L^{n-k} M^k.$$

3. Sei $\dim V < \infty$ und $L_0 \in$ **L**(V). Man zeige: Ist L_0 vertauschbar mit *allen* $L \in$ **L**(V), so ist L_0 eine Streckung.

Hinweis: Man nutze aus, daß L_0 mit allen Projektionen auf eindimensionale Untervektorräume von V vertauschbar ist.

3.4 Koordinaten- und Matrizenrechnung

Es geht hier um die rechnerische Erfassung der Elemente endlich dimensionaler Vektorräume durch Tupel und der linearen Abbildungen zwischen solchen Vektorräumen durch
Matrizen. Demgemäß seien alle hier auftretenden K-Vektorräume von endlicher Dimension.

Wir betrachten zunächst einen Vektorraum U der Dimension n und wählen eine feste

(1)   Basis $a_1, \ldots, a_n$ von U.

Jeder Vektor $u \in U$ läßt sich nach D [2.3] in eindeutiger Weise als Linearkombination

$$(2) \qquad u = x^1 a_1 + \ldots + x^n a_n = \sum_{i=1}^{n} x^i a_i$$

darstellen. Dabei sind $x^1, \ldots, x^n$ Skalare, deren Numerierung wir hier als *obere* Indizes
schreiben, weil das in diesem kalkülmäßigen Teil der linearen Algebra üblich und zweckmäßig ist. (Man muß dabei allerdings aufpassen, diese Indizes nicht mit Potenzen zu ver-
wechseln.) Die x^i in (2) sind die Koordinaten von u in der Basis $a_1, \ldots, a_n$. Wir fassen die
x^i in dem **Koordinaten-n-Tupel**

$$(3) \qquad x := \begin{pmatrix} x^1 \\ \vdots \\ x^n \end{pmatrix} = (x^1, \ldots, x^n)^T$$

zusammen. Die senkrechte Anordnung ist hier durchaus von Bedeutung; um Platz zu sparen
verwenden wir jedoch auch die rechtsstehende Schreibweise, wobei T das in A [3.2] ein-
geführte Transponieren bezeichnet.

Satz und Definition A. *Bei fester Basiswahl (1) im Vektorraum U der Dimension* n *ist
die Zuordnung, die jedem Vektor* $u \in U$ *sein Koordinaten-n-Tupel* $x \in K^n$ *zuordnet, ein
Isomorphismus*

(4) $\varphi : U \to K^n$.

Dieser wird **lineare Karte** *oder* **lineares Koordinatensystem** *[zur Basis (1)] genannt; er ist
auch bestimmt als diejenige lineare Abbildung von* U *in* K^n *mit*

(5) $\varphi(a_i) = e_i, \quad 1 \leq i \leq n$.

Weiter ist die Funktion $\varphi^i : U \to K$, *die jedem Vektor* $u \in U$ *die i-te Koordinate seines Ko-
ordinaten-n-Tupels zuordnet,* $\varphi^i(u) = x^i$, *eine Linearform, die* **i-te Koordinatenform** *[zur
Basis (1)]*.

Hier bezeichnet $e_1, \ldots, e_n$ die Standardbasis von K^n.

Hinweis: Die Namengebung rührt daher, daß φ jedem „abstrakten" Objekt $u \in U$ ein
„konkretes" Objekt $x \in K^n$ zuordnet. Man denke an die (allerdings nicht lineare) Abbildung: Teil der Erdoberfläche → Landkarte!

Beweis von A. Die Bijektivität von φ folgt aus der Basiseigenschaft von $a_1, \ldots, a_n$. Zum Nachweis der Linearität sei für ein weiteres $\tilde{u} \in U$ gesetzt

$$(6) \qquad \tilde{u} = \tilde{x}^1 a_1 + \ldots + \tilde{x}^n a_n.$$

Dann folgt aus (2) und (6)

$$(7) \qquad u + \tilde{u} = (x^1 + \tilde{x}^1)\, a_1 + \ldots + (x^n + \tilde{x}^n)\, a_n$$

$$(8) \qquad \lambda u = (\lambda x^1)\, a_1 + \ldots + (\lambda x^n)\, a_n,$$

was die Additivität und Homogenität von φ ausdrückt.

Aus der Definition von φ folgt unmittelbar $\varphi(a_i) = e_i$, $1 \leq i \leq n$. Hierdurch ist φ gemäß E [3.1] eindeutig festgelegt.

Die Linearität der Zuordnung $u \mapsto x^i$ folgt ebenfalls aus den Formeln (7) und (8). $\qquad \square$

Folgerung B. *Ein* K-*Vektorraum* U *ist genau dann* n-*dimensional, wenn er zu* K^n *isomorph ist.* $\qquad \square$

Wie schon an früherer Stelle angemerkt, kann man alle Fragen in U, die sich in der Vektorraumstruktur ausdrücken, vermöge eines solchen Isomorphismus φ: $U \to K^n$ auf entsprechende Fragen in K^n zurückspielen. Damit werden z. B. die in 2.5 geschilderten Verfahren zur Basisbestimmung, Basisergänzung usw. in K^n auch für U selbst nutzbar: Man übersetzt einfach die betreffende Frage mit φ nach K^n, löst sie dort und übersetzt die Antwort mit φ^{-1} zurück nach U. Dabei heißt „Übersetzen": *Übergang zu Koordinaten.*

Außer U betrachten wir jetzt einen weiteren Vektorraum V der Dimension p und wählen eine feste

$$(9) \qquad \text{Basis } b_1, \ldots, b_p \text{ von V.}$$

Analog zu der Situation in U definiert diese Basis die lineare Karte

$$(10) \qquad \psi : V \to K^p,$$

die jedem $v \in V$ die Spalte $\psi(v) = (y^1, \ldots, y^p)^T = y$ seiner Koordinaten y^j zuordnet:

$$(11) \qquad v = y^1 b_1 + \ldots + y^p b_p = \sum_{j=1}^{p} y^j b_j.$$

Ist nun eine lineare Abbildung

$$(12) \qquad L : U \to V$$

gegeben, so lassen sich die Bildvektoren $L(a_i)$ in der Basis (9) darstellen:

$$(13) \qquad \boxed{\begin{array}{l} L(a_1) = a_1^1 b_1 + \ldots + a_1^p b_p \\ \qquad\vdots \\ L(a_n) = a_n^1 b_1 + \ldots + a_n^p b_p \end{array}}$$

oder, zusammengefaßt:

$$(14) \qquad L(a_i) = \sum_{j=1}^{p} a_i^j b_j, \qquad i = 1, \ldots, n.$$

Dabei sind die oben *und* unten indizierten Größen a_i^j Skalare.

Die Tatsache, daß ein $u \in U$ durch L auf ein $v \in V$ abgebildet wird,

$$(15) \qquad v = L(u),$$

drückt sich mittels (2), (11), (14) so aus:

$$(16) \qquad \sum_{j=1}^{p} y^j b_j = v = L\left(\sum_{i=1}^{n} x^i a_i \right) = \sum_{i=1}^{n} x^i L(a_i) = \sum_{i=1}^{n} x^i \left(\sum_{j=1}^{p} a_i^j b_j \right) =$$

$$= \sum_{i=1}^{n} \left(\sum_{j=1}^{p} x^i a_i^j b_j \right) = \sum_{j=1}^{p} \left(\sum_{i=1}^{n} a_i^j x^i b_j \right) = \sum_{j=1}^{p} \left(\sum_{i=1}^{n} a_i^j x^i \right) b_j,$$

also aufgrund von Koeffizientenvergleich des ersten und letzten Terms durch

$$(17.a) \qquad y^j = \sum_{i=1}^{n} a_i^j x^i, \qquad j = 1, \ldots, p,$$

oder ausführlich durch

$$(17.b) \qquad \boxed{\begin{aligned} y^1 &= a_1^1 x^1 + \ldots + a_n^1 x^n \\ &\vdots \\ y^p &= a_1^p x^1 + \ldots + a_n^p x^n \end{aligned}} \;.$$

Durch (17) ist eine lineare Abbildung $x \mapsto y$ von K^n in K^p definiert (vgl. Beispiel 4 [3.1]). Man nennt diese lineare Abbildung die **Koordinatendarstellung** von L [bezüglich der Basen (1) und (9)], weil sie jeweils dem Koordinaten-n-Tupel eines Vektors $u \in U$ das Koordinaten-p-Tupel seines Bildes $L(u) \in V$ zuordnet.

Definition und Satz C. *Die **Matrix** der linearen Abbildung $L : U \to V$ (bezüglich oder in den Basen $a_1, \ldots, a_n$ von U und $b_1, \ldots, b_p$ von V) ist definiert als die Koeffizientenmatrix der Koordinatendarstellung von L in (17.b):*

$$(18) \qquad A = \begin{pmatrix} a_1^1 & \ldots & a_n^1 \\ \vdots & & \vdots \\ a_1^p & \ldots & a_n^p \end{pmatrix} .$$

Äquivalent gilt: A enthält in der i-ten Spalte die Koordinaten von $L(a_i)$ bezüglich der Basis $b_1, \ldots, b_p$.

Beweis. Die letzte Feststellung ergibt sich aus der Äquivalenz von (13) und (17.b), die man aus den obigen Rechnungen abliest. $\qquad\qquad \square$

Somit ist jeder linearen Abbildung L eine Matrix A zugeordnet. Wir werden gleich sehen: Ebenso wie die Vektoren von U durch n-Tupel erfaßt werden, lassen sich lineare Abbildungen L von U in V durch die zugehörigen (n × p)-Matrizen ausdrücken. Deshalb nennt man die Matrix A (18) auch die **Darstellungsmatrix** von L [bezüglich oder in den Basen (1) und (9)].

Beispiele. 1. Der *Nullabbildung* $0 : U \to V$ ist die **Nullmatrix** zugeordnet, deren Plätze alle mit 0 besetzt sind:

$$(19) \qquad 0 := \begin{pmatrix} 0 & \cdots & 0 \\ \vdots & & \vdots \\ 0 & \cdots & 0 \end{pmatrix}.$$

Dies folgt aus C, weil alle Basisvektoren a_i auf 0 abgebildet werden.

2. Im Falle $U = V$ *und* $a_i = b_i$ für $1 \leq i \leq n$ ist der *Identität* $I : U \to U$ die **Einheitsmatrix** zugeordnet, bei der $a_i^i = 1$ und $a_i^j = 0$ für $i \neq j$ gilt:

$$(20) \qquad I := \begin{pmatrix} 1 & 0 & \cdots & 0 \\ 0 & 1 & \ddots & \vdots \\ \vdots & \ddots & \ddots & 0 \\ 0 & \cdots & 0 & 1 \end{pmatrix}.$$

Dies folgt wiederum aus C, weil alle Basisvektoren a_i auf sich abgebildet werden. $\qquad\square$

Hinweis: Im Falle $U = V$ wählt man, *falls nichts anderes gesagt ist,* $a_i = b_i$ für $1 \leq i \leq n$. Es genügt dann die Nennung *einer* Basis, auf die sich die Matrizen beziehen sollen.

Zusatz zu C. *Es gilt:*

$$(21) \qquad \text{Rang } L = \text{Rang } A.$$

Beweis. Unter Verwendung von D [3.1] und der Isomorphieeigenschaft von ψ ergibt sich:

$$(22) \qquad \text{Rang } L = \dim(\text{sp}(L(a_1), \ldots, L(a_n))) = \dim(\text{sp}(\psi L(a_1), \ldots, \psi L(a_n))) = \text{Rang } A.$$

$$\square$$

Definition D. *Die Menge aller* (n × p)-*Matrizen über* K *heiße* $K^{(n,p)}$. *Speziell ist* $K^{(n,1)}$ *die Menge aller n-Tupel, aufgefaßt als Zeilen, und* $K^{(1,p)}$ *die Menge aller p-Tupel, aufgefaßt als Spalten.*

Wir verfolgen nun die in C definierte Zuordnung „lineare Abbildung $\mapsto$ Matrix" weiter. Ist außer L eine weitere lineare Abbildung

$$(23) \qquad \tilde{L} : U \to V$$

gegeben, so wird deren Matrix

$$(24) \qquad \tilde{A} = \begin{pmatrix} \tilde{a}_1^1 & \cdots & \tilde{a}_n^1 \\ \vdots & & \vdots \\ \tilde{a}^p & & \tilde{a}^p \end{pmatrix}$$

bezüglich der gegebenen Basen von U und V analog zu (14) gegeben durch

$$(25) \qquad \tilde{L}(a_i) = \sum_{j=1}^{p} \tilde{a}_i^j b_j, \quad i = 1, \ldots, n.$$

Für *Summe* und *skalares Vielfaches der linearen Abbildungen* L, $\tilde{L}$ folgt aus (14) und (25):

$$(26) \qquad (L + \tilde{L})(a_i) = L(a_i) + \tilde{L}(a_i) = \sum_{j=1}^{p} (a_i^j + \tilde{a}_i^j) \, b_j$$

$$i = 1, \ldots, n.$$

$$(27) \qquad (\alpha L)(a_i) = \alpha L(a_i) = \sum_{j=1}^{p} (\alpha a_i^j) \, b_j$$

Demgemäß werden wir **Summe** und **(skalares) Vielfaches** von Matrizen definieren durch

$$(28) \qquad A + \tilde{A} := \begin{pmatrix} a_1^1 + \tilde{a}_1^1 & \ldots & a_n^1 + \tilde{a}_n^1 \\ \vdots & & \vdots \\ a_1^p + \tilde{a}_1^p & \ldots & a_n^p + \tilde{a}_n^p \end{pmatrix}, \qquad \alpha A = \alpha \cdot A := \begin{pmatrix} \alpha a_1^1 & \ldots & \alpha a_n^1 \\ \vdots & & \vdots \\ \alpha a_1^p & \ldots & \alpha a_n^p \end{pmatrix}.$$

Diese Verknüpfungen erfolgen also *koordinatenweise,* wie bei Tupeln üblich. [Eine (n × p)-Matrix ist ja definiert als ein np-Tupel in der rechteckigen Anordnung (18).] Hieraus ergibt sich der erste Teil des folgenden Satzes.

Satz E. *Die Menge* $K^{(n, p)}$ *aller* (n × p)*-Matrizen bildet mit den Verknüpfungen* (28) *einen Vektorraum der Dimension* np.

Bei fester Basiswahl (1), (9) *in den Vektorräumen* U, V *der Dimension* n, p *ist die Zuordnung*

$$(29) \qquad \begin{aligned} \Phi : L(U, V) &\rightarrow K^{(n,p)} \\ L &\mapsto A \end{aligned}$$

von Definition C ein Vektorraumisomorphismus. Insbesondere gilt:

$$(30) \qquad \dim L(U, V) = \dim K^{(n,p)} = np.$$

Beweis. Es bleibt zu zeigen, daß die Abbildung (29) linear und bijektiv ist: Die *Linearität* folgt gerade aus den Definitionen (28) unter Beachtung von (26) und (27). Die *Bijektivität* folgt aus E [3.1]: Dort wurde bewiesen, daß zu beliebigen Vektoren $c_1, \ldots, c_n \in V$ genau eine lineare Abbildung $L : U \rightarrow V$ existiert mit $L(a_i) = c_i$ für $1 \leq i \leq n$. Dies impliziert nach C (letzter Teil), daß zu jeder Matrix $A \in K^{(n, p)}$ genau eine lineare Abbildung L existiert, die A als Matrix besitzt.   □

Die Abbildung φ aus (4) „koordinatisiert" die Vektoren $u \in U$, die Abbildung Φ aus (29) „koordinatisiert" die linearen Abbildungen $L \in L(U, V)$; allerdings hängen φ und Φ ab von den gewählten Basen in U und V.

Nachdem die Verknüpfungen (28) für Matrizen gerade so definiert wurden, daß sie den zugehörigen Verknüpfungen für lineare Abbildungen entsprechen, soll dasselbe auch für die *Komposition* durchgeführt werden, was uns auf das *Matrizenprodukt* führen wird.

Wir betrachten hierzu *drei* Vektorräume U, V, W mit linearen Abbildungen L, M dazwischen und mit den angegebenen Dimensionen, Basen und Gleichungen entsprechend (14):

$$(31) \qquad \begin{cases} U \xrightarrow{\ L\ } V \xrightarrow{\ M\ } W \\ \quad n \qquad\quad p \qquad\quad q \\ a_1, \ldots, a_n \quad b_1, \ldots, b_p \quad c_1, \ldots, c_q \end{cases}$$

$$(32) \qquad L(a_i) = \sum_{j=1}^{p} a_i^j b_j, \quad M(b_j) = \sum_{k=1}^{q} b_j^k c_k.$$

Demgemäß lauten die Matrizen von L und M bezüglich der angeschriebenen Basen

$$(33) \qquad A = \begin{pmatrix} a_1^1 & \ldots & a_n^1 \\ \vdots & & \vdots \\ a_1^p & \ldots & a_n^p \end{pmatrix}, \quad B = \begin{pmatrix} b_1^1 & \ldots & b_p^1 \\ \vdots & & \vdots \\ b_1^q & \ldots & b_p^q \end{pmatrix}.$$

Für die Komposition

$$(34) \qquad U \xrightarrow{\ M \circ L\ } W$$

berechnet man aus (32):

$$(35) \qquad \begin{aligned} (M \circ L)(a_i) &= M(L(a_i)) = M\left(\sum_{j=1}^{p} a_i^j b_j \right) = \sum_{j=1}^{p} a_i^j M(b_j) = \sum_{j=1}^{p} a_i^j \left(\sum_{k=1}^{q} b_j^k c_k \right) = \\ &= \sum_{k=1}^{q} \left(\sum_{j=1}^{p} b_j^k a_i^j \right) c_k. \end{aligned}$$

Das Ergebnis dieser Rechnung legt folgende Definition nahe:

Definition und Satz F. *Zu je zwei Matrizen* $A \in K^{(n,\,p)}$ *und* $B \in K^{(p,\,q)}$ (33) *ist das (Matrizen-) Produkt* $B \cdot A = BA \in K^{(n,\,q)}$ *gegeben durch*

$$(36) \qquad BA = \begin{pmatrix} c_1^1 & \ldots & c_n^1 \\ \vdots & & \vdots \\ c_1^q & \ldots & c_n^q \end{pmatrix}$$

mit

$$(37) \qquad c_i^k := \sum_{j=1}^{p} b_j^k a_i^j, \quad 1 \le i \le n, \ 1 \le k \le q.$$

Diese Definition ist so eingerichtet, daß in der Situation (31) *gilt: Ist* A *die Matrix von* L, B *die Matrix von* M, *so ist* BA *die Matrix von* M ∘ L. □

Die Vorschrift (37) kann auch so ausgesprochen werden: Man erhält das Element c_i^k in der k-ten Zeile und i-ten Spalte von BA als „Skalarprodukt" der k-ten Zeile von B mit der i-ten Spalte von A entsprechend dem Schema:

(38)

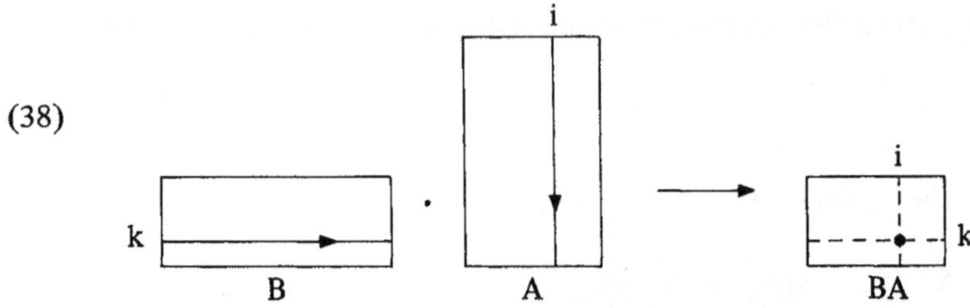

„Skalarprodukt" bedeutet dabei: Multiplikation gleichstelliger Elemente und anschließende Summation (entsprechend der Formel (4) [0.3.1]).

Warnung: Die in F ausgedrückte Entsprechung zwischen linearen Abbildungen und Matrizen gilt nur, wenn in V als Zielraum von L dieselbe Basis $b_1, \ldots, b_p$ gewählt wird wie in V als Definitionsraum von M.

Beispiel 3. Es gilt

$$(39) \quad \begin{pmatrix} 1 & 2 & 3 \\ 3 & 2 & 1 \end{pmatrix} \cdot \begin{pmatrix} 0 & 1 & -1 & 2 \\ 2 & 0 & 1 & 0 \\ 1 & -1 & 3 & 1 \end{pmatrix} = \begin{pmatrix} 7 & -2 & 10 & 5 \\ 5 & 2 & 2 & 7 \end{pmatrix},$$

$$(40) \quad \begin{pmatrix} 1 & 2 \\ 0 & 3 \end{pmatrix} \cdot \begin{pmatrix} 1 & -1 \\ -1 & 1 \end{pmatrix} = \begin{pmatrix} -1 & 1 \\ -3 & 3 \end{pmatrix},$$

$$(41) \quad \begin{pmatrix} 1 & -1 \\ -1 & 1 \end{pmatrix} \cdot \begin{pmatrix} 1 & 2 \\ 0 & 3 \end{pmatrix} = \begin{pmatrix} 1 & -1 \\ -1 & 1 \end{pmatrix}. \qquad \qquad \square$$

Das Matrizenprodukt ist also nicht kommutativ, d.h. im allgemeinen gilt $AB \neq BA$. Gilt für zwei (n $\times$ n)-Matrizen $AB = BA$, so heißen A, B **vertauschbar.**

Man beachte: Die *Summe* $A + \tilde{A}$ ist nur sinnvoll, wenn A und $\tilde{A}$ das gleiche Format haben, das *Produkt* BA nur sinnvoll, wenn die Zeilenlänge des „ersten Faktors" B mit der Spaltenlänge des „zweiten Faktors" A übereinstimmt. Ferner: Bei den hier getroffenen Konventionen entspricht dem Matrizenprodukt BA eine ganz bestimmte Stellung des Summationsindex j in (37), nämlich die „von links unten nach rechts oben".

Die eingeführten Operationen für Matrizen sind so definiert, daß sie den jeweiligen Operationen für lineare Abbildungen (3.3) *entsprechen.* Deshalb übertragen sich die Rechenregeln von 3.3 unmittelbar auf Matrizen. Insbesondere gelten nach D [3.3] und (18) [3.3] die folgenden *Matrizenregeln*:

$$
\begin{array}{ll}
(42) & C(BA) = (CB)\, A =: CBA \\[4pt]
(43) & B(A + \tilde{A}) = BA + B\tilde{A} \\[4pt]
(44) & (B + \tilde{B})\, A = BA + \tilde{B}A \\[4pt]
(45) & (\alpha B)\, A = B(\alpha A) = \alpha(BA) =: \alpha BA \\[4pt]
(46) & B \cdot 0 = 0, \qquad 0 \cdot A = 0 \\[4pt]
(47) & B \cdot I = B, \qquad I \cdot A = A,
\end{array}
$$

sobald die auftretenden Verknüpfungen sinnvoll sind. Natürlich kann man diese Gesetze auch direkt nachrechnen.

Wir wollen nun nach dem gleichen Schema den Begriff der *inversen* Matrix einführen. Hierzu betrachten wir eine lineare Abbildung zwischen *gleich*dimensionalen Vektorräumen mit den angegebenen Dimensionen und Basen:

$$
(48) \qquad
\left\{
\begin{array}{ccc}
U & \xrightarrow{\ \ L\ \ } & V \\
n & & n \\
a_1, \ldots, a_n & & b_1, \ldots, b_n\,.
\end{array}
\right.
$$

Ist

$$
(49) \qquad A =
\begin{pmatrix}
a_1^1 & \cdots & a_n^1 \\
\vdots & & \vdots \\
a_1^n & \cdots & a_n^n
\end{pmatrix}
\in K^{(n,\,n)}
$$

die Matrix von L bezüglich der genannten Basen, so ist L gemäß (17) eine lineare Abbildung zugeordnet, die Koordinatendarstellung:

$$
(50.a) \qquad
\begin{array}{c}
K^n \to K^n \\
x \mapsto y
\end{array}
$$

mit

$$
(50.b) \qquad y^j = \sum_{i=1}^{n} a_i^j x^i, \qquad j = 1, \ldots, n.
$$

Natürlich ist L genau dann bijektiv, wenn die Abbildung (50) bijektiv ist.

Definition und Satz G. *Die quadratische Matrix* A (49) *heißt* **regulär,** *wenn die zugehörige lineare Abbildung* (50) *regulär ist. Ist dies der Fall, so ist die* **inverse Matrix**

$$(51) \qquad A^{-1} = \begin{pmatrix} \alpha_1^1 & \cdots & \alpha_n^1 \\ \vdots & & \vdots \\ \alpha_1^n & \cdots & \alpha_n^n \end{pmatrix}$$

definiert als Koeffizientenmatrix der Auflösung von (50.b) *nach* $x^1, \ldots, x^n$:

$$(52) \qquad x^j = \sum_{i=1}^{n} \alpha_i^j y^i, \quad j = 1, \ldots, n.$$

Diese Definitionen sind so eingerichtet, daß in der Situation (48) *gilt: Ist* A *die Matrix von* L, *so ist* A^{-1} *die Matrix von* L^{-1}.

Nicht reguläre Matrizen $A \in K^{(n,\,n)}$ *heißen auch* **singulär.** $\qquad\qquad\qquad\square$

Die Regularität einer Matrix läßt sich an ihrem Rang ablesen; vgl. C [3.2] und I [3.1]:

Satz H. *Für* $A \in K^{(n,\,n)}$ *gilt:*

$$(53) \qquad A \text{ } regulär \Leftrightarrow \text{Rang } A = n. \qquad\qquad\qquad\qquad \square$$

Da die Matrizeninversion der Umkehrung von linearen Abbildungen entspricht, übertragen sich auch die entsprechenden Rechenregeln, z. B. folgt aus $L^{-1} \circ L = $ Identität von U, $L \circ L^{-1} = $ Identität von V sofort:

$$(54) \qquad A^{-1}A = I, \quad AA^{-1} = I$$

für jede reguläre Matrix A. Weiter gilt:

Satz und Definition I. *Die Menge der regulären Matrizen aus* $K^{(n,\,n)}$ *bildet bezüglich der Matrizenmultiplikation eine Gruppe, die* **(allgemeine) lineare Gruppe** **GL**(n, K). *Neutralelement in* **GL**(n, K) *ist die* (n × n)*-Einheitsmatrix, inverses Element zu* $A \in$ **GL**(n, K) *ist die inverse Matrix* A^{-1}.

Beweis. Wegen (42), (47), (54) bleibt von den Gruppenaxiomen lediglich die Abgeschlossenheit zu zeigen. Diese folgt jedoch durch Zurückgehen auf die entsprechenden linearen Abbildungen, weil die Komposition bijektiver Abbildungen stets bijektiv ist. $\qquad\qquad \square$

Die Regeln (42) *bis* (47) *(zusammen mit den Vektorraumgesetzen für gleichformatige Matrizen und den Gruppengesetzen für reguläre quadratische Matrizen) bilden einen wesentlichen Teil des* **Matrizenkalküls.** Als weitere Regel sei angemerkt:

$$(55) \qquad \boxed{(\alpha A)^{-1} = \alpha^{-1} A^{-1}}$$

für $\alpha \in K$ mit $\alpha \neq 0$ und $A \in$ **GL**(n, K); denn αA hat mit A den Rang n, und es gilt nach (45):

$$(56) \qquad (\alpha^{-1} A^{-1})(\alpha A) = \alpha^{-1}\alpha \cdot A^{-1}A = 1 \cdot I = I.$$

Ist A regulär, so folgt aus BA = I (bzw. AB = I) durch Multiplikation von rechts (bzw. von links) mit A^{-1} leicht B = A^{-1}. Also ist A^{-1} *gekennzeichnet* durch jedes der (54) entsprechenden Gleichungssysteme:

$$(57) \qquad \sum_{j=1}^{n} \alpha_j^k a_i^j = \delta_i^k, \qquad \sum_{j=1}^{n} a_j^k \alpha_i^j = \delta_i^k, \qquad 1 \leq i, k \leq n.$$

Hierin bezeichnen die δ_i^k die Elemente der Einheitsmatrix, also

$$(58) \qquad \boxed{\delta_i^k = 1 \text{ für } i = k, \qquad \delta_i^k = 0 \text{ für } i \neq k.}$$

Man nennt δ_i^k das **Kronecker-Symbol.**

Die *praktische Berechnung einer inversen Matrix* kann direkt aus der Definition G abgelesen werden: Man hat ja lediglich das Gleichungssystem (50.b) nach $x^1, \ldots, x^n$ aufzulösen. Dies geschieht am zweckmäßigsten mit dem Verfahren von 0.1.7, wobei man die elementaren Umformungen auf $y^1, \ldots, y^n$ als rechte Seiten ausdehnt.

Beispiel 4. Man berechne A^{-1} für

$$(59) \qquad A = \begin{pmatrix} 0 & 1 & 1 \\ 1 & -2 & -5 \\ 2 & -3 & -6 \end{pmatrix}.$$

Das Schema gemäß 0.1.7 mit den Spalten für x^1, x^2, x^3 *links* vom Doppelstrich und für y^1, y^2, y^3 *rechts* vom Doppelstrich lautet:

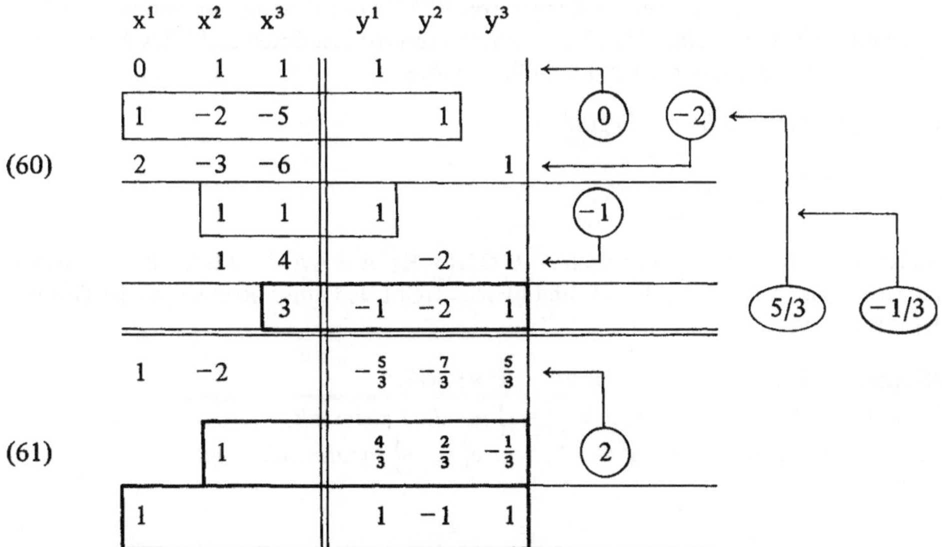

Nach Herstellung der *oberen Dreiecksgestalt* für das Koeffizientenschema von x^1, x^2, x^3 [eingerahmte Gleichungen in (60) *oberhalb* dem horizontalen Doppelstrich] würde sich die rekursive Auflösung anschließen. Diese kann man hier jedoch umgehen indem man mit weiteren elementaren Umformungen sogar *Hauptdiagonalform* erreicht. Dann kann die inverse Matrix aus dem Koeffizientenschema von y^1, y^2, y^3 rechts abgelesen werden [fett eingerahmte Gleichungen in (60) *und* (61)]. Es folgt:

$$(62) \qquad A^{-1} = \begin{pmatrix} 1 & -1 & 1 \\ \frac{4}{3} & \frac{2}{3} & -\frac{1}{3} \\ -\frac{1}{3} & -\frac{2}{3} & \frac{1}{3} \end{pmatrix} = \frac{1}{3} \begin{pmatrix} 3 & -3 & 3 \\ 4 & 2 & -1 \\ -1 & -2 & 1 \end{pmatrix}.$$

Der Leser rechne zur Übung nach, daß tatsächlich gilt $A^{-1}A = I$ und $AA^{-1} = I$. [Wäre A nicht regulär gewesen, so hätte sich dies bei der Durchführung des Gaußschen Verfahrens (60) automatisch herausgestellt!]   □

Wir nennen nun noch einige Regeln für das Transponieren von Matrizen. (Die entsprechende Operation für lineare Abbildungen wird erst später in der *Dualitätstheorie* eingeführt.)

Satz J. *Für* $A, \tilde{A} \in K^{(n,p)}$, $B \in K^{(p,q)}$ *und* $\alpha \in K$ *gilt:*

$$(63) \qquad (A + \tilde{A})^T = A^T + \tilde{A}^T$$

$$(64) \qquad (\alpha A)^T = \alpha A^T$$

$$(65) \qquad (BA)^T = A^T B^T \qquad \text{(Reihenfolge!)}.$$

Beweis. Da die Vektorraumverknüpfungen von $K^{(n,p)}$ koordinatenweise definiert sind, ist (63) und (64) unmittelbar klar. Der Nachweis von (65) ist durch einfaches Ausrechnen zu erbringen, was der Leser selbst durchführen möge.   □

Folgerung K. *Für* $A \in \mathbf{GL}(n, K)$ *gilt:*

$$(66) \qquad (A^T)^{-1} = (A^{-1})^T.$$

Beweis: Wegen B [3.2] und H ist auch $A^T \in \mathbf{GL}(n, K)$. Aus $AA^{-1} = I$ folgt durch Anwendung von (65): $(A^{-1})^T A^T = I^T = I$, und hieraus ergibt sich durch Rechnen in der Gruppe $\mathbf{GL}(n, K)$ die Behauptung (66).   □

Definition L. *Eine quadratische Matrix* A (49) *heißt:*
(a) *symmetrisch, wenn* $A^T = A$, *d. h.* $a_i^j = a_j^i$ *für alle Indizes gilt;*
(b) *schiefsymmetrisch, wenn* $A^T = -A$, *d. h.* $a_i^j = -a_j^i$ *für alle Indizes gilt.*

Bemerkungen. 1. Rechnerische Beziehungen in der linearen Algebra lassen sich häufig durch den Matrizenkalkül ausdrücken. Musterbeispiel hierfür ist die Entsprechung von Komposition und Matrizenprodukt laut F. Weiter kann man z.B. die Formeln (17.b) mit Matrizen so schreiben:

$$(67) \qquad \underbrace{\begin{pmatrix} y^1 \\ \vdots \\ y^p \end{pmatrix}}_{y} = \underbrace{\begin{pmatrix} a_1^1 & \cdots & a_n^1 \\ \vdots & & \vdots \\ a_1^p & \cdots & a_n^p \end{pmatrix}}_{A} \underbrace{\begin{pmatrix} x^1 \\ \vdots \\ x^n \end{pmatrix}}_{x},$$

also in der Form:

$$(68) \qquad y = Ax.$$

Im Falle $n = p$ bedeuten die Formeln (52) definitionsgemäß:

$$(69) \qquad x = A^{-1}\, y,$$

was auch rechnerisch aus (68) abgeleitet werden kann, indem beide Seiten von links mit A^{-1} multipliziert werden:

$$(70) \qquad A^{-1} y = A^{-1} Ax = Ix = x.$$

2. Die voranstehende Überlegung kann auch zur Lösung eines linearen Gleichungssystems (20) [3.2] herangezogen werden, wenn es gleichviele Unbekannte wie Gleichungen enthält (**quadratisches** Gleichungssystem) und wenn die Koeffizientenmatrix A regulär ist. In Matrizenform schreibt sich ein solches System als $Ax = b$, wobei x die Spalte der Unbekannten und b die Spalte der rechten Seiten bezeichnet: Kennt man bereits A^{-1}, so ist die (eindeutig bestimmte) Lösung einfach berechenbar als $x = A^{-1}b$.

3. Man beachte, daß den linearen Abbildungen $L : U \to V$ erst dann Matrizen zugeordnet werden können, wenn in U und V Basen gewählt sind, was im allgemeinen mit einer Willkür behaftet ist. Im Falle $U = K^n$ und $V = K^p$ gibt es jedoch ausgezeichnete Basen, nämlich die Standardbasen von K^n und K^p. Daher existiert hier eine feste Zuordnung zwischen $\mathbf{L}(K^n, K^p)$ und $K^{(n,p)}$ (nämlich die Zuordnung: lineare Abbildung $\to$ Koeffizientenmatrix von Beispiel 4 [3.1]). Insofern kann eine Matrix aus $K^{(n,p)}$ auch aufgefaßt werden als eine lineare Abbildung von K^n nach K^p, und umgekehrt. Im gleichen Sinne identifiziert man häufig die Gruppe $\mathbf{GL}(K^n)$ (E [3.3]) mit der Gruppe $\mathbf{GL}(n, K)$. $\qquad\square$

* *
*

Eine Erleichterung beim Rechnen mit indexbehafteten Größen ist die **Einsteinsche Summenkonvention**. Diese besteht darin, daß man in Formeln wie (17.a), (14) oder (37) das Summenzeichen wegläßt und vereinbart, über doppelt vorkommende Indizes automatisch zu summieren (wobei der Summationsbereich natürlich aus dem Zusammenhang klar sein muß). Man schreibt also einfach statt der genannten Formeln:

$$(71) \qquad y^j = a_i^j x^i, \qquad L(a_i) = a_i^j b_j, \qquad c_i^k = b_j^k a_i^j.$$

Richtet man die Stellung der Indizes so ein, wie in diesem Abschnitt geschehen, so kommen diese Summationsindizes jeweils einmal unten und einmal oben vor (das braucht jedoch nicht immer der Fall zu sein). Die Methode ist besonders nützlich, wenn der Matrizenkalkül nicht mehr eingesetzt werden kann, d.h. bei Größen, die *mehr* als zwei Indizes tragen. Wir machen nur gelegentlich davon Gebrauch, z.B. im nächsten Abschnitt.

Aufgaben

1. Für die Abbildungen F_1, F_3, F_4 von Aufgabe 1 [3.1] gebe man jeweils die Darstellungsmatrix bezüglich der Basen der Monome an.

2. In der Situation (31) beweise man die **Sylvestersche Ungleichung**

$$\text{Rang } L + \text{Rang } M - \dim V \leq \text{Rang } (M \circ L) \leq \min \{\text{Rang } L, \text{Rang } M\}.$$

3. Der Körper K sei nicht von der Charakteristik 2. Mit $K_s^{(n,\,n)}$ bzw. $K_a^{(n,\,n)}$ sei die Menge aller symmetrischen bzw. schiefsymmetrischen Matrizen aus $K^{(n,\,n)}$ bezeichnet. Man beweise, daß $K_s^{(n,\,n)}$ und $K_a^{(n,\,n)}$ Untervektorräume von $K^{(n,\,n)}$ sind, und zeige $K^{(n,\,n)} = K_s^{(n,\,n)} \oplus K_a^{(n,\,n)}$.

Hinweis: Für jede quadratische Matrix A gilt $A = \frac{1}{2}(A + A^T) + \frac{1}{2}(A - A^T)$.

4. Für zwei $(n \times n)$-Matrizen A, B gelte $AB = I$. Man deduziere hieraus: A, B sind beide regulär, und es gilt $BA = I$.

3.5 Basis- und Koordinatentransformation

Dieser Abschnitt schließt, auch in der Bezeichnungsweise, an den vorangehenden Abschnitt 3.4 an. Während dort die Basen jeweils fest gewählt waren, untersuchen wir hier, was bei **Basiswechsel** passiert. Beim Rechnen verwenden wir die Einsteinsche Summenkonvention.

Sei zunächst wieder ein K-Vektorraum U betrachtet sowie eine „alte" Basis $a_1, \ldots, a_n$ und eine „neue" Basis $\tilde{a}_1, \ldots, \tilde{a}_n$ von U:

$$(1) \qquad \left\{ \begin{array}{l} U \\ a_1, \ldots, a_n \, . \\ \tilde{a}_1, \ldots, \tilde{a}_n \end{array} \right.$$

Dann existieren **Umrechnungsformeln für die Basen** der Art:

$$(2) \qquad \boxed{a_k = s_k^i \, \tilde{a}_i ,}$$

wobei die skalaren Koeffizienten s_k^i durch die beiden Basen eindeutig bestimmt sind. Alle (lateinischen) Indizes variieren hier von 1 bis n.

Für die Darstellung eines und desselben Vektors $u \in U$ in den beiden Basen,

$$(3) \qquad u = x^k a_k = \tilde{x}^i \tilde{a}_i ,$$

folgt hieraus mit (2)

$$(4) \qquad u = x^k s_k^i \, \tilde{a}_i,$$

also ergeben sich durch Vergleich die **Umrechnungsformeln für die Koordinaten**:

$$(5) \qquad \boxed{\tilde{x}^i = s_k^i x^k.}$$

Während in (2) *die alte Basis durch die neue ausgedrückt wird, drückt* (5) *die neuen Koordinaten eines und desselben Vektors durch die alten aus.* Man beachte, daß beim ausführlichen Aufschreiben von (2) und (5) transponierte Koeffizientenschemata erscheinen. Zwei Umrechnungsformeln der Art (2) und (5) nennt man **kontragredient** zueinander.

In beiden Formeln (2), (5) spielt die folgende Matrix eine Rolle:

$$(6) \qquad S := \begin{pmatrix} s_1^1 & \cdots & s_n^1 \\ \vdots & & \vdots \\ s_1^n & \cdots & s_n^n \end{pmatrix}.$$

Diese ist *regulär*, weil die durch (5) vermittelte Abbildung $x \mapsto \tilde{x}$ nach A [3.4] bijektiv ist. Bezeichnen wir die Elemente von S^{-1} gemäß

$$(7) \qquad S^{-1} = \begin{pmatrix} t_1^1 & \cdots & t_n^1 \\ \vdots & & \vdots \\ t_1^n & \cdots & t_n^n \end{pmatrix},$$

so folgt aus (2) durch Multiplikation mit t_j^k und Summation nach k:

$$(8) \qquad t_j^k a_k = t_j^k s_k^i \tilde{a}_i = \delta_j^i \tilde{a}_i = \tilde{a}_j,$$

also

$$(9) \qquad \boxed{\tilde{a}_j = t_j^k a_k.}$$

Analog erhält man aus (5):

$$(10) \qquad \boxed{x^k = t_j^k \tilde{x}^j.}$$

Auch (9) und (10) sind kontragredient.

Definition und Satz A. *In der Situation* (1), (2) *heißt die lineare Abbildung*

$$(11) \qquad \kappa : K^n \to K^n \quad mit \quad x \mapsto \tilde{x} \quad gemäß (5)$$

Koordinatentransformation, die lineare Abbildung

$$(12) \qquad \beta : U \to U \qquad mit \quad \beta(a_i) = \tilde{a}_i, \ 1 \leqq i \leqq n,$$

die Basistransformation zum Basiswechsel von $a_1, \ldots, a_n$ *zu* $\tilde{a}_1, \ldots, \tilde{a}_n$. *Beide Abbildungen* κ *und* β *sind Automorphismen. Die (reguläre) Matrix* S (6) *ist die Koeffizientenmatrix von* κ, *ihre Inverse* S^{-1} *die Matrix von* β *bezüglich der Basis* $a_1, \ldots, a_n$.

Beweis. Die Automorphie von κ ist vorweg begründet worden, die von β folgt aus (12) zusammen mit E [3.1]. Die Behauptungen über S und S^{-1} liest man aus (5) und (9), (12) ab. $\qquad\qquad\qquad\qquad\qquad\qquad\qquad\qquad\qquad\qquad\qquad\qquad\qquad\qquad$ $\square$

Die Koordinatentransformation κ überführt die alten Koordinaten eines jeden Vektors von U in die neuen Koordinaten *desselben Vektors.* Die Basistransformation β überführt jeden Vektor $x^i a_i$, dargestellt in der alten Basis, in den Vektor $x^i \tilde{a}_i$, dargestellt in der neuen Basis mit *denselben Koeffizienten.*

Übrigens kommt jede reguläre Matrix S *als Matrix einer Koordinatentransformation vor;* denn bei gegebener Basis $a_1, \ldots, a_n$ kann man mittels S^{-1} die Basis $\tilde{a}_1, \ldots, \tilde{a}_n$ durch (9) definieren.

Es sei jetzt ein weiterer Vektorraum V mit einer „alten" und „neuen" Basis betrachtet, sowie eine lineare Abbildung L von U in V:

$$(13) \qquad \begin{cases} U \xrightarrow{\;\;L\;\;} V \\ a_1, \ldots, a_n \qquad b_1, \ldots, b_p \\ \tilde{a}_1, \ldots, \tilde{a}_n \qquad \tilde{b}_1, \ldots, \tilde{b}_p \end{cases} .$$

Die Matrix der Koordinatentransformation in V sei

$$(14) \qquad R = \begin{pmatrix} r_1^1 & \cdots & r_p^1 \\ \vdots & & \vdots \\ r_1^p & \cdots & r_p^p \end{pmatrix},$$

also

$$(15) \qquad \boxed{\; b_\mu = r_\mu^\nu \tilde{b}_\nu, \;}$$

wobei wir jetzt Indizes, die von 1 bis p variieren, zur Unterscheidung griechisch bezeichnen.

Die Matrizen von L bezüglich der alten und neuen Basen seien

$$(16) \qquad A = \begin{pmatrix} a_1^1 & \cdots & a_n^1 \\ \vdots & & \vdots \\ a_1^p & \cdots & a_n^p \end{pmatrix}, \qquad \tilde{A} = \begin{pmatrix} \tilde{a}_1^1 & \cdots & \tilde{a}_n^1 \\ \vdots & & \vdots \\ \tilde{a}_1^p & \cdots & \tilde{a}_n^p \end{pmatrix},$$

also

$$(17) \qquad L(a_k) = a_k^\mu b_\mu, \qquad\qquad L(\tilde{a}_i) = \tilde{a}_i^\nu \tilde{b}_\nu.$$

Um den Zusammenhang zwischen A und $\tilde{A}$ zu finden, rechnen wir so:

$$(18) \qquad s_k^i \tilde{a}_i^\nu \tilde{b}_\nu \overset{(17)}{=} s_k^i L(\tilde{a}_i) \overset{(2)}{=} L(s_k^i \tilde{a}_i) = L(a_k) \overset{(17)}{=} a_k^\mu b_\mu \overset{(15)}{=} a_k^\mu r_\mu^\nu \tilde{b}_\nu.$$

Hieraus folgt durch Koeffizientenvergleich der „äußeren" Terme bezüglich der Basis $\tilde{b}_1, \dots, \tilde{b}_p$:

$$(19) \qquad \tilde{a}_i^\nu s_k^i = r_\mu^\nu a_k^\mu.$$

Nach Definition des Matrizenprodukts (37) [3.4] bedeutet dies

$$(20) \qquad \tilde{A}S = RA.$$

Hieraus folgt durch Multiplikation mit S^{-1} von rechts:

Satz B. *In der Situation* (13) *gilt:*

$$(21) \qquad \tilde{A} = RAS^{-1}. \qquad\qquad \square$$

Man nennt zwei Matrizen $A, \tilde{A} \in K^{(n,\,p)}$ **äquivalent**, wenn es Matrizen $S \in \mathbf{GL}(n, K)$ und $R \in \mathbf{GL}(p, K)$ gibt, so daß (21) gilt. Ein und dieselbe lineare Abbildung $L : U \to V$ wird also bezüglich zweier verschiedener Basispaare in U und in V durch äquivalente Matrizen $A, \tilde{A}$ dargestellt.

Zusatz zu B. *Im Falle* $U = V$ *und* $a_i = b_i$ *sowie* $\tilde{a}_i = \tilde{b}_i$ *für* $1 \leqq i \leqq n$ *gilt* $R = S$, *also:*

$$(22) \qquad \tilde{A} = SAS^{-1}. \qquad\qquad \square$$

Man nennt zwei Matrizen $A, \tilde{A} \in K^{(n,\,n)}$ **ähnlich**, wenn es eine Matrix $S \in \mathbf{GL}(n, K)$ gibt, so daß (22) gilt. Ein und derselbe lineare Operator L in U wird also bezüglich zweier verschiedener Basen von U durch ähnliche Matrizen $A, \tilde{A}$ dargestellt. Ausdrücklich ist hierbei vorauszusetzen, daß A sich auf eine und dieselbe Basis von U als Definitions- und Zielraum bezieht (und ebenso $\tilde{A}$).

$$*\quad*$$
$$*$$

Die *Äquivalenz* ist eine leicht zu überblickende Relation; dies beruht auf folgendem

Satz C. *Zu jeder linearen Abbildung* $L : U \to V$ *existieren Basen von* U *und* V, *bezüglich denen die Matrix von* L *die Gestalt hat:*

$$(23) \qquad A_0 = \left(\begin{array}{cccc|ccc} 1 & 0 & \cdots & 0 & 0 & \cdots & 0 \\ 0 & \ddots & & \vdots & & & \\ \vdots & & \ddots & 0 & & & \\ 0 & \cdots & 0 & 1 & 0 & \cdots & 0 \\ \hline 0 & & \cdots & 0 & 0 & \cdots & 0 \\ \vdots & & & \vdots & \vdots & & \vdots \\ 0 & & \cdots & 0 & 0 & \cdots & 0 \end{array}\right),$$

wobei die Anzahl der Einsen gleich dem <u>Rang</u> k *von* L *ist.*

Beweis. Der Beweis ist lediglich eine Ausgestaltung der Überlegung, die uns zum Dimensionssatz G [3.1] geführt hat, unter Verwendung von Basen: Wie dort spalten wir U in eine direkte Summe auf:

$$(24) \qquad U = U_0 \oplus \mathrm{Kern}\, L.$$

Dabei gilt

$$(25) \qquad \dim U_0 = \dim U - \dim(\mathrm{Kern}\, L) = \mathrm{Rang}\, L = k.$$

Nunmehr wählen wir an L „angepaßte" Basen $a_1, \ldots, a_n$ und $b_1, \ldots, b_p$ von U und V auf folgende Weise: Zunächst sei

$$(26) \qquad a_1, \ldots, a_k \qquad \text{Basis von } U_0,$$

$$(27) \qquad a_{k+1}, \ldots, a_n \qquad \text{Basis von Kern } L.$$

Dann ist $a_1, \ldots, a_n$ nach (24) Basis von U. Ferner ist die im Beweis von G [3.1] betrachtete Restriktion

$$(28) \qquad \tilde{L} : U_0 \to \mathrm{Bild}\, L, \qquad \tilde{L}(u) := L(u),$$

wie dort gezeigt, ein Isomorphismus. Also ist

$$(29) \qquad b_1 := L(a_1), \ldots, b_k := L(a_k) \qquad \text{Basis von Bild } L.$$

Schließlich seien $b_{k+1}, \ldots, b_p$ so gewählt, daß $b_1, \ldots, b_p$ Basis von V ist (I [2.4]). Es gilt dann wegen (27):

$$(30) \qquad L(a_{k+1}) = 0, \ldots, L(a_n) = 0.$$

Nach (29) und (30) lautet die Matrix A_0 von L bezüglich der Basen $a_1, \ldots, a_n$ und $b_1, \ldots, b_p$ wie in (23) angegeben. $\qquad\square$

Konvention: Baut sich eine Matrix so wie (23) in naheliegender Weise aus einfachen Blöcken auf, so bringt man dies durch eine entsprechende Schreibweise zum Ausdruck. Zum Beispiel schreibt man statt (23):

$$(31) \qquad A_0 = \left(\begin{array}{c|c} I_k & 0 \\ \hline 0 & 0 \end{array} \right).$$

Darin bezeichnet I_k das Schema der $(k \times k)$-Einheitsmatrix, und die Nullen stehen für Schemata von Nullmatrizen geeigneter Formate.

Bemerkung 1. Durch Übertragung von Satz C auf Matrizen folgt, daß zu jeder Matrix $A \in K^{(n, p)}$ vom Rang k eine Matrix A_0 der obigen „Normalform" (23) existiert, zu der A äquivalent ist. Damit kann man weiter schließen, *daß zwei Matrizen $A_1, A_2 \in K^{(n, p)}$ genau dann äquivalent sind, wenn sie denselben Rang besitzen:* Daß aus der Äquivalenz von A_1, A_2 die Gleichrangigkeit folgt, beruht auf der Tatsache, daß A_1 und A_2 dieselbe lineare Abbildung (nur bezüglich verschiedener Basen) darstellen. Umgekehrt impliziert die Gleichrangigkeit von A_1 und A_2 nach Satz C, daß $A_0 = RA_1 S^{-1} = \tilde{R}A_2 \tilde{S}^{-1}$ mit $R, \tilde{R} \in \mathbf{GL}(p, K)$ und $S, \tilde{S} \in \mathbf{GL}(n, K)$ gilt. Hieraus folgt $A_2 = \tilde{R}^{-1} RA_1 S^{-1} \tilde{S}$ (Multiplikation von links mit $\tilde{R}^{-1}$ und von rechts mit $\tilde{S}$), also sind A_1, A_2 äquivalent, da $\tilde{R}^{-1} R \in \mathbf{GL}(p, K)$ und $S^{-1} \tilde{S} \in \mathbf{GL}(n, K)$. $\qquad\square$

Für die *Ähnlichkeit* ist die Situation wesentlich komplizierter, insbesondere gibt es für ähnliche Matrizen keineswegs so einfache „Normalformen" wie die in (23). Das liegt daran, daß bei linearen *Selbst*abbildungen $L : U \to U$ nur noch *eine* Basis an L angepaßt werden kann. Das Problem, eine solche Basis zu finden, ist eng verknüpft mit der Feinstruktur linearer Operatoren in endlich dimensionalen Vektorräumen, die durch die sog. *Jordansche Normalform* ausgedrückt wird. Davon wird im Kapitel 6 die Rede sein.

Aufgaben

1. Gegeben sei (für $K = \mathbf{R}$) eine (3×3)-Matrix A (16) mit $a_j^i := j - i + 1$. Sind A und A^T äquivalent? Wenn ja, gebe man reguläre (3×3)-Matrizen $\tilde{R}$ und $\tilde{S}$ an, so daß $A^T = \tilde{R}A\tilde{S}^{-1}$ gilt.

Hinweis: Man finde zunächst mit dem Beweisverfahren von Satz C reguläre Matrizen R, S, so daß $A_0 = RAS^{-1}$ die Form (23) besitzt.

2. Man zeige, daß die beiden reellen (2×2)-Matrizen $A = \left(\begin{smallmatrix} 1 & 0 \\ 0 & 1 \end{smallmatrix}\right)$ und $\tilde{A} = \left(\begin{smallmatrix} 1 & 0 \\ 1 & 1 \end{smallmatrix}\right)$ nicht ähnlich sind.

Hinweis: Man schreibe (22) in der Form $\tilde{A}S = SA$ und zeige, daß jedes S, das dieser Gleichung genügt, singulär ist.

3. Man beweise:

a) Die Äquivalenz von Matrizen ist eine Äquivalenzrelation auf $K^{(n,\,p)}$.

b) Die Ähnlichkeit von Matrizen ist eine Äquivalenzrelation auf $K^{(n,\,n)}$.

3.6 Darstellung von Unterräumen

In diesem Abschnitt wenden wir einige Begriffe dieses Kapitels auf die Darstellung von Untervektorräumen und affinen Unterräumen an. Wir behalten im wesentlichen die Bezeichnungsweisen von 3.4 und 3.5 bei; insbesondere sei U wieder ein K-Vektorraum der endlichen Dimension n (die Einsteinsche Summenkonvention wird nicht benutzt).

Nach B [3.1] wissen wir, daß der Kern einer linearen Abbildung L ein Untervektorraum ist. Hiervon gilt auch die folgende Umkehrung:

Satz A. *Zu jedem Untervektorraum* U_1 *von U mit* $\dim U_1 = s$ *existiert eine lineare Abbildung* $L : U \to K^{n-s}$ *mit*

$$(1) \qquad U_1 = \{v \in U \mid L(v) = 0\} = \text{Kern } L.$$

Beweis. Wir wählen eine Basis $v_1, \ldots, v_s$ von U_1 und ergänzen diese durch $v_{s+1}, \ldots, v_n$ zu einer Basis von U. Dies ist nach I [2.4] möglich. Wird ein beliebiger Vektor $v \in U$ in der Form geschrieben:

$$(2) \qquad v = \sum_{i=1}^{s} \xi^i v_i + \sum_{i=s+1}^{n} \xi^i v_i,$$

so gilt offensichtlich:

(3) $v \in U_1 \Leftrightarrow \xi^{s+1} = \ldots = \xi^n = 0.$

Wir definieren eine Abbildung $L : U \to K^{n-s}$ durch

(4) $L(v) := (\xi^{s+1}, \ldots, \xi^n)$ für v aus (2).

Wie beim Beweis von A [3.4] rechnet man nach, daß L linear ist, und (3) drückt gerade aus, daß $U_1 = \text{Kern } L$ gilt. $\square$

Die Dimension des Zielraumes K^{n-s} ist hierbei *minimal* gewählt; denn es gilt der

Zusatz zu A. *Ist* U_1 *der Kern irgend einer linearen Abbildung* $\tilde{L} : U \to K^p$, *so ist*

(5) $\text{Rang } \tilde{L} = n - s \leqq p.$

Beweis. Die Gleichung folgt unmittelbar aus dem Dimensionssatz G [3.1], der hier besagt:

(6) $n = \dim U = \dim(\text{Kern } \tilde{L}) + \text{Rang } \tilde{L} = s + \text{Rang } \tilde{L}.$

Die Ungleichung besteht, weil Bild $\tilde{L}$ Untervektorraum von K^p ist. $\square$

Für $s = n - 1$ sieht man speziell, daß zu jeder *Hyperebene* H von U durch 0 eine *Linearform*

(7) $h : U \to K$

existiert, so daß gilt

(8) $H = \{v \in U | h(v) = 0\} = \text{Kern } h.$

Natürlich ist $h \neq 0$, d.h. h ist nicht die Nullabbildung (aus $h = 0$ würde folgen $H = U$). Ist umgekehrt eine Linearform $h \neq 0$ beliebig vorgegeben und H durch (8) *definiert*, so ist Rang $h = 1$ (sonst wäre $h = 0$), also ergibt sich aus dem Dimensionssatz, daß H (als Kern von h) von der Dimension $n - 1$ ist.

Angenommen, ein und dieselbe Hyperebene H wird mit einer weiteren Linearform $\tilde{h}$ dargestellt:

(9) $H = \{v \in U | \tilde{h}(v) = 0\} = \text{Kern } \tilde{h}.$

Wir behaupten, h und $\tilde{h}$ sind proportional: Dazu betrachten wir die Abbildung

(10) $\begin{aligned} U &\to K^2 \\ u &\mapsto (h(u), \tilde{h}(u)). \end{aligned}$

Diese ist leicht als linear nachzurechnen. Da ihr Kern nach (8) und (9) die Hyperebene H enthält, also mindestens die Dimension $(n - 1)$ besitzt, ist der Rang von (10) nach dem Dimensionssatz höchstens 1. Deswegen ist das Bild von (10) höchstens eindimensional. Also existiert ein $(\alpha, \beta) \in K^2$ mit

(11) $(h(u), \tilde{h}(u)) = f(u) \cdot (\alpha, \beta)$ für alle $u \in U,$

wobei f eine Abbildung von U nach K ist. Aus $h \neq 0$, $\tilde{h} \neq 0$ folgt $\alpha \neq 0$, $\beta \neq 0$. Damit ergibt sich aber aus (11) für alle $u \in U$:

$$(12) \qquad \tilde{h}(u) = \beta \cdot f(u) = \frac{\beta}{\alpha} \cdot \alpha f(u) = \frac{\beta}{\alpha} \cdot h(u),$$

also $\tilde{h} = \mu \cdot h$ mit $\mu := \beta / \alpha$.

Wir fassen zusammen:

Satz B. *Ein Untervektorraum H von U ist dann und nur dann eine Hyperebene, wenn H mittels einer Linearform $h \neq 0$ in der Form (8) als Kern von h dargestellt werden kann. Zwei Linearformen $h \neq 0$ und $\tilde{h} \neq 0$ stellen genau dann dieselbe Hyperebene H dar, wenn es ein $\mu \in K$ gibt mit $\tilde{h} = \mu h$.* $\qquad\square$

Wir betrachten jetzt den Fall $U = K^n$. Eine *Linearform* $h : K^n \to K$ wird (bei Bezug auf die Standardbasis $e_1, \dots, e_n$ von K^n und die Standardbasis 1 von K) nach C [3.4] gegeben durch

$$(13) \qquad \boxed{\; h : K^n \to K, \qquad h(x^1, \dots, x^n) = \alpha_1 x^1 + \dots + \alpha_n x^n. \;}$$

Auch das Ergebnis A läßt sich dann in Koordinaten ausdrücken:

Satz C. *Zu jedem Untervektorraum U_1 von K^n mit $\dim U_1 = s$ existiert ein homogenes lineares Gleichungssystem mit n Unbekannten und $n - s$ Gleichungen, das U_1 als Lösungsraum besitzt.*

Beweis. Wir betrachten den Basiswechsel von der Standardbasis $e_1, \dots, e_n$ von K^n zu der Basis $v_1, \dots, v_n$ von K^n aus dem Beweis von Satz A:

$$(14) \qquad e_k = \sum_{i=1}^{n} \alpha_k^i v_i, \qquad k = 1, \dots, n.$$

Bezeichnen wir die zugehörigen Koordinaten entsprechend den Formeln

$$(15) \qquad u = \sum_{k=1}^{n} x^k e_k = \sum_{i=1}^{n} \xi^i v_i,$$

so lauten die Gleichungen der zugehörigen Koordinatentransformation nach (5) [3.5]

$$(16) \qquad \xi^i = \sum_{k=1}^{n} \alpha_k^i x^k, \qquad i = 1, \dots, n.$$

Also sind die Bedingungen in (3) äquivalent mit

$$(17) \qquad \sum_{k=1}^{n} \alpha_k^i x^k = 0, \qquad i = s + 1, \dots, n.$$

Das ist das gewünschte Gleichungssystem. $\qquad\square$

Analog zum Zusatz zu A erkennt man;

Zusatz zu C. *Jedes homogene lineare Gleichungssystem mit* n *Unbekannten, das* U_1 *als Lösungsraum besitzt, hat den Rang* n − s, *besteht also aus mindestens* n − s *Gleichungen.*

$\square$

Wir gehen nun zur Darstellung *affiner* Unterräume eines n-dimensionalen K-Vektorraumes U über. Ist Γ ein solcher affiner Unterraum mit der Richtung U_1 und der Dimension s, so gilt nach D [2.6]

$$(18) \qquad \Gamma = u_1 + U_1$$

für jedes feste $u_1 \in \Gamma$. Zum Untervektorraum U_1 können wir eine lineare Abbildung $L : U \to K^p$ (mit $p \geqq n - s$) wählen, so daß gilt

$$(19) \qquad U_1 = \{v \in U \,|\, L(v) = 0\}.$$

Setzen wir nun

$$(20) \qquad b := L(u_1) \in K^p,$$

so gilt

$$(21) \qquad \Gamma = \{u \in U \,|\, L(u) = b\};$$

denn die Punktmenge auf der rechten Seite von (21) ist nach F [3.2] ein affiner Unterraum von U mit der Richtung U_1, und sie enthält u_1 [da $L(u_1) = b$], stimmt also nach D [2.6] mit Γ überein. Hieraus folgt:

Satz D. *Zu jedem affinen Unterraum* Γ *von* U *mit* dim Γ = s *existiert eine lineare Abbildung* $L : U \to K^{n-s}$ *und ein Vektor* $b \in K^{n-s}$, *so daß gilt:*

$$(22) \qquad \Gamma = \{u \in U \,|\, L(u) = b\} = L^{-1}(b). \qquad\qquad \square$$

Ein analoger Zusatz wie bei A ist auch hier richtig.

Speziell gibt es zu jeder *Hyperebene* Γ von U eine Linearform $h \neq 0$ und einen Skalar β, so daß gilt

$$(23) \qquad \Gamma = \{u \in U \,|\, h(u) = \beta\} = h^{-1}(\beta).$$

Hat man für dieselbe Hyperebene Γ eine Darstellung mit einer weiteren Linearform $\tilde{h} \neq 0$ und einem weiteren Skalar $\tilde{\beta}$,

$$(24) \qquad \Gamma = \{u \in U \,|\, \tilde{h}(u) = \tilde{\beta}\} = \tilde{h}^{-1}(\tilde{\beta}),$$

so existiert nach B ein $\mu \in K$ mit $\tilde{h} = \mu h$. Daraus folgt aber für jedes $u \in \Gamma : \mu h(u) = \tilde{\beta}$, also $h(u) = \tilde{\beta}/\mu$, also mit (23): $\beta = \tilde{\beta}/\mu$, und damit insgesamt

$$(25) \qquad \tilde{h} = \mu h \quad \text{und} \quad \tilde{\beta} = \mu\beta.$$

Es folgt in Analogie zu B:

Satz E. *Ein affiner Unterraum Γ von U ist dann und nur dann eine Hyperebene, wenn Γ mittels einer Linearform $h \neq 0$ und einem Skalar β in der Form (23) dargestellt werden kann. Dabei sind h und β bis auf einen gemeinsamen skalaren Faktor durch Γ eindeutig bestimmt.* $\qquad\square$

Im Falle $U = K^n$ hat die Bedingung $h(x) = \beta$ die Gestalt

$$(26) \qquad \alpha_1 x^1 + \ldots + \alpha_n x^n = \beta.$$

Wie bei D erhält man die Darstellung eines affinen Unterraumes Γ von K^n aus einem homogenen linearen Gleichungssystem für die Richtung U_1 von Γ, indem man als rechte Seiten die Werte der Gleichungen für einen festen Punkt $x_0 \in \Gamma$ wählt. Satz C (und auch sein Zusatz) überträgt sich also in analoger Weise auf die Darstellung von affinen Unterräumen.

Beispiele. 1. Der von $(1, 1, -1, 1)^T$ und $(-1, -1, 2, -7)^T$ aufgespannte Untervektorraum U_0 von $\mathbf{R}^4$ soll durch ein lineares Gleichungssystem dargestellt werden. *Lösung:* Die gegebenen Vektoren sind linear unabhängig, und eine Basisergänzung für sie ist z.B. e_2, e_4, wie man mit dem Verfahren von 2.5 erkennen kann. Also wird in der Bezeichnungsweise von C:

$$(27) \qquad \begin{aligned} v_1 &= e_1 + e_2 - e_3 + e_4 \\ v_2 &= -e_1 - e_2 + 2e_3 - 7e_4 \\ v_3 &= \phantom{-e_1 -{}} e_2 \\ v_4 &= \phantom{-e_1 - e_2 + 2e_3 -{}} e_4 \end{aligned}.$$

Die inversen Umrechnungsformeln erhält man durch Auflösen nach $e_1, \ldots, e_4$, wobei auch hier das Gaußsche Verfahren (vgl. Beispiel 4 [3.4]) angewandt werden kann (obwohl die e_k und v_i Vektoren sind). Das Ergebnis lautet:

$$(28) \qquad \begin{aligned} e_1 &= 2v_1 + v_2 - v_3 + 5v_4 \\ e_2 &= \phantom{2v_1 + v_2 -{}} v_3 \\ e_3 &= v_1 + v_2 + 6v_4 \\ e_4 &= v_4 \end{aligned}.$$

Nach (2), (5) [3.5] erhält man die Gleichungen der zugehörigen Koordinatentransformation mit dem *transponierten* Koeffizientenschema:

$$(29) \qquad \begin{aligned} \xi^1 &= 2x^1 + x^3 \\ \xi^2 &= x^1 + x^3 \\ \xi^3 &= -x^1 + x^2 \\ \xi^4 &= 5x^1 + 6x^3 + x^4 \end{aligned}.$$

Die U_0 charakterisierenden Gleichungen $\xi^3 = \xi^4 = 0$ sind also äquivalent mit:

$$(30) \qquad \begin{aligned} -x^1 + x^2 &= 0 \\ 5x^1 + 6x^3 + x^4 &= 0. \end{aligned}$$

Das ist das gesuchte Gleichungssystem für U_0.

2. In Fortsetzung von Beispiel 1 soll der affine Unterraum Γ der Richtung U_0 mit $x_0 := (10, 1, -2, 3)^T \in \Gamma$ durch ein Gleichungssystem dargestellt werden. *Lösung:* Einsetzen von x_0 in (30) liefert die Werte $-10 + 1 = -9$ und $50 - 12 + 3 = 41$. Also lautet das gesuchte *Gleichungssystem* für $\Gamma = x_0 + U_0$:

$$(31) \qquad \begin{aligned} -x^1 + x^2 \qquad\qquad &= -9 \\ 5x^1 \qquad + 6x^3 + x^4 &= 41. \end{aligned}$$

Demgegenüber lautet eine *Parameterdarstellung* von Γ nach (8) [2.6]:

$$(32) \qquad \begin{pmatrix} x^1 \\ x^2 \\ x^3 \\ x^4 \end{pmatrix} = \begin{pmatrix} 10 \\ 1 \\ -2 \\ 3 \end{pmatrix} + \lambda \cdot \begin{pmatrix} 1 \\ 1 \\ -1 \\ 1 \end{pmatrix} + \mu \cdot \begin{pmatrix} -1 \\ -1 \\ 2 \\ -7 \end{pmatrix},$$

also

$$(33) \qquad \begin{aligned} x^1 &= 10 + \lambda - \mu \\ x^2 &= 1 + \lambda - \mu \\ x^3 &= -2 - \lambda + 2\mu \\ x^4 &= 3 + \lambda - 7\mu, \end{aligned}$$

wobei λ, μ aus $\mathbf{R}$ frei wählbar sind. Übrigens hätte man daraus *direkt* ein lineares Gleichungssystem für Γ gewinnen können, indem man einfach λ, μ eliminiert.

Bemerkung 1. Generell liefert eine *Parameterdarstellung* eine Menge als *Bild* einer Abbildung, ein *Gleichungssystem* dagegen eine Menge als *Urbild* eines festen Elementes unter einer Abbildung. $\qquad\qquad\qquad\qquad\qquad\qquad\qquad\qquad\qquad\qquad\qquad\qquad\qquad\qquad\qquad\square$

Natürlich kann die Lösung entsprechender Aufgaben in einem beliebigen endlich dimensionalen Vektorraum U wieder durch Übergang zu den Koordinaten auf die obigen Verfahren in K^n zurückgeführt werden.

Lineare Gleichungssysteme können zur Diskussion des *Schnittverhaltens* von affinen Unterräumen herangezogen werden: Wird Γ durch ein Gleichungssystem (G) dargestellt und ebenso $\tilde{\Gamma}$ durch ein Gleichungssystem $(\tilde{G})$, so wird $\Gamma \cap \tilde{\Gamma}$ durch das Gleichungssystem dargestellt, das aus allen Gleichungen von (G) *und* $(\tilde{G})$ besteht.

Insbesondere stellt jede *einzelne* (nichttriviale) Gleichung eines linearen Gleichungssystems nach (26) und Satz E eine Hyperebene dar, so daß also mit Satz D auch gezeigt ist, daß jeder affine Unterraum von K^n der Dimension s als Durchschnitt von $n - s$ Hyperebenen in K^n aufgefaßt werden kann.

Beispiel 3. Wir diskutieren das Durchschnittsverhalten von drei (Hyper-)Ebenen H_1, H_2, H_3 im $\mathbf{R}^3$. Wird jede dieser Ebenen entsprechend Satz E durch eine lineare Gleichung dargestellt, so wird der Durchschnitt $H_1 \cap H_2 \cap H_3$ durch ein System der Gestalt

$$(34) \qquad \begin{aligned} h^1(x) &:= a_1^1 x^1 + a_2^1 x^2 + a_3^1 x^3 = b^1 \\ h^2(x) &:= a_1^2 x^1 + a_2^2 x^2 + a_3^2 x^3 = b^2 \\ h^3(x) &:= a_1^3 x^1 + a_2^3 x^2 + a_3^3 x^3 = b^3 \end{aligned}$$

dargestellt. Dabei sind a_j^i und b^i Skalare und h^1, h^2, h^3 drei Linearformen auf $\mathbf{R}^3$ mit den angegebenen Werten. Es sei r der Rang der einfachen Matrix, $\hat{r}$ der Rang der erweiterten Matrix des linearen Gleichungssystems in (34). Dann sind folgende Fälle möglich:

(A) r = 3: Dann ist zwangsläufig auch $\hat{r}$ = 3. Das System (34) hat genau eine Lösung. Die drei Ebenen haben genau einen Punkt gemeinsam, vgl. Bild 31, Teil (A).

(B) r = 2: Das zugehörige homogene System hat als Lösung einen eindimensionalen Untervektorraum von $\mathbf{R}^3$: Die drei Ebenen sind zu einer Gerade parallel. Hierzu gibt es folgende Unterfälle:

(B.1) r = 2, $\hat{r}$ = 3: Hier hat (34) keine Lösung. Die drei Ebenen haben keinen Punkt gemeinsam; vgl. Bild 31, Teil (B.1).

(B.2) r = 2, $\hat{r}$ = 2: Hier hat (34) einen eindimensionalen Lösungsraum. Die drei Ebenen haben eine Gerade gemeinsam; vgl. Bild 31, Teil (B.2).

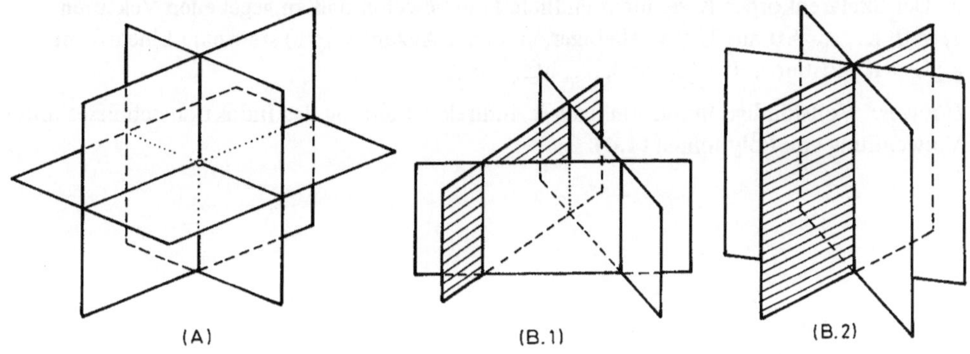

Bild 31 Schnitt dreier Ebenen (Rang $\geq$ 2)

(C) r = 1: Das homogene System hat als Lösung einen zweidimensionalen Untervektorraum von $\mathbf{R}^3$. Die drei Ebenen sind zu einer Ebene parallel. Es existieren folgende Unterfälle:

(C.1) r = 1, $\hat{r}$ = 2: Hier ist (34) nicht lösbar. Die drei Ebenen haben keinen Punkt gemeinsam; vgl. Bild 32, Teil (C.1).

(C.2) r = 1, $\hat{r}$ = 1: Hier ist der Lösungsraum von (34) eine Ebene. Die drei Ebenen sind nicht nur parallel, sie fallen in eine zusammen; vgl. Bild 32, Teil (C.2).

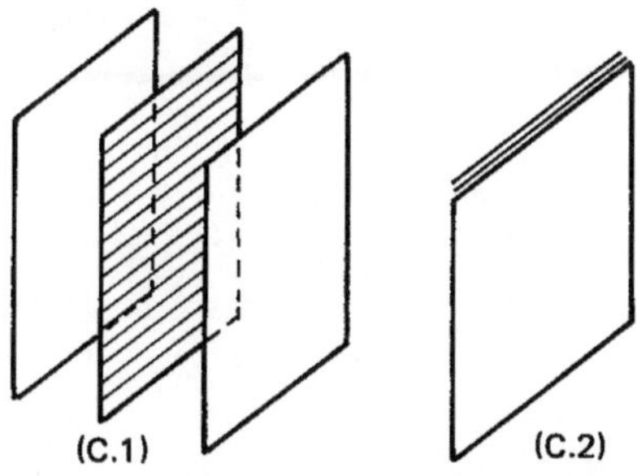

Bild 32 Schnitt dreier Ebenen (Rang = 1)

Zum Schluß erwähnen wir eine Tatsache, die in gewissen Zusammenhängen eine wichtige Rolle spielt:

Satz F. *Zu jedem Vektor* $a \in U$ *mit* $a \neq 0$ *existiert eine Linearform* h *auf* U *mit* $h(a) \neq 0$.

Dies besagt, daß es zu jedem Vektor $a \neq 0$ eine Hyperebene durch 0 gibt, die a *nicht* enthält.

Beweis von F. Wir ergänzen a zu einer Basis von U. Die erste Koordinatenform zu dieser Basis (A [3.4]) ist dann ein h mit der gewünschten Eigenschaft. $\qquad\square$

Aufgaben

1. Man diskutiere analog zu Beispiel 3 das Durchschnittsverhalten von drei Ebenen im vierdimensionalen Raum $\mathbf{R}^4$.

2. Der Skalarenkörper K sei nicht endlich. Man beweise, daß zu gegebenen Vektoren $a_1 \neq 0, \ldots, a_k \neq 0$ aus U (in beliebiger endlicher Anzahl $k \geq 1$) stets eine Linearform $h : U \to K$ existiert mit $h(a_1) \neq 0, \ldots, h(a_k) \neq 0$.

Hinweis: Vollständige Induktion nach k, indirekte Führung des Induktionsschlusses unter Verwendung von Polynomen (1.4).

4 Determinanten

Im ganzen Kapitel bezeichne V einen K-Vektorraum der endlichen Dimension $n \geq 1$.

4.1 Motivierung

Determinanten sind gewisse Funktionen, die je n Vektoren eines n-dimensionalen Vektorraumes V einen Skalar zuordnen:

$$(v_1, \ldots, v_n) \mapsto f(v_1, \ldots, v_n) \in K, \quad v_i \in V.$$

Die Art dieser Abhängigkeit kann folgendermaßen motiviert werden; wir nehmen dabei der Einfachheit halber $V = R^2$: Je zwei Vektoren $v_1, v_2 \in V$ bestimmen (soweit sie linear unabhängig sind) ein *Parallelogramm*, und es besteht der Wunsch, diesem einen *Flächeninhalt* zuzuordnen (Bild 33):

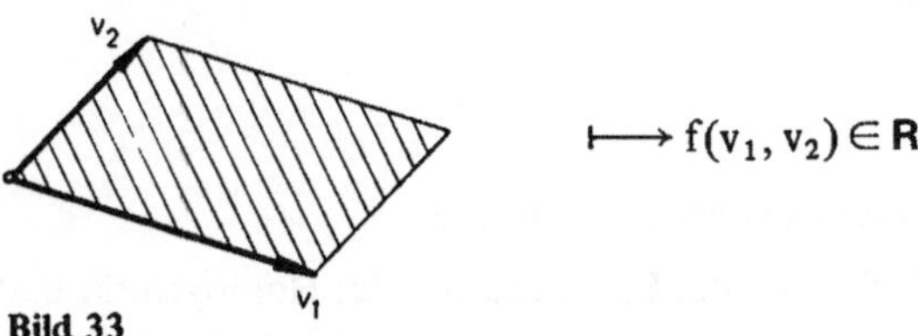

$$\longmapsto f(v_1, v_2) \in R$$

Bild 33

Natürlich ist eine solche Funktion nicht von vorn herein gegeben, sondern muß letztlich definiert werden. Man wird jedoch einfache Eigenschaften von ihr erwarten.

Zum Beispiel sollte bei Streckung *einer* der beiden Vektoren, etwa von v_1, mit $\lambda \in R$ der Flächeninhalt sich ebenfalls mit λ multiplizieren (Bild 34):

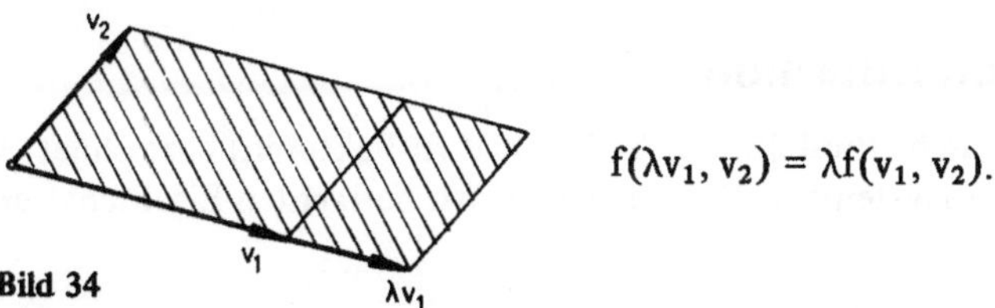

$$f(\lambda v_1, v_2) = \lambda f(v_1, v_2).$$

Bild 34

Eine solche Eigenschaft heißt *Homogenität.* In ihr ist insbesondere enthalten, daß f auch negative Werte annehmen kann, z.B. folgt für $\lambda = -1$ (Bild 35):

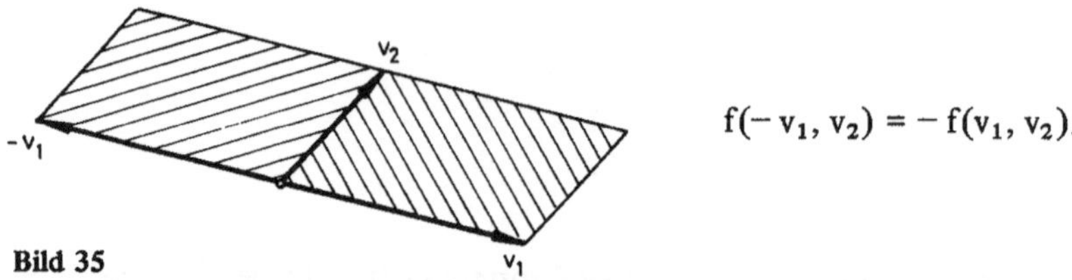

$$f(-v_1, v_2) = -f(v_1, v_2).$$

Bild 35

Ein solcher mit Vorzeichen behafteter Flächeninhalt wird also (im reellen Fall) etwas mit der *Orientierung* zu tun haben.

Ferner sollte f allen Parallelogrammen mit gleichem *Basisvektor* v_1 und gleicher *Höhe* dieselbe Zahl zuordnen; insbesondere sollte gelten (Bild 36):

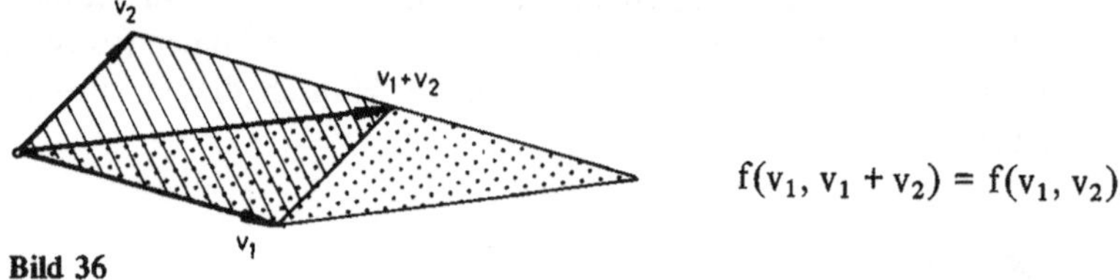

$$f(v_1, v_1 + v_2) = f(v_1, v_2).$$

Bild 36

Diese Eigenschaft kann man *Scherungsinvarianz* nennen.

Das Überraschende ist nun, daß f durch die Eigenschaften der Homogenität und Scherungsinvarianz fast völlig festgelegt ist; zur eindeutigen Bestimmung hat man lediglich noch einem fest herausgegriffenen „Urparallelogramm" (z.B. dem mit $v_1 = e_1$, $v_2 = e_2$) einen festen Wert (z.B. 1) zuzuschreiben (*Normierung*).

Wir untersuchen zunächst, wie diese Eigenschaften von f mit anderen wichtigen Merkmalen zusammenhängen und definieren dann Determinanten durch solche Forderungen.

4.2 Determinantenformen

Mit V^n sei das cartesische Produkt $V \times V \times \ldots \times V$ (n Faktoren) bezeichnet; V^n ist also die Menge aller Vektorsysteme in V der Länge n. Wir betrachten Eigenschaften von Funktionen:

(1)
$$f : V^n \longrightarrow K$$
$$(v_1, \ldots, v_n) \longmapsto f(v_1, \ldots, v_n).$$

Definition A. *Eine Abbildung* $f: V^n \to K$ *heißt:*

(i) **homogen,** *wenn die Regel gilt:*

$$(2) \qquad f(v_1, \ldots, \lambda v_i, \ldots, v_n) = \lambda f(v_1, \ldots, v_i, \ldots, v_n);$$

(ii) **scherungsinvariant,** *wenn die Regel gilt:*

$$(3) \qquad \begin{aligned} f(v_1, \ldots, v_i, \ldots, \overset{\curvearrowright k}{v_k + v_i}, \ldots, v_n) &= f(v_1, \ldots, v_i, \ldots, v_k, \ldots, v_n) \\ &= f(v_1, \ldots, \overset{\curvearrowright i}{v_i + v_k}, \ldots, v_k, \ldots, v_n). \end{aligned}$$

Konvention: Enthält die Argumentliste in $f(v_1, \ldots, v_n)$ an der i-ten Stelle etwas anderes als v_i, so markieren wir diese Stelle gelegentlich durch ein darübergesetztes i, wie in (3) geschehen. Das Wort *Regel* weist darauf hin, daß die betreffende Gleichung für *alle* beteiligten Objekte gilt, also z.B. bei (3) für alle i, $k \in \{1, \ldots, n\}$ mit $i < k$ und alle $(v_1, \ldots, v_n) \in V^n$.

Regeln wie die in (2) und (3) nennt man *Funktionalgleichungen* für f. Es geht jetzt darum, aus diesen Funktionalgleichungen heraus die Existenz- und Eindeutigkeitsfrage für f zu klären. Dazu zieht man zunächst möglichst viele Folgerungen:

Satz B. *Die Funktion* $f: V^n \to K$ *sei homogen und scherungsinvariant. Dann gelten die folgenden weiteren Regeln:*

$$(a) \qquad f(v_1, \ldots, 0, \ldots, v_n) = 0$$

$$(b) \qquad \begin{aligned} f(v_1, \ldots, v_i, \ldots, \overset{\curvearrowright k}{v_k + \mu v_i}, \ldots, v_n) &= f(v_1, \ldots, v_i, \ldots, v_k, \ldots, v_n) \\ &= f(v_1, \ldots, \overset{\curvearrowright i}{v_i + \mu v_k}, \ldots, v_k, \ldots, v_n) \end{aligned}$$

$$(c) \qquad f\left(v_1, \ldots, v_k + \sum_{\substack{l = 1 \\ l \neq k}}^{n} \mu_l v_l, \ldots, v_n \right) = f(v_1, \ldots, v_k, \ldots, v_n)$$

$$(d) \qquad v_1, \ldots, v_n \text{ linear abhängig} \Rightarrow f(v_1, \ldots, v_n) = 0$$

$$(e) \qquad f(v_1, \ldots, v_k + \tilde{v}_k, \ldots, v_n) = f(v_1, \ldots, v_k, \ldots, v_n) + f(v_1, \ldots, \tilde{v}_k, \ldots, v_n).$$

Bei (b) ist ausdrücklich $i < k$ vorauszusetzen. Die wichtigsten Behauptungen hierunter sind (d) und (e); die anderen dienen hauptsächlich zu deren Beweis.

Beweis von B. *Zu* (a): Setze in (2): $\lambda = 0$.

Zu (b): Für $\mu = 0$ ist die Behauptung trivial, so daß $\mu \neq 0$ vorausgesetzt werden darf: Wir führen an der i-ten und k-ten Stelle der Argumentliste folgende Veränderungen durch, während alle anderen Stellen unverändert bleiben:

$$(4) \qquad (v_i, v_k) \overset{(i)}{\longrightarrow} (\mu v_i, v_k) \overset{(ii)}{\longrightarrow} (\mu v_i, v_k + \mu v_i) \overset{(i)}{\longrightarrow} (v_i, v_k + \mu v_i).$$

Beim ersten Schritt geht der Funktionswert in das μ-Fache über, beim zweiten ändert er sich nicht, beim dritten geht er ins $\frac{1}{\mu}$-Fache über, bleibt also insgesamt erhalten. Dies beweist den ersten Teil von (b), der zweite folgt analog.

Zu (c): Dies folgt durch $(n-1)$-malige Anwendung von (b).

Zu (d): Nach K [2.2] gibt es ein $k \in \{1, \ldots, n\}$, so daß v_k Linearkombination von $v_1, \ldots, \widehat{v_k}, \ldots, v_n$ ist:

$$(5) \qquad v_k = \sum_{l \in J} \mu_l v_l, \quad J := \{1, \ldots, n\} \setminus \{k\}.$$

Hieraus folgt nach (c) und (a):

$$(6) \qquad f(v_1, \ldots, v_k, \ldots, v_n) = f\left(v_1, \ldots, 0 + \sum_{l \in J} \mu_l v_l, \ldots, v_n\right) = f(v_1, \ldots, 0, \ldots, v_n) = 0.$$

Zu (e): Wir betrachten zuerst den Fall, daß $v_1, \ldots, \widehat{v_k}, \ldots, v_n$ linear abhängig ist. Dann sind auch die Vektorsysteme, die daraus durch Hinzunahme von v_k, $\tilde{v}_k$ oder $v_k + \tilde{v}_k$ entstehen, linear abhängig (D [2.2]). Die Behauptung ist richtig, weil in ihr nach (d) alle drei Funktionswerte Null sind.

Sei nun $v_1, \ldots, \widehat{v_k}, \ldots, v_n$ linear unabhängig vorausgesetzt. Wir ergänzen dieses System mittels einem weiteren Vektor w zu einer Basis von V (I [2.4]). In dieser Basis besitzen v_k und $\tilde{v}_k$ Darstellungen der Form

$$(7) \qquad v_k = \mu w + \sum_{l \in J} \mu_l v_l, \quad \tilde{v}_k = \tilde{\mu} w + \sum_{l \in J} \tilde{\mu}_l v_l;$$

hierin hat J dieselbe Bedeutung wie in (5). Damit folgt nach (c) und (i)

$$(8) \qquad f(\ldots, \overset{k}{v_k}, \ldots) = \mu f(\ldots, \overset{k}{w}, \ldots), \quad f(\ldots, \overset{k}{\tilde{v}_k}, \ldots) = \tilde{\mu} f(\ldots, \overset{k}{w}, \ldots)$$

und wegen

$$(9) \qquad v_k + \tilde{v}_k = (\mu + \tilde{\mu})\, w + \sum_{l \in J} (\mu_l + \tilde{\mu}_l)\, v_l$$

auch

$$(10) \qquad f(\ldots, \overset{k}{v_k + \tilde{v}_k}, \ldots) = (\mu + \tilde{\mu})\, f(\ldots, \overset{k}{w}, \ldots).$$

Aus (8) und (10) liest man die Behauptung ab.   □

Die Homogenität und die in B (e) ausgedrückte Additivität besagen zusammengenommen, daß f n-linear, also eine n-Linearform über V ist (J [3.1]).

Bei n-Linearformen kann die Eigenschaft in B (d) wesentlich schwächer charakterisiert werden, was uns später von großem Nutzen sein wird.

Genauer gilt:

Satz und Definition C. *Für eine n-Linearform* $f : V^n \to K$ *betrachte man folgende Regeln:*

(i) $f(\ldots, v, v, \ldots) = 0$

(ii) $f(\ldots, v, w, \ldots) = -f(\ldots, w, v, \ldots)$

(iii) $f(\ldots, v, \ldots, w, \ldots) = -f(\ldots, w, \ldots, v, \ldots)$

(iv) $f(\ldots, v, \ldots, v, \ldots) = 0$

(v) $v_1, \ldots, v_n$ *linear abhängig* $\Rightarrow f(v_1, \ldots, v_n) = 0.$

Dann gelten folgende Implikationen:

$$(11) \qquad \begin{array}{c} (i) \;\Rightarrow\; (ii) \;\Longleftrightarrow\; (iii) \\[2pt] \nearrow \quad \searrow \\[2pt] (v) \;\Leftarrow\; (iv). \end{array}$$

Ist eine der Regeln (i), (iv), (v) *erfüllt, so heißt* f **alternierend.** *Die Eigenschaft* (iii) *nennt man* **Schiefsymmetrie** *oder* **Antisymmetrie.**

Beweis. *Aus* (i) *folgt* (ii): Unter Ausnutzung der Voraussetzungen folgt

$$(12) \qquad \begin{aligned} 0 &= f(\ldots, v+w, v+w, \ldots) \\ &= f(\ldots, v+w, v, \ldots) + f(\ldots, v+w, w, \ldots) \\ &= f(\ldots, v, v, \ldots) + f(\ldots, w, v, \ldots) + f(\ldots, v, w, \ldots) + f(\ldots, w, w, \ldots) \\ &= f(\ldots, w, v, \ldots) + f(\ldots, v, w, \ldots). \end{aligned}$$

Hieraus ergibt sich (ii).

Aus (ii) *folgt* (iii): Steht in $f(\ldots, v, \ldots, w, \ldots)$ das v an der i-ten und das w an der k-ten Stelle mit $i < k$, so kann man zunächst das w durch schrittweises Vertauschen mit seinen linken Nachbarn zum rechten Nachbarn von v machen. Dazu seien p Schritte nötig, bei denen das Vorzeichen nach (ii) also p-mal wechselt. Dann kann man v und w vertauschen, was einen weiteren Vorzeichenwechsel bewirkt. Nunmehr kann v durch schrittweises Vertauschen mit seinen rechten Nachbarn an die alte Stelle von w gebraucht werden; das bewirkt nochmals p Vorzeichenwechsel. Insgesamt sind alse $2p+1$ Vorzeichenwechsel eingetreten, woraus die Behauptung folgt.

Aus (iii) *folgt* (ii): Die Regel (ii) ist ein Spezialfall von (iii).

Aus (i) *folgt* (iv): Wir dürfen (iii) als Voraussetzung mitbenutzen, deswegen kann man in $f(\ldots, v, \ldots, v, \ldots)$ die beiden v unter eventuellem Vorzeichenwechsel benachbart machen, dann folgt aber mit (i) die Behauptung:

$$(13) \qquad f(\ldots, v, \ldots, v, \ldots) = \pm\, f(\ldots, v, v, \ldots) = 0.$$

Aus (iv) *folgt* (v): Man kann wiederum die Situation (5) erreichen. Dann folgt

$$(14) \qquad f(v_1, \ldots, v_k, \ldots, v_n) = f\left(v_1, \ldots, \overset{k}{\overbrace{\sum_{l \in J} \mu_l v_l}}, \ldots, v_n\right) = \sum_{l \in J} \mu_l f(v_1, \ldots, \overset{k}{\overbrace{v_l}}, \ldots, v_n) = 0.$$

Dabei wurde beim zweiten Gleichheitszeichen die Linearität von f im k-ten Argument ausgenutzt, und beim letzten Gleichheitszeichen muß man beachten, daß die Argumentliste für f für jedes $l \in J$ zwei gleiche Elemente enthält, so daß (iv) ausnutzbar wird.

Aus (v) *folgt* (i): Dies ist klar, da jedes Vektorsystem, das zwei gleiche Vektoren enthält, linear abhängig ist.   □

Bemerkungen. 1. Ist Char $(K) \neq 2$, also $1 + 1 \neq 0$, so kann man in (iii) setzen: $v = w$, und man erhält

$$(15) \qquad f(\ldots, v, \ldots, v, \ldots) = - f(\ldots, v, \ldots, v, \ldots),$$

also durch Rechnen in K

$$(16) \qquad (1 + 1) \cdot f(\ldots, v, \ldots, v, \ldots) = 0,$$

also ist dann auch (iv) erfüllt. *Bei Skalarenkörpern der Charakteristik* $\neq 2$ *sind also alle fünf Regeln von* C *miteinander äquivalent.* Dies trifft insbesondere für $K = \mathbf{Q}, \mathbf{R}, \mathbf{C}$ zu.

2. Ist $1 + 1 = 0$ in K, so ist der Schluß (iii) $\Rightarrow$ (iv) *falsch.* Zum Beispiel sei K der zweielementige Körper von Beispiel 4 [1.2] und $V = K^2$. Da in K stets gilt $a = -a$ bedeutet (iii) hier $f(v, w) = f(w, v)$. Eine 2-Linearform $f : V^2 \to K$, die dieses erfüllt, ist z.B. definiert durch die Festsetzung

$$(17) \qquad v = \begin{pmatrix} x_1 \\ x_2 \end{pmatrix}, \quad w = \begin{pmatrix} y_1 \\ y_2 \end{pmatrix} \quad \Rightarrow \quad f(v, w) := x_1 y_1.$$

Dieses f erfüllt jedoch nicht (iv); denn für $v = w$ wird $f(v, v) = (x_1)^2$, und dies ist nicht stets Null; z.B. gilt $f(e_1, e_1) = 1^2 = 1 \neq 0$.   □

Schließlich ergibt sich der folgende Satz, der einen wesentlichen Schritt darstellt bei der Bestimmung unserer homogenen und scherungsinvarianten Funktionen:

Satz D. *Für jede Abbildung* $f : V^n \to K$ *sind äquivalent:*

(HS) f *ist homogen und scherungsinvariant*

(LA) f *ist* n-*linear und alternierend.*

Beweis. (HS) $\Rightarrow$ (LA): Dieser Schluß folgt mit Hilfe von B (e) und B (d) unter Beachtung von C.

(LA) $\Rightarrow$ (HS): Die Homogenität ist in der n-Linearität enthalten. Der erste Teil der Scherungsinvarianz (3) folgt so aus (LA):

$$(18) \qquad \begin{aligned} f(\ldots, v_i, \ldots, v_k + v_i, \ldots) &= f(\ldots, v_i, \ldots, v_k, \ldots) + f(\ldots, v_i, \ldots, v_i, \ldots) \\ &= f(\ldots, v_i, \ldots, v_k, \ldots). \end{aligned}$$

Analog wird der zweite Teil von (3) gefolgert.   □

Die Eigenschaft (LA) von Satz D ist besonders gut zum Rechnen geeignet. Speziell wollen wir für ein f mit dieser Eigenschaft ermitteln, wie aus dem Wert $f(v_1, \ldots, v_n)$ der Wert $f(v_{\sigma(1)}, \ldots, v_{\sigma(n)})$ berechnet werden kann, wenn

$$(19) \qquad \sigma : N \to N$$

eine Abbildung von

$$(20) \qquad N := \{1, \ldots, n\}$$

in sich ist. Im Falle, daß σ *nicht bijektiv* ist, kommen unter $\sigma(1), \ldots, \sigma(n)$ zwei gleiche Zahlen vor, also gilt nach C (iv):

(21) $f(v_{\sigma(1)}, \ldots, v_{\sigma(n)}) = 0$, falls σ *nicht* Permutation.

Im Falle, daß σ bijektiv, also eine Permutation ist, betrachten wir zunächst ein

Beispiel 1. Es sei $n = 4$ und $\sigma = \left(\begin{smallmatrix} 1 & 2 & 3 & 4 \\ 3 & 4 & 2 & 1 \end{smallmatrix}\right)$. Es ist $f(v_{\sigma(1)}, v_{\sigma(2)}, v_{\sigma(3)}, v_{\sigma(4)}) = f(v_3, v_4, v_2, v_1)$ zu berechnen. Dazu bringt man zunächst v_1 durch schrittweises Vertauschen mit seinen linken Nachbarn ganz nach links, was insgesamt drei Vorzeichenwechsel verursacht:

(22) $f(v_3, v_4, v_2, v_1) = -f(v_3, v_4, v_1, v_2) = f(v_3, v_1, v_4, v_2) = -f(v_1, v_3, v_4, v_2)$.

Sodann bringt man v_2 wieder durch schrittweises Vertauschen mit seinen linken Nachbarn an „seine" Stelle, diesmal mit zwei Vorzeichenwechseln:

(23) $f(v_3, v_4, v_2, v_1) = -f(v_1, v_3, v_4, v_2) = -f(v_1, v_2, v_3, v_4)$.

Da v_3, v_4 bereits in der natürlichen Reihenfolge erscheinen, ist damit das Gewünschte erreicht.   □

Allgemein sei

$$(24) \qquad \sigma = \begin{pmatrix} 1 & 2 & \ldots & n \\ \sigma(1) & \sigma(2) & \ldots & \sigma(n) \end{pmatrix}$$

eine Permutation der Ziffern von 1 bis n. Wir definieren folgende Anzahlen:

$$
\begin{aligned}
\Phi_1(\sigma) &:= \text{Anzahl der Ziffern in } \sigma(1), \ldots, \sigma(n) \text{ links von } 1 \\
\Phi_2(\sigma) &:= \text{Anzahl der Ziffern in } \sigma(1), \ldots, \sigma(n) \text{ links von } 2 \text{ und} > 2 \\
&\quad\ \vdots \\
\Phi_\nu(\sigma) &:= \text{Anzahl der Ziffern in } \sigma(1), \ldots, \sigma(n) \text{ links von } \nu \text{ und} > \nu \\
&\quad\ \vdots \\
\Phi_{n-1}(\sigma) &:= \text{Anzahl der Ziffern in } \sigma(1), \ldots, \sigma(n) \text{ links von } n-1 \text{ und} > n-1.
\end{aligned}
$$

(25)

Dann ist die Summe

$$(26) \qquad \boxed{\ \Phi(\sigma) := \Phi_1(\sigma) + \Phi_2(\sigma) + \ldots + \Phi_{n-1}(\sigma)\ }$$

gerade die Anzahl der Nachbarvertauschungen, die nötig sind, um zunächst 1 nach links an seinen Platz, dann 2 nach links an seinen Platz, usw. zu bringen, also schließlich die natürliche Reihenfolge $1, 2, \ldots, n$ herzustellen.

Definition E. *Für eine Permutation* $\sigma \in \mathfrak{S}_n$ *heißt* $\Phi(\sigma)$ (26) *die* **Fehlstandszahl** *und*

(27) $\operatorname{sign} \sigma := (-1)^{\Phi(\sigma)}$

das **Vorzeichen** *von* σ.
Man nennt σ **gerade** *oder* **ungerade***, je nachdem* $\Phi(\sigma)$ *gerade oder ungerade ist.*

Beispiel 2. Beim obigen Beispiel 1 ist $\Phi_1(\sigma) = 3$, $\Phi_2(\sigma) = 2$, $\Phi_3(\sigma) = 0$, also $\Phi(\sigma) = 5$, also σ ungerade und sign $\sigma = -1$. $\qquad\qquad\square$

Aus der obigen Bedeutung von $\Phi(\sigma)$ folgt unmittelbar:

Satz F. *Ist* f *eine alternierende* n-*Linearform über* V, *so gilt für alle* $\sigma \in \mathfrak{S}_n$ *die Regel:*

$$(28) \qquad f(v_{\sigma(1)}, \ldots, v_{\sigma(n)}) = \text{sign } \sigma \cdot f(v_1, \ldots, v_n). \qquad\qquad\square$$

Wir kommen nun zu dem grundlegenden *Existenz- und Eindeutigkeitssatz* für unsere Funktionen:

Satz G. *Gegeben sei eine Basis* $b_1, \ldots, b_n$ *von* V *und ein Skalar* β. *Dann existiert genau eine alternierende* n-*Linearform* $f : V^n \to K$ *mit*

$$(29) \qquad f(b_1, \ldots, b_n) = \beta.$$

Beweis. *Eindeutigkeit:* Wir setzen voraus, es gibt eine alternierende n-Linearform f, die (29) erfüllt, und rechnen nach, daß die Funktionswerte $f(v_1, \ldots, v_n)$ durch einen ganz bestimmten Ausdruck gegeben sind. Seien hierzu $v_1, \ldots, v_n$ in der Basis $b_1, \ldots, b_n$ so dargestellt:

$$(30) \qquad v_i = \sum_{j=1}^{n} a_{ij} b_j, \quad a_{ij} \in K, \quad 1 \leqq i, j \leqq n.$$

Dann folgt durch schrittweise Ausnutzung der Linearität von f in jedem Argument:

$$f(v_1, \ldots, v_n) =$$

$$= f\left(\sum_{j_1=1}^{n} a_{1j_1} b_{j_1}, v_2, \ldots, v_n \right)$$

$$= \sum_{j_1=1}^{n} a_{1j_1} f(b_{j_1}, v_2, \ldots, v_n)$$

$$(31) \qquad = \sum_{j_1=1}^{n} a_{1j_1} f\left(b_{j_1}, \sum_{j_2=1}^{n} a_{2j_2} b_{j_2}, v_3, \ldots, v_n \right)$$

$$= \sum_{j_1=1}^{n} \left(\sum_{j_2=1}^{n} a_{1j_1} a_{2j_2} f(b_{j_1}, b_{j_2}, v_3, \ldots, v_n) \right)$$

$$\vdots$$

$$= \sum_{j_1=1}^{n} \left(\sum_{j_2=1}^{n} \left(\cdots \left(\sum_{j_n=1}^{n} a_{1j_1} a_{2j_2} \cdots a_{nj_n} f(b_{j_1}, b_{j_2}, \ldots, b_{j_n}) \right) \cdots \right) \right)$$

$$= \sum_{(j_1, \ldots, j_n) \in N^n} a_{1j_1} a_{2j_2} \cdots a_{nj_n} f(b_{j_1}, b_{j_2}, \ldots, b_{j_n}).$$

Dabei wurden zum Schluß die mehrfachen Summen vermöge einer naheliegenden Verallgemeinerung der Regel nach Fubini aus D [1.1] zu *einer* Summe zusammengefaßt, bei der die Koordinaten $j_1, \ldots, j_n$ des n-Tupels $(j_1, \ldots, j_n)$ unabhängig voneinander die obige Menge N (20) durchlaufen. Ist für ein solches n-Tupel die Abbildung

$$(32) \qquad \sigma := \begin{pmatrix} 1 & 2 & \cdots & n \\ j_1 & j_2 & & j_n \end{pmatrix}$$

nicht Permutation, so gilt nach (21): $f(b_{j_1}, \ldots, b_{j_n}) = 0$. Also genügt es, die Endsumme in (31) über alle n-Tupel zu erstrecken, für die σ (32) eine Permutation ist. Dann folgt aber nach F: $f(b_{j_1}, \ldots, b_{j_n}) = f(b_{\sigma(1)}, \ldots, b_{\sigma(n)}) = \text{sign}\,\sigma \cdot f(b_1, \ldots, b_n)$, also mit (31) schließlich:

$$(33) \qquad f(v_1, \ldots, v_n) = \beta \cdot \sum_{\sigma \in \mathfrak{S}_n} (\text{sign}\,\sigma) \cdot a_{1\,\sigma(1)} \cdots a_{n\,\sigma(n)}.$$

Damit ist die Eindeutigkeit gezeigt.

Existenz: Wir machen nun den Ausdruck in (33) zur *Definition* von f und weisen nach, daß f dann (29) erfüllt sowie n-linear und alternierend ist.

Die Eigenschaft (29) ist unmittelbar klar; denn für $v_1 = b_1, \ldots, v_n = b_n$ wird

$$(34) \qquad a_{ij} = 0 \quad \text{für } i \neq j, \quad a_{ii} = 1,$$

also ist nur *ein* Glied der Summe in (33) $\neq 0$, nämlich das mit $\sigma(1) = 1, \ldots, \sigma(n) = n$, d.h. für $\sigma = \iota = $ Identität, also wird die ganze Summe gleich $(\text{sign}\,\iota) \cdot 1 \cdot \ldots \cdot 1 = 1$.

Beim Nachweis der weiteren Eigenschaften dürfen wir der Einfachheit halber in (33) $\beta = 1$ setzen.

Wir zeigen zunächst die n-Linearität von f in (33) durch folgende Rechnung, bei der v_i durch (30) und $\tilde{v}_i$ durch

$$(35) \qquad \tilde{v}_i = \sum_{j=1}^{n} \tilde{a}_{ij} b_j, \quad \tilde{a}_{ij} \in K, \quad 1 \leqq i, j \leqq n,$$

gegeben ist:

$$f(\ldots, \alpha v_i + \tilde{\alpha}\tilde{v}_i, \ldots) =$$

$$= \sum_{\sigma \in \mathfrak{S}_n} (\text{sign}\,\sigma) \cdot a_{1\,\sigma(1)} \cdots (\alpha a_{i\,\sigma(i)} + \tilde{\alpha}\,\tilde{a}_{i\,\sigma(i)}) \cdots a_{n\,\sigma(n)}$$

$$(36) \qquad = \alpha \cdot \sum_{\sigma \in \mathfrak{S}_n} (\text{sign}\,\sigma) \cdot a_{1\,\sigma(1)} \cdots a_{i\,\sigma(i)} \cdots a_{n\,\sigma(n)}$$

$$+ \tilde{\alpha} \cdot \sum_{\sigma \in \mathfrak{S}_n} (\text{sign}\,\sigma) \cdot a_{1\,\sigma(1)} \cdots \tilde{a}_{i\,\sigma(i)} \cdots a_{n\,\sigma(n)}$$

$$= \alpha \cdot f(\ldots, v_i, \ldots) + \tilde{\alpha} \cdot f(\ldots, \tilde{v}_i, \ldots).$$

Die Alternierungseigenschaft von f (33) wird am besten in Form der Bedingung C (i) nachgeprüft, wobei v an der i-ten und (i + 1)-ten Stelle steht; es gilt also $a_{ij} = a_{i+1,j}$ und damit:

$$(37) \qquad f(\ldots, v, v, \ldots) = \sum_{\sigma \in \mathfrak{S}_n} (\text{sign } \sigma) \cdot a_{1\sigma(1)} \cdots a_{i\sigma(i)} a_{i\sigma(i+1)} \cdots a_{n\sigma(n)} =: A + B.$$

Dabei enthält A den Teil der Summe, für den $\sigma(i) < \sigma(i + 1)$ gilt und B den Rest:

$$(38) \qquad A := \sum_{\substack{\sigma \in \mathfrak{S}_n \\ \sigma(i) < \sigma(i+1)}} (\text{sign } \sigma) \cdot a_{1\sigma(1)} \cdots a_{i\sigma(i)} a_{i\sigma(i+1)} \cdots a_{n\sigma(n)}$$

$$(39) \qquad B := \sum_{\substack{\sigma \in \mathfrak{S}_n \\ \sigma(i+1) < \sigma(i)}} (\text{sign } \sigma) \cdot a_{1\sigma(1)} \cdots a_{i\sigma(i+1)} a_{i\sigma(i)} \cdots a_{n\sigma(n)} \cdot$$

Das Ziel ist, $A + B = 0$ nachzuweisen. Hierzu betrachten wir die Abbildung

$$(40) \qquad \mathfrak{S}_n \xrightarrow{} \mathfrak{S}_n$$
$$\tau = \begin{pmatrix} \ldots i & i+1 & \ldots \\ \ldots \tau(i) & \tau(i+1) & \ldots \end{pmatrix} \longmapsto \tau^* = \begin{pmatrix} \ldots i & i+1 \ldots \\ \ldots \tau(i+1) & \tau(i) \ldots \end{pmatrix}.$$

Diese ist offensichtlich bijektiv, und sie bildet die beiden Indexmengen in (38) und (39) aufeinander ab:

$$(41) \qquad \sigma(i+1) < \sigma(i) \Leftrightarrow \sigma^*(i) < \sigma^*(i+1).$$

Ferner gilt

$$(42) \qquad \text{sign } \tau = - \text{sign } \tau^*,$$

denn τ^* enthält entweder genau einen Fehlstand mehr oder genau einen weniger als τ. Damit kann B in der Form geschrieben werden

$$(43) \qquad B = - \sum_{\substack{\sigma^* \in \mathfrak{S}_n \\ \sigma^*(i) < \sigma^*(i+1)}} (\text{sign } \sigma^*) \cdot a_{1\sigma^*(1)} \cdots a_{i\sigma^*(i)} a_{i\sigma^*(i+1)} \cdots a_{n\sigma^*(n)},$$

und aus (38), (43) folgt $A + B = 0$, da es auf die Bezeichnung des Summationsindex nicht ankommt. $\square$

Der explizite Ausdruck (33) enthält n! Summanden; er ist so kompliziert, daß er sich nur schwer handhaben läßt. Deswegen werden wir anstreben, alles Weitere allein aus den Eigenschaften von f heraus zu entwickeln.

Definition H. *Eine alternierende* n-*Linearform* $f : V^n \to K$ *heißt* **Determinantenform** *(über oder auf* V*), wenn sie nicht identisch Null ist. In diesem Fall schreiben wir häufig* f = D.

Nach Satz G existieren stets solche Determinantenformen.

Hat man eine Determinantenform zur Verfügung, so läßt sich damit die lineare Abhängigkeit von Vektorsystemen der Länge n entscheiden:

Satz I. *Sei* D *Determinantenform über* V. *Dann gilt:*

$$(44) \qquad a_1, ..., a_n \ \textit{linear abhängig} \iff D(a_1, ..., a_n) = 0.$$

Beweis. *Zur Implikation* $\Rightarrow$: Diese folgt aus C (v).

Zur Implikation $\Leftarrow$: Wir schließen indirekt. Wäre $D(a_1, ..., a_n) = 0$ aber $a_1, ..., a_n$ linear unabhängig, also eine Basis von V, so folgt aus Satz G: $D(v_1, ..., v_n) = 0$ für alle $(v_1, ..., v_n) \in V^n$ [denn außer D ist auch die *Nullform* $(v_1, ..., v_n) \mapsto 0$ eine alternierende n-Linearform mit dem Wert 0 auf $(a_1, ..., a_n)$]. Dies widerspricht jedoch der Definition von D. $\qquad\qquad\square$

Satz J. *Ist* $D : V^n \to K$ *eine Determinantenform und* $f : V^n \to K$ *eine alternierende n-Linearform, so gibt es genau ein* $\delta \in K$, *so daß gilt:*

$$(45) \qquad f(v_1, ..., v_n) = \delta \cdot D(v_1, ..., v_n) \quad \textit{für alle} \ (v_1, ..., v_n) \in V^n.$$

Beweis. Sei $(b_1, ..., b_n) \in V^n$ so gewählt, daß

$$(46) \qquad \beta_0 := D(b_1, ..., b_n) \neq 0$$

gilt, und sei

$$(47) \qquad \beta := f(b_1, ..., b_n)$$

gesetzt.

Eindeutigkeit von δ: Aus (45) folgt speziell für $v_i = b_i$: $\beta = \delta \cdot \beta_0$, also

$$(48) \qquad \delta = \frac{\beta}{\beta_0}.$$

Existenz von δ: Wir zeigen

$$(49) \qquad f(v_1, ..., v_n) = \frac{\beta}{\beta_0} \cdot D(v_1, ..., v_n)$$

für alle $(v_1, ..., v_n) \in V^n$. Tatsächlich sind beide Seiten von (49) als Funktion von $(v_1, ..., v_n)$ alternierende n-Linearformen, und für $v_i = b_i$ nehmen beide Seiten den Wert β an. Damit folgt die Übereinstimmung nach dem Eindeutigkeitsteil von G. $\qquad\square$

Definiert man die **Summe** $f + g$ und das **(skalare) Vielfache** $\alpha \cdot f$ von alternierenden n-Linearformen argumentweise, also durch

$$(50) \qquad (f + g)(v_1, ..., v_n) := f(v_1, ..., v_n) + g(v_1, ..., v_n)$$

$$(51) \qquad (\alpha f)(v_1, ..., v_n) := \alpha \cdot f(v_1, ..., v_n),$$

so ist leicht zu sehen, daß diese Formen einen Vektorraum bilden. Mittels Satz J folgt genauer:

Satz K. *Die alternierenden* n-*Linearformen* $f : V^n \to K$ *bilden einen eindimensionalen* K-*Vektorraum* $\mathscr{A}_n(V)$. *Basis von* $\mathscr{A}_n(V)$ *ist jede Determinantenform* $D : V^n \to K$. $\qquad\square$

Bemerkung 3. Für n = dim V = 1 sind die Forderungen der Scherungsinvarianz und des Alternierens leer. In diesem Fall besteht $\mathscr{A}_1(V)$ einfach aus allen Linearformen $f : V \to K$; d.h. $\mathscr{A}_1(V)$ ist der Dualraum V^* (Zusatz zu A [3.3]).

$$* \quad *$$
$$*$$

Zum Schluß ziehen wir aus dem Existenzsatz G noch einige Folgerungen über *Permutationen*:

Folgerung L. *Für* $\sigma, \tau \in \mathfrak{S}_n$ *gilt*

$$(52) \qquad \boxed{\operatorname{sign}(\sigma \circ \tau) = \operatorname{sign}\sigma \cdot \operatorname{sign}\tau.}$$

Beweis. Es sei $a_1, \ldots, a_n$ eine Basis von V und D die Determinantenform über V mit $D(a_1, \ldots, a_n) = 1$. Nach (28) gilt einerseits

$$(53) \qquad D(a_{\sigma(\tau(1))}, \ldots, a_{\sigma(\tau(n))}) = \operatorname{sign}(\sigma \circ \tau) \cdot D(a_1, \ldots, a_n) = \operatorname{sign}(\sigma \circ \tau),$$

andererseits aber mit $b_j := a_{\sigma(j)}$, also $b_{\tau(i)} = a_{\sigma(\tau(i))}$:

$$
\begin{aligned}
D(a_{\sigma(\tau(1))}, \ldots, a_{\sigma(\tau(n))}) &= D(b_{\tau(1)}, \ldots, b_{\tau(n)}) \\
(54) \qquad &= \operatorname{sign}\tau \cdot D(b_1, \ldots, b_n) = \operatorname{sign}\tau \cdot D(a_{\sigma(1)}, \ldots, a_{\sigma(n)}) = \\
&= \operatorname{sign}\tau \cdot \operatorname{sign}\sigma \cdot D(a_1, \ldots, a_n) = \operatorname{sign}\sigma \cdot \operatorname{sign}\tau.
\end{aligned}
$$

Vergleich liefert die Behauptung. $\qquad\square$

Folgerung M. Für $\sigma \in \mathfrak{S}_n$ gilt $\operatorname{sign}\sigma = \operatorname{sign}\sigma^{-1}$.

Beweis. Man setze in (52) $\tau = \sigma^{-1}$ und beachte $\operatorname{sign}\iota = 1$. $\qquad\square$

Aus L und M folgt, daß die *geraden* Permutationen der Ziffern von 1 bis n eine Untergruppe von $\mathfrak{S}_n$ bilden, die sog. **alternierende Gruppe**

$$(55) \qquad \mathfrak{A}_n := \{\sigma \in \mathfrak{S}_n | \operatorname{sign}\sigma = 1\}.$$

Aufgaben

1. Es sei $a_1, \ldots, a_n$ Basis eines K-Vektorraumes V und $D : V^n \to K$ die Determinantenform mit $D(a_1, \ldots, a_n) = 1$. Man berechne allein aufgrund der Eigenschaften von D den Wert von $D(a_1 + v, a_2 + v, \ldots, a_n + v)$ für $v = \lambda_1 a_1 + \ldots + \lambda_n a_n \in V$.

2. Unter einer **(Nachbar-) Transposition** versteht man eine Permutation, die zwei (benachbarte) Ziffern vertauscht und die übrigen Ziffern fest läßt. Man zeige:

a) Jede Transposition ist ungerade.

b) Jede Permutation σ ist als Komposition von endlich vielen Transpositionen darstellbar, und deren Anzahl ist stets gerade, wenn σ gerade ist, und stets ungerade, wenn σ ungerade ist.

Hinweis zu b): Man verwende Folgerung L.

4.3 Zahldeterminanten

Wir betrachten jetzt den Vektorraum $V = K^n$, dessen Elemente als *Zeilen* geschrieben seien. Da K^n die ausgezeichnete Standardbasis $e_1, \ldots, e_n$ besitzt, ist für K^n auch eine Determinantenform ausgezeichnet:

Definition A. *Die **Standarddeterminante** auf K^n ist die Determinantenform D_0 über K^n mit $D_0(e_1, \ldots, e_n) = 1$. Für*

$$(1) \qquad v_i = (a_{i1}, \ldots, a_{in}) \in K^n, \quad 1 \leqq i \leqq n$$

schreibt man

$$(2) \qquad D_0(v_1, \ldots, v_n) =: \begin{vmatrix} a_{11} & \cdots & a_{1n} \\ \vdots & & \vdots \\ a_{n1} & \cdots & a_{nn} \end{vmatrix} =: \det \begin{pmatrix} a_{11} & \cdots & a_{1n} \\ \vdots & & \vdots \\ a_{n1} & \cdots & a_{nn} \end{pmatrix}.$$

*Dieser Ausdruck heißt auch **(n-reihige) Zahldeterminante** oder **Determinante (der Ordnung n)**. Mit (2) ist gleichzeitig die Determinante einer $(n \times n)$-Matrix definiert.*

Nach (33) [4.2] gilt die explizite **Formel von Leibniz**:

$$(3) \qquad \begin{vmatrix} a_{11} & \cdots & a_{1n} \\ \vdots & & \vdots \\ a_{n1} & \cdots & a_{nn} \end{vmatrix} = \sum_{\sigma \in \mathfrak{S}_n} (\operatorname{sign} \sigma) \cdot a_{1\,\sigma(1)} \cdots a_{n\,\sigma(n)}.$$

Offensichtlich enthält jeder Summand der rechten Seite genau ein Element aus jeder Zeile und Spalte der betreffenden $(n \times n)$-Matrix als Faktor.

Beispiele. 1. Bei $n = 1$ ist die Determinante der (1×1)-Matrix (a_{11}) einfach gleich a_{11}. Denn die einzige Linearform f über K mit $f(1) = 1$ ist die Identität. Man sollte hier allerdings das Symbol $|a_{11}|$ *nicht* zur Determinantenbezeichnung verwenden, um im reellen oder komplexen Fall eine Verwechslung mit dem Betrag auszuschließen.

2. Bei $n = 2$ hat $\mathfrak{S}_2$ *zwei* Elemente mit den folgenden Vorzeichen; demgemäß lautet der Ausdruck (3) wie rechts angegeben:

$$(4) \qquad \begin{array}{l} \sigma_1 = \bigl(\begin{smallmatrix} 1 & 2 \\ 1 & 2 \end{smallmatrix}\bigr), \quad \operatorname{sign} \sigma_1 = 1 \\[2ex] \sigma_2 = \bigl(\begin{smallmatrix} 1 & 2 \\ 2 & 1 \end{smallmatrix}\bigr), \quad \operatorname{sign} \sigma_2 = -1 \end{array} \ , \qquad \begin{vmatrix} a_{11} & a_{12} \\ a_{21} & a_{22} \end{vmatrix} = a_{11}\,a_{22} - a_{12}\,a_{21}.$$

3. Für $n = 3$ lautet (3) entsprechend:

$$(5) \qquad \begin{vmatrix} a_{11} & a_{12} & a_{13} \\ a_{21} & a_{22} & a_{23} \\ a_{31} & a_{32} & a_{33} \end{vmatrix} = \begin{array}{l} a_{11}\,a_{22}\,a_{33} + a_{12}\,a_{23}\,a_{31} + a_{13}\,a_{21}\,a_{32} \\ -\,a_{11}\,a_{23}\,a_{32} - a_{12}\,a_{21}\,a_{33} - a_{13}\,a_{22}\,a_{31} \end{array} . \qquad \square$$

Die Ausdrücke in (4), (5) sind uns schon in 0.3 begegnet, wo auch Merkregeln für sie angegeben wurden. Analoge Merkregeln bestehen allerdings *nicht* für $n \geq 4$. Sie sind auch nicht nötig, da Determinantenberechnungen für höhere n selten nach expliziten Formeln vorgenommen werden.

Wichtiger sind die Eigenschaften solcher Zahldeterminanten, die sich unmittelbar aus den entsprechenden Regeln von 4.2 zusammen mit der „Normierungsforderung" $D_0(e_1, \ldots, e_n) = 1$ ergeben:

Satz B. *Die Determinante* (2) *hat folgende Eigenschaften:*

(i) *Homogenität in den Zeilen:*

$$
(6) \quad
\begin{vmatrix}
a_{11} & \cdots & a_{1n} \\
 & \vdots & \\
\lambda a_{i1} & \cdots & \lambda a_{in} \\
 & \vdots & \\
a_{n1} & \cdots & a_{nn}
\end{vmatrix}
= \lambda \cdot
\begin{vmatrix}
a_{11} & \cdots & a_{1n} \\
 & \vdots & \\
a_{i1} & \cdots & a_{in} \\
 & \vdots & \\
a_{n1} & \cdots & a_{nn}
\end{vmatrix} .
$$

(ii) *Additivität in den Zeilen:*

$$
(7) \quad
\begin{vmatrix}
a_{11} & \cdots & a_{1n} \\
 & \vdots & \\
a_{i1} + \tilde{a}_{i1} & \cdots & a_{in} + \tilde{a}_{in} \\
 & \vdots & \\
a_{n1} & \cdots & a_{nn}
\end{vmatrix}
=
\begin{vmatrix}
a_{11} & \cdots & a_{1n} \\
 & \vdots & \\
a_{i1} & \cdots & a_{in} \\
 & \vdots & \\
a_{n1} & \cdots & a_{nn}
\end{vmatrix}
+
\begin{vmatrix}
a_{11} & \cdots & a_{1n} \\
 & \vdots & \\
\tilde{a}_{i1} & \cdots & \tilde{a}_{in} \\
 & \vdots & \\
a_{n1} & \cdots & a_{nn}
\end{vmatrix} .
$$

(iii) *Normierung:*

$$
(8) \quad
\begin{vmatrix}
1 & 0 & \cdots & 0 \\
0 & \ddots & & \vdots \\
\vdots & & \ddots & 0 \\
0 & \cdots & 0 & 1
\end{vmatrix}
= 1 .
$$

(iv) *Addition des μ-Fachen einer Zeile zu einer <u>anderen</u> Zeile läßt den Wert der Determinante unverändert.*

(v) *Sind zwei Zeilen gleich, so ist der Wert der Determinante Null.*

(vi) *Bei Vertauschung zweier Zeilen ändert der Wert der Determinante sein Vorzeichen.*

(vii) *Der Wert der Determinante ist dann und nur dann Null, wenn ihre Zeilen linear abhängig sind.*

Charakterisierende Eigenschaften für die Determinante sind einerseits (i), (iii), (iv) *(für $\mu = 1$) oder andererseits* (i), (ii), (iii), (v) *(für benachbarte Zeilen).* $\square$

Eine weitere wesentliche Regel ist der

Satz C. *Für jede Matrix* $A \in K^{(n,\,n)}$ *gilt:*

$$(9) \qquad \boxed{\det A = \det A^{T}.}$$

Beweis. Für

$$(10) \qquad A = \begin{pmatrix} a_{11} & \cdots & a_{1n} \\ \vdots & & \vdots \\ a_{n1} & \cdots & a_{nn} \end{pmatrix}, \qquad A^{T} = \begin{pmatrix} a_{11} & \cdots & a_{n1} \\ \vdots & & \vdots \\ a_{1n} & \cdots & a_{nn} \end{pmatrix}$$

gilt nach (3):

$$(11) \qquad \det A = \sum_{\sigma \in \mathfrak{S}_{n}} (\operatorname{sign} \sigma) \cdot a_{1\,\sigma(1)} \cdots a_{n\,\sigma(n)}$$

$$(12) \qquad \det A^{T} = \sum_{\tau \in \mathfrak{S}_{n}} (\operatorname{sign} \tau) \cdot a_{\tau(1)1} \cdots a_{\tau(n)n}.$$

Für jedes $\tau \in \mathfrak{S}_{n}$ erhält man durch Umordnen der Faktoren

$$(13) \qquad a_{\tau(1)1} \cdots a_{\tau(n)n} = a_{1\,\tau^{-1}(1)} \cdots a_{n\,\tau^{-1}(n)}.$$

Unter Beachtung von M [4.2] folgt also aus (12)

$$(14) \qquad \det A^{T} = \sum_{\tau \in \mathfrak{S}_{n}} (\operatorname{sign} \tau^{-1}) \cdot a_{1\,\tau^{-1}(1)} \cdots a_{n\,\tau^{-1}(n)}.$$

Da $\tau \mapsto \tau^{-1}$ eine bijektive Abbildung von $\mathfrak{S}_{n}$ auf sich ist, stimmen die rechten Seiten von (11) und (14) überein, also auch die linken. $\qquad \Box$

Folgerung D. *Satz B gilt entsprechend auch für die Spalten anstelle der Zeilen der Determinante.* $\qquad \Box$

Der Satz C rechtfertigt die folgenden, gelegentlich verwendete *Kurzschreibweisen* für die Determinante der Matrix A (3):

$$(15) \qquad \det A =: \det(a_{ij})_{1 \le i,\,j \le n} =: \det(a_{ij}).$$

Die Regeln von B und D reichen im Prinzip bereits aus, um praktische Determinantenberechnungen vorzunehmen. Von Wichtigkeit sind insbesondere die Regeln (iv) und (vi); denn diese entsprechen den elementaren Umformungen, (I), (III) [0.1.4], die beim Gauß-schen Verfahren oder bei der Rangbestimmung gemäß J [2.5] ständig verwendet wurden. Durch *Zeilen*umformungen dieser Art kann somit eine Determinante bis auf eventuelle Vorzeichenwechsel aber ansonsten ohne Wertänderung auf *obere Dreiecksgestalt* gebracht werden.

Für diese gilt dann weiter:

Lemma E.

$$\begin{vmatrix} a_{11} & * & \cdots & * \\ 0 & \cdot & \cdot & \vdots \\ \vdots & \cdot & \cdot & * \\ 0 & \cdots & 0 & a_{nn} \end{vmatrix} = a_{11} \cdots a_{nn}.$$

Hierin bezeichnen die Sternchen wieder Skalare, die nicht weiter interessieren.

Beweis von E. Ist eines der Hauptdiagonalelemente Null, so sei i der *kleinste* Index mit $a_{ii} = 0$. Dann sind die ersten i Spalten linear abhängig, also erst recht alle Spalten, mithin besitzt die Determinante nach B (vii) den Wert Null, ebenso aber die rechte Seite der behaupteten Gleichung.

Sind alle Hauptdiagonalelemente ungleich Null, so kann durch Addition geeigneter Vielfacher der ersten *Spalte* zu den anderen *Spalten* erreicht werden, daß in der ersten Zeile anstelle der Sternchen nur Nullen stehen. Analog können die Sternchen in den weiteren Zeilen durch Spaltenumformungen des Typs (III) zu Null gemacht werden. Auf die hierdurch erreichte Hauptdiagonalgestalt kann schließlich n-mal die Homogenitätsregel B (i) und dann die Normierung B (iii) angewandt werden:

$$(16) \quad \begin{vmatrix} a_{11} & 0 & \cdots & 0 \\ 0 & \cdot & \cdot & \vdots \\ \vdots & \cdot & \cdot & 0 \\ 0 & \cdots & 0 & a_{nn} \end{vmatrix} = a_{11} \cdots a_{nn} \cdot \begin{vmatrix} 1 & 0 & \cdots & 0 \\ 0 & \cdot & \cdot & \vdots \\ \vdots & \cdot & \cdot & 0 \\ 0 & \cdots & 0 & 1 \end{vmatrix} = a_{11} \cdots a_{nn}. \qquad \square$$

Wegen C gilt eine zu Lemma E analoge Aussage auch für die *untere Dreiecksgestalt*.

Beispiel 4. Es soll die rechtsstehende Determinante (mit Elementen aus **R**) berechnet werden:

$$\begin{vmatrix} 0 & 1 & 1 \\ 1 & -2 & -5 \\ 2 & -3 & -6 \end{vmatrix}$$

$$= - \begin{vmatrix} 1 & -2 & -5 \\ 0 & 1 & 1 \\ 2 & -3 & -6 \end{vmatrix}$$

Durch Zeilenumformungen B (iv), (vi) erhält man:

$$= - \begin{vmatrix} 1 & -2 & -5 \\ 0 & 1 & 1 \\ 0 & 1 & 4 \end{vmatrix}$$

$$= - \begin{vmatrix} 1 & -2 & -5 \\ 0 & 1 & 1 \\ 0 & 0 & 3 \end{vmatrix}$$

Lemma E liefert: $\qquad = - 1 \cdot 1 \cdot 3 = -3.$ $\qquad \square$

Ein weiteres Hilfsmittel zur Determinantenberechnung ist der *Entwicklungssatz*, dessen Beweis durch folgende Hilfssätze vorbereitet wird:

Lemma F. *Es gilt:*

$$(17) \quad \begin{vmatrix} 1 & 0 & \cdots & 0 \\ a_{21} & a_{22} & \cdots & a_{2n} \\ \vdots & \vdots & & \vdots \\ a_{n1} & a_{n2} & \cdots & a_{nn} \end{vmatrix} = \begin{vmatrix} a_{22} & \cdots & a_{2n} \\ \vdots & & \vdots \\ a_{n2} & \cdots & a_{nn} \end{vmatrix} .$$

Beweis. Zunächst sieht man, daß die *links*stehende Determinante durch Addition geeigneter Vielfacher der ersten Zeile zu den weiteren Zeilen ohne Wertänderung auf die Form gebracht werden kann:

$$(18) \quad \begin{vmatrix} 1 & 0 & \cdots & 0 \\ 0 & a_{22} & \cdots & a_{2n} \\ \vdots & \vdots & & \vdots \\ 0 & a_{n2} & \cdots & a_{nn} \end{vmatrix} .$$

Dieser Ausdruck hat als Funktion der $(n-1)$ Vektoren $(a_{22}, \ldots, a_{2n}), \ldots, (a_{n2}, \ldots, a_{nn})$ aus K^{n-1} die charakteristischen Eigenschaften B (i), (iii), (iv) der Zahldeterminante über K^{n-1}, stimmt also mit der rechten Seite der Behauptung (17) überein. $\qquad\square$

Das Schema der $(n-1)$-reihigen Determinante auf der rechten Seite von (17) erhält man aus der Matrix A (10) durch Streichen der ersten Zeile und Spalte. Allgemeiner betrachten wir die $(n-1)$-reihige Determinante, deren Schema aus der Matrix A (10) durch Weglassen der i-ten Zeile und der k-ten Spalte entsteht und versehen diese Determinante mit dem Vorzeichenfaktor $(-1)^{i+k}$:

$$(19) \quad A_{ik} := (-1)^{i+k} \cdot \begin{vmatrix} a_{11} & \cdots & a_{1,k-1} & a_{1,k+1} & \cdots & a_{1n} \\ \vdots & & \vdots & \vdots & & \vdots \\ a_{i-1,1} & \cdots & a_{i-1,k-1} & a_{i-1,k+1} & \cdots & a_{i-1,n} \\ a_{i+1,1} & \cdots & a_{i+1,k-1} & a_{i+1,k+1} & \cdots & a_{i+1,n} \\ \vdots & & \vdots & \vdots & & \vdots \\ a_{n1} & \cdots & a_{n,k-1} & a_{n,k+1} & \cdots & a_{nn} \end{vmatrix} .$$

Man nennt A_{ik} **Kofaktor** zum Platz (i, k) (oder auch zu a_{ik}). Hierfür ergibt sich aus F die

Folgerung G. *Es gilt:*

$$(20) \quad \text{i)} \quad \begin{vmatrix} a_{11} & \cdots & a_{1k} & \cdots & a_{1n} \\ \vdots & & \vdots & & \vdots \\ 0 & \cdots & 1 & \cdots & 0 \\ \vdots & & \vdots & & \vdots \\ a_{n1} & \cdots & a_{nk} & \cdots & a_{nn} \end{vmatrix} = A_{ik} .$$

Beweis. Durch $(i-1)$-maliges Vertauschen benachbarter Zeilen und $(k-1)$-maliges Vertauschen benachbarter Spalten der n-reihigen Determinante auf der linken Seite von (20) bringt man die 1 in die linke obere Ecke; dies verursacht $(i-1)+(k-1)=i+k-2$ Vorzeichenwechsel. Dann kann man F anwenden. Wegen $(-1)^{i+k-2}=(-1)^{i+k}$ folgt die Behauptung. $\square$

Satz H (Laplacesche Entwicklung nach der i-ten Zeile). *Für jede* $(n \times n)$*-Matrix* A (10) *gilt:*

$$(21) \qquad \begin{vmatrix} a_{11} & \cdots & a_{1n} \\ \vdots & & \vdots \\ a_{i1} & \cdots & a_{in} \\ \vdots & & \vdots \\ a_{n1} & \cdots & a_{nn} \end{vmatrix} = \sum_{k=1}^{n} a_{ik} A_{ik}.$$

Beweis. Nach B (i), (ii) läßt sich die linke Seite von (21) schreiben als

$$(22) \qquad \sum_{k=1}^{n} a_{ik} \cdot \begin{vmatrix} a_{11} & \cdots & a_{1k} & \cdots & a_{1n} \\ \vdots & & \vdots & & \vdots \\ 0 & \cdots & 1 & \cdots & 0 \\ \vdots & & \vdots & & \vdots \\ a_{n1} & \cdots & a_{nk} & \cdots & a_{nn} \end{vmatrix} \quad (i.$$

Nach G stimmt dies mit der rechten Seite von (21) überein. $\square$

Selbstverständlich gilt ein analoger Entwicklungssatz auch nach einer Spalte. Die Vorzeichenfaktoren $(-1)^{i+k}$ sind *schachbrettartig* den Plätzen zugeordnet:

$$(23) \qquad \begin{matrix} + & - & + & \cdots \\ - & + & - & \cdots \\ + & - & + & \cdots \\ \vdots & \vdots & \vdots & \end{matrix}$$

Beispiel 5. Die Entwicklung einer 3-reihigen Determinante nach der zweiten Zeile bzw. dritten Spalte lautet

$$(24) \qquad \begin{vmatrix} a & b & c \\ d & e & f \\ g & h & i \end{vmatrix} = -d \cdot \begin{vmatrix} b & c \\ h & i \end{vmatrix} + e \cdot \begin{vmatrix} a & c \\ g & i \end{vmatrix} - f \cdot \begin{vmatrix} a & b \\ g & h \end{vmatrix}$$

$$= c \cdot \begin{vmatrix} d & e \\ g & h \end{vmatrix} - f \cdot \begin{vmatrix} a & b \\ g & h \end{vmatrix} + i \cdot \begin{vmatrix} a & b \\ d & e \end{vmatrix}. \qquad \square$$

In der Praxis sucht man durch elementare Spalten- oder Zeilenumformungen [der Art B (iv)] zu erreichen, daß in einer Spalte oder Zeile möglichst viele Nullen stehen, und entwickelt dann erst.

Beispiel 6. Bei der Determinante von Beispiel 4 verläuft dieses kombinierte Verfahren so:

$$(25) \quad \begin{vmatrix} 0 & 1 & 1 \\ 1 & -2 & -5 \\ 2 & -3 & -6 \end{vmatrix} = \begin{vmatrix} 0 & 1 & 0 \\ 1 & -2 & -3 \\ 2 & -3 & -3 \end{vmatrix} = -1 \cdot \begin{vmatrix} 1 & -3 \\ 2 & -3 \end{vmatrix} = -(1 \cdot (-3) - 2 \cdot (-3)) = -3.$$

Aufgaben

1. Für sechs Skalare a, b, ..., f berechne man die rechts aufgeführte Determinante.

$$\begin{vmatrix} 0 & a & b & c \\ -a & 0 & d & e \\ -b & -d & 0 & f \\ -c & -e & -f & 0 \end{vmatrix}$$

2. Für eine schiefsymmetrische Matrix $A = -A^T$ *ungerader* Ordnung n beweise man det $A = 0$, falls char $(K) \neq 2$.

3. Für n Skalare $x_1, ..., x_n$ berechne man die folgende **Vandermondesche Determinante**:

$$\begin{vmatrix} 1 & x_1 & x_1^2 & \dots & x_1^{n-1} \\ 1 & x_2 & x_2^2 & \dots & x_2^{n-1} \\ \vdots & \vdots & \vdots & & \\ 1 & x_n & x_n^2 & \dots & x_n^{n-1} \end{vmatrix} = \prod_{1 \leq i < k \leq n} (x_k - x_i).$$

4.4 Anwendungen

Wir wenden die Determinanten jetzt an auf die Lösung linearer Gleichungssysteme, die Berechnung der inversen Matrix sowie die Rangbestimmung von Matrizen. Alle diese Aufgaben lassen sich auch ohne Determinanten behandeln, jedoch liefern Determinanten in manchen Fällen allgemeine Lösungsausdrücke.

Gegeben sei zunächst ein *quadratisches lineares Gleichungssystem*, d. h. eines mit gleichvielen Unbekannten wie Gleichungen:

$$(G) = (1) \qquad \begin{aligned} a_{11}x_1 + \dots + a_{1n}x_n &= b_1 \\ &\vdots \\ a_{n1}x_1 + \dots + a_{nn}x_n &= b_n \end{aligned}$$

Hierfür gilt:

Satz A. *Das Gleichungssystem* (G) *ist genau dann eindeutig lösbar, wenn*

$$(2) \qquad \begin{vmatrix} a_{11} & \dots & a_{1n} \\ \vdots & \ddots & \vdots \\ a_{n1} & \dots & a_{nn} \end{vmatrix} \neq 0$$

gilt. In diesem Fall läßt sich die Lösung darstellen durch die **Cramersche Regel:**

$$(3) \qquad x_k = \dfrac{\begin{vmatrix} a_{11} & \cdots & \overset{k}{b_1} & \cdots & a_{1n} \\ \vdots & & \vdots & & \vdots \\ a_{n1} & \cdots & b_n & \cdots & a_{nn} \end{vmatrix}}{\begin{vmatrix} a_{11} & \cdots\cdots\cdots & a_{1n} \\ \vdots & & \vdots \\ a_{n1} & \cdots\cdots\cdots & a_{nn} \end{vmatrix}}, \qquad k = 1, \ldots, n.$$

Hinweis: Die Determinante im Zähler von (3) entsteht aus der **Koeffizientendeterminante** (2), die auch im Nenner von (3) auftritt, indem die k-te Spalte durch die Spalte der rechten Seiten von (G) ersetzt wird.

Beweis von A. Wie bei E [3.2] können wir das lineare Gleichungssystem (G) mittels der Spalten-n-Tupel

$$(4) \qquad c_1 := \begin{pmatrix} a_{11} \\ \vdots \\ a_{n1} \end{pmatrix}, \ldots, c_n := \begin{pmatrix} a_{1n} \\ \vdots \\ a_{nn} \end{pmatrix}, \; b := \begin{pmatrix} b_1 \\ \vdots \\ b_n \end{pmatrix}$$

in der äquivalenten Gestalt schreiben:

$$(5) \qquad x_1 c_1 + \ldots + x_n c_n = b.$$

Dann verifiziert man leicht die folgenden Äquivalenzen, aus denen der erste Teil der Behauptung folgt:

$$\text{(G) eindeutig lösbar}$$
$$\Updownarrow$$
$$b \text{ eindeutige Linearkombination von } c_1, \ldots, c_n$$
$$(6) \qquad\qquad\qquad \Updownarrow$$
$$c_1, \ldots, c_n \text{ linear unabhängig}$$
$$\Updownarrow \qquad\qquad B \text{ (vii) und D [4.3]}$$
$$D_0(c_1, \ldots, c_n) \neq 0.$$

Sind diese Bedingungen erfüllt und bezeichnet jetzt $(x_1, \ldots, x_n)$ die eindeutig bestimmte Lösung von (1), so folgt wegen der n-Linearität von D_0:

$$(7) \qquad D_0(c_1, \ldots, \overset{k}{b}, \ldots, c_n) = D_0\left(c_1, \ldots, \sum_{i=1}^{n} \overset{k}{x_i c_i}, \ldots, c_n\right) = \sum_{i=1}^{n} x_i \cdot D_0(c_1, \ldots, \overset{k}{c_i}, \ldots, c_n).$$

Hierin gilt $D_0(c_1, \ldots, \overset{k}{c_i}, \ldots, c_n) = 0$ für $i \neq k$, weil die Argumentliste zwei gleiche Vektoren enthält, also verbleibt von der Summe rechts in (7) nur der Term mit $i = k$:

$$(8) \qquad D_0(c_1, \ldots, \overset{k}{b}, \ldots, c_n) = x_k \cdot D_0(c_1, \ldots, c_k, \ldots, c_n).$$

Hieraus folgt (3).   □

Als Anwendung der Cramerschen Regel ergibt sich eine explizite Regel für die *Inversenbildung von Matrizen:*

Satz B. *Die* (n × n)*-Matrix*

$$(9) \qquad A = \begin{pmatrix} a_{11} & \cdots & a_{1n} \\ \vdots & & \vdots \\ a_{n1} & \cdots & a_{nn} \end{pmatrix}$$

ist genau dann regulär, wenn gilt:

$$(10) \qquad \det A = \begin{vmatrix} a_{11} & \cdots & a_{1n} \\ \vdots & & \vdots \\ a_{n1} & \cdots & a_{nn} \end{vmatrix} \neq 0.$$

In diesem Fall ist die inverse Matrix zu A *gegeben durch:*

$$(11) \qquad A^{-1} = \frac{1}{\det A} \cdot \begin{pmatrix} A_{11} & A_{21} & \cdots & A_{n1} \\ A_{12} & A_{22} & \cdots & A_{n2} \\ \vdots & \vdots & & \vdots \\ A_{1n} & A_{2n} & \cdots & A_{nn} \end{pmatrix},$$

wobei A_{ik} *der Kofaktor zu* a_{ik} *ist.*

Warnung: Man beachte die andere Reihenfolge der Indizes in (11) gegenüber (9).

Beweis von B. Die Matrix A ist nach H [3.4] genau dann regulär, wenn ihre Zeilen linear unabhängig sind. Dafür ist nach B (vii) [4.3] die Determinantenbedingung (10) notwendig und hinreichend.

Ist A regulär, so setzen wir:

$$(12) \qquad A^{-1} = \begin{pmatrix} \alpha_{11} & \cdots & \alpha_{1n} \\ \vdots & & \vdots \\ \alpha_{n1} & \cdots & \alpha_{nn} \end{pmatrix}.$$

Die Elemente α_{ij} erfüllen wegen $AA^{-1} = I$ die n^2 Gleichungen

$$(13) \qquad \sum_{j=1}^{n} a_{kj}\alpha_{ji} = \delta_{ki}, \quad 1 \leqq i, k \leqq n,$$

worin δ_{ki} das Kronecker-Symbol

$$(14) \qquad \delta_{ki} = \begin{cases} 1 & \text{für } k = i \\ 0 & \text{für } k \neq i \end{cases}$$

bezeichnet; vgl. (58) [3.4]. Bei festem i können wir (13) als lineares Gleichungssystem für $\alpha_{1i}, \ldots, \alpha_{ni}$ betrachten. Seine Koeffizientendeterminante ist gerade (10). Also ergibt sich die eindeutig bestimmte Lösung nach Satz A als:

$$(15) \qquad \alpha_{ji} = \frac{1}{\det A} \cdot \begin{vmatrix} a_{11} & \cdots & \overset{\displaystyle\downarrow^{\,j}}{0} & \cdots & a_{1n} \\ \vdots & & \vdots & & \vdots \\ a_{i1} & \cdots & 1 & \cdots & a_{in} \\ \vdots & & \vdots & & \vdots \\ a_{n1} & \cdots & 0 & \cdots & a_{nn} \end{vmatrix}.$$

Mittels der Entwicklung nach der j-ten Spalte folgt hieraus

$$(16) \qquad \alpha_{ji} = \frac{1}{\det A} \cdot A_{ij}.$$

Das ist die Behauptung (11). $\qquad\qquad\qquad\qquad\qquad\qquad\qquad\qquad\qquad\qquad\qquad$ □

Beispiel 1. Eine (2×2)-Matrix $A = \left(\begin{smallmatrix} a & b \\ c & d \end{smallmatrix}\right)$ ist hiernach genau dann regulär, wenn

$$(17) \qquad \begin{vmatrix} a & b \\ c & d \end{vmatrix} = ad - bc \neq 0$$

gilt, und in diesem Falle lautet die Inverse:

$$(18) \qquad A^{-1} = \frac{1}{\det A} \cdot \begin{pmatrix} A_{11} & A_{21} \\ A_{12} & A_{22} \end{pmatrix} = \frac{1}{ad - bc} \cdot \begin{pmatrix} d & -b \\ -c & a \end{pmatrix}. \qquad\qquad □$$

Nunmehr soll der *Rang* einer beliebigen $(n \times p)$-Matrix

$$(19) \qquad A = \begin{pmatrix} a_{11} & \cdots & a_{1n} \\ \vdots & & \vdots \\ \vdots & & \vdots \\ a_{p1} & \cdots & a_{pn} \end{pmatrix}$$

mit Determinanten ausgedrückt werden.

Definition C. *Eine **Unterdeterminante** (oder ein **Minor**) von A (19) ist die Determinante eines quadratischen Schemas, das durch Streichen von Zeilen und Spalten aus A entsteht; die **Ordnung** einer solchen Unterdeterminante ist die Anzahl ihrer Zeilen oder Spalten.*

Satz D. *Der Rang von A (19) ist die maximale Ordnung aller Unterdeterminanten von A, die nicht Null sind.*

Beweis. Sei k der Rang von A. Für $r > k$ sind dann r Zeilen von A stets linear abhängig. Diese lineare Abhängigkeit bleibt bestehen, wenn man aus solchen Zeilen irgendwelche Spalten streicht. Somit folgt nach B (vii) [4.3], daß alle Unterdeterminanten der Ordnung $r > k$ Null sind. Nun ist noch eine Unterdeterminante der Ordnung k zu bestimmen, die nicht Null ist. Dazu wählen wir k linear unabhängige Zeilen von A. Die daraus gebildete $(n \times k)$-Matrix besitzt dann den Rang k. Also existieren unter ihren Spalten k linear unabhängige. Die daraus gebildete Unterdeterminante ist nach B (vii) [4.3] ungleich Null. □

Satz D ist mehr von theoretischem Interesse. Denn wegen der Vielzahl der zu berechnenden Unterdeterminanten ist der Rechenaufwand erheblich größer als bei dem Verfahren von 2.5.

Aufgabe

1. Zur Matrix A wie in (9) sei die Matrix der Kofaktoren, wie rechts in (11) aufgeschrieben, als $A^{\#}$ bezeichnet. Man zeige:

$$A\,A^{\#} = A^{\#}\,A = (\det A) \cdot I,$$

gleichgültig ob A regulär ist oder nicht.

Hinweis: Verwende die Darstellung von G [4.3] für die A_{ik}.

4.5 Determinanten von linearen Abbildungen und von Bilinearformen

Es sei nun V wieder ein beliebiger K-Vektorraum der endlichen Dimension $n \geqq 1$.

Zunächst soll jedem *Endomorphismus* $L : V \to V$ ein Skalar „det L" zugeordnet werden. Hierzu sei eine Determinantenform $D : V^n \to K$ beliebig gewählt. Dann betrachten wir die Abbildung $f : V^n \to K$, definiert durch

$$(1) \qquad f(v_1, \ldots, v_n) := D(L(v_1), \ldots, L(v_n)).$$

Mit D ist auch f n-linear und alternierend, wie man ohne Mühe nachrechnet. Daher existiert nach J [4.2] genau ein Skalar δ mit $f = \delta \cdot D$, d.h. mit

$$(2) \qquad D(L(v_1), \ldots, L(v_n)) = \delta \cdot D(v_1, \ldots, v_n)$$

für alle $(v_1, \ldots, v_n) \in V^n$. Dieses δ hängt nur von L, nicht aber von der Wahl von D ab; denn beim Übergang von D zu einer anderen Determinantenform über V multiplizieren sich beide Seiten von (2) mit dem gleichen skalaren Faktor (K [4.2]).

Definition und Satz A. *Zu jedem Endomorphismus* $L : V \to V$ *ist* det L *der eindeutig bestimmte Skalar, so daß für alle Determinantenformen* $D : V^n \to K$ *und alle* $(v_1, \ldots, v_n) \in V^n$ *gilt:*

$$(3) \qquad D(L(v_1), \ldots, L(v_n)) = \det L \cdot D(v_1, \ldots, v_n).$$

det L *heißt die* **Determinante** *von* L. $\square$

Beispiele. 1. Für die *Nullabbildung* $0 : V \to V$ lautet (3): $0 = D(0, \ldots, 0) = \det 0 \cdot D(v_1, \ldots, v_n)$. Da dies insbesondere für linear unabhängige $v_1, \ldots, v_n$ gilt, folgt:

$$(4) \qquad \boxed{\det 0 = 0.}$$

2. Für die *Identität* $I : V \to V$ ergibt sich analog

$$(5) \qquad \boxed{\det I = 1.}$$

Satz B. *Für Endomorphismen* L, M *von* V *und* $\alpha \in K$ *gelten die Regeln:*

(i) $\det(\alpha L) = \alpha^n \cdot \det L,$

(ii) $\det(M \circ L) = \det M \cdot \det L.$

Beweis. *Zu (i):* Analog zu (3) gilt für αL:

(6) $D(\alpha L(v_1), \ldots, \alpha L(v_n)) = \det(\alpha L) \cdot D(v_1, \ldots, v_n).$

Die Homogenität von D, n mal angewandt auf die linke Seite, liefert

(7) $\alpha^n \cdot D(L(v_1), \ldots, L(v_n)) = \det(\alpha L) \cdot D(v_1, \ldots, v_n).$

Multipliziert man andererseits (3) mit α^n und vergleicht hiermit, so folgt die Behauptung.

Zu (ii): Nach (3) berechnet man:

(8)
$$D(M \circ L(v_1), \ldots, M \circ L(v_n)) = \det M \cdot D(L(v_1), \ldots, L(v_n))$$
$$= \det M \cdot \det L \cdot D(v_1, \ldots, v_n).$$

Hieraus folgt nach Definition von $\det(M \circ L)$ die Behauptung. $\square$

Warnung: Für die Summe von Endomorphismen gibt es keine Regeln dieser Art.

Satz C. *Der Endomorphismus* $L : V \to V$ *ist genau dann regulär, wenn* $\det L \neq 0$ *gilt. In diesem Falle ist*

(9) $\det(L^{-1}) = \dfrac{1}{\det L} \, .$

Beweis. Ist $\det L \neq 0$ vorausgesetzt, so ergibt sich aus (3) in Verbindung mit I [4.2], daß L jede Basis von V in eine Basis von V überführt. Hieraus folgt mittels E [3.1] die Bijektivität von L.

Wird umgekehrt L als bijektiv vorausgesetzt, so gilt $L^{-1} \circ L = I$, also folgt mit Hilfe von B (ii): $\det(L^{-1}) \cdot \det L = \det I = 1$; insbesondere ist dann $\det L \neq 0$, und es gilt (9). $\square$

Folgerung D. *Die Menge der Automorphismen* L *von* V *mit* $\det L = 1$ *bildet eine Untergruppe von* **GL**(V), *die spezielle lineare Gruppe*

(10)   **SL**(V) := $\{L \in \mathbf{GL}(V) \mid \det L = 1\}$. $\square$

Wir dehnen nun den Zusammenhang zwischen linearen Abbildungen und Matrizen (3.4) auf die Determinantenbegriffe aus. Da wir nur lineare *Selbst*abbildungen $L : V \to V$ betrachten, *verwenden wir in* V *als Definitions- und Zielraum ein und dieselbe Basis* $a_1, \ldots, a_n$. Die Matrix von L bezüglich dieser Basis sei

(11) $A = \begin{pmatrix} a_{11} \cdots a_{1n} \\ \vdots \qquad \vdots \\ a_{n1} \cdots a_{nn} \end{pmatrix}.$

Satz E. *Ist* A *die Matrix der linearen Abbildung* $L : V \to V$ *bezüglich einer beliebigen Basis von* V, *so ist:*

(12) $\det L = \det A.$

Beweis. Sei $a_1, \ldots, a_n$ die verwendete Basis von V und $\varphi : V \to K^n$ die zugehörige lineare Karte (A [3.4]), also diejenige Abbildung, die jedem Vektor von V die Spalte seiner Koordinaten bezüglich $a_1, \ldots, a_n$ zuordnet. Mittels der Standarddeterminante D_0 auf K^n definieren wir eine Abbildung

$$(13) \qquad \begin{aligned} &D : V^n \to K \\ &D(v_1, \ldots, v_n) := D_0(\varphi(v_1), \ldots, \varphi(v_n)). \end{aligned}$$

Man verifiziert ohne Mühe, daß D wiederum n-linear und alternierend ist; ferner gilt nach (5) [3.4]

$$(14) \qquad D(a_1, \ldots, a_n) = D_0(e_1, \ldots, e_n) = 1,$$

also ist D Determinantenform auf V. Somit gilt nach (3) für $v_i = a_i$:

$$(15) \qquad D(L(a_1), \ldots, L(a_n)) = \det L \cdot D(a_1, \ldots, a_n),$$

also wegen (13) und (14):

$$(16) \qquad D_0(\varphi(L(a_1)), \ldots, \varphi(L(a_n))) = \det L.$$

Da die Vektoren $\varphi(L(a_1)), \ldots, \varphi(L(a_n))$ gerade die Spalten der Matrix A von L sind, folgt aus (16) die Behauptung (12). $\qquad\qquad\square$

Die Regeln der Sätze B und C für lineare Selbstabbildungen übertragen sich wegen Satz E auf quadratische Matrizen:

Folgerung F. *Für Matrizen* $A, B \in K^{(n,\,n)}$ *und* $\alpha \in K$ *gilt:*

(i) $\qquad \det(\alpha A) = \alpha^n \cdot \det A$

(ii) $\qquad \det(BA) = \det B \cdot \det A \qquad$ *(Determinantenproduktsatz)*

(iii) A *ist regulär genau dann, wenn* $\det A \neq 0$*, und in diesem Fall gilt:*

$$(17) \qquad \det(A^{-1}) = \frac{1}{\det A}. \qquad\qquad\qquad \square$$

Analog zu D folgt aus (ii) und (iii) wiederum:

Folgerung G. *Die Menge der Matrizen aus* $K^{(n,\,n)}$ *mit der Determinante* 1 *bildet eine Untergruppe von* **GL** (n, K)*, die spezielle lineare Gruppe*

$$(18) \qquad \mathbf{SL}\,(n, K) := \{A \in \mathbf{GL}\,(n, K) \mid \det A = 1\}. \qquad\qquad \square$$

Besonders wichtig ist der Determinantenproduktsatz F (ii). Wir geben folgende Anwendung dieses Satzes: Betrachtet wird eine Matrix $A \in K^{(n,\,n)}$, die sich auf folgende Weise aus Blöcken aufbaut:

$$(19) \qquad A = \left(\begin{array}{c|c} A_0 & C_0 \\ \hline 0 & B_0 \end{array} \right).$$

Dabei seien A_0 und B_0 quadratische Schemata der Größen k und $l := n - k$ und C_0 ein passendes rechteckiges Schema, während im linken unteren Teil von A nur Nullen stehen.

Satz H. *In dieser Situation gilt:*

$$(20) \qquad \det \left(\begin{array}{c|c} A_0 & C_0 \\ \hline 0 & B_0 \end{array} \right) = \det A_0 \cdot \det B_0 .$$

Beweis. Man verifiziert leicht die Matrizengleichung

$$(21) \qquad A = \left(\begin{array}{c|c} A_0 & C_0 \\ \hline 0 & B_0 \end{array} \right) = \left(\begin{array}{c|c} I_k & 0 \\ \hline 0 & B_0 \end{array} \right) \cdot \left(\begin{array}{c|c} A_0 & C_0 \\ \hline 0 & I_l \end{array} \right) =: B_0' \cdot A_0' ,$$

wobei I_k, I_l Einheitsmatrizen entsprechender Größe sind. Hieraus folgt nach dem Determinantenproduktsatz F (ii):

$$(22) \qquad \det A = \det B_0' \cdot \det A_0' .$$

Andererseits ergibt sich durch fortgesetzte Anwendung des Entwicklungssatzes H [4.3]:

$$(23) \qquad \det B_0' = \det B_0$$

$$(24) \qquad \det A_0' = \det A_0 ;$$

man entwickle nach den ersten k bzw. letzten l Zeilen von B_0' bzw. A_0'. Aus (22)–(24) folgt (20). $\qquad\square$

Hinweis: Generell folgt die Multiplikation von Matrizen in Blockgestalt, wobei die Blockformate „passen", einer verallgemeinerten Zeilen-Spalten-Regel. Z. B. gilt:

$$(25) \qquad \left(\begin{array}{c|c} A & B \\ \hline C & D \end{array} \right) \left(\begin{array}{c|c} A' & B' \\ \hline C' & D' \end{array} \right) = \left(\begin{array}{c|c} AA' + BC' & AB' + BD' \\ \hline CA' + DC' & CB' + DD' \end{array} \right),$$

vorausgesetzt, $AA' + BC'$ und die anderen Bildungen rechts sind gemäß 3.4 vom Format her sinnvoll (mehr über diese **Blockmultiplikation** z. B. bei *Gantmacher*, 1, S. 38 f.).

Die Determinante ist nur einer von einer ganzen Serie von Skalaren, die jeder linearen Selbstabbildung zugeordnet werden können. Ein weiterer Skalar dieser Art ist die sog. Spur:

Satz und Definition I. *Zu jedem Endomorphismus* $L : V \to V$ *ist* spur L *der eindeutig bestimmte Skalar, so daß für alle Determinantenformen* $D : V^n \to K$ *und alle* $(v_1, \ldots, v_n) \in V^n$ *gilt:*

$$(26) \qquad \sum_{i=1}^{n} D(v_1, \ldots, \overset{i}{\overbrace{Lv_i}}, \ldots, v_n) = \text{spur}\, L \cdot D(v_1, \ldots, v_n).$$

spur L *heißt die* **Spur** *von* L.

Beweis. Dieser Beweis ergibt sich nach demselben Muster wie bei A, indem man nachweist, daß die linke Seite von (26) als Funktion von $(v_1, \ldots, v_n)$ n-linear und alternierend ist. Die Durchführung sei dem Leser überlassen. $\qquad\square$

Da die linke Seite in (26) auch linear von L abhängt — man beachte (2.b), (5.b) [3.3] und die n-Linearität von D — so auch die rechte Seite. Hieraus folgt:

Satz J. *Die Abbildung* L $\mapsto$ spur L *ist eine Linearform auf* L(V). $\qquad\square$

Wählt man speziell für $v_1, \ldots, v_n$ in (26) eine Basis $a_1, \ldots, a_n$, in der L die Matrix A (11) besitzen möge, so schreibt sich die linke Seite von (26) als

$$(27) \qquad \sum_{i=1}^{n} D\left(a_1, \ldots, \overset{i}{\sum_{j=1}^{n} a_{ji} a_j}, \ldots, a_n\right) = \sum_{i=1}^{n} D(a_1, \ldots, \overset{i}{a_{ii} a_i}, \ldots, a_n) = \sum_{i=1}^{n} a_{ii} D(a_1, \ldots, a_n).$$

Damit folgt aus (26)

$$(28) \qquad \left(\sum_{i=1}^{n} a_{ii}\right) \cdot D(a_1, \ldots, a_n) = \text{spur } L \cdot D(a_1, \ldots, a_n),$$

also:

Satz und Definition K. *Ist* A (11) *die Matrix der linearen Abbildung* L : V $\to$ V *bezüglich einer beliebigen Basis von* V, *so drückt sich die Spur von* L *aus durch die* **Spur** *von* A, *d. h. durch die Summe der Hauptdiagonalelemente von* A:

$$(29) \qquad \text{spur } L = \text{spur } A := \sum_{i=1}^{n} a_{ii}. \qquad\qquad\square$$

$$* \quad *$$
$$*$$

Wir führen nun einen Determinantenbegriff für *Bilinearformen* ein (J [3.1]).

Satz L (über die Gramsche Determinante). *Seien* V *und* V' *zwei K-Vektorräume derselben endlichen Dimension* n, *und sei* F : V $\times$ V' $\to$ K *eine Bilinearform. Ferner sei eine Determinantenform* D *über* V *sowie eine Determinantenform* D' *über* V' *gegeben. Dann existiert genau ein* $\gamma \in$ K, *so daß für alle* $(v_1, \ldots, v_n) \in$ V^n *und* $(v_1', \ldots, v_n') \in$ V'^{n} *gilt:*

$$(30) \qquad \begin{vmatrix} F(v_1, v_1') \ldots F(v_1, v_n') \\ \vdots \qquad\qquad \vdots \\ F(v_n, v_1') \ldots F(v_n, v_n') \end{vmatrix} = \gamma \cdot D(v_1, \ldots, v_n) \cdot D'(v_1', \ldots, v_n').$$

Eine Zahldeterminante von der links in (30) auftretenden Bauart heißt **Gramsche Determinante.**

Beweis von L. Daß γ durch F, D und D' *eindeutig* bestimmt ist, folgt leicht, wenn man in (30) speziell $v_1, \ldots, v_n$ und $v_1', \ldots, v_n'$ als Basen von V und V' wählt.

Zum *Existenzbeweis* für γ bezeichnen wir den Ausdruck auf der linken Seite von (30) mit $G(v_1, \ldots, v_n; v_1', \ldots, v_n')$. Bei festem $(v_1, \ldots, v_n)$ ist $G(v_1, \ldots, v_n; v_1', \ldots, v_n')$ als Funktion von $(v_1', \ldots, v_n')$ n-linear und alternierend, wie man unmittelbar aus der Bilinearität von F und der speziellen Gestalt dieses Ausdrucks abliest: Das Argument v_i' geht ja nur in die i-te Spalte der Gramschen Determinante ein. Daher existiert nach J [4.2] ein (von $v_1, \ldots, v_n$ abhängender) Skalar $\Gamma(v_1, \ldots, v_n)$, so daß stets gilt:

$$(31) \qquad G(v_1, \ldots, v_n; v_1', \ldots, v_n') = \Gamma(v_1, \ldots, v_n) \cdot D'(v_1', \ldots, v_n').$$

Es ist jetzt noch die Abhängigkeit von Γ von $(v_1, \ldots, v_n)$ zu klären. Hierzu wählen wir nunmehr $(v_1', \ldots, v_n')$ fest, und zwar als Basis $(a_1', \ldots, a_n')$ von V'. Dann gilt nach I [4.2]: $D'(a_1', \ldots, a_n') \neq 0$, und durch Multiplikation z.B. von a_1' mit einem geeigneten Skalar kann man sogar $D'(a_1', \ldots, a_n') = 1$ erreichen. Dann folgt aus (31):

$$(32) \qquad G(v_1, \ldots, v_n; a_1', \ldots, a_n') = \Gamma(v_1, \ldots, v_n)$$

für alle $(v_1, \ldots, v_n) \in V^n$. Wiederum aufgrund der Bilinearität von F und der speziellen Bauart des Ausdruckes $G(v_1, \ldots, v_n; a_1', \ldots, a_n')$ hängt dieser n-linear und alternierend von $(v_1, \ldots, v_n)$ ab, also existiert nach J [4.2] ein $\gamma \in K$ mit

$$(33) \qquad \Gamma(v_1, \ldots, v_n) = \gamma \cdot D(v_1, \ldots, v_n)$$

für alle $(v_1, \ldots, v_n) \in V^n$. Aus (31) und (33) folgt die Behauptung. (Man beachte, daß die bei dieser Konstruktion getroffene Wahl der Basis $a_1', \ldots, a_n'$ allein durch D' beeinflußt ist!) $\square$

Definition als Zusatz zu L. *Der nur von* F *und* D, D' *abhängende Skalar* γ *in* (30) *wird durch* $\gamma =: \det_{D,D'} F$ *[im Falle* $V = V'$, $D = D'$ *durch* $\gamma =: \det_D F$*] bezeichnet und heißt die* **Determinante** *von* F *(bezüglich* D, D'*).*

Aufgaben

1. Es sei D eine Determinantenform über V. Für Vektoren u_k und v_i aus V und Skalare $a_{ki} \in K$ gelte

$$v_i = \sum_{k=1}^{n} a_{ki} u_k, \qquad 1 \leqq i \leqq n.$$

Man folgere hieraus

$$D(v_1, \ldots, v_n) = \det(a_{ki}) \cdot D(u_1, \ldots, u_n).$$

2. Für je zwei $(n \times n)$-Matrizen zeige man:

$$\mathrm{spur}\,(AB) = \mathrm{spur}\,(BA).$$

Die entsprechende Beziehung für Endomorphismen L, M $\in$ **L** (V) lautet:

$$\mathrm{spur}\,(M \circ L) = \mathrm{spur}\,(L \circ M).$$

Man beachte: M und L brauchen nicht vertauschbar zu sein.

3. Man beweise: Zu jeder Linearform h auf **L**(V) existiert genau ein H $\in$ **L**(V), so daß gilt: $h(L) = \mathrm{spur}\,(HL)$ für alle L $\in$ **L**(V).

4.6 Orientierung reeller Vektorräume

Der Begriff der Orientierung präzisiert anschauliche Vorstellungen wie „Durchlaufsinn" oder „Umdrehungssinn".

Es sei V hier stets ein Vektorraum der *endlichen* Dimension $n \geq 1$ über dem Körper **R**. Über die Körpereigenschaften von **R** hinaus werden nur die Anordnungsaxiome verwendet.*)

Definition A. *Zwei Basen* $a_1, \ldots, a_n$ *und* $b_1, \ldots, b_n$ *von* V *heißen gleichorientiert, wenn für eine (und damit für jede) Determinantenform* D *auf* V *gilt:*

$$(1) \qquad \frac{D(b_1, \ldots, b_n)}{D(a_1, \ldots, a_n)} > 0.$$

Man bestätigt leicht, daß die so erklärte Gleichorientierung eine Äquivalenzrelation in der Menge aller Basen von V definiert.

Satz und Definition B. *Es gibt genau zwei Äquivalenzklassen gleichorientierter Basen von* V. *Jede dieser Klassen heißt eine* **Orientierung** *von* V.

Ein orientierter Vektorraum ist ein Vektorraum V, *zusammen mit einer Orientierung* $\mathcal{O}$, *also ein Paar* $(V, \mathcal{O})$.

Beweis. Die Basen $a_1, a_2, \ldots, a_n$ und $-a_1, a_2, \ldots, a_n$ gehören nicht der gleichen Äquivalenzklasse an, da der Quotient in (1) hierfür den Wert -1 hat. Somit gibt es *mindestens zwei* Klassen.

Sind $a_1, \ldots, a_n$ und $b_1, \ldots, b_n$ sowie $c_1, \ldots, c_n$ drei Basen, so gilt:

$$(2) \qquad \frac{D(a_1, \ldots, a_n)}{D(b_1, \ldots, b_n)} \cdot \frac{D(b_1, \ldots, b_n)}{D(c_1, \ldots, c_n)} \cdot \frac{D(c_1, \ldots, c_n)}{D(a_1, \ldots, a_n)} = 1,$$

so daß mindestens einer dieser Quotienten positiv sein muß. Es kann also *keine drei* verschiedenen Äquivalenzklassen geben. $\qquad\square$

Wir besprechen noch zwei weitere Möglichkeiten, um die Orientierung auszudrücken.

Definition C. *Ein Automorphismus* L *von* V *heißt* **orientierungstreu** *bzw.* **orientierungsumkehrend**, *je nachdem* $\det L > 0$ *bzw.* $\det L < 0$ *ist.*

Die Menge der orientierungstreuen Automorphismen bildet eine Untergruppe von **GL**(V), wie unmittelbar aus B (ii) [4.5] folgt. Wir bezeichnen diese Untergruppe so:

$$(3) \qquad \mathbf{GL}^+(V) := \{L \in \mathbf{GL}(V) \mid \det L > 0\}.$$

Sind $a_1, \ldots, a_n$ und $b_1, \ldots, b_n$ Basen von V, so existiert genau ein Automorphismus $L : V \to V$ mit $L(a_i) = b_i$ für $1 \leq i \leq n$, die zugehörige *Basistransformation* (A [3.5]). Da nach (3) [4.5]: $D(b_1, \ldots, b_n) = \det L \cdot D(a_1, \ldots, a_n)$ gilt, ist (1) äquivalent mit $\det L > 0$:

Satz D. *Zwei Basen von* V *sind genau dann gleichorientiert, wenn sie durch eine orientierungstreue Basistransformation ineinander übergeführt werden.* $\qquad\square$

---

*) Die Überlegungen dieses Abschnitts lassen sich wörtlich auf beliebige „angeordnete" Körper übertragen, z.B. auch auf $K = \mathbf{Q}$

Bei einem *eindimensionalen* Vektorraum V sind je zwei Vektoren a $\neq$ 0 und b $\neq$ 0 Vielfache voneinander: b = λa, wobei $\lambda \neq$ 0. Je nachdem a und b zur gleichen oder zu verschiedenen Orientierungen von V gehören, ist $\lambda >$ 0 oder $\lambda <$ 0. Dies folgt wegen D(b) = $\lambda \cdot$ D(a).

Ist die Dimension n wieder beliebig, so können wir zu V den eindimensionalen Vektorraum $\mathscr{A}_n(V)$ bilden (K [4.2]). Dessen von Null verschiedene Elemente sind gerade die Determinantenformen über V. Wir beschreiben nun einen Zusammenhang zwischen den Orientierungsmöglichkeiten für V und denen für $\mathscr{A}_n(V)$: Der Ausdruck $D(a_1, \ldots, a_n)$ behält sein Vorzeichen bei, wenn die Basis $a_1, \ldots, a_n$ oder die Determinantenform D innerhalb ihrer Äquivalenzklassen verändert werden, und er wechselt sein Vorzeichen, wenn man bei *einer* dieser beiden Veränderungen die betreffende Äquivalenzklasse verläßt. Hieraus folgt:

Satz E. *Ordnet man jeder Orientierung $\mathcal{O}$ von V diejenige Orientierung $\mathcal{O}'$ von $\mathscr{A}_n(V)$ zu, für die $D(a_1, \ldots, a_n) >$ 0 für alle $D \in \mathcal{O}'$ und $(a_1, \ldots, a_n) \in \mathcal{O}$ gilt, so erhält man eine bijektive Zuordnung der beiden Orientierungen von V auf die beiden Orientierungen von $\mathscr{A}_n(V)$.* $\qquad\square$

In diesem Sinne ist eine Orientierung von V auch fixierbar durch die Auswahl einer Determinantenform D auf V.

Ist (V, $\mathcal{O}$) ein orientierter Vektorraum, so heißt eine Basis $a_1, \ldots, a_n$ **positiv (orientiert)** oder ein **Rechtssystem** [bzw. **negativ (orientiert)** oder ein **Linkssystem**], wenn sie zu $\mathcal{O}$ (bzw. nicht zu $\mathcal{O}$) gehört. Entsprechend nennt man eine Determinantenform D auf V **positiv** oder **negativ**, je nachdem D zu der entsprechenden Klasse $\mathcal{O}'$ von $\mathscr{A}_n(V)$ gehört oder nicht. Der Übergang von $\mathcal{O}$ zu der anderen, von $\mathcal{O}$ verschiedenen Orientierung von V heißt **Umorientierung.**

Beispiel 1. Die **Standardorientierung** von $\mathbf{R}^n$ ist diejenige, in der die Standardbasis liegt; sie kann auch definiert werden, durch die Standarddeterminante D_0 auf $\mathbf{R}^n$.

Die Eigenschaften „orientierungstreu" und „orientierungsumkehrend" können auf Vektorraumisomorphismen zwischen *orientierten* Vektorräumen verallgemeinert werden:

Definition F. *Sind V_1 und V_2 orientierte $\mathbf{R}$-Vektorräume gleicher endlicher Dimension, so heißt ein Isomorphismus L: $V_1 \to V_2$ **orientierungstreu** (bzw. **orientierungsumkehrend**), wenn jede positive Basis von V_1 durch L auf eine positive (bzw. negative) Basis von V_2 abgebildet wird.*

Es reicht dabei aus, daß die jeweilige Eigenschaft für eine *einzige* positive Basis von V_1 erfüllt ist. Ist nämlich T_1 eine Basistransformation von V_1, so werden die Bildbasen unter L durch die Basistransformation $T_2 := L \circ T_1 \circ L^{-1}$ von V_2 ineinander übergeführt. Da T_1 und T_2 bei geeigneter Basiswahl durch die gleiche Matrix dargestellt werden, ist $\det T_2 = \det T_1$; insbesondere sind beide Determinanten von gleichem Vorzeichen.

5 Reelle Räume mit Skalarprodukt

Die Vektorräume, die in den Anwendungen und in anderen Gebieten der Mathematik auftreten, besitzen meistens eine Zusatzstruktur metrischer oder topologischer Natur, so daß man *Längen* oder *Umgebungen* von Vektoren zur Verfügung hat (was in einem „nackten" Vektorraum nicht der Fall ist). Wir behandeln hier die Zusatzstruktur „Skalarprodukt". Euklidische Vektorräume, die in 0.3 motiviert wurden, sind z. B. reelle Vektorräume mit einem positiv definiten Skalarprodukt.

Wesentliche Aussagen dieses Kapitels stützen sich nicht nur auf die Körperregeln sondern auch auf eine Ordnungsrelation für Skalare (und gelegentlich auf deren Vollständigkeit). Deshalb ist es praktisch, von vornherein nur reelle Vektorräume zu betrachten. Gleichwohl sind viele Aussagen auch bei allgemeineren Skalarenkörpern sinnvoll, und das meiste überträgt sich in etwas abgewandelter Form auf komplexe Vektorräume, wovon später die Rede sein wird.

5.1 Skalarprodukte

Sei V ein $\mathbf{R}$-Vektorraum. Wir betrachten eine *Bilinearform* auf V, d.h. eine Funktion

$$(1) \qquad \begin{aligned} F &: V \times V \to \mathbf{R} \\ (u, v) &\mapsto F(u, v) \end{aligned}$$

von *zwei* Vektoren u, v aus dem *gleichen* Vektorraum V, die folgenden Regeln genügt (J [3.1]):

$$(2) \qquad F(\alpha_1 u_1 + \alpha_2 u_2, v) = \alpha_1 F(u_1, v) + \alpha_2 F(u_2, v)$$

$$(3) \qquad F(u, \beta_1 v_1 + \beta_2 v_2) = \beta_1 F(u, v_1) + \beta_2 F(u, v_2).$$

Es sei an die einfachen Folgerungen aus diesen Regeln, die in (41) [3.1] gezogen wurden, erinnert. Des weiteren gelten (2) und (3) analog für beliebige Linearkombinationen, was man so zusammenfassen kann:

$$(4) \qquad F\left(\sum_{i \in I} \alpha_i u_i, \sum_{j \in J} \beta_j v_j \right) = \sum_{(i, j) \in I \times J} \alpha_i \beta_j F(u_i, v_j).$$

Hierin sind I, J endliche Indexmengen. Im Falle $I = J = \{1, \dots, k\}$ verwendet man auch folgende Symbolik:

$$(5) \qquad \sum_{(i, j) \in I \times J} =: \sum_{i, j = 1}^{k} .$$

Definition A. *Die Bilinearform* F *auf* V (1) *heißt* **symmetrisch**, *wenn für alle* u, v ∈ V *gilt:*

(6) $F(u, v) = F(v, u)$.

Eine symmetrische Bilinearform auf V *wird auch als* **Skalarprodukt** *auf* V *bezeichnet.*

Natürlich folgt jede der Regeln (2), (3) zusammen mit (6) aus der anderen. Aufgrund von (2), (3), (6) kann man mit einem solchen Skalarprodukt ähnlich rechnen wie mit einem gewöhnlichen Produkt, z. B. gilt

(7) $F(u+v, u+v) = F(u, u) + F(u, v) + F(v, u) + F(v, v) = F(u, u) + 2 \cdot F(u, v) + F(v, v)$

und analog

(8) $F(u + v, u - v) = F(u, u) - F(v, v)$.

Beispiele. 1. Für $V = \mathbf{R}^n$ ist das **Standardskalarprodukt** definiert durch die Festsetzung:

(9) $\begin{aligned} x &= (x_1, \ldots, x_n) \\ y &= (y_1, \ldots, y_n) \end{aligned} \Rightarrow F(x, y) := \sum_{i=1}^{n} x_i y_i$.

Dieses Skalarprodukt war uns schon in 0.3.1 begegnet. Man nennt es auch das **natürliche** (oder **kanonische**) Skalarprodukt auf $\mathbf{R}^n$.

2. In der *Relativitätstheorie* spielt das Lorentz-Produkt auf $V = \mathbf{R}^4$ eine zentrale Rolle. Die Elemente von $\mathbf{R}^4$ haben dabei die Bedeutung von „Elementarereignissen", bei denen die ersten drei Koordinaten x_1, x_2, x_3 gewöhnliche Raumkoordinaten sind und die vierte Koordinate die Zeit t angibt. Das **Lorentzprodukt** F ist definiert durch die Festsetzung:

(10) $\begin{aligned} x &= (x_1, x_2, x_3, t) \\ y &= (y_1, y_2, y_3, s) \end{aligned} \Rightarrow F(x, y) := x_1 y_1 + x_2 y_2 + x_3 y_3 - c^2 ts$,

wobei c die Konstante der *Lichtgeschwindigkeit* ist.

3. Allgemeiner wird auf $\mathbf{R}^n$ ein Skalarprodukt gegeben durch:

(11) $F(x, y) := \sum_{i, j = 1}^{n} g_{ij} x_i y_j$,

wobei die reelle Koeffizientenmatrix symmetrisch vorausgesetzt wird:

(12) $g_{ij} = g_{ji}, \quad 1 \leq i, j \leq n$.

Symmetrie und Bilinearität von F (11) sind leicht nachzuprüfen. Wir werden in 5.2 erkennen, daß Ausdrücke der Art (11) in gewissem Sinne den *Prototyp* von Bilinearformen auf endlich dimensionalen Vektorräumen darstellen.

4. Es sei $V = R[a, b]$ die Menge aller (beschränkten) *integrierbaren**) Funktionen auf einem abgeschlossenen Intervall $[a, b]$ in **R**. Für $f, g \in R[a, b]$ sei gesetzt:

$$(13) \qquad F(f, g) := \int_a^b f(x)\, g(x)\, dx.$$

In der Analysis wird gezeigt, daß $R[a, b]$ ein **R**-Vektorraum ist und daß mit f und g auch der Integrand in (13) zu $R[a, b]$ gehört. Weiter gilt: F ist ein Skalarprodukt auf $R[a, b]$. Denn es gilt offensichtlich $F(f, g) = F(g, f)$, und die Regel (2) folgt aus einfachen Linearitätseigenschaften des Integrals. $\qquad\qquad\square$

Mit jeder Bilinearform auf V ist eine Funktion von *einer* vektoriellen Veränderlichen verbunden:

Definition B. *Die zu der Bilinearform* F *in* (1) *gehörende* **quadratische Form** $Q : V \to R$ *ist definiert durch*

$$(14) \qquad Q(u) := F(u, u).$$

Nach (7) gilt für *symmetrisches* F:

$$(15) \qquad Q(u + v) = Q(u) + 2 \cdot F(u, v) + Q(v),$$

also

$$(16) \qquad F(u, v) = \frac{1}{2} \cdot (Q(u + v) - Q(u) - Q(v)).$$

Man kann somit F aus Q zurückgewinnen:

Satz C. *Jede symmetrische Bilinearform* F *ist durch ihre quadratische Form* Q *eindeutig bestimmt.* $\qquad\qquad\square$

Eine Bilinearform F, die nicht identisch Null ist, nimmt wegen (41) [3.1] positive *und* negative Werte an. Dagegen gilt für eine quadratische Form $Q(\lambda u) = \lambda^2 \cdot Q(u)$, also hat Q auf jedem eindimensionalen Untervektorraum konstantes Vorzeichen (außerhalb 0). Dies deutet bereits an, daß das Vorzeichen der Werte von Q wichtig sein wird:

Definition D. *Eine symmetrische Bilinearform* F *(oder die zugehörige quadratische Form* Q*) heißt:*
(i) *positiv definit (auf* V*), wenn gilt:* $F(u, u) > 0$ *für alle* $u \in V \setminus 0$;
(ii) *positiv semidefinit (auf* V*), wenn gilt:* $F(u, u) \geqq 0$ *für alle* $u \in V$;
(iii) *negativ definit (auf* V*), wenn gilt:* $F(u, u) < 0$ *für alle* $u \in V \setminus 0$;
(iv) *negativ semidefinit (auf* V*), wenn gilt:* $F(u, u) \leqq 0$ *für alle* $u \in V$;
(v) *indefinit (auf* V*), wenn sie weder positiv noch negativ semidefinit ist, d. h. wenn es* $u_1, u_2 \in V$ *gibt mit* $F(u_1, u_1) > 0$ *und* $F(u_2, u_2) < 0$.

---

*) Die Art des Integralbegriffs spielt hier keine Rolle.

Beispiele. 5. Das natürliche Skalarprodukt auf $\mathbf{R}^n$ (Beispiel 1) ist positiv definit; denn für

alle $x = (x_1, \ldots, x_n) \neq 0$ gilt $\displaystyle\sum_{i=1}^{n} (x_i)^2 > 0$.

6. Das Lorentz-Produkt (Beispiel 2) ist indefinit; denn für „rein räumliche" Vektoren $x = (x_1, x_2, x_3, 0) \neq 0$ gilt $F(x, x) = (x_1)^2 + (x_2)^2 + (x_3)^2 > 0$ und für „rein zeitliche" Vektoren $y = (0, 0, 0, t) \neq 0$ gilt $F(y, y) = - c^2 t^2 < 0$.

7. Das Skalarprodukt F auf R[a, b] von Beispiel 4 ist positiv semidefinit; denn es gilt

$$(17) \qquad F(f, f) = \int_a^b (f(x))^2 \, dx \geqq 0.$$

F ist *nicht* positiv definit, weil dieser Ausdruck Null sein kann, *ohne* daß f die Nullfunktion ist (z.B. wenn f nur an endlich vielen Stellen ungleich 0 ist).

8. Wird anstelle von R[a, b] der Vektorraum C[a, b] aller *stetigen* Funktionen $f : [a, b] \rightarrow \mathbf{R}$ betrachtet, und das Skalarprodukt F durch die gleiche Vorschrift (13) wie auf R[a, b]

definiert, so ist F *positiv definit auf* C[a, b]; denn für *stetiges* f folgt aus $\displaystyle\int_a^b (f(x))^2 \, dx = 0$ notwendig $f(x) = 0$ für *alle* $x \in [a, b]$.

Satz E. *Ist* F *ein <u>positiv semidefinites</u> Skalarprodukt auf* V, *so gilt die* **Cauchy-Schwarzsche Ungleichung**

$$(18) \qquad (F(u, v))^2 \leqq F(u, u) \cdot F(v, v)$$

für alle $u, v \in V$.

Ist F *sogar <u>positiv definit</u>, so steht in* (18) *genau dann das Gleichheitszeichen, wenn* u, v *linear abhängig sind.*

Beweis. Sei F zunächst nur positiv semidefinit vorausgesetzt. Für gegebene Vektoren $u, v \in V$ betrachten wir die nichtnegative Funktion $f : \mathbf{R} \rightarrow \mathbf{R}$, definiert durch

$$(19) \qquad f(\lambda) := F(u - \lambda v, u - \lambda v) = F(u, u) - 2\lambda \cdot F(u, v) + \lambda^2 \cdot F(v, v).$$

Ist $F(v, v) = 0$, so gilt $f(\lambda) = F(u, u) - 2\lambda \cdot F(u, v) \geqq 0$. Hieraus folgt $F(u, v) = 0$; denn wäre $F(u, v) \neq 0$, so würde $f(\lambda)$ für große $|\lambda|$ Werte unterschiedlichen Vorzeichens annehmen. In diesem Fall ist also (18) richtig.

Wir können nun $F(v, v) > 0$ voraussetzen und damit den Ausdruck (19) durch „quadratische Ergänzung" umformen:

$$(20) \qquad f(\lambda) = F(v, v) \cdot \left(\left(\lambda - \frac{F(u, v)}{F(v, v)} \right)^2 + \frac{F(u, u) \cdot F(v, v) - (F(u, v))^2}{(F(v, v))^2} \right).$$

Wählt man $\lambda = \lambda_0$ so, daß der erste Summand der äußeren Klammer Null wird [also $\lambda_0 = F(u, v)/F(v, v)$], so folgt wegen $f(\lambda_0) \geq 0$ aus (20):

$$(21) \qquad F(u, u) \cdot F(v, v) - (F(u, v))^2 \geqq 0.$$

Das ist gleichwertig mit der Behauptung (18).

Zur Diskussion des Gleichheitszeichens bei positiv definitem F machen wir wiederum die Fallunterscheidung $F(v, v) = 0$ bzw. > 0.

Im ersten Fall ist notwendig $v = 0$, also u, v linear abhängig; aber auch (18) ist mit dem Gleichheitszeichen richtig, da $F(u, v) = 0$.

Im Falle $F(v, v) > 0$ gilt nach (20) für alle $\lambda \in \mathbf{R}$:

$$(22) \qquad f(\lambda) \geqq \frac{F(u, u) \cdot F(v, v) - (F(u, v))^2}{F(v, v)} = f(\lambda_0).$$

Wird (18) mit dem Gleichheitszeichen vorausgesetzt, so folgt hieraus $f(\lambda_0) = 0$, also $F(u - \lambda_0 v, u - \lambda_0 v) = 0$, also $u - \lambda_0 v = 0$, also sind u, v linear abhängig.

Wird umgekehrt u, v als linear abhängig vorausgesetzt, so existiert ein $\lambda \in \mathbf{R}$ mit $u = \lambda v$, da $v \neq 0$. Aus $u = \lambda v$ folgt $f(\lambda) = 0$, also nach (22): $F(u, u) \cdot F(v, v) - (F(u, v))^2 = 0$. $\qquad \square$

Beispiele. 9. Die Anwendung von (18) auf das natürliche Skalarprodukt im $\mathbf{R}^n$ (Beispiele 1, 5) liefert für je zwei reelle n-Tupel:

$$(23) \qquad \left(\sum_{i=1}^{n} x_i y_i \right)^2 \leqq \left(\sum_{i=1}^{n} (x_i)^2 \right) \cdot \left(\sum_{i=1}^{n} (y_i)^2 \right).$$

Hierin steht genau dann das Gleichheitszeichen, wenn $(x_1, \ldots, x_n)$ und $(y_1, \ldots, y_n)$ linear abhängig sind.

10. Die Anwendung von (18) auf das obige Skalarprodukt in $R[a, b]$ (Beispiele 4, 7) liefert für je zwei integrierbare Funktionen $f, g : [a, b] \to \mathbf{R}$:

$$(24) \qquad \left(\int_a^b f(x) g(x) \, dx \right)^2 \leqq \left(\int_a^b (f(x))^2 \, dx \right) \cdot \left(\int_a^b (g(x))^2 \, dx \right). \qquad \square$$

Für beliebige Skalarprodukte F führen wir noch folgende Begriffsbildungen ein:

Definition F. (i) *Zwei Vektoren* $u, v \in V$ *heißen* **polar** *(bezüglich F), wenn* $F(u, v) = 0$ *gilt.*

(ii) *Ein Vektor* $u \in V$ *heißt* **isotrop** *(bezüglich F), wenn* u *polar zu sich selbst ist, d. h. wenn* $F(u, u) = 0$ *gilt.*

(iii) *Zwei Teilmengen* $U_1, U_2 \subseteqq V$ *heißen* **polar** *(bezüglich F), wenn* $F(u_1, u_2) = 0$ *gilt für alle* $u_1 \in U_1$ *und* $u_2 \in U_2$.

(iv) *Das **Radikal** von* F *besteht aus allen Vektoren* $u \in V$, *die zu jedem Vektor* $v \in V$ *polar sind:*

(25) $\operatorname{Rad} F := \{u \in V | F(u, v) = 0 \text{ für alle } v \in V\}.$

(v) F *heißt **nichtausgeartet**, wenn* $\operatorname{Rad} F = 0$ *ist, d. h. wenn gilt:*

(26) $f(u, v) = 0$ *für alle* $v \in V \Rightarrow u = 0.$

*Statt „polar" sagt man auch **konjugiert**.*

Mittels der Linearität (2) folgt leicht, daß das Radikal ein Untervektorraum von V ist. In gewisser Weise entspricht das Radikal bei symmetrischen Bilinearformen dem Kern bei linearen Abbildungen. Statt Radikal sagt man auch **Ausartungsraum**.

Beispiele. 11. Es gilt

(27)   F positiv definit $\Rightarrow$ F nicht ausgeartet;

denn aus der Voraussetzung von (26) folgt speziell für $v = u$: $F(u, u) = 0$ und daraus $u = 0$.

12. Das Lorentz-Produkt (Beispiele 2, 6) ist zwar indefinit, jedoch nicht ausgeartet; denn aus

(28) $x_1 y_1 + x_2 y_2 + x_3 y_3 - c^2 ts = 0$ für alle y_1, y_2, y_3, s

folgt durch spezielle Wahl der vier Zahlen y_1, y_2, y_3, s (eine gleich 1, die anderen gleich 0):
$x_1 = x_2 = x_3 = t = 0.$

Aufgaben

1. Es sei $V = R_s^{(n, n)}$ der Vektorraum aller symmetrischen reellen $(n \times n)$-Matrizen (Aufgabe 3 [3.4]). Man zeige, daß durch

$$\langle A, B \rangle := \operatorname{spur} AB$$

ein positiv definites Skalarprodukt auf V definiert wird und deduziere daraus für je zwei symmetrische reelle $(n \times n)$-Matrizen A, B die Ungleichung

$$(\operatorname{spur} AB)^2 \leqq (\operatorname{spur} A^2) \cdot (\operatorname{spur} B^2).$$

2. Es sei F ein Skalarprodukt auf dem **R**-Vektorraum V, und $\dim V \neq 0,1$. Man zeige: Gilt für je zwei linear unabhängige $u, v \in V$ die Ungleichung $F(u, u) \cdot F(v, v) - (F(u, v))^2 > 0$, so ist F entweder positiv definit oder negativ definit.

3. Sei Q die quadratische Form des Skalarproduktes F. Man zeige:

(*) $F(u, v) = \dfrac{1}{4} \cdot (Q(u + v) - Q(u - v)).$

Gleichungen wie (16) und (*) heißen **Polarisierungsformeln**, weil der Übergang von Q zu F als **Polarisieren** bezeichnet wird.

5.2 Der endlich dimensionale Fall

Symmetrische Bilinearformen spielen bei vielen Fragen eine wichtige Rolle, etwa bei den relativen Extrema reeller Funktionen mehrerer Veränderlicher. Deshalb ist es wichtig, explizite Rechenverfahren z. B. zur Bestimmung der Definitheit zu entwickeln. Das soll hier für den endlich dimensionalen Fall geschehen.

V bezeichne hier stets einen $\mathbf{R}$-Vektorraum der endlichen Dimension n.

Es sei

$$(1) \qquad a_1, \ldots, a_n \text{ Basis von } V.$$

Die Koordinaten zweier Vektoren u, v $\in$ V bezeichnen wir gemäß:

$$(2) \qquad u = \sum_{i=1}^{n} x_i a_i, \quad v = \sum_{j=1}^{n} y_j a_j.$$

Ist F eine symmetrische Bilinearform

$$(3) \qquad F : V \times V \to \mathbf{R},$$

so berechnet man aufgrund der Bilinearitätsregeln

$$(4) \qquad F(u, v) = F\left(\sum_{i=1}^{n} x_i a_i, \sum_{j=1}^{n} y_j a_j \right) = \sum_{i, j = 1}^{n} F(a_i, a_j) x_i y_j.$$

Für die reellen Koeffizienten dieser Summe gilt:

$$(5) \qquad g_{ij} := F(a_i, a_j) = F(a_j, a_i) = g_{ji},$$

und damit wird aus (4)

$$(6) \qquad F(u, v) = \sum_{i, j = 1}^{n} g_{ij} x_i y_j,$$

speziell

$$(7) \qquad Q(u) = F(u, u) = \sum_{i, j = 1}^{n} g_{ij} x_i x_j.$$

Der Ausdruck auf der rechten Seite von (6), aufgefaßt als Funktion von $(x_1, \ldots, x_n)$ und $(y_1, \ldots, y_n)$, definiert eine symmetrische Bilinearform auf $\mathbf{R}^n$ (Beispiel 3 [5.1]); man nennt den Ausdruck (6) bzw. (7) die **Koordinatendarstellung** von F bzw. Q [bezüglich der Basis (1)].

Definition A. *Die durch (5) definierte symmetrische Matrix*

$$(8) \qquad G = \begin{pmatrix} g_{11} & \cdots & g_{1n} \\ \vdots & & \vdots \\ g_{n1} & \cdots & g_{nn} \end{pmatrix}$$

*heißt die **Matrix** oder die **Produkttabelle** der symmetrischen Bilinearform* F *bezüglich oder in der Basis* (1).

Die hier erfolgende Zuordnung „Bilinearform $\mapsto$ Matrix" ist wieder bijektiv:

Satz B. *Bei fester Basiswahl* (1) *gibt es zu jeder symmetrischen Matrix* $G \in R^{(n,\,n)}$ *genau eine symmetrische Bilinearform* F *auf* V, *deren Matrix* G *ist.*

Beweis. *Eindeutigkeit:* Besitzt F die Matrix G, so gilt $F(a_i, a_j) = g_{ij}$, also folgt für u, v wie oben:

$$(9) \qquad F(u, v) = \sum_{i,\,j\,=\,1}^{n} F(a_i, a_j)\, x_i y_j = \sum_{i,\,j\,=\,1}^{n} g_{ij} x_i y_j,$$

d.h. F ist durch G eindeutig festgelegt.

Existenz: Zu gegebenem G definiert man F vermittels

$$(10) \qquad F(u, v) = \sum_{i,\,j\,=\,1}^{n} g_{ij}\, x_i y_j,$$

und bestätigt durch Rechnung hieraus, daß F bilinear und symmetrisch ist, sowie $F(a_i, a_j) = g_{ij}$ erfüllt. $\qquad\square$

Die Matrix G von F kann gemäß (6) und (7) aus der Koordinatendarstellung von F oder Q abgelesen werden. Allerdings ist bei (7) zu beachten, daß der Koeffizient bei $x_i x_j$ und $x_j x_i$ (für $i \neq j$) derselbe sein muß.

Die Produkttabelle von F hängt stark von der gewählten Basis ab: Wir berechnen diese Änderung bei einem Basiswechsel von $a_1, \ldots, a_n$ zu $\tilde{a}_1, \ldots, \tilde{a}_n$ mit den Umrechnungsformeln (vgl. (2) [3.5]):

$$(11) \qquad a_k = \sum_{i\,=\,1}^{n} s_{ik}\, \tilde{a}_i$$

Konvention: Im Gegensatz zu 3.5 schreiben wir hier alle Indizes nach unten, Hochzahlen bedeuten Potenzen.

Die Matrix S der Koordinatentransformation zu (11) lautet

$$(12) \qquad S = \begin{pmatrix} s_{11} & \cdots & s_{1n} \\ \vdots & & \vdots \\ s_{n1} & \cdots & s_{nn} \end{pmatrix}.$$

Damit ergibt sich

$$(13) \qquad F(a_k, a_l) = F\left(\sum_{i\,=\,1}^{n} s_{ik}\, \tilde{a}_i, \sum_{j\,=\,1}^{n} s_{jl}\, \tilde{a}_j \right) = \sum_{i,\,j\,=\,1}^{n} s_{ik} s_{jl} F(\tilde{a}_i, \tilde{a}_j).$$

Mit den Koordinaten

$$(14) \qquad \tilde{g}_{ij} = F(\tilde{a}_i, \tilde{a}_j)$$

der Produkttabelle $\widetilde{G}$ von F bezüglich $\widetilde{a}_1, \ldots, \widetilde{a}_n$ wird aus (13):

$$(15) \qquad g_{kl} = \sum_{i,j=1}^{n} s_{ik}\widetilde{g}_{ij}s_{jl} = \sum_{i=1}^{n} s_{ik}\left(\sum_{j=1}^{n} \widetilde{g}_{ij}s_{jl}\right).$$

In Matrizenform lautet dies:

$$(16) \qquad \boxed{G = S^T \widetilde{G} S.}$$

Will man umgekehrt $\widetilde{G}$ durch G ausdrücken, so hat man lediglich (16) von rechts mit S^{-1} und von links mit $(S^T)^{-1} = (S^{-1})^T$ zu multiplizieren:

$$(17) \qquad \boxed{\widetilde{G} = (S^{-1})^T\, G S^{-1}.}$$

Man nennt zwei Matrizen $G, \widetilde{G} \in \mathbf{R}^{(n,n)}$ **kongruent**, wenn es eine Matrix $S \in \mathbf{GL}(n, \mathbf{R})$ gibt, so daß (17) gilt. Somit ergibt sich:

Satz C. *Ein und dieselbe symmetrische Bilinearform* F *auf* V *wird bezüglich zweier Basen von* V *gemäß* (16) *durch kongruente symmetrische Matrizen dargestellt.* $\quad\square$

Das nächste Ziel ist, die Basis von V so an das gegebene Skalarprodukt F anzupassen, daß die Koordinatendarstellung von F möglichst einfach wird:

Satz D. *Zu jeder symmetrischen Bilinearform* $F : V \times V \to \mathbf{R}$ *existiert eine Basis* $\widetilde{a}_1, \ldots, \widetilde{a}_n$ *von* V, *bezüglich der die Produkttabelle von* F *die folgende Hauptdiagonalform besitzt:*

$$(18) \qquad \widetilde{G}_0 = \begin{pmatrix} 1 & & & & & & \\ & \ddots & & & & \mathbf{0} & \\ & & 1 & & & & \\ & & & -1 & & & \\ & & & & \ddots & & \\ & & & & & -1 & \\ & \mathbf{0} & & & & & 0 \\ & & & & & & & \ddots \\ & & & & & & & & 0 \end{pmatrix}.$$

In dieser stehen in der Hauptdiagonale zunächst eine Folge von Einsen (etwa p *Stück), dann eine Folge von Minuseinsen (etwa* q *Stück), und schließlich Nullen (*n − p − q *Stück), außerhalb der Hauptdiagonale nur Nullen.*

Gleichwertig mit dieser Form der Produkttabelle sind die folgenden Koordinatendarstellungen von F *und* Q *bezüglich* $\widetilde{a}_1, \ldots, \widetilde{a}_n$:

$$(19) \qquad F(u, v) = \sum_{i=1}^{p} \widetilde{x}_i\widetilde{y}_i - \sum_{i=p+1}^{p+q} \widetilde{x}_i\widetilde{y}_i,$$

$$(20) \qquad Q(u) = \sum_{i=1}^{p} \widetilde{x}_i^2 - \sum_{i=p+1}^{p+q} \widetilde{x}_i^2.$$

Natürlich gilt für die genannten Anzahlen $0 \leqq p \leqq n$ und $0 \leqq q \leqq n$, wobei $p = 0$ oder $q = 0$ tatsächlich vorkommen kann.

Beweis von D. Die paarweise Äquivalenz von (18) bis (20) ist von vorn herein klar. Es
genügt deswegen, die Koordinatendarstellung der *quadratischen* Form Q durch geeignete
Koordinatenwechsel auf die Gestalt (20) zu bringen.

Sei also die Koordinatendarstellung von Q in einer willkürlichen Basis $a_1, \ldots, a_n$ gegeben:

$$(21) \qquad Q(u) = \sum_{i,\,j\,=\,1}^{n} g_{ij}\,x_i\,x_j.$$

Da die Behauptung für die Nullform klar ist (mit $p = q = 0$), dürfen wir annehmen, daß für
wenigstens ein Indexpaar $(i, j) \in N \times N$ gilt $g_{ij} \neq 0$. Wir machen die Fallunterscheidung
$i = j$ bzw. $i \neq j$ und zeigen in jedem der Fälle, wie man die Koordinatendarstellung (21)
unter „Abspaltung von Quadraten" auf eine entsprechende Koordinatendarstellung für
$(n - 1)$-Tupel reduzieren kann:

Fall (i): Es gibt ein $g_{ii} \neq 0$, etwa $g_{11} \neq 0$. Dann können wir den Ausdruck (21) mittels
„quadratischer Ergänzung" so umformen:

$$Q(u) = g_{11}\left(x_1^2 + \frac{2}{g_{11}} \sum_{j\,=\,2}^{n} g_{1j}\,x_1\,x_j \right) + \sum_{i,\,j\,=\,2}^{n} g_{ij}\,x_i\,x_j$$

$$(22) \qquad = g_{11}\left(x_1^2 + 2x_1 \cdot \frac{1}{g_{11}} \sum_{j\,=\,2}^{n} g_{1j}\,x_j + \left(\frac{1}{g_{11}} \sum_{j\,=\,2}^{n} g_{1j}\,x_j \right)^2 \right)$$

$$\qquad\qquad - \frac{1}{g_{11}}\left(\sum_{j\,=\,2}^{n} g_{1j}\,x_j \right)^2 + \sum_{i,\,j\,=\,2}^{n} g_{ij}\,x_i\,x_j.$$

Wichtig dabei ist, zunächst alle Glieder, die x_1 enthalten, zusammenzuschreiben.

Fassen wir die beiden letzten Summen in (22) mit neuen Koeffizienten h_{ij}, $2 \leq i, j \leq n$,
zusammen, so wird daraus

$$(23) \qquad Q(u) = g_{11}\left(x_1 + \frac{1}{g_{11}} \sum_{j\,=\,2}^{n} g_{1j}\,x_j \right)^2 + \sum_{i,\,j\,=\,2}^{n} h_{ij}\,x_i\,x_j.$$

Mit der Koordinatentransformation, definiert durch:

$$(24) \qquad \begin{aligned} x_1' &= x_1 + \frac{1}{g_{11}} \sum_{j\,=\,2}^{n} g_{1j}\,x_j \\[2mm] x_i' &= x_i \quad \text{für } 2 \leq i \leq n, \end{aligned}$$

geht (23) über in

$$(25) \qquad Q(u) = g_{11}\,x_1'^2 + \sum_{i,\,j\,=\,2}^{n} h_{ij}\,x_i'\,x_j'.$$

Da in der letzten Summe nur noch $x_2', \ldots, x_n'$ vorkommen, ist damit die gewünschte Reduk-
tion erreicht.

Fall (ii): Alle g_{ii} sind Null, es gibt ein $g_{ij} \neq 0$ mit $i < j$, etwa $g_{12} \neq 0$. Dann lautet (21):

$$(26) \qquad Q(u) = 2g_{12}x_1x_2 + 2 \cdot \sum_{\substack{1 \leq i < j \leq n \\ (i,j) \neq (1,2)}} g_{ij}x_ix_j.$$

Hier kann man nicht quadratisch ergänzen; deswegen macht man die *vorbereitende* Koordinatentransformation, definiert durch:

$$(27) \qquad \begin{aligned} x_1 &= x_1' - x_2' \\ x_2 &= x_1' + x_2' \\ x_i &= x_i' \quad \text{für } 3 \leq i \leq n. \end{aligned}$$

Damit wird aus (26)

$$(28) \qquad Q(u) = 2g_{12}(x_1'^2 - x_2'^2) + 2 \cdot \sum_{1 \leq i < j \leq n} f_{ij}x_i'x_j',$$

wobei in der letzten Summe neue Koeffizienten f_{ij} entstanden sind, jedoch keine Glieder mit $(i,j) = (1,1)$ oder $(i,j) = (2,2)$ auftreten. Deshalb ist der Koeffizient von $x_1'^2$ in (28) von Null verschieden, so daß jetzt Fall (i) anwendbar wird.

Durch sukzessive Fortsetzung dieser Reduktionen erhält man nach endlich vielen Koordinatentransformationen eine Darstellung mit Koordinaten x_i'' der Form

$$(29) \qquad Q(u) = \sum_{i=1}^{k} \alpha_i x_i''^2$$

mit von Null verschiedenen Koeffizienten α_i.
Nun kann durch Umnumerieren erreicht werden, daß gilt:

$$(30) \qquad \begin{aligned} &\alpha_1 > 0, \ldots, \alpha_p > 0, \\ &\alpha_{p+1} < 0, \ldots, \alpha_{p+q} < 0, \quad q := k - p. \end{aligned}$$

Mit der weiteren Koordinatentransformation:

$$(31) \qquad \tilde{x}_i = \sqrt{|\alpha_i|} \cdot x_i'', \quad 1 \leq i \leq k,$$

geht (29) schließlich über in

$$(32) \qquad Q(u) = \sum_{i=1}^{p} \tilde{x}_i^2 - \sum_{i=p+1}^{p+q} \tilde{x}_i^2. \qquad \square$$

Beispiel 1. Auf $\mathbf{R}^4$ sei bezüglich der Standardbasis die quadratische Form gegeben:

$$(33) \qquad Q(u) = x_1^2 + 11x_2^2 + 9x_3^2 - 6x_1x_2 + 2x_1x_3 + 2x_2x_3 + 5x_3x_4.$$

Es soll Q gemäß D auf Hauptdiagonalform gebracht werden. *Lösung:* Quadratische Ergänzung gemäß Fall (i) in zweimaliger Anwendung liefert:

$$
\begin{aligned}
(34) \qquad Q(u) &= x_1^2 + 2x_1(-3x_2 + x_3) + 11x_2^2 + 9x_3^2 + 2x_2x_3 + 5x_3x_4 \\
&= x_1^2 + 2x_1(-3x_2 + x_3) + (-3x_2 + x_3)^2 - (-3x_2 + x_3)^2 + 11x_2^2 + 9x_3^2 \\
&\qquad + 2x_2x_3 + 5x_3x_4 \\
&= (x_1 + (-3x_2 + x_3))^2 + 2x_2^2 + 8x_3^2 + 8x_2x_3 + 5x_3x_4 \\
&= (x_1 - 3x_2 + x_3)^2 + 2(x_2^2 + 4x_2x_3 + 4x_3^2) + 5x_3x_4 \\
&= (x_1 - 3x_2 + x_3)^2 + 2(x_2 + 2x_3)^2 + 5x_3x_4.
\end{aligned}
$$

Mit der Koordinatentransformation

$$(35) \qquad
\begin{aligned}
x_1' &= x_1 - 3x_2 + x_3, & x_3' &= x_3 \\
x_2' &= \qquad\quad x_2 + 2x_3, & x_4' &= x_4
\end{aligned}
$$

schreibt sich dies

$$(36) \qquad Q(u) = x_1'^2 + 2x_2'^2 + 5x_3'x_4'.$$

Eine quadratische Ergänzung der Glieder mit Indizes $\geqq 3$ ist nicht möglich, da „rein quadratische" Glieder dieser Art nicht vorkommen. Deshalb hat man entsprechend Fall (ii) die vorbereitende Transformation anzusetzen

$$(37) \qquad
\begin{aligned}
x_1' &= x_1'', & x_3' &= x_3'' - x_4'' \\
x_2' &= x_2'', & x_4' &= x_3'' + x_4''.
\end{aligned}
$$

Dies ergibt

$$(38) \qquad Q(u) = x_1''^2 + 2x_2''^2 + 5x_3''^2 - 5x_4''^2.$$

Da keine „gemischten" Glieder mehr auftreten, kann die abschließende Koordinatentransformation (31) durchgeführt werden:

$$(39) \qquad \tilde{x}_1 = x_1'', \quad \tilde{x}_2 = \sqrt{2}\,x_2'', \quad \tilde{x}_3 = \sqrt{5}\,x_3'', \quad \tilde{x}_4 = \sqrt{5}\,x_4'',$$

und sie liefert:

$$(40) \qquad Q(u) = \tilde{x}_1^2 + \tilde{x}_2^2 + \tilde{x}_3^2 - \tilde{x}_4^2.$$

Es ergibt sich hier also $p = 3$, $q = 1$. Interessierte man sich für die Basis $\tilde{a}_1, \ldots, \tilde{a}_4$ von $\mathbf{R}^4$, auf die sich (40) bezieht, so hätte man zunächst durch sukzessives Einsetzen von (35), (37), (39) die zusammengesetzte Koordinatentransformation $\tilde{x} \mapsto x$ zu ermitteln und könnte daraus nach (9), (10) [3.5] die Umrechnungsformeln für die $\tilde{a}_j$ aus den Vektoren $a_k = e_k$ der Standardbasis ablesen. $\qquad\qquad\qquad\qquad\qquad\qquad\qquad\qquad\qquad\qquad\qquad\qquad$ □

Man nennt eine Basis $b_1, \ldots, b_n$ von V **Polarbasis** oder **konjugierte Basis** bezüglich F, wenn gilt:

$$(41) \qquad F(b_i, b_j) = 0 \quad \text{für } 1 \leqq i < j \leqq n.$$

Durch das Verfahren von Satz D kann man stets eine solche Polarbasis finden. [Das geht sogar bei beliebigen Grundkörpern K der Charakteristik $\neq 2$, wie man durch eine Analyse des obigen Beweises bis (29) einschließlich erkennt; erst ab (30) wird die Anordnung von **R** und die Existenz der reellen Wurzel mitverwendet.]

Bei der Wahl einer Polarbasis bestehen prinzipiell noch große Freiheiten, jedoch werden wir zeigen, daß die obigen *Anzahlen* p und q der Eisen und Minuseinsen durch F eindeutig bestimmt sind.

Diese „Invarianz" von p und q ergibt sich aus der Diskussion des Vorzeichenverhaltens von Q, bei der wir zunächst an Satz D anknüpfen: Setzt man in (20) $\tilde{x}_{p+1} = \ldots = \tilde{x}_n = 0$, so erhält man für solche $u = \tilde{x}_1 \tilde{a}_1 + \ldots + \tilde{x}_p \tilde{a}_p$ den Wert $Q(u) = \tilde{x}_1^2 + \ldots + \tilde{x}_p^2$, und dies lehrt, daß F, betrachtet auf dem Untervektorraum

$$(42) \qquad \tilde{U}^+ := \mathrm{sp}(\tilde{a}_1, \ldots, \tilde{a}_p),$$

eine positiv definite symmetrische Bilinearform ist. Ebenso sieht man, daß F auf dem Untervektorraum

$$(43) \qquad \tilde{U}^- := \mathrm{sp}(\tilde{a}_{p+1}, \ldots, \tilde{a}_{p+q})$$

negativ definit ist. Weiterhin besteht das Radikal von F aus den Vektoren $u = \sum\limits_{i=1}^{n} \tilde{x}_i \tilde{a}_i$ mit

$$(44) \qquad F(u, v) = \sum_{i=1}^{p} \tilde{x}_i \tilde{y}_i - \sum_{i=p+1}^{p+q} \tilde{x}_i \tilde{y}_i = 0 \quad \text{für alle } \tilde{y}_i.$$

Das ist genau für $\tilde{x}_1 = \ldots = \tilde{x}_{p+q} = 0$ der Fall (man setze ein $\tilde{y}_i$ gleich 1, die anderen gleich 0). Also ist

$$(45) \qquad R := \mathrm{Rad}\, F = \mathrm{sp}\,(\tilde{a}_{p+q+1}, \ldots, \tilde{a}_n).$$

Wegen (42), (43), (45) gilt

$$(46) \qquad V = \tilde{U}^+ \oplus \tilde{U}^- \oplus R.$$

Schließlich sind $\tilde{U}^+$, $\tilde{U}^-$ polar; denn es gilt $F(\tilde{a}_i, \tilde{a}_j) = 0$ für $1 \leq i \leq p$ und $p+1 \leq j \leq p+q$, und dies überträgt sich wegen der Bilinearität auf beliebige Linearkombinationen solcher Vektoren. Somit ergibt sich aus Satz D die

Folgerung E (Zerlegungssatz). *Zu jeder symmetrischen Bilinearform* $F : V \times V \to$ **R** *mit dem Radikal* $R \subseteq V$ *existieren Untervektorräume* U^+ *und* U^- *von V mit den Eigenschaften:*

(i) $V = U^+ \oplus U^- \oplus R$;

(ii) F *ist auf* U^+ *positiv und auf* U^- *negativ definit;*

(iii) U^+, U^- *sind polar bezüglich* F. $\qquad\qquad\qquad\qquad\qquad\qquad\qquad$ $\square$

Die angekündigte Eindeutigkeit von p und q ist enthalten in dem folgenden

Zusatz zu E. *Ist <u>irgend</u> eine direkte Zerlegung* (i) *von* V *mit der Eigenschaft* (ii) *gegeben, so ist* U^+ *ein Untervektorraum von* V <u>*maximaler*</u> *Dimension, auf dem* F *positiv definit ist, und* U^- *ein Untervektorraum von* V <u>*maximaler*</u> *Dimension, auf dem* F *negativ definit ist.*

Insbesondere ist die Anzahl p *(bzw.* q*) aus Satz D eindeutig bestimmt als die maximale Dimension aller Untervektorräume von* V, *auf denen* F *positiv (bzw. negativ) definit ist (Trägheitssatz von Sylvester).*

Beweis. Es sei m^+ (bzw. m^-) die maximale Dimension aller Untervektorräume von V, auf denen F positiv (bzw. negativ) definit ist.

Bei vorgegebener Zerlegung (i) mit (ii) gilt

$$(47) \qquad \dim U^+ + \dim U^- + \dim R = n$$

$$(48) \qquad \dim U^+ \leqq m^+.$$

Zum Nachweis der inversen Ungleichung sei ein Untervektorraum U_0^+ der maximalen Dimension m^+ gewählt, auf dem F positiv definit ist. Dann gilt

$$(49) \qquad U_0^+ \cap (U^- \oplus R) = 0.$$

Wäre nämlich ein $u \neq 0$ in diesem Durchschnitt, so gilt einerseits:

$$(50) \qquad F(u, u) > 0,$$

und andererseits existieren u_1, u_2 mit $u = u_1 + u_2$ und $u_1 \in U^-$, $u_2 \in R$. Hieraus folgt:

$$(51) \qquad F(u, u) = F(u_1, u_1) + 2F(u_1, u_2) + F(u_2, u_2) = F(u_1, u_1) \leqq 0;$$

(50) und (51) widersprechen sich jedoch.

Nach (49) ist die in V enthaltene Summe aus U_0^+ und $U^- \oplus R$ direkt, daraus folgt: $m^+ + (\dim U^- + \dim R) \leqq n$. Zusammen mit (47) impliziert dies $m^+ \leqq \dim U^+$, also folgt mit Rücksicht auf (48) $\dim U^+ = m^+$. Analog wird bewiesen: $\dim U^- = m^-$. $\qquad\square$

Definition F. *Der **Typ** der symmetrischen Bilinearform* $F : V \times V \to \mathbf{R}$ *ist das Tripel* (p, q, r), *wobei* p, q *die in Satz D und dem Zusatz zu E genannten Zahlen sind und* r *die Dimension des Radikals bezeichnet. Ferner heißt* p *der **Trägheitsindex**,* $p - q$ *die **Signatur** und* $n - r = p + q$ *der **Rang** von* F.

Der Typ einer symmetrischen Bilinearform F ist von großer Bedeutung, weil in ihm wichtige Informationen über das Vorzeichenverhalten der zu F gehörenden quadratischen Form Q stecken. Insbesondere liest man aus (20) folgendes ab:

Satz G. *Die symmetrische Bilinearform* $F : V \times V \to \mathbf{R}$ *sei vom Typ* (p, q, r). *Dann gilt:*

(i)   F *positiv definit* $\Leftrightarrow p = n$ (iv) F *negativ semidefinit* $\Leftrightarrow p = 0$

(ii) F *negativ definit* $\Leftrightarrow q = n$ (v) F *indefinit* $\Leftrightarrow p \neq 0$ *und* $q \neq 0$

(iii) F *positiv semidefinit* $\Leftrightarrow q = 0$ (vi) F *nicht ausgeartet* $\Leftrightarrow r = 0$. $\qquad\square$

Beispiel 2. Auf $\mathbf{R}^2$ sei, bezogen auf die Koordinaten der Standardbasis, die symmetrische Bilinearform gegeben:

$$(52) \qquad F(x, y) = x_1 y_1 - x_2 y_2, \qquad x = (x_1, x_2), \qquad y = (y_1, y_2).$$

Die zugehörige quadratische Form lautet:

$$(53) \qquad Q(x) = x_1^2 - x_2^2.$$

Diese Koordinatendarstellungen haben bereits Dialoggestalt, so daß man direkt ablesen kann: $p = q = 1, r = 0$. Der Wert $Q(x)$ ist Null für $|x_1| = |x_2|$, d.h. auf den beiden Geraden, $x_2 = x_1$ und $x_2 = -x_1$, und er nimmt in den dazwischenliegenden „Winkelbereichen" positive oder negative Werte an, entsprechend dem Vorzeichenmuster von Bild 37.

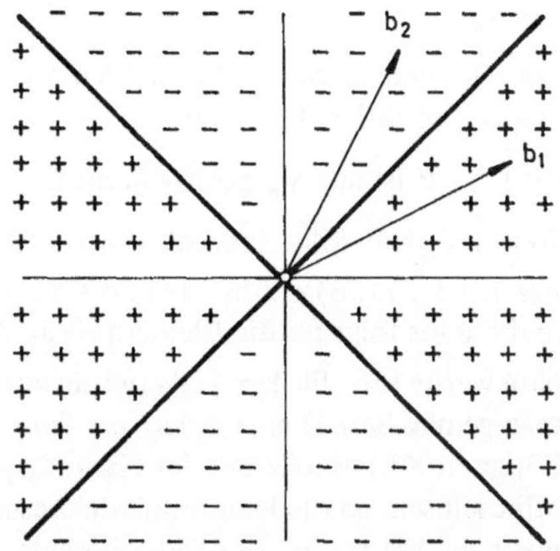

Bild 37 Vorzeichen einer quadratischen Form auf $\mathbf{R}^2$

Wählt man $b_1 = (\alpha, \beta)$ beliebig in dem „positiven" Bereich, also mit $F(b_1, b_1) = \alpha^2 - \beta^2 > 0$, und setzt $b_2 := (\beta, \alpha)$, so gilt $F(b_2, b_2) = \beta^2 - \alpha^2 < 0$ und $F(b_1, b_2) = \alpha\beta - \beta\alpha = 0$, also ist b_1, b_2 Polarbasis von F. $\qquad\qquad\qquad\qquad\qquad\qquad\qquad\qquad\qquad\qquad\qquad$ □

Obwohl die Definitheit mit dem Verfahren der quadratischen Ergänzung nach Satz D stets entschieden werden kann, ist es für manche Zwecke günstig, ein explizites Kriterium zur Verfügung zu haben. Ein solches liefert der folgende

Satz H. *Die symmetrische Bilinearform* F *auf* V *ist dann und nur dann positiv definit, wenn ihre Matrix* G (8) *bezüglich einer festen Basis von* V *die Bedingungen erfüllt:*

$$(54) \qquad \begin{vmatrix} g_{11} & \cdots & g_{1k} \\ \vdots & & \vdots \\ g_{k1} & \cdots & g_{kk} \end{vmatrix} > 0, \qquad 1 \leq k \leq n.$$

Hinweis: Die Ausdrücke in (54) heißen die **Hauptunterdeterminanten** oder **Hauptminoren** von G.

Vorbemerkung: Zwischen den Matrizen G und $\tilde{G}$ von F bezüglich zweier Basen $a_1, \ldots, a_n$ und $\tilde{a}_1, \ldots, \tilde{a}_n$ besteht die Beziehung (16). Geht man in dieser zu den Determinanten über, so folgt

$$(55) \qquad \det G = \det S^T \cdot \det \tilde{G} \cdot \det S = (\det S)^2 \cdot \det \tilde{G},$$

also unterscheiden sich $\det G$ und $\det \tilde{G}$ nur um einen *positiven* Faktor.

Beweis von H. *Zur Richtung „nur dann":* Sei Q positiv definit vorausgesetzt. Wird als Basis $\tilde{a}_1, \ldots, \tilde{a}_n$ eine Polarbasis gemäß Satz D gewählt, so enthält $\tilde{G}$ nur Einsen in der Hauptdiagonale, also folgt $\det \tilde{G} = 1$ und daraus nach der Vorbemerkung $\det G > 0$. Dies ist der Teil der Behauptung (54) für $k = n$. Für $1 \leq k < n$ folgt (54), wenn man den gleichen Schluß anwendet auf die Einschränkung von Q auf den Untervektorraum $V_k := \mathrm{sp}(a_1, \ldots, a_k)$. Die Vektoren von V_k sind durch $x_{k+1} = \ldots = x_n = 0$ gekennzeichnet, also erhält man die Koordinatendarstellung dieser Einschränkung aus (7) durch Nullsetzen von $x_{k+1}, \ldots, x_n$.

Zur Richtung „dann": Aus der Voraussetzung (54) beweisen wir durch vollständige Induktion nach $k \in \{1, \ldots, n\}$:

(56)   F ist auf V_k positiv definit.

Wegen $V_n = V$ folgt dann die positive Definitheit von F.

Für $k = 1$ ist (56) richtig; denn die Voraussetzung (54) besagt für $k = 1$: $g_{11} = F(a_1, a_1) > 0$, und daraus folgt für die Elemente $\lambda a_1 \neq 0$ von V_1: $F(\lambda a_1, \lambda a_1) = \lambda^2 F(a_1, a_1) > 0$.

Nun werde (56) für $k - 1$ als richtig vorausgesetzt und für k bewiesen ($2 \leq k \leq n$): Wählt man gemäß Satz D eine Polarbasis der Einschränkung von F auf V_k, so enthält die zugehörige $(k \times k)$-Matrix auf der Hauptdiagonale keine Nullen und nur eine *gerade* Anzahl von Minuseinsen, da die Determinante dieser Matrix nach der Vorbemerkung bis auf einen positiven Faktor mit der Determinante in (54) übereinstimmt, also selbst positiv ist. Diese $(k \times k)$-Matrix enthält mindestens $k - 1$ Einsen in der Hauptdiagonale, weil F auf dem Untervektorraum V_{k-1} von V_k positiv definit ist. Also enthält diese Matrix auf der Hauptdiagonale nur Einsen, somit ist F auf V_k positiv definit.   □

Bemerkungen. 1. Wegen der Entsprechung zwischen symmetrischen Bilinearformen und Matrizen, die in Satz B ausgedrückt ist, lassen sich alle hier eingeführten Begriffe auf *symmetrische Matrizen* übertragen. Zum Beispiel kann die *Definition für die positive Definitheit* der symmetrischen Matrix G (8) so ausgedrückt werden, daß die quadratische Form

$$(x_1, \ldots, x_n) \mapsto \sum_{i,\,j\,=\,1}^{n} g_{ij} x_i x_j \text{ positiv definit ist. Notwendig und hinreichend hierfür sind}$$

dann die Bedingungen (54). Satz D und der Zusatz zu E liefern in der Matrizensprache das Resultat: *Jede symmetrische Matrix* $G \in \mathbf{R}^{(n,n)}$ *ist kongruent zu genau einer Matrix* G_0 *der Gestalt* (18). Ferner schließt man wie in Bemerkung 1 [3.5]: *Zwei symmetrische Matrizen* $G_1, G_2 \in \mathbf{R}^{(n,n)}$ *sind genau dann kongruent, wenn sie den gleichen Typ* (p, q, r) *besitzen.*

2. Die Koordinatendarstellung (6) der Bilinearform F läßt sich im Matrizenkalkül schreiben, wenn man außer der Matrix G von (8) die Zeilen-n-Tupel $x = (x_1, \ldots, x_n)$ und $y = (y_1, \ldots, y_n)$ einführt. Die Summe in (6) ist nämlich die Koordinate der (1×1)-Matrix xGy^T, wie man aus der Definition der Matrizenmultiplikation ersehen kann. Identifiziert man also (1×1)-Matrizen mit Skalaren, so lauten (6) und (7) so:

(57) $F(u, v) = xGy^T, \quad Q(u) = xGx^T.$

Aufgaben

1. Gegeben sei eine reelle symmetrische $(n \times n)$-Matrix G (8), für die gilt:

$$g_{jj} > \sum_{\substack{i = 1 \\ i \neq j}}^{n} |g_{ij}|, \quad 1 \leq j \leq n.$$

Man zeige, daß G positiv definit ist.

2. Es seien V und V' zwei **R**-Vektorräume. Zwei symmetrische Bilinearformen F auf V und F' auf V' nennt man **linear äquivalent**, wenn ein Isomorphismus $L : V \to V'$ existiert, so daß gilt: $F(u, v) = F'(Lu, Lv)$ für alle $u, v \in V$. Man zeige: Sind V und V' von endlicher Dimension, so sind F und F' dann und nur dann linear äquivalent, wenn sie den gleichen Typ besitzen.

Hinweis: Man verwende Satz D und den Trägheitssatz von Sylvester.

3. Man beweise, daß die Kongruenz von Matrizen eine Äquivalenzrelation auf $R_s^{(n, n)}$ ist.

5.3 Euklidische Vektorräume

In diesem Abschnitt sei V ein beliebiger **R**-Vektorraum (ohne generelle Dimensionsbeschränkung). Wir betrachten eine fest vorgegebene Bilinearform F auf V, deren Werte wir jetzt so bezeichnen:

$$(1) \qquad F(u, v) =: \langle u, v \rangle.$$

Definition A. *Ein **euklidischer Vektorraum** ist ein reeller Vektorraum V, zusammen mit einer symmetrischen, positiv definiten Bilinearform $\langle \, , \rangle$ auf V.*
*Ein euklidischer Vektorraum heißt auch ein (reeller) **Prähilbertraum**.*
Bei endlicher Dimension wird der Name „euklidischer Vektorraum" bevorzugt, bei nicht endlicher Dimension der Name „Prähilbertraum", jedoch soll dies keine scharfe Festlegung sein.

Bemerkung 1. Der Prähilbertraum ist eine Vorstufe des *Hilbertraumes*, bei dem zusätzlich ein *Vollständigkeitsaxiom* gefordert wird. Der Hilbertraum ist ein zentraler Grundbegriff der Funktionalanalysis, und er wird dort ausführlich untersucht.

Beispiele. 1. Der Raum $\mathbf{R}^n$ wird durch jede Bilinearform

$$(2) \qquad F(x, y) = \sum_{i, j = 1}^{n} g_{ij} x_i y_j,$$

mit symmetrischer, positiv definiter Koeffizientenmatrix G zu einem euklidischen Vektorraum.

2. Das Standardskalarprodukt (Beispiel 1 [5.1]) entsteht aus Beispiel 1 durch die Wahl
G = I. Mit Rücksicht auf die gleich zu definierenden metrischen Grundbegriffe heißt das
Skalarprodukt

$$(3) \qquad \langle x, y \rangle = \sum_{i=1}^{n} x_i y_i$$

die **euklidische Standardmetrik** von $\mathbf{R}^n$.

3. Der Vektorraum $C[a, b]$ aller stetigen reellen Funktionen auf dem abgeschlossenen
Intervall $[a, b]$ wird mit dem Skalarprodukt

$$(4) \qquad \langle f, g \rangle := \int_a^b f(x)\, g(x)\, dx$$

zu einem reellen Prähilbertraum (Beispiel 8 [5.1]).   □

Von jetzt an bezeichne V *hier einen euklidischen Vektorraum mit dem Skalarprodukt* $\langle\,,\,\rangle$.

Wie bereits in 0.3 deutlich geworden ist, lassen sich aus dem Skalarprodukt weitere metrische Begriffe gewinnen.

Definition B. *Die (euklidische) Norm (die Länge oder der Betrag) eines Vektors* $u \in V$
ist

$$(5) \qquad \boxed{\,|u| := \sqrt{\langle u, u \rangle}.\,}$$

Wir erinnern an die in E [5.1] bewiesene *Cauchy-Schwarzsche Ungleichung,* die hier die
Form annimmt

$$(6) \qquad \langle u, v \rangle^2 \leqq \langle u, u \rangle \cdot \langle v, v \rangle.$$

Mit (5) schreibt sich dies äquivalent:

$$(6') \qquad \boxed{\,|\langle u, v \rangle| \leqq |u| \cdot |v|.\,}$$

In (6) oder (6′) steht genau dann das Gleichheitszeichen, wenn u, v linear abhängig sind.

Satz C. *Für die euklidische Norm gelten die Regeln:*

(N.1) $|u| > 0$ *für* $u \neq 0$

(N.2) $|\lambda u| = |\lambda| \cdot |u|$

(N.3) $|u + v| \leqq |u| + |v|.$

Beweis. Die Regeln (N.1), (N.2) sind mit Rücksicht auf (5) einfache Folgerungen aus den Eigenschaften des Skalarproduktes. Zum Nachweis von (N.3) zieht man die Cauchy-Schwarzsche Ungleichung (6') heran:

$$(7) \qquad \begin{aligned} |u + v|^2 &= \langle u + v, u + v \rangle = |u|^2 + 2 \cdot \langle u, v \rangle + |v|^2 \leqq \\ &\leqq |u|^2 + 2 \cdot |u| \cdot |v| + |v|^2 = (|u| + |v|)^2 . \end{aligned} \qquad \Box$$

Bemerkung 2. Ist $u \mapsto |u|$ eine reelle Funktion auf einem reellen oder komplexen Vektorraum V, die den Regeln (N.1) bis (N.3) von Satz C genügt, so nennt man diese Funktion eine **Norm** auf V, auch wenn diese nicht in der Art und Weise von (5) aus einem Skalarprodukt abgeleitet ist. Das Paar $(V, |\ \ |)$ heißt dann ein **normierter Vektorraum.** $\qquad \Box$

Ein $u \in V$ heißt **Einheitsvektor,** wenn $|u| = 1$ gilt. Jeden Vektor $v \in V \setminus 0$ kann man **auf 1 normieren,** indem man den **entsprechenden Einheitsvektor** $v/|v|$ bildet.

Definition D. *Die (euklidische) Entfernung (oder der Abstand oder die Distanz) von* $u, v \in V$ *ist*

$$(8) \qquad d(u, v) := |u - v| .$$

Aus Satz C folgt unmittelbar:

Satz E. *Für die euklidische Entfernung gelten die Regeln:*

(D.1) $d(u, v) = d(v, u)$

(D.2) $d(u, v) > 0 \quad$ für $u \neq v$

(D.3) $d(u, u) = 0$

(D.4) $d(u, w) \leqq d(u, v) + d(v, w).$ $\qquad \Box$

Bemerkung 3. Ist M irgend eine Menge und $d : M \times M \to \mathbf{R}$ eine Funktion, die den Regeln (D.1) bis (D.4) von Satz E genügt, so nennt man diese Funktion eine **Metrik** auf M. Das Paar (M, d) wird dann ein **metrischer Raum** genannt. $\qquad \Box$

Wegen der bereits in 0.3 skizzierten anschaulichen Deutung heißen (N.3) und (D.4) **Dreiecksungleichungen.**

Satz und Definition F. *Zu je zwei Vektoren* $u \neq 0, v \neq 0$ *aus* V *existiert genau eine reelle Zahl* α *mit:*

$$(9) \qquad \boxed{\ \cos \alpha = \frac{\langle u, v \rangle}{|u| \cdot |v|} \quad und \ \ 0 \leqq \alpha \leqq \pi. \ }$$

Dieses α *heißt der (unorientierte) Winkel zwischen* u *und* v. *Schreibweise:* $\alpha =: \sphericalangle (u, v).$

Beweis. Nach der Cauchy-Schwarzschen Ungleichung (6) ist die rechte Seite der Gleichung in (9) eine reelle Zahl vom Betrag $\leqq 1$. Da die Cosinusfunktion das abgeschlossene Intervall $[0, \pi]$ bijektiv auf das Intervall $[-1, 1]$ abbildet, ist damit die Existenz und Eindeutigkeit von α gesichert. $\qquad \Box$

Bemerkung 4. Bei manchen Fragen ist die Einschränkung $0 \leq \alpha \leq \pi$ zu starr (z.B. möchte man sich nicht verbieten lassen zu sagen: „der Winkel zwischen u und u ist 2π"). Daher definieren wir: Jede reelle Zahl α', die der Gleichung $\cos\alpha' = \langle u, v\rangle / |u| \cdot |v|$ genügt, heißt eine **Bestimmung** des (unorientierten) Winkels $\sphericalangle$ (u, v). $\qquad\square$

Definition G. (i) *Zwei Vektoren* u, v $\in$ V *sind* **orthogonal** *oder* **senkrecht** *(geschrieben:* u $\perp$ v*), wenn gilt:*

(10) $\langle u, v\rangle = 0.$

(ii) *Zwei Teilmengen* U_1, $U_2 \subseteq V$ *heißen* **orthogonal** *(geschrieben:* $U_1 \perp U_2$*), wenn* $\langle u_1, u_2\rangle = 0$ *gilt für alle* $u_1 \in U_1$ *und* $u_2 \in U_2$.

Gleichwertig mit (10) ist die **Pythagoras-Beziehung**

(11) $|u + v|^2 = |u|^2 + |v|^2,$

wie man leicht nachrechnet; vgl. (7).

Satz und Definition H. *Ist* U *eine nichtleere Teilmenge von* V, *so ist*

(12) $U^\perp := \{v \in V | \langle u, v\rangle = 0 \text{ für alle } u \in U\}$

ein Untervektorraum von V, *der* **Orthogonalraum** *zu* U.
Natürlich sind U und $U^\perp$ orthogonal.

Beweis von H. Ist $v_1, v_2 \in U^\perp$, so gilt für alle $u \in U$:

(13) $\langle u, v_1\rangle = \langle u, v_2\rangle = 0.$

Hieraus folgt für alle $u \in U$ und $\alpha_1, \alpha_2 \in \mathbf{R}$:

(14) $\langle u, \alpha_1 v_1 + \alpha_2 v_2\rangle = \alpha_1\langle u, v_1\rangle + \alpha_2\langle u, v_2\rangle = 0,$

also $\alpha_1 v_1 + \alpha_2 v_2 \in U^\perp$. $\qquad\square$

Wichtig ist dieser Begriff vor allem, wenn U selbst Untervektorraum ist. Der Orthogonalraum $U^\perp$ liefert dann unter gewissen Voraussetzungen einen *Ergänzungsraum* zu U, wie wir in 5.4 sehen werden. Allgemein kann man feststellen:

Lemma I. *Für jeden Untervektorraum* U *von* V *gilt:*

(i) $U \cap U^\perp = 0;$

(ii) $U \subseteq (U^\perp)^\perp.$

Beweis. *Zu (i):* Für $v \in U \cap U^\perp$ gilt nach (12) $\langle v, v\rangle = 0$, und hieraus folgt $v = 0$.
Zu (ii): Trivialerweise ist jedes $u \in U$ orthogonal zu jedem v, das orthogonal zu allen $u' \in U$ ist. $\qquad\square$

Ist dim $V < \infty$, so kann man $U^\perp$ rechnerisch bestimmen, wenn eine Basis $a_1, \ldots, a_k$ von U gegeben ist: Es gilt $v \in U^\perp$ genau dann, wenn

(15) $\langle v, a_1 \rangle = 0, \ldots, \langle v, a_k \rangle = 0$.

In Koordinaten aufgeschrieben, ist dies ein lineares homogenes Gleichungssystem, das mit dem Gaußschen Verfahren gelöst werden kann.

Aufgaben

1. Es sei α der Winkel zwischen $u \neq 0$ und $v \neq 0$. Man beweise den **Cosinussatz**
$|u + v|^2 = |u|^2 + |v|^2 + 2 \cdot |u| \cdot |v| \cdot \cos \alpha$.

2. Für k Vektoren $a_1, \ldots, a_k$ des euklidischen Vektorraumes V beweise man die Ungleichung

$$|a_1 + \ldots + a_k| \leq |a_1| + \ldots + |a_k|$$

und zeige, daß in dieser genau dann das Gleichheitszeichen steht, wenn es ein $c \in V$ und nichtnegative Skalare $\mu_1, \ldots, \mu_k$ gibt mit $a_i = \mu_i c$ für $1 \leq i \leq k$.

3. Gegeben seien m Elemente $u_1, \ldots, u_m$ des euklidischen Vektorraumes V, für die gilt $|u_i| < \sqrt{2(m-1)/m}$, $1 \leq i \leq m$. Man zeige: Es gibt $i \neq j$ mit $|u_i - u_j| < 2$.
Hinweis: Man beweise zunächst die Identität

$$\sum_{i < j} |u_i - u_j|^2 = m \cdot \sum_i |u_i|^2 - \left| \sum_i u_i \right|^2.$$

5.4 Orthogonalsysteme

Es sei V ein Prähilbertraum mit Skalarprodukt $\langle , \rangle$.

Wir betrachten hier endliche Familien in V, d.h. *Vektorsysteme* $a_1, \ldots, a_k$ in V im Sinne von 2.2, *sowie* abzählbar unendliche Familien in V, d.h. *Folgen* $a_1, a_2, a_3, \ldots$ von Vektoren in V. Um beide Begriffe unter einen Hut zu bringen, bezeichnen wir mit N die Menge $\{1, \ldots, k\}$ im ersten Fall und die Menge **N** der natürlichen Zahlen im zweiten Fall und schreiben die betreffende Familie als $(a_i)_{i \in N}$ oder auch kurz als (a_i).*)

Definition A. *Eine Familie* $(a_i)_{i \in N}$ *in* V *heißt:*
(i) *Orthogonalsystem (in* V*), wenn gilt:*

(1) $\langle a_i, a_j \rangle = 0$ *für alle* $i, j \in N$ *mit* $i \neq j$;

(ii) *Orthonormalsystem (in* V*), wenn außerdem gilt:*

(2) $\langle a_i, a_i \rangle = 1$ *für alle* $i \in N$.

---

*) Gelegentlich werden auch andere endliche oder abzählbar unendliche Indexmengen verwendet.

Gleichungen des Typs (1) heißen **Orthogonalitätsrelationen**. Die definierenden Gleichungen (1), (2) für ein Orthonormalsystem kann man mit dem Kroneckersymbol so zusammenfassen:

(3) $\langle a_i, a_j \rangle = \delta_{ij}$ für alle $i, j \in N$.

Beispiel 1. Im Prähilbertraum $C[0, 2\pi]$ der stetigen Funktion $f : [0, 2\pi] \to R$ bildet folgendes Funktionensystem $f_1, f_2, f_3, \ldots$ ein Orthogonalsystem (bezüglich dem Skalarprodukt (4) [5.3]):

(4) $f_1(x) = \dfrac{1}{2},$ $f_2(x) = \cos x,$ $f_3(x) = \sin x,$ $f_4(x) = \cos 2x,$ $f_5(x) = \sin 2x, \ldots$

Die Orthogonalitätsrelationen, z.B. $\displaystyle\int_0^{2\pi} \cos ix \, \cos jx \, dx = 0$ für $i, j \in N$, $i \neq j$, kann man

mit den Techniken der elementaren Integralrechnung verifizieren. Man nennt (4) das **Orthogonalsystem der trigonometrischen Funktionen**.

Zusatz zu A. *Ist* $\dim V = n$, *so nennt man* $a_1, \ldots, a_n$ *Orthogonalbasis (bzw. Orthonormalbasis, kurz ON-Basis), wenn* $a_1, \ldots, a_n$ *zugleich Basis und Orthogonalsystem (bzw. Orthonormalsystem) in* V *ist. Die Koordinaten eines Vektors von* V *bezüglich einer ON-Basis nennt man* **cartesisch.**

Die Existenz solcher Orthogonalsysteme ist im Augenblick offen. Dies ist gerade eine Frage, die wir hier angehen wollen. Zunächst stellen wir fest:

Lemma B. *Ist* $(a_i)_{i \in N}$ *Orthogonalsystem in* V *mit* $a_i \neq 0$ *für alle* $i \in N$, *so gilt:*

(5) $a_1, \ldots, a_l$ *ist linear unabhängig für jedes* $l \in N$.

Beweis. Aus

(6) $\displaystyle\sum_{i=1}^{l} \lambda_i a_i = 0$

folgt durch skalare Multiplikation mit festem a_j, wobei $1 \leqq j \leqq l$:

(7) $\displaystyle\sum_{i=1}^{l} \lambda_i \langle a_i, a_j \rangle = 0.$

Nach (1) folgt hieraus $\lambda_j \cdot \langle a_j, a_j \rangle = 0$, also wegen $a_j \neq 0$: $\lambda_j = 0$.   □

Insbesondere gilt (5) für jedes Orthonormalsystem $(a_i)_{i \in N}$ in V. Unter den genannten Voraussetzungen ist also jede endliche Teilfamilie von $(a_i)_{i \in N}$ linear unabhängig.

Natürlich kann man aus jedem Ortho*gonal*system $(a_i)_{i \in N}$, das keine Nullvektoren enthält, sofort ein zugehöriges Ortho*normal*system bilden, indem man zu den entsprechenden Einheitsvektoren $|a_i|^{-1} \cdot a_i$ übergeht.

Beispiel 2. Für die Normen*) der Funktionen $f_1, f_2, \ldots \in C[0, 2\pi]$ von Beispiel 1 findet man mit elementaren Integrationsmethoden:

$$(8) \qquad \|f_1\| = \left(\int_0^{2\pi} (f_1(x))^2 \, dx \right)^{1/2} = \sqrt{\frac{\pi}{2}}$$

$$(9) \qquad \|f_i\| = \left(\int_0^{2\pi} (f_i(x))^2 \, dx \right)^{1/2} = \sqrt{\pi}, \quad i = 2, 3, \ldots .$$

Somit bilden die Funktionen, definiert durch

$$(10) \qquad g_1(x) = \sqrt{\frac{2}{\pi}} \cdot \frac{1}{2} = \frac{1}{\sqrt{2\pi}}, \quad g_i(x) = \frac{1}{\sqrt{\pi}} f_i(x), \quad i = 2, 3, \ldots,$$

ein Orthonormalsystem in $C[0, 2\pi]$, das **Orthonormalsystem der trigonometrischen Funktionen.**

Satz C. *Gegeben sei eine Familie* $(b_i)_{i \in N}$ *in* V *mit der Eigenschaft:*

$(11) \qquad b_1, \ldots, b_l$ *ist linear unabhängig für jedes* $l \in N$.

Dann existiert ein Orthonormalsystem $(a_i)_{i \in N}$ *in* V *mit der Eigenschaft:*

$(12) \qquad sp(a_1, \ldots, a_l) = sp(b_1, \ldots, b_l)$ *für jedes* $l \in N$.

Die Vektoren a_i *können mit den folgenden Formeln* (19), (21) *gewonnen werden.*

Beweis. Man geht nach dem sog. **Schmidtschen Orthogonalisierungsverfahren** vor: Dabei konstruiert man zunächst ein Ortho*gonal*system $(c_i)_{i \in N}$ entsprechend dem Ansatz:

$$(13) \qquad \begin{aligned} c_1 &= b_1 \\ c_2 &= b_2 + \mu_{21} c_1 \\ c_3 &= b_3 + \mu_{31} c_1 + \mu_{32} c_2 \\ &\;\;\vdots \\ c_l &= b_l + \mu_{l1} c_1 + \mu_{l2} c_2 + \ldots + \mu_{l,\, l-1} c_{l-1} \\ &\;\;\vdots \end{aligned}$$

Dieser Ansatz sichert bereits bei beliebiger Wahl der Koeffizienten μ_{ij}, daß gilt:

$(14) \qquad sp(c_1, \ldots, c_l) = sp(b_1, \ldots, b_l)$ für jedes $l \in N$.

---

*) Die zum Skalarprodukt (4) [5.3] gehörende Norm im Funktionenraum $C[a, b]$ wird so wie hier häufig mit Doppelstrichen bezeichnet, um Verwechslungen mit der Betragsfunktion auszuschließen.

Man erkennt dies durch vollständige Induktion: Für $l = 1$ ist (14) offensichtlich, und gilt (14) bereits für $l - 1$ anstelle von l, so schließt man für l selbst so:

$$
\begin{aligned}
\text{sp}(c_1, \dots, c_l) &= \text{sp}(c_1, \dots, c_{l-1}, b_l) && \text{H [2.5]} \\
&= \text{sp}(c_1, \dots, c_{l-1}) + \text{sp}(b_l) && \text{(34) [2.5]} \\
&= \text{sp}(b_1, \dots, b_{l-1}) + \text{sp}(b_l) && \text{(14) für } l-1 \\
&= \text{sp}(b_1, \dots, b_l) && \text{(34) [2.5]}.
\end{aligned}
$$

(15)

Insbesondere ist $c_1, \dots, c_l$ nach (14) stets linear unabhängig.

Nunmehr bestimmt man die Koeffizienten in (13) schrittweise so, daß die Orthogonalitätsrelationen $\langle c_2, c_1 \rangle = 0$, $\langle c_3, c_1 \rangle = \langle c_3, c_2 \rangle = 0$, ... erfüllt werden. Die ersten Schritte hierbei lauten:

$$
0 = \langle c_2, c_1 \rangle = \langle b_2, c_1 \rangle + \mu_{21} \langle c_1, c_1 \rangle \Longleftrightarrow \mu_{21} = -\frac{\langle b_2, c_1 \rangle}{\langle c_1, c_1 \rangle},
$$

(16)
$$
0 = \langle c_3, c_1 \rangle = \langle b_3, c_1 \rangle + \mu_{31} \langle c_1, c_1 \rangle \Longleftrightarrow \mu_{31} = -\frac{\langle b_3, c_1 \rangle}{\langle c_1, c_1 \rangle},
$$

$$
0 = \langle c_3, c_2 \rangle = \langle b_3, c_2 \rangle + \mu_{32} \langle c_2, c_2 \rangle \Longleftrightarrow \mu_{32} = -\frac{\langle b_3, c_2 \rangle}{\langle c_2, c_2 \rangle}.
$$

Hat man $c_1, \dots, c_{l-1}$ schon so bestimmt, daß gilt:

(17) $\langle c_i, c_j \rangle = 0$ für $1 \leq i, j \leq l - 1$,

so führen die Bedingungen $\langle c_l, c_1 \rangle = \dots = \langle c_l, c_{l-1} \rangle = 0$ mit dem Ansatz (13) für c_l auf lineare Gleichungen, in denen jeweils nur *eine* Unbekannte $\mu_{l1}, \dots, \mu_{l,\,l-1}$ vorkommt. Die Lösungen lauten:

(18) $\mu_{lj} = -\dfrac{\langle b_l, c_j \rangle}{\langle c_j, c_j \rangle}, \quad 1 \leq j \leq l - 1,$

also wird:

(19)
$$
\boxed{\;c_l = b_l - \sum_{j=1}^{l-1} \frac{\langle b_l, c_j \rangle}{\langle c_j, c_j \rangle} \cdot c_j, \quad l \in \mathbb{N}.\;}
$$

Diese *Rekursionsformel* für $c_1, c_2, \dots$ garantiert:

(20) $\langle c_i, c_j \rangle = 0$ für $i, j \in \mathbb{N}$, $i \neq j$,

d.h. (c_i) ist ein Orthogonalsystem. Schließlich liefern die entsprechenden Einheitsvektoren:

(21)
$$
\boxed{\;a_i := \frac{c_i}{|c_i|}, \quad i \in \mathbb{N}\;}
$$

das gewünschte Orthonormalsystem, da sich an den Spannen links in (14) durch diese Umnormierung nichts ändert. $\square$

Wendet man Satz C insbesondere auf eine Basis $b_1, \ldots, b_n$ eines *endlich dimensionalen* Vektorraumes an, so ergibt sich:

Folgerung D. *Jeder endlich dimensionale euklidische Vektorraum besitzt eine ON-Basis.* $\square$

Bemerkung 1. Der Vorteil einer ON-Basis $a_1, \ldots, a_n$ von V besteht darin, daß Koordinatenrechnungen bezüglich einer solchen sehr einfach werden. Für

$$(22) \qquad u = \sum_{i=1}^{n} x_i a_i, \quad v = \sum_{j=1}^{n} y_j a_j$$

folgt z.B. mit (3):

$$(23) \qquad \langle u, v \rangle = \langle \sum_{i=1}^{n} x_i a_i, \sum_{j=1}^{n} y_j a_j \rangle = \sum_{i,j=1}^{n} x_i y_j \langle a_i, a_j \rangle = \sum_{i=1}^{n} x_i y_j \delta_{ij},$$

also

$$(24) \qquad \boxed{\langle u, v \rangle = \sum_{i=1}^{n} x_i y_i,}$$

d.h. das Skalarprodukt drückt sich wie das Standardskalarprodukt im $\mathbf{R}^n$ aus. Weiter folgt durch skalare Multiplikation der zweiten Gleichung in (22) mit a_i:

$$(25) \qquad \langle v, a_i \rangle = y_i,$$

also

$$(26) \qquad \boxed{v = \sum_{j=1}^{n} \langle v, a_j \rangle a_j.}$$

Cartesische Koordinaten lassen sich somit in Form von Skalarprodukten ausrechnen. $\square$

Wir geben nun einige Anwendungen von Orthonormalsystemen bei *beliebigem* V.

Lemma E. *Man betrachte in V einen endlich dimensionalen Untervektorraum U mit der ON-Basis $a_1, \ldots, a_k$. Dann existiert zu jedem $v \in V$ genau ein $\tilde{v} \in U$ mit $v - \tilde{v} \in U^\perp$, nämlich*

$$(27) \qquad \tilde{v} = \sum_{i=1}^{k} \langle v, a_i \rangle a_i.$$

Zur anschaulichen Deutung sei auf Bild 38 hingewiesen.

Beweis von E. Man macht den Ansatz

$$(28) \qquad \tilde{v} = \sum_{i=1}^{k} x_i a_i.$$

Die Forderung $v - \tilde{v} \in U^{\perp}$ ist äquivalent zu $\langle v - \tilde{v}, a_j \rangle = 0$, also zu $\langle v, a_j \rangle = \langle \tilde{v}, a_j \rangle$ für $1 \leq j \leq k$. Eintragen von $\tilde{v}$ gemäß (28) liefert die äquivalenten Gleichungen $\langle v, a_j \rangle = x_j$, $1 \leq j \leq k$. $\qquad \qquad \square$

Bei Lemma E gilt

$$(29) \qquad v = \tilde{v} + (v - \tilde{v}), \quad \tilde{v} \in U, \quad v - \tilde{v} \in U^{\perp}.$$

Da $U \cap U^{\perp} = 0$ (I (i) [5.3]), erhält man also eine direkte Zerlegung von V. Nun besitzt jeder Untervektorraum von V mit endlicher Dimension eine ON-Basis (Folgerung D). Somit ergibt sich der erste Teil des folgenden Satzes.

Satz F. *Ist* U *ein Untervektorraum von* V *mit endlicher Dimension, so gilt:*

(i) $V = U \oplus U^{\perp}$

(ii) $U = (U^{\perp})^{\perp}$.

Beweis. Zum Nachweis von (ii) bleibt nach I (ii) [5.3] zu zeigen: $(U^{\perp})^{\perp} \subseteq U$. Dies ist eine Konsequenz von (i). Sei $v \in (U^{\perp})^{\perp}$ gegeben. Dann existiert eine Zerlegung $v = v_1 + v_2$ mit $v_1 \in U$, $v_2 \in U^{\perp}$. Da $0 = \langle u, v \rangle$ für alle $u \in U^{\perp}$, folgt speziell für $u = v_2: 0 = \langle v_2, v \rangle = \langle v_2, v_1 + v_2 \rangle = \langle v_2, v_2 \rangle$, also $v_2 = 0$, also $v = v_1 \in U$. $\qquad \square$

Gilt $V = U \oplus U^{\perp}$, so spricht man von einer **orthogonalen Zerlegung** von V, und man nennt dann $U^{\perp}$ das **orthogonale Komplement** von U. Ferner nennt man die Projektionen P_1, P_2, die gemäß Beispiel 5 [3.1] zu einer solchen Zerlegung von V gehören, die **senkrechten Projektionen** auf U und $U^{\perp}$; natürlich gilt dann stets:

$$(30) \qquad v = P_1 v + P_2 v, \quad P_1 v \perp P_2 v.$$

Ist eine ON-Basis $a_1, \ldots, a_k$ von U gegeben, so liefert (29) mit (27) eine *explizite Formel für die Projektion auf* U:

$$(31) \qquad \boxed{P_1 v = \sum_{i=1}^{k} \langle v, a_i \rangle a_i.}$$

Diese Projektion kann auch durch eine *Minimaleigenschaft* charakterisiert werden:

Satz G. *Ist die orthogonale Zerlegung* $V = U \oplus U^{\perp}$ *(mit den senkrechten Projektionen* P_1, P_2*) gegeben, so gilt für alle* $v \in V$ *und* $u \in U$:

$$(32) \qquad |v - u|^2 \geq |v - P_1 v|^2 = |P_2 v|^2 = |v|^2 - |P_1 v|^2.$$

Hier steht das Gleichheitszeichen genau für $u = P_1 v$.

Beweis. Es gilt $v - u = P_1 v + P_2 v - u = P_2 v + (P_1 v - u)$. Da $P_2 v \in U^\perp$ und $P_1 v - u \in U$ orthogonal sind, liefert der „Pythagoras" (11) [5.3]:

$$(33) \qquad |v - u|^2 = |P_2 v|^2 + |P_1 v - u|^2 \geqq |P_2 v|^2 = |v - P_1 v|^2,$$

wobei Gleichheit genau eintritt, wenn $P_1 v - u = 0$.

Die noch fehlende Gleichung rechts in (32) ergibt sich aus (30) durch nochmalige Anwendung des „Pythagoras": $|v|^2 = |P_1 v|^2 + |P_2 v|^2$. $\qquad\qquad \square$

Satz G besagt, *daß die senkrechte Projektion von* v *auf* U *die beste Approximation an* v *durch Vektoren von* U *liefert*. Diese Tatsache spielt bei der sog. *Fourierentwicklung* eine fundamentale Rolle. Um dies zu schildern, sei

$$(34) \qquad (a_i)_{i \,\in\, N} \text{ ein Orthonormalsystem in } V.$$

Man kann dann fragen, ob und wie ein $v \in V$ möglichst gut durch eine endliche Linearkombination

$$(35) \qquad \sum_{i=1}^{k} \xi_i a_i, \quad k \in N$$

„angenähert" werden kann. Wir halten dabei zunächst k fest. Dann ist diese Frage äquivalent mit der obigen Minimaleigenschaft. Setzt man nämlich $U = \mathrm{sp}(a_1, \ldots, a_k)$, so liefert Satz G, daß stets gilt

$$(36) \qquad \left| v - \sum_{i=1}^{k} \xi_i a_i \right|^2 \geqq \left| v - \sum_{i=1}^{k} \langle v, a_i \rangle a_i \right|^2 = |v|^2 - \sum_{i=1}^{k} \langle v, a_i \rangle^2,$$

wobei das Gleichheitszeichen genau dann eintritt, wenn $\xi_i = \langle v, a_i \rangle$ für $1 \leqq i \leqq k$ gilt.

Bei festem k liefern also die Koeffizienten $\langle v, a_i \rangle$ die günstigste Annäherung an v durch Linearkombinationen der Art (35). Dabei ist sehr bemerkenswert, daß diese Koeffizienten gar nicht von k abhängen. Es ist eine interessante Frage, ob diese bei festem k bestehende „Bestapproximation" durch Steigerung von k weiter verbessert werden kann. Das wird in der *Funktionalanalysis* untersucht.

Man nennt die Skalarprodukte $\langle v, a_j \rangle$, $j \in N$, die **Fourierkoeffizienten** von v bezüglich dem System (34).

Aus (36) folgt

$$(37) \qquad \sum_{i=1}^{k} \langle v, a_i \rangle^2 \leqq |v|^2, \quad k \in N.$$

Da hier links die Teilsummen einer Reihe mit nichtnegativen Gliedern stehen liefert der Grenzübergang $k \to \infty$ (falls $N = \mathbf{N}$):

Folgerung H. *Für jedes unendliche ON-System $(a_i)_{i \in \mathbf{N}}$ in V und jedes $v \in V$ gilt die Besselsche Ungleichung:*

$$(38) \qquad \sum_{i=1}^{\infty} \langle v, a_i \rangle^2 \leqq |v|^2 .$$

Insbesondere ist

$$(39) \qquad \lim_{i \to \infty} \langle v, a_i \rangle = 0. \qquad\qquad \square$$

Bemerkung 2. Man nennt das unendliche Orthonormalsystem $(a_i)_{i \in \mathbf{N}}$ **vollständig**, wenn für alle $v \in V$ in (38) das Gleichheitszeichen steht. Nach (36) ist dafür notwendig und hinreichend, daß stets $\left| v - \sum_{i=1}^{k} \langle v, a_i \rangle a_i \right|$ für $k \to \infty$ gegen 0 konvergiert, d.h. daß jedes $v \in V$ im Sinne der Norm durch die **Fourierreihe** $\sum_{i=1}^{\infty} \langle v, a_i \rangle a_i$ dargestellt wird. Kriterien dafür, daß ein gegebenes ON-System vollständig ist, werden in der Funktionalanalysis entwickelt. Ein vollständiges System in $C[0, 2\pi]$ ist z.B. das der trigonometrischen Funktionen (Beispiel 2).

*   *
*

Wir betrachten abschließend den Fall, daß V selbst *endliche* Dimension besitzt:

$$(40) \qquad \dim V = n < \infty .$$

Hier gilt also für jeden Untervektorraum $U \subseteq V$: $V = U \oplus U^{\perp}$ und $U = (U^{\perp})^{\perp}$; insbesondere ist $\dim U^{\perp} = n - \dim U$. Man kann diese Beziehungen unabhängig von Satz F so einsehen: Sei $b_1, \ldots, b_k$ eine Basis von U, die durch $b_{k+1}, \ldots, b_n$ zu einer Basis von V ergänzt wird. Das Schmidtsche Orthogonalisierungsverfahren (Satz C), angewandt auf $b_1, \ldots, b_n$, liefert eine Orthogonalbasis $c_1, \ldots, c_n$ von V, für die gilt: $U = \mathrm{sp}(b_1, \ldots, b_k) = \mathrm{sp}(c_1, \ldots, c_k)$. Mittels der Orthogonalitätsrelationen für die c_i rechnet man nach, daß ein beliebiger Vektor $v = x_1 c_1 + \ldots + x_n c_n$ genau dann zu $U^{\perp}$ gehört, wenn $x_1 = \ldots = x_k = 0$ gilt. Somit ist $U^{\perp} = (\mathrm{sp}(c_1, \ldots, c_k))^{\perp} = \mathrm{sp}(c_{k+1}, \ldots, c_n)$, also $V = U \oplus U^{\perp}$, und analog sieht man anhand dieser Orthogonalbasen: $(U^{\perp})^{\perp} = U$. Übrigens gilt hier, daß die Abbildung $U \mapsto U^{\perp}$ eine bijektive Zuordnung der Menge aller Untervektorräume von V auf sich definiert, die Summen in Durchschnitte und umgekehrt Durchschnitte in Summen überführt (vgl. Aufgabe 4).

Beispiel 3. Im $\mathbf{R}^3$ ist der Orthogonalraum zu einer Ebene U durch 0 die Gerade $U^{\perp}$ durch 0 (und umgekehrt). Bild 38 veranschaulicht diesen Sachverhalt. Eingezeichnet ist auch ein Vektor v und seine senkrechten Projektionen $\tilde{v} = P_1 v$ auf U und $v - \tilde{v} = P_2 v$ auf $U^{\perp}$. $\quad \square$

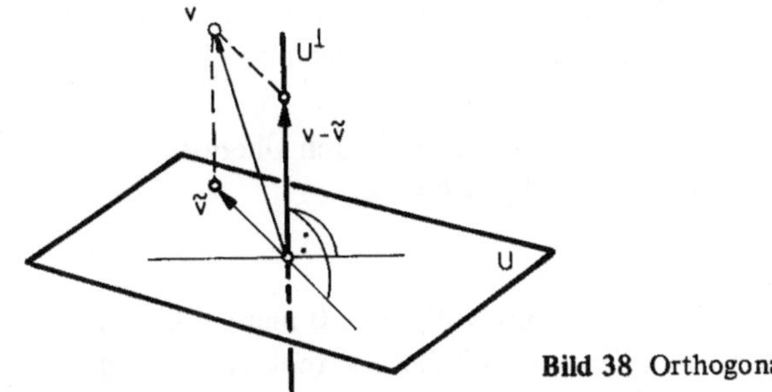

Bild 38 Orthogonale Zerlegung von $\mathbf{R}^3$

Wir stellen noch einen Zusammenhang mit Linearformen her: Ist $h\colon V \to \mathbf{R}$ eine Linearform $\neq 0$, so ist ihr Kern eine Hyperebene H (durch 0), also $H^\perp$ eindimensional. Wird in $H^\perp$ ein Vektor $a \neq 0$ gewählt, so ist $H = (H^\perp)^\perp = (\mathrm{sp}(a))^\perp$, also

(41) $H = \{u \in V \mid \langle a, u \rangle = 0\}$.

Somit existiert nach B [3.6] ein $\mu \in \mathbf{R}$ mit: $h(v) = \mu \cdot \langle a, v \rangle$ für alle $v \in V$. Setzen wir $\mu a =: b$, so können wir daraus schließen:

Satz I (Kleines Lemma von Riesz). *Ist* V *endlich dimensional, so existiert zu jeder Linearform* $h\colon V \to \mathbf{R}$ *genau ein* $b \in V$, *so daß gilt:*

(42) $h(v) = \langle b, v \rangle$ *für alle* $v \in V$.

Beweis. *Existenz:* Diese ist im Falle $h \neq 0$ vorweg gezeigt worden; für $h = 0$ setzt man einfach $b = 0$.

Eindeutigkeit: Gilt $\langle b, v \rangle = \langle b', v \rangle$ für alle $v \in V$, so folgt $b - b' \in V^\perp = 0$, also $b = b'$. $\square$

Bemerkung 3. Das „Lemma von Riesz" selbst ist die entsprechende Aussage für eine stetige Linearform auf einem beliebigen Hilbertraum anstelle von V. Dieser Fall kann hier nicht behandelt werden. $\square$

Wir gehen nun zum Fall einer affinen Hyperebene $\Gamma \subset V$ über. Eine solche wird nach Satz E [3.6] durch eine Gleichung der Form $h(u) = \beta$, ihre Richtung U durch $h(v) = 0$ dargestellt. Dabei ist $h \neq 0$ eine Linearform auf V und $\beta \in \mathbf{R}$. Nach Satz I ist h von der Form $h(w) = \langle b, w \rangle$ für alle $w \in V$. Trägt man dies in die Darstellung von Γ und U ein, dividiert durch $|b|$ und setzt $N := b/|b|$, $p := \beta/|b|$, so folgt als äquivalente Darstellung von

(43) $\Gamma\colon \ \langle N, u \rangle = p$

(44) $U\colon \ \langle N, v \rangle = 0$.

Eine Gleichung der Form (43) mit $|N| = 1$ heißt eine **Hessesche Normalform** von Γ, und (44) lehrt, daß dann N ein Einheitsvektor aus dem eindimensionalen orthogonalen Komplement $U^\perp$ von U ist. Deshalb heißt N ein **Normaleneinheitsvektor** von Γ.
Zwei Hessesche Normalformen ein und derselben Hyperebene Γ unterscheiden sich höchstens um den Faktor -1: Ist nämlich $\langle \tilde{N}, u \rangle = \tilde{p}$ eine weitere Hessesche Normalform von Γ, so

wird U gegeben durch $\langle \tilde{N}, v \rangle = 0$, also gilt $\tilde{N} \in U^\perp$. Hieraus folgt $\tilde{N} = \rho \cdot N$ mit $\rho \in \mathbf{R}$, und der Übergang zu den Beträgen liefert $|\rho| = 1$, also $\rho = 1$ oder $\rho = -1$. Im ersten Fall gilt also $\tilde{N} = N$ und $\tilde{p} = p$, im zweiten Fall $\tilde{N} = -N$ und $\tilde{p} = -p$.

Aus der Hesseschen Normalform (43) von Γ ergibt sich durch Übergang zu den Beträgen unter Verwendung der Ungleichung von Cauchy-Schwarz:

$$(45) \qquad |p| = |\langle N, u \rangle| \leq |N| \cdot |u| = |u|.$$

Somit ist die Entfernung der Punkte $u \in \Gamma$ vom Nullpunkt 0 niemals kleiner als $|p|$. Soll ein Punkt $u \in \Gamma$ genau die Entfernung $|p|$ von 0 haben, so muß einerseits gelten $\langle N, u \rangle = p$, und es muß andererseits in (45) das Gleichheitszeichen eintreten, d.h. es muß $u = \alpha \cdot N$ mit einem $\alpha \in \mathbf{R}$ gelten. Diese Bedingungen führen auf $\alpha = p$. *Also ist die aus der Hesseschen Normalform (43) ablesbare Zahl $|p|$ das Minimum der Entfernungen aller Punkte $u \in \Gamma$ vom Nullpunkt 0, und dieses Minimum wird genau einmal, nämlich für $u = pN \in \Gamma$ angenommen.* Deshalb heißt $|p|$ der **Abstand** von Γ vom Nullpunkt 0.

Aufgaben

1. Man beweise, daß durch die Forderungen von Satz C die Vektoren a_i bis aufs Vorzeichen eindeutig durch die Vektoren b_i bestimmt sind.

2. Im Prähilbertraum $C[-1, 1]$ betrachte man die Folge (g_n), definiert durch die Vorschrift $g_n(x) := (2/(2n+1))^{1/2} (1/(2^n \, n!)) (d^n/dx^n) (x^2 - 1)^n$, $n = 0, 1, 2, \ldots$, worin d^n/dx^n die n-te Ableitung bezeichnet. Man zeige:

a) g_n ist ein Polynom vom Grad n (es heißt das n-te **Legendrepolynom**).

b) Das System (g_n) ist orthonormal.

c) Das System (g_n) ist dasjenige, das nach dem Schmidtschen Orthogonalisierungsverfahren aus dem System (f_n) der Monome $f_n(x) = x^n$ entsteht.

3. Für zwei Untervektorräume U_1, U_2 von V sei $V = U_1 + U_2$ und $U_1 \perp U_2$ vorausgesetzt. Man folgere $U_2 = (U_1)^\perp$ und $U_1 = (U_2)^\perp$ sowie $V = U_1 \oplus U_2$.

4. Sei $\dim V < \infty$. Man zeige:

a) Die Zuordnung $U \mapsto U^\perp$ ist eine bijektive Abbildung der Menge aller Untervektorräume von V auf sich.

b) Für Untervektorräume U, W von V gilt: $(U + W)^\perp = U^\perp \cap W^\perp$ und $(U \cap W)^\perp = U^\perp + W^\perp$.

Hinweis: Bei a) verwende man die Beziehung $U = (U^\perp)^\perp$. Der erste Teil von b) folgt direkt, der zweite daraus durch Anwendung von $^\perp$ unter Heranziehung von a).

5. Ist (43) Hessesche Normalform der Hyperebene Γ, so ist $|\langle N, u' \rangle - p|$ für jedes $u' \in V$ der **Abstand** von u' von Γ, d.h. das Minimum aller Entfernungen $d(u, u')$ für alle $u \in \Gamma$. Man beweise dies analog zum obigen Spezialfall $u' = 0$.

5.5 Determinantenformen in euklidischen Vektorräumen

In diesem Abschnitt bezeichnet V stets einen euklidischen Vektorraum *endlicher* Dimension $n \geq 1$ (mit Skalarprodukt $\langle , \rangle$).

Neben Länge und Winkel induziert das Skalarprodukt eine weitere metrische Größe, das *Volumen*. Dieses wird hier im Zusammenhang mit gewissen Determinantenformen eingeführt.

Ausgangspunkt ist der Satz über die Gramsche Determinante (L [4.5]). Wendet man diesen Satz auf das Skalarprodukt $\langle\,,\,\rangle$ an, dann folgt, daß zu jeder Determinantenform D über V genau eine Konstante $\gamma \in \mathbf{R}$ existiert, so daß gilt:

(1) $\det(\langle u_i, v_j\rangle)_{1\leq i,\,j\leq n} = \gamma \cdot D(u_1, \ldots, u_n) \cdot D(v_1, \ldots, v_n)$

für alle $u_1, \ldots, u_n$ und $v_1, \ldots, v_n$ aus V. Das Ziel ist, durch passende Wahl von D die Konstante γ zu 1 zu machen. Zunächst gilt in (1) $\gamma > 0$, wie man erkennt, wenn man für $u_1, \ldots, u_n$ und $v_1, \ldots, v_n$ die Elemente ein und derselben ON-Basis substituiert. Ersetzt man D durch $\widetilde{D} := \rho \cdot D$, wobei $\rho \in \mathbf{R} \setminus 0$, so tritt in (1) an die Stelle von γ die neue Konstante $\dfrac{\gamma}{\rho^2}$. Diese ist genau dann 1, wenn $\rho = \sqrt{\gamma}$ oder $\rho = -\sqrt{\gamma}$ gilt. Daraus folgt:

Satz und Definition A. *Es gibt eine Determinantenform* D_0 *über* V *mit der Eigenschaft:*

(2) $\begin{vmatrix} \langle u_1, v_1\rangle \ldots \langle u_1, v_n\rangle \\ \vdots \qquad\quad \vdots \\ \langle u_n, v_1\rangle \ldots \langle u_n, v_n\rangle \end{vmatrix} = D_0(u_1, \ldots, u_n) \cdot D_0(v_1, \ldots, v_n)$

für alle $u_1, \ldots, u_n$ *und* $v_1, \ldots, v_n$ *aus* V. *Die einzige weitere Determinantenform über* V *mit der gleichen Eigenschaft ist* $-D_0$.

D_0 *und* $-D_0$ *heißen die beiden* **normierten Determinantenformen** *über* V. $\square$

Beispiel 1. Die Standarddeterminante D_0 über $\mathbf{R}^n$ (A [4.3]) ist eine normierte Determinantenform, wenn $\mathbf{R}^n$ mit der euklidischen Standardmetrik versehen wird. Denn für D_0 gilt (1) mit $\gamma = 1$, wie man sieht, wenn man speziell $u_i = v_i = e_i$ setzt.

Warnung: Prinzipiell ist eine Unterscheidung der beiden normierten Determinantenformen über V nicht möglich.

Aus (2) folgt speziell für $u_i = v_i$:

(3) $\det(\langle v_i, v_j\rangle)_{1\leq i,\,j\leq n} = (D_0(v_1, \ldots, v_n))^2 \geq 0$

für alle $v_1, \ldots, v_n$ aus V. Durch Übergang zur Wurzel ergibt sich:

Zusatz zu A. *Für jede normierte Determinantenform* D_0 *über* V *gilt:*

(4) $|D_0(v_1, \ldots, v_n)| = \sqrt{\begin{vmatrix} \langle v_1, v_1\rangle \ldots \langle v_1, v_n\rangle \\ \vdots \qquad\quad \vdots \\ \langle v_n, v_1\rangle \ldots \langle v_n, v_n\rangle \end{vmatrix}}$

für alle $v_1, \ldots, v_n$ *aus* V. *Insbesondere gilt für jede ON-Basis* $a_1, \ldots, a_n$ *von* V:

(5) $|D_0(a_1, \ldots, a_n)| = 1$. $\square$

Die Funktion

(6) $\Delta : V^n \to \mathbf{R}$,

definiert durch

(7) $\Delta(v_1, \ldots, v_n) := |D_0(v_1, \ldots, v_n)|$,

hat offensichtlich die folgende Eigenschaft der **absoluten Homogenität**:

(AH) = (8) $\Delta(v_1, \ldots, \lambda v_i, \ldots, v_n) = |\lambda| \cdot \Delta(v_1, \ldots, v_i, \ldots, v_n)$.

Sie ist außerdem scherungsinvariant und nimmt auf jeder ON-Basis den Wert 1 an. Man kann sogar beweisen, daß Δ die *einzige* Funktion mit diesen Eigenschaften ist (vgl. den folgenden Satz H). Im Hinblick auf die Motivierung in 4.1 wird man also Δ zur Definition des Volumens von Parallelotopen heranziehen. Zuvor führen wir den Begriff des Parallelotopes selbst ein:

Definition B. *Sei* $v_1, \ldots, v_n$ *linear unabhängig. Unter dem **n-Parallelotop** mit den **Kantenvektoren** $v_1, \ldots, v_n$ versteht man die Menge*

(9) $P(v_1, \ldots, v_n) := \{v \in V \mid v = \sum_{i=1}^{n} \lambda_i v_i, \ 0 \leq \lambda_i \leq 1 \ \text{für} \ i = 1, \ldots, n\}$.

Bemerkung 1. Ist $\varphi : V \to \mathbf{R}^n$ die lineare Karte zur Basis $v_1, \ldots, v_n$, so geht $P(v_1, \ldots, v_n)$ unter φ in die Punktmenge

(10) $W_n := \{(\lambda_1, \ldots, \lambda_n) \in \mathbf{R}^n \mid 0 \leq \lambda_i \leq 1, \ i = 1, \ldots, n\}$

in $\mathbf{R}^n$ über. Das ist der **n-dimensionale Einheitswürfel** (für n = 1 die **Einheitsstrecke** zwischen 0 und 1 auf $\mathbf{R}$, für n = 2 das **Einheitsquadrat** in $\mathbf{R}^2$). Man vergleiche die Bilder 39 bis 41.

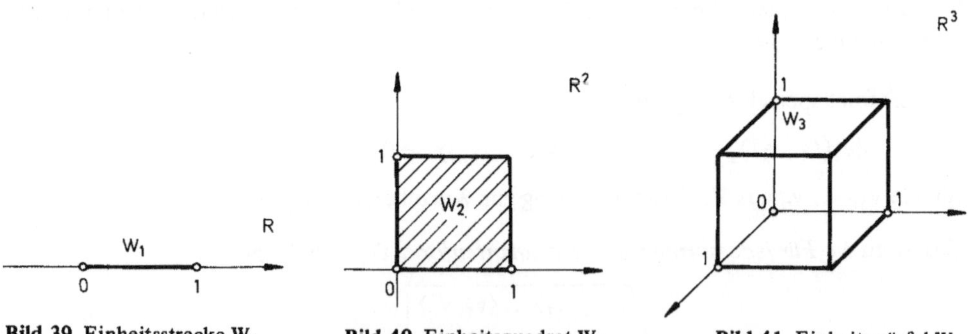

Bild 39 Einheitsstrecke W_1 **Bild 40** Einheitsquadrat W_2 **Bild 41** Einheitswürfel W_3

Ein Parallelotop ist also einfach isomorphes Abbild (unter φ^{-1}) eines solchen Würfels. Bild 21 bei Beispiel 2 [0.3.3] veranschaulicht ein 3-Parallelotop.

Definition C. *Das (n-dimensionale) Volumen des n-Parallelotopes mit den Kantenvektoren* $v_1, \ldots, v_n$ *ist die Zahl*

$$(11) \qquad \Delta(v_1, \ldots, v_n) = |D_0(v_1, \ldots, v_n)|.$$

Bemerkung 2. Streng genommen bleibt an dieser Stelle offen, ob $\Delta(v_1, \ldots, v_n)$ allein der Punktmenge $P(v_1, \ldots, v_n)$ zugeordnet ist; denn diese könnte ja auf verschiedene Weisen in der Form (9) darstellbar sein. Tatsächlich kann man zeigen, daß zwei Basen $v_1, \ldots, v_n$ und $u_1, \ldots, u_n$ bis auf Permutation ihrer Elemente übereinstimmen, wenn $P(v_1, \ldots, v_n) = P(u_1, \ldots, u_n)$ gilt (vgl. Aufgabe 3). Zusammen mit (11) folgt daraus:

$$(12) \qquad P(v_1, \ldots, v_n) = P(u_1, \ldots, u_n) \Rightarrow \Delta(v_1, \ldots, v_n) = \Delta(u_1, \ldots, u_n). \qquad \square$$

Sind s linear unabhängige Vektoren $v_1, \ldots, v_s$ in V gegeben, so ist mit den Definitionen B und C auch der Begriff des **s-Parallelotopes** $P(v_1, \ldots, v_s)$ in V und seines **s-dimensionalen Volumens** $\Delta_s(v_1, \ldots, v_s)$ eingeführt: Man hat lediglich in B und C den euklidischen Vektorraum V zu ersetzen durch den von $v_1, \ldots, v_s$ aufgespannten Untervektorraum U, der ja mit der Einschränkung von $\langle \, , \, \rangle$ wiederum ein euklidischer Vektorraum ist. Dann gilt:

Satz D. *Das s-dimensionale Volumen des s-Parallelotopes mit den linear unabhängigen Kantenvektoren* $v_1, \ldots, v_s$ *ist die Zahl*

$$(13) \qquad \Delta_s(v_1, \ldots, v_s) = \sqrt{\begin{vmatrix} \langle v_1, v_1 \rangle & \cdots & \langle v_1, v_s \rangle \\ \vdots & & \vdots \\ \langle v_s, v_1 \rangle & \cdots & \langle v_s, v_s \rangle \end{vmatrix}} > 0. \qquad \square$$

Natürlich gilt $\Delta_n = \Delta$.

Beispiele. 2. Für $s = 1$ ist $P(v_1)$ die **Strecke**

$$(14) \qquad P(v_1) = \{v \mid v = \lambda v_1 \text{ mit } 0 \leqq \lambda \leqq 1\},$$

und $\Delta_1(v_1)$ ist deren **Länge**:

$$(15) \qquad \Delta_1(v_1) = \sqrt{\langle v_1, v_1 \rangle} = |v_1|.$$

3. Für $s = 2$ ist $P(v_1, v_2)$ das **Parallelogramm**

$$(16) \qquad P(v_1, v_2) = \{v \mid v = \lambda_1 v_1 + \lambda_2 v_2 \text{ mit } 0 \leqq \lambda_1 \leqq 1, \ 0 \leqq \lambda_2 \leqq 1\}$$

und $\Delta_2(v_1, v_2)$ dessen **Flächeninhalt**:

$$(17) \qquad \Delta_2(v_1, v_2) = \sqrt{\langle v_1, v_1 \rangle \langle v_2, v_2 \rangle - \langle v_1, v_2 \rangle^2}.$$

Bemerkung 3. Sind die Vektoren $v_1, \ldots, v_s$ linear abhängig in V, so ist die Zahldeterminante in (13) gleich 0. Das erkennt man z.B., indem man einen geeigneten dieser Vektoren als Linearkombination der anderen darstellt und diese Darstellung in die entsprechende *Spalte* der Determinante in (13) einträgt. *Das Verschwinden der Determinante in* (13) *ist also notwendig und hinreichend für die lineare Abhängigkeit von* $v_1, \ldots, v_s$. $\qquad \square$

Nach A gibt es genau zwei normierte Determinantenformen auf V, die sich nur im Vorzeichen unterscheiden. Wählt man eine dieser Determinantenformen aus, so wird dadurch V orientiert. Ein *orientierter euklidischer Vektorraum* ist also definierbar als ein Tripel $(V, \langle\,,\,\rangle, D_0)$, bestehend aus einem **R**-Vektorraum V (endlicher Dimension), einem positiv definiten Skalarprodukt $\langle\,,\,\rangle$ auf V sowie einer normierten Determinantenform D_0 über V. Im Hinblick auf (11) kann man jede der beiden normierten Determinantenformen D_0 und $-D_0$ als **vorzeichenbehaftete n-Volumfunktion (signiertes n-Volumen)** bezeichnen.

Ist $a_1, \ldots, a_n$ eine positiv orientierte ON-Basis eines orientierten euklidischen Vektorraumes V und gilt für $u_1, \ldots, u_n \in V$

$$(18) \qquad u_i = \sum_{k=1}^{n} a_{ki} a_k, \quad 1 \leqq i \leqq n,$$

so gilt $D_0(u_1, \ldots, u_n) = \det L \cdot D_0(a_1, \ldots, a_n)$; hierin ist L der Endomorphismus mit $L(a_i) = u_i$ für $1 \leqq i \leqq n$ (A [4.5]). Nun gilt $\det L = \det A$, wobei A die Koeffizientenmatrix in (18) ist (E [4.5]), ferner $D_0(a_1, \ldots, a_n) = 1$. Es folgt:

$$(19) \qquad D_0(u_1, \ldots, u_n) = \det A.$$

Bezüglich einer positiv orientierten ON-Basis von V drückt sich also D_0 wie die Standarddeterminante in $\mathbf{R}^n$ aus.

Wenn ein regulärer Endomorphismus $L : V \to V$ gegeben ist, so gilt nach (3) [4.5]

$$(20) \qquad \det L = \frac{D_0(Lv_1, \ldots, Lv_n)}{D_0(v_1, \ldots, v_n)} \neq 0$$

für jede Basis $v_1, \ldots, v_n$ von V. Durch Übergang zu den Beträgen folgt:

$$(21) \qquad |\det L| = \frac{\Delta(Lv_1, \ldots, Lv_n)}{\Delta(v_1, \ldots, v_n)};$$

d.h. $|\det L|$ ist der *Volumverzerrungsfaktor* von n-Parallelotopen bei Abbildung unter L.

Wir betrachten den Zusammenhang zwischen n-dimensionalem und $(n-1)$-dimensionalem Volumen, der der elementaren Vorschrift „Grundfläche mal Höhe" entspricht: Sei $v_1, \ldots, v_n$ eine Basis von V. Die $n-1$ Vektoren $v_1, \ldots, v_{n-1}$ spannen eine Hyperebene H auf, und es gilt die Zerlegung $V = H \oplus H^\perp$, wobei $H^\perp$ der eindimensionale Orthogonalraum zu H, also die Gerade senkrecht zu H, ist. Somit existiert für v_n eine eindeutige Zerlegung

$$(22) \qquad v_n = \sum_{i=1}^{n-1} \mu_i v_i + v_n'$$

mit

$$(23) \qquad v_n' \in (sp(v_1, \ldots, v_{n-1}))^\perp.$$

Der Vektor v_n' ist die senkrechte Projektion von v_n auf $H^\perp$. Damit können wir folgende Umformungen vornehmen:

$$(\Delta_n(v_1, \ldots, v_{n-1}, v_n))^2 = (\Delta_n(v_1, \ldots, v_{n-1}, v_n'))^2$$

$$(24) \qquad = \begin{vmatrix} \langle v_1, v_1 \rangle & \ldots & \langle v_1, v_{n-1} \rangle & 0 \\ \vdots & & \vdots & \vdots \\ \langle v_{n-1}, v_1 \rangle & \ldots & \langle v_{n-1}, v_{n-1} \rangle & 0 \\ 0 & \ldots & 0 & \langle v_n', v_n' \rangle \end{vmatrix}$$

$$= (\Delta_{n-1}(v_1, \ldots, v_{n-1}))^2 \cdot \langle v_n', v_n' \rangle.$$

Hier wurde für die erste Formelzeile (11) und (22), für die zweite (13) und (23) verwendet. Die dritte Zeile erhält man durch Entwickeln der Zahldeterminante nach der letzten Spalte und nochmalige Anwendung von (13). Übergang zur Wurzel liefert:

Satz E. *Sei* $v_1, \ldots, v_n$ *eine Basis von* V *und* v_n' *die senkrechte Projektion von* v_n *auf* $(\mathrm{sp}(v_1, \ldots, v_{n-1}))^\perp$. *Dann gilt:*

$$(25) \qquad \Delta_n(v_1, \ldots, v_n) = \Delta_{n-1}(v_1, \ldots, v_{n-1}) \cdot |v_n'|. \qquad \square$$

Mit Hilfe der Pythagoras-Gleichung (11) [5.3] folgt aus (22) und (23):

$$(26) \qquad |v_n|^2 = \left| \sum_{i=1}^{n-1} \mu_i v_i \right|^2 + |v_n'|^2,$$

also gilt $|v_n| \geqq |v_n'|$, wobei das Gleichheitszeichen genau dann eintritt, wenn alle μ_i Null sind, d.h. nach (22), wenn v_n orthogonal zu $v_1, \ldots, v_{n-1}$ ist. Wir erhalten so die

Folgerung F. *Ist* $v_1, \ldots, v_n$ *Basis von* V, *so gilt:*

$$(27) \qquad \Delta_n(v_1, \ldots, v_n) \leqq \Delta_{n-1}(v_1, \ldots, v_{n-1}) \cdot |v_n|,$$

wobei das Gleichheitszeichen genau dann steht, wenn v_n *orthogonal zu* $v_1, \ldots, v_{n-1}$ *ist.* $\qquad \square$

Eine sukzessive Anwendung liefert hieraus unter Beachtung von (11) und (15):

Satz G. *Für jede Basis* $v_1, \ldots, v_n$ *in* V *gilt die* **Hadamardsche Ungleichung**

$$(28) \qquad |D_0(v_1, \ldots, v_n)| \leqq |v_1| \cdot \ldots \cdot |v_n|,$$

wobei das Gleichheitszeichen genau dann steht, wenn $v_1, \ldots, v_n$ *paarweise orthogonal sind.* $\qquad \square$

Man kann dies auch so formulieren: *Unter allen n-Parallelotopen mit gleichen Kantenlängen hat genau das das größte Volumen, bei dem die Kantenvektoren paarweise orthogonal sind.*

Trivialerweise gilt die Ungleichung (28) *selbst* auch dann, wenn $v_1, \ldots, v_n$ linear abhängig ist.

$$* \quad *$$
$$*$$

Wir behandeln zum Abschluß die *Einzigkeit der Funktion* Δ.

Satz H. *Sei* $a_1, \ldots, a_n$ *eine vorgegebene ON-Basis von* V. *Dann existiert genau eine Funktion* $\Delta : V^n \to R$ *mit den Eigenschaften:*

(AH) *absolute Homogenität* (8);

(S) *Scherungsinvarianz* A (ii) [4.2];

(N) *Normierung:* $\Delta(a_1, \ldots, a_n) = 1$.

Diese Funktion ist gegeben durch:

$$(29) \qquad \Delta(v_1, \ldots, v_n) = |D_0(v_1, \ldots, v_n)|,$$

wobei D_0 *eine der beiden normierten Determinantenformen über* V *ist.*

Insbesondere gilt dann $\Delta(b_1, \ldots, b_n) = 1$ *für jede ON-Basis* $b_1, \ldots, b_n$ *von* V.

Beweis. Die *Existenz* wurde bereits oben klar.

Zum *Eindeutigkeitsbeweis* nehmen wir an, Δ sei irgend eine Funktion mit den genannten Eigenschaften. Dann kann man zunächst wie bei B (d) [4.2] einsehen, daß gilt:

$$(30) \qquad v_1, \ldots, v_n \text{ linear abhängig} \Rightarrow \Delta(v_1, \ldots, v_n) = 0.$$

Tatsächlich macht es bei den Schlüssen im Beweis von B [4.2] bis (d) einschließlich nichts aus, daß in (AH) nunmehr $|\lambda|$ statt λ steht.

Mittels einer festgewählten normierten Determinantenform D_0 definieren wir jetzt eine Funktion $f : V^n \to R$ durch:

$$(31) \qquad f(v_1, \ldots, v_n) := \begin{cases} 0, & \text{falls } v_1, \ldots, v_n \text{ linear abhängig} \\ \dfrac{D_0(v_1, \ldots, v_n)}{|D_0(v_1, \ldots, v_n)|} \cdot \Delta(v_1, \ldots, v_n), & \text{falls } v_1, \ldots, v_n \text{ linear unabhängig.} \end{cases}$$

Mit (AH) und (S) ist leicht nachzurechnen, daß f die Eigenschaften der Homogenität (H) und Scherungsinvarianz (S) von A [4.2] besitzt. Deswegen ist f nach D [4.2] eine alternierende n-Linearform, und nach J [4.2] folgt die Existenz eines $\delta \in R$ mit $f = \delta \cdot D_0$. Wertet man dies für die Argumentliste $a_1, \ldots, a_n$ aus, so folgt mittels (31) und (N): $\delta = |D_0(a_1, \ldots, a_n)| = 1$. Damit ergibt sich $f = D_0$, woraus mit (31) für linear unabhängige $v_1, \ldots, v_n$ folgt:

$$(32) \qquad \Delta(v_1, \ldots, v_n) = |D_0(v_1, \ldots, v_n)|.$$

Für linear abhängige $v_1, \ldots, v_n$ ist dies aber nach (30) richtig. $\qquad\qquad\square$

Bemerkung 4. In der Integralrechnung des R^n wird gewissen Punktmengen, zu denen die Parallelotope gehören, ein *Maß* zugeordnet, von dem man mit den Mitteln der Analysis leicht einsehen kann, daß es für Parallelotope die Eigenschaften (AH), (S), (N) von Satz H besitzt (mit $a_i = e_i$). Deswegen stimmt das Maß für Parallelotope $P(v_1, \ldots, v_n)$ mit der obigen Zahl $\Delta(v_1, \ldots, v_n)$ überein. Das ist ein wichtiger Schritt beim Beweis der Transformationsformel für mehrfache Integrale.

Aufgaben

1. Es sei $L : V \to V$ linear, und für nichtnegative reelle Konstante α, β gelte $\alpha|v| \leq |Lv| \leq \beta v$ für alle $v \in V$. Man beweise $\alpha^n \leq |\det L| \leq \beta^n$.

2. In einem euklidischen Vektorraum V der Dimension 3 seien drei Einheitsvektoren b_1, b_2, b_3 gegeben, so daß je zwei von ihnen den Abstand 1 haben: $|b_i - b_j| = 1$ für $1 \leq i < j \leq 3$. Man berechne die Winkel zwischen b_i und b_j sowie das Volumen des Parallelotopes mit den Kantenvektoren b_1, b_2, b_3.

3. Es seien $a_1, \ldots, a_n$ und $b_1, \ldots, b_n$ zwei Basen des reellen Vektorraumes V mit der Eigenschaft, daß die Matrizen der Basiswechsel von $a_1, \ldots, a_n$ zu $b_1, \ldots, b_n$ und von $b_1, \ldots, b_n$ zu $a_1, \ldots, a_n$ nur Elemente ≥ 0 haben. Man beweise: Es gibt eine Permutation $\sigma \in \mathfrak{S}_n$ und positive Zahlen $s_1, \ldots, s_n$, so daß gilt $a_i = s_i b_{\sigma(i)}$ für $1 \leq i \leq n$. Daraus folgere man: Sind zwei n-Parallelotope als Punktmengen gleich, $P(a_1, \ldots, a_n) = P(b_1, \ldots, b_n)$, so ist $b_1, \ldots, b_n$ eine Permutation von $a_1, \ldots, a_n$.

5.6 Zwei- und dreidimensionale euklidische Vektorräume

Wir wenden unsere bisherigen Resultate auf einige Fragen in euklidischen Vektorräumen der Dimensionen 2 und 3 an, nämlich auf den *Winkel* und das *Vektorprodukt*.

Ist V ein euklidischer Vektorraum der Dimension *zwei*, eine sog. **euklidische Ebene**, so ist je zwei Vektoren $u \neq 0$ und $v \neq 0$ aus V ein *unorientierter* Winkel α zugeordnet vermöge den in F [5.3] aufgestellten Bedingungen:

$$(1) \qquad \cos\alpha = \frac{\langle u, v \rangle}{|u| \cdot |v|}, \qquad 0 \leq \alpha \leq \pi.$$

Dieser Winkelbegriff hat den Nachteil, daß bei Vorgabe von u und α der Vektor v *nicht* bis auf positive Vielfache eindeutig bestimmt ist (wenn z. B., u, v eine ON-Basis von V ist, so sind die Winkel zwischen u und v bzw. zwischen u und $-v$ *beide* gleich $\pi/2$). Ist V jedoch *orientiert* mittels einer normierten Determinantenform D_0, so bietet diese die Möglichkeit, auch den Sinuswert festzusetzen und zwar entsprechend der Orientierung der beiden Vektoren. Wir beachten hierzu die aus (2) [5.5] folgende Beziehung:

$$(2) \qquad |u|^2 \cdot |v|^2 - \langle u, v \rangle^2 = \begin{vmatrix} \langle u, u \rangle & \langle u, v \rangle \\ \langle v, u \rangle & \langle v, v \rangle \end{vmatrix} = (D_0(u, v))^2.$$

Aus dieser folgt für $u \neq 0$, $v \neq 0$:

$$(3) \qquad \left(\frac{\langle u, v \rangle}{|u| \cdot |v|} \right)^2 + \left(\frac{D_0(u, v)}{|u| \cdot |v|} \right)^2 = 1,$$

und hieraus liest man ab:

Satz und Definition A. *Zu jedem (geordneten!) Paar* u, v *von Null verschiedener Vektoren einer orientierten euklidischen Ebene existiert genau eine reelle Zahl* ω *mit:*

$$(4) \qquad \cos\omega = \frac{\langle u, v\rangle}{|u|\cdot|v|}, \qquad \sin\omega = \frac{D_0(u, v)}{|u|\cdot|v|}, \qquad -\pi < \omega \leq \pi.$$

Dieses ω *heißt der* **orientierte Winkel** *zwischen* u *und* v. *Schreibweise:* $\omega = \measuredangle_0(u, v)$.   □

Natürlich hätte man statt $]-\pi, \pi]$ jedes andere halboffene Intervall der Länge 2π verwenden können. Die Wahl von $]-\pi, \pi]$ bewirkt jedoch, daß jeder orientierte Winkel $\neq \pi$ sein Vorzeichen wechselt, wenn man u und v vertauscht oder V umorientiert. Überdies kann man zeigen, daß (bei fester Reihenfolge der Vektoren und fester Orientierung von V) die Vorgabe von u und ω nunmehr v bis auf ein positives Vielfaches eindeutig festlegt; vgl. Aufgabe 1.

Bemerkung 1. Wie beim unorientierten Winkel (Bemerkung 4 [5.3]) ist auch hier der folgende Begriff sinnvoll: Jede reelle Zahl ω', die den Gleichungen $\cos\omega' = \langle u, v\rangle/|u|\cdot|v|$ und $\sin\omega' = D_0(u, v)/|u|\cdot|v|$ genügt, heißt eine **Bestimmung** des orientierten Winkels $\measuredangle_0(u, v)$. Aufgrund der Periodizität von Cosinus und Sinus (Eigenschaft (V) [1.3.3]) unterscheiden sich je zwei Bestimmungen desselben Winkels $\measuredangle_0(u, v)$ nur um ein ganzzahliges Vielfaches von 2π, und unter allen diesen Bestimmungen von $\measuredangle_0(u, v)$ befindet sich genau eine, ω, im Intervall $]-\pi, \pi]$.   □

* *
*

Es sei jetzt V ein euklidischer Vektorraum der Dimension *drei*, der durch eine normierte Determinantenform D_0 orientiert ist. Wir wollen zeigen, wie man in einem solchen Vektorraum das Vektorprodukt einführen kann. (Leitfaden ist dabei die Beziehung (15) [0.3.3], wobei man beachten sollte, daß das dort betrachtete Spatprodukt laut (18) [0.3.3] die Standarddeterminante von $\mathbf{R}^3$ darstellt.) Zu gegebenen Vektoren u, v $\in$ V betrachten wir die Linearform w $\mapsto D_0(u, v, w)$ auf V. Nach dem kleinen Lemma von Riesz (I [5.4]) existiert genau ein Vektor b $\in$ V, so daß gilt: $D_0(u, v, w) = \langle b, w\rangle$ für alle w $\in$ V. Dieses b ist das Vektorprodukt von u und v:

Satz und Definition B. *Zu jedem (geordneten!) Paar* u, v *von Vektoren eines dreidimensionalen orientierten euklidischen Vektorraumes* V *existiert genau ein Vektor* u $\times$ v $\in$ V *mit der Eigenschaft:*

$$(5) \qquad D_0(u, v, w) = \langle u \times v, w\rangle \quad \textit{für alle}\ w \in V.$$

Dieser Vektor u $\times$ v *heißt das* **Vektorprodukt** *von* u *und* v.   □

Bezüglich einer positiv orientierten ON-Basis a_1, a_2, a_3 von V sollen jetzt die Koordinaten von $u \times v$ aus denen von u, v berechnet werden. Es sei gesetzt:

$$(6) \qquad u = \sum_{i=1}^{3} x_i a_i, \qquad v = \sum_{i=1}^{3} y_i a_i,$$

$$(7) \qquad w = \sum_{i=1}^{3} z_i a_i, \qquad u \times v = \sum_{i=1}^{3} \lambda_i a_i.$$

Die Beziehung (5) lautet damit:

$$(8) \qquad \sum_{i=1}^{3} z_i D_0(u, v, a_i) = \sum_{i=1}^{3} \lambda_i z_i \quad \text{für alle } z_i \in \mathbf{R}.$$

Dies bedeutet

$$(9) \qquad D_0(u, v, a_i) = \lambda_i, \quad 1 \leqq i \leqq 3,$$

also nach (19) [5.5]

$$(10) \qquad \lambda_1 = D_0(a_1, u, v) = \begin{vmatrix} 1 & 0 & 0 \\ x_1 & x_2 & x_3 \\ y_1 & y_2 & y_3 \end{vmatrix} = x_2 y_3 - x_3 y_2,$$

und analog

$$(11) \qquad \lambda_2 = D_0(a_2, u, v) = x_3 y_1 - x_1 y_3, \quad \lambda_3 = D_0(a_3, u, v) = x_1 y_2 - x_2 y_1.$$

Zusammengefaßt ergibt sich also

$$(12) \qquad u \times v = (x_2 y_3 - x_3 y_2) a_1 + (x_3 y_1 - x_1 y_3) a_2 + (x_1 y_2 - x_2 y_1) a_3.$$

Hiernach berechnen sich die Koordinaten von $u \times v$ bezüglich einer *positiv orientierten ON-Basis* von V genauso aus den Koordinaten von u, v wie bei dem in 0.3.3 eingeführten Vektorprodukt in $\mathbf{R}^3$. *Deswegen übertragen sich auch alle weiteren dort abgeleiteten Eigenschaften,* da man alle Rechnungen in einer solchen Basis ausführen kann. Die Rolle des dortigen Spatproduktes übernimmt jetzt die normierte Determinantenform D_0. Auf eine nochmalige Herleitung dieser Eigenschaften kann also verzichtet werden.

Bemerkung 2. Die Formel (12) kann man in der „Merkregel" zusammenfassen:

$$(13) \qquad u \times v = \begin{vmatrix} a_1 & a_2 & a_3 \\ x_1 & x_2 & x_3 \\ y_1 & y_2 & y_3 \end{vmatrix}.$$

Die rechtsstehende „Determinante" — sie ist eigentlich gar nicht definiert, da a_1, a_2, a_3 keine Skalare sind — hat man dabei formal nach der ersten Zeile zu entwickeln.

Aufgaben

1. Es seien u, v, v' von 0 verschiedene Vektoren einer orientierten euklidischen Ebene V. Man zeige: Ist der orientierte Winkel zwischen u und v gleich dem orientierten Winkel zwischen u und v', so gilt $v' = \lambda v$ mit einem $\lambda > 0$.

2. Man deduziere direkt aus (5):

a) $u \times v$ ist orthogonal zu u und v.

b) Sind u, v linear abhängig, so ist $u \times v = 0$.

c) Sind u, v linear unabhängig, so ist $u \times v \neq 0$, und $u, v, u \times v$ ist ein Rechtssystem.

3. Ohne Rückgriff auf 0.3.3 beweise man: $|u \times v|^2 = |u|^2 \cdot |v|^2 - \langle u, v \rangle^2$ [was nach Beispiel 3 [5.5] bedeutet, daß $|u \times v|$ der Flächeninhalt des Parallelogramms $P(u, v)$ ist, falls u, v linear unabhängig sind].

Hinweis: Man setze in (5) $w = u \times v$ und verwende (3) [5.5].

4. Das Vektorprodukt kann folgendermaßen auf höhere Dimensionen verallgemeinert werden: Es sei V ein orientierter euklidischer Vektorraum der Dimension $n + 1$ mit der normierten Determinantenform D_0. Für n gegebene Vektoren $v_1, \ldots, v_n$ definiert die Abbildung $w \mapsto D_0(w, v_1, \ldots, v_n)$ eine Linearform auf V, die nach dem kleinen Lemma von Riesz in der Form $w \mapsto \langle w, b \rangle$ mit eindeutig bestimmtem $b \in V$ geschrieben werden kann; dieses b heißt das **Vektorprodukt** $v_1 \times \ldots \times v_n$. Aus der Definitionsgleichung $D_0(w, v_1, \ldots, v_n) = \langle w, v_1 \times \ldots \times v_n \rangle$ beweise man:

a) Das Vektorprodukt $v_1 \times \ldots \times v_n$ ist n-linear und alternierend (das zweite bedeutet: bei Vertauschung von v_i und v_j mit $i \neq j$ ändert sich das Vorzeichen).

b) $v_1, \ldots, v_n$ linear abhängig $\Longleftrightarrow v_1 \times \ldots \times v_n = 0$.

c) $v_1 \times \ldots \times v_n$ ist orthogonal zu $v_1, \ldots, v_n$.

d) Für linear unabhängige $v_1, \ldots, v_n$ ist $v_1 \times \ldots \times v_n, v_1, \ldots, v_n$ eine positiv orientierte Basis von V.

e) $|v_1 \times \ldots \times v_n|^2 = (\Delta_n(v_1, \ldots, v_n))^2 = \det(\langle v_i, v_j \rangle)_{1 \leq i, j \leq n}$.

5.7 Isometrien

Isometrien sind die strukturverträglichen linearen Abbildungen euklidischer Vektorräume. Es seien V, W euklidische Vektorräume, deren Skalarprodukte, Normen usw. ohne Verwechslungsgefahr durch dieselben Symbole bezeichnet werden können.

Definition A. *Eine lineare Abbildung* $L : V \to W$ *heißt **Isometrie**, wenn gilt:*

$$(1) \qquad \langle Lu, Lv \rangle = \langle u, v \rangle \qquad \text{für alle } u, v \in V.$$

Beispiel 1. Es sei eine orthogonale Zerlegung

$$(2) \qquad V = U \oplus U^\perp$$

vorgegeben. Die **Orthogonalspiegelung** S am Untervektorraum U ist so definiert: Wird $u \in V$ gemäß (2) zerlegt: $u = u' + u''$, so sei $Su := u' - u''$. Mittels der senkrechten Projektionen P_1, P_2 auf $U, U^\perp$, kann dies so geschrieben werden:

(3) $S := P_1 - P_2$.

Jede solche Orthogonalspiegelung S ist eine Isometrie von V auf sich; denn man berechnet:

(4)
$$\langle Su, Sv \rangle = \langle u' - u'', v' - v'' \rangle = \langle u', v' \rangle + \langle u'', v'' \rangle,$$
$$\langle u, v \rangle = \langle u' + u'', v' + v'' \rangle = \langle u', v' \rangle + \langle u'', v'' \rangle,$$

wobei die „gemischten" Glieder jeweils herausfallen. Aus der Abbildungsvorschrift folgt unmittelbar $S \circ S = I$, also

(5) $S^{-1} = S$.

Eine Selbstabbildung S mit der Eigenschaft (5) heißt **involutorisch**.   □

Aus der Invarianzforderung (1) für das Skalarprodukt folgen natürlich entsprechende Invarianzeigenschaften für alle aus dem Skalarprodukt abgeleiteten Größen, wie Norm, Winkel und (im endlich dimensionalen Fall) Volumen. Zum Beispiel ergibt sich aus (1) durch die Substitution $u = v$:

(6) $|Lu| = |u|$.

Da $Lu = 0$ nach (6) impliziert $u = 0$, gilt:

Satz B. *Jede Isometrie* $L : V \to W$ *ist injektiv.*   □

Isometrien und ihre komplexen Analoga spielen in der Analysis nicht endlich dimensionaler Funktionenräume eine große Rolle. Im folgenden wollen wir uns hauptsächlich mit gewissen endlich dimensionalen Fällen beschäftigen.

Es ist aus (1) klar, daß eine Isometrie Orthonormalsysteme in V in Orthonormalsysteme in W überführt. Umgekehrt zeigen wir in Analogie zu E [3.1]:

Satz C. *Sei* $a_1, \ldots, a_n$ *eine ON-Basis von* V *und* $c_1, \ldots, c_n$ *ein Orthonormalsystem in* W. *Dann existiert genau eine Isometrie* $L : V \to W$ *mit*

(7) $L(a_i) = c_i, \quad 1 \leq i \leq n$.

Beweis. Nach E [3.1] ist klar, daß genau eine lineare Abbildung $L : V \to W$ existiert, die (7) erfüllt. Es bleibt lediglich nachzuprüfen, daß L dann Isometrie ist: Nach Voraussetzung gilt

(8) $\langle L(a_i), L(a_j) \rangle = \langle c_i, c_j \rangle = \langle a_i, a_j \rangle = \delta_{ij}, \quad 1 \leq i, j \leq n$.

Also stimmen die beiden symmetrischen Bilinearformen $(u, v) \mapsto \langle u, v \rangle$ und $(u, v) \mapsto \langle L(u), L(v) \rangle$ auf den Basiselementen a_i, a_j überein, und daraus folgt ihre Gleichheit aufgrund der Bilinearität (Satz B [5.2]).   □

Im Rest dieses Abschnittes setzen wir voraus, daß V und W beide die *gleiche endliche* Dimension haben:

(9) $\dim V = \dim W = n.$

Zu gegebenen ON-Basen $a_1, \ldots, a_n$ von V und $c_1, \ldots, c_n$ von W (solche Basen gibt es nach D [5.4] stets) existiert dann nach C genau eine Isometrie $L : V \to W$ mit $L(a_i) = c_i$ für $1 \leq i \leq n$. Darüberhinaus gilt:

Satz D. *Unter der Voraussetzung* (9) *ist jede Isometrie* $L : V \to W$ *bijektiv und* $L^{-1} : W \to V$ *ebenfalls Isometrie.*

Beweis. Die Injektivität von L ist in B ausgesprochen, die Surjektivität folgt mittels dem Zusatz zu I [3.1]. Die Isometrieeigenschaft von L^{-1} ergibt sich leicht aus (1), wenn man dort $u_1 = L(u)$, $v_1 = L(v)$ substituiert: $\langle u_1, v_1 \rangle = \langle L^{-1}(u_1), L^{-1}(v_1) \rangle$. $\square$

Man nennt zwei euklidische Vektorräume V und W **isometrisch**, wenn eine bijektive Isometrie $L : V \to W$ existiert. Mit Satz C und D sieht man, daß zwei endlich dimensionale euklidische Vektorräume genau dann isometrisch sind, wenn sie die gleiche Dimension besitzen.

Wie drückt sich die Isometrieeigenschaft mit Matrizen aus? Diese Frage hat eine einfache Antwort, wenn die zugrundeliegenden Basen *orthonormiert* sind: Sei

(10) $\begin{array}{l} a_1, \ldots, a_n \\ b_1, \ldots, b_n \end{array}$ ON-Basis von $\begin{array}{l} V \\ W \end{array}$,

also

(11) $\langle a_i, a_j \rangle = \delta_{ij}, \quad \langle b_k, b_l \rangle = \delta_{kl}.$

Alle Indizes laufen hier von 1 bis n, auch wenn dies nicht ausdrücklich vermerkt ist. Die Matrix

(12) $A = \begin{pmatrix} a_{11} & \cdots & a_{1n} \\ \vdots & & \vdots \\ a_{n1} & \cdots & a_{nn} \end{pmatrix}$

von L bezüglich den Basen (10) ist definiert durch

(13) $La_i = \sum_{k=1}^{n} a_{ki} b_k.$

Notwendig und hinreichend für die Isometrie von L ist dann

(14) $\langle La_i, La_j \rangle = \langle a_i, a_j \rangle,$

wie wir oben bereits gesehen haben. Mit (11) und (13) schreibt sich (14) folgendermaßen um:

$$(15) \qquad \langle \sum_{k=1}^{n} a_{ki} b_k, \sum_{l=1}^{n} a_{lj} b_l \rangle = \delta_{ij}$$

$$(16) \qquad \sum_{k,l=1}^{n} a_{ki} a_{lj} \underbrace{\langle b_k, b_l \rangle}_{\delta_{kl}} = \delta_{ij}$$

$$(17) \qquad \sum_{k=1}^{n} a_{ki} a_{kj} = \delta_{ij}.$$

In Matrizenform bedeutet dies:

$$(18) \qquad \boxed{A^T A = I.}$$

Eine Matrix $A \in \mathbf{R}^{(n,n)}$ heißt **orthogonal**, wenn sie diese Bedingung erfüllt. Diese bedeutet, daß die *Spalten* von A ein Orthonormalsystem (bezüglich der euklidischen Standardmetrik von $\mathbf{R}^n$) bilden. Es folgt also:

Satz E. *Die lineare Abbildung* $L : V \to W$ *ist genau dann Isometrie, wenn ihre Matrix* A *bezüglich ON-Basen von* V *und* W *orthogonal ist.* $\qquad\square$

Aus (18) folgt $A^T = A^{-1}$ und daraus $AA^T = AA^{-1}$, also

$$(19) \qquad \boxed{AA^T = I.}$$

Umgekehrt kann (18) aus (19) zurückgewonnen werden; (18) und (19) sind also äquivalent. Die Orthogonalität von $A \in \mathbf{R}^{(n,n)}$ bedeutet somit auch, daß die *Zeilen* von A ein Orthonormalsystem (bezüglich dem natürlichen Skalarprodukt von $\mathbf{R}^n$) bilden.
Übergang in (18) zur Determinante liefert wegen $\det A = \det A^T$:

$$(20) \qquad (\det A)^2 = 1.$$

Folgerung F. *Die Determinante jeder orthogonalen Matrix* $A \in \mathbf{R}^{(n,n)}$ *ist entweder* $+1$ *oder* -1; *im ersten Fall heißt* A **eigentlich (-orthogonal),** *im zweiten* **uneigentlich (-orthogonal).** $\qquad\square$

Nun sei spezieller $V = W$. Dann gilt nach E [4.5]:

$$(21) \qquad \det L = \det A.$$

Definition und Satz G. *Die Isometrien eines endlich dimensionalen euklidischen Vektorraumes* V *in sich heißen* **Drehungen** *von* V. *Jede Drehung* L *hat die Determinante* $+1$ *oder* -1; *im ersten Fall heißt* L *eigentlich, im zweiten* **uneigentlich.**

Die Menge aller Drehungen von V *bildet eine Untergruppe von* **GL**(V), *die* **orthogonale Gruppe O**(V); *die Menge aller eigentlichen Drehungen von* V *bildet eine Untergruppe von* **O**(V), *die* **spezielle orthogonale Gruppe SO**(V).

Beweis. Nach den Vorüberlegungen bleibt lediglich jeweils die Gruppeneigenschaft nachzuprüfen. Diese folgt jedoch aus der leicht zu bestätigenden Tatsache, daß die Komposition und das Inverse von (eigentlichen) Isometrien wieder (eigentliche) Isometrien sind. Dabei hat man auf Definition A und Satz D sowie die Determinantenregeln B (ii) und C von 4.5 zurückzugreifen.   □

Im Bereich der Matrizen definiert man die analog bezeichneten Gruppen:

$$(22) \qquad \mathbf{O}(n) := \{A \in \mathbf{R}^{(n,\,n)} \mid A^T A = I\}$$

$$(23) \qquad \mathbf{SO}(n) := \{A \in \mathbf{R}^{(n,\,n)} \mid A^T A = I,\ \det A = 1\},$$

die vermöge der Identifizierung von linearen Selbstabbildungen des $\mathbf{R}^n$ mit den Matrizen aus $\mathbf{R}^{(n,\,n)}$ den Gruppen $\mathbf{O}(\mathbf{R}^n)$, $\mathbf{SO}(\mathbf{R}^n)$ entsprechen, wobei $\mathbf{R}^n$ als euklidischer Vektorraum mit der Standardmetrik aufzufassen ist.

Bei beliebiger Dimension n wird die Struktur der Drehungen später untersucht. Hier behandeln wir den Fall $n = 2$ weiter, indem wir alle eigentlich-orthogonalen (2×2)-Matrizen bestimmen. Sei also

$$(24) \qquad A = \begin{pmatrix} a_{11} & a_{12} \\ a_{21} & a_{22} \end{pmatrix}$$

mit

$$(25) \qquad A^T A = I, \qquad \det A = 1$$

gegeben. Dies bedeutet

$$(26) \qquad \begin{pmatrix} a_{11}^2 + a_{21}^2 & a_{11}a_{12} + a_{21}a_{22} \\ a_{11}a_{12} + a_{21}a_{22} & a_{12}^2 + a_{22}^2 \end{pmatrix} = \begin{pmatrix} 1 & 0 \\ 0 & 1 \end{pmatrix}$$

$$(27) \qquad a_{11}a_{22} - a_{12}a_{21} = 1.$$

Nach den Eigenschaften von Cosinus und Sinus (vgl. 1.3.3) existieren Θ, $\Psi \in \mathbf{R}$ mit:

$$(28) \qquad a_{11} = \cos\Theta, \qquad a_{21} = \sin\Theta$$

$$(29) \qquad a_{12} = \sin\Psi, \qquad a_{22} = \cos\Psi.$$

Dabei wurden nur die Hauptdiagonalglieder in (26) ausgenutzt. Gleichung (27) ist danach äquivalent mit:

$$(30) \qquad \cos(\Theta + \Psi) = \cos\Theta \cos\Psi - \sin\Theta \sin\Psi = 1,$$

d.h. mit $\Theta + \Psi = 2k\pi$, wobei $k \in \mathbf{Z}$. Damit folgt:

(31) $a_{12} = \sin(2k\pi - \Theta) = \sin(-\Theta) = -\sin\Theta$

(32) $a_{22} = \cos(2k\pi - \Theta) = \cos(-\Theta) = \cos\Theta$.

Man rechnet leicht nach, daß dann die Gleichungen für die Nebendiagonalglieder von (26) von selbst erfüllt sind. Mit (28), (31), (32) sind alle Koordinaten von A bestimmt, und es folgt:

Satz H. *Sei a_1, a_2 ON-Basis einer euklidischen Ebene* V. *Dann gilt: Die lineare Abbildung* L $:$ V $\to$ V *ist genau dann eine eigentliche Drehung, wenn ihre Matrix* A *bezüglich* a_1, a_2 *die Gestalt*

(33) $$D(\Theta) := \begin{pmatrix} \cos\Theta & -\sin\Theta \\ \sin\Theta & \cos\Theta \end{pmatrix}$$

mit $\Theta \in \mathbf{R}$ besitzt.   □

Man nennt die Matrix $D(\Theta)$ in (33) eine **Drehmatrix**.

Die Darstellung von L in den cartesischen Koordinaten einer solchen ON-Basis lautet nach (17.b) [3.4] und (33):

(34)
$$\begin{aligned} y_1 &= x_1 \cdot \cos\Theta - x_2 \cdot \sin\Theta \\ y_2 &= x_1 \cdot \sin\Theta + x_2 \cdot \cos\Theta. \end{aligned}$$

Da $\cos\Theta$ und $\sin\Theta$ (durch die erste Spalte von A) vorgeschrieben sind, ist Θ bis auf Addition ganzzahliger Vielfacher von 2π eindeutig festgelegt. Wir können Θ wieder durch

(35) $-\pi < \Theta \leq \pi$

fixieren.

Um die Rolle von Θ zu klären, *orientieren* wir V durch diejenige normierte Determinantenform D_0, für die $D_0(a_1, a_2) = 1$ gilt, und berechnen den orientierten Winkel ω zwischen einem beliebigen Vektor $u = x_1 a_1 + x_2 a_2 \neq 0$ und seinem Bildvektor $Lu = y_1 a_1 + y_2 a_2$. Dieser (zunächst von u abhängige!) Winkel ω ist laut Definition A [5.6] bestimmt durch:

(36) $\cos\omega = \dfrac{\langle u, Lu \rangle}{|u| \cdot |Lu|}, \quad \sin\omega = \dfrac{D_0(u, Lu)}{|u| \cdot |Lu|}, \quad -\pi < \omega \leq \pi.$

Für die hier auftretenden Quotienten findet man mit (34) und wegen $|Lu| = |u|$:

(37) $\dfrac{\langle u, Lu \rangle}{|u| \cdot |Lu|} = \dfrac{x_1 y_1 + x_2 y_2}{x_1^2 + x_2^2} = \dfrac{x_1(x_1 \cos\Theta - x_2 \sin\Theta) + x_2(x_1 \sin\Theta + x_2 \cos\Theta)}{x_1^2 + x_2^2} = \cos\Theta$

(38) $\dfrac{D_0(u, Lu)}{|u| \cdot |Lu|} = \dfrac{x_1 y_2 - x_2 y_1}{x_1^2 + x_2^2} = \dfrac{x_1(x_1 \sin\Theta + x_2 \cos\Theta) - x_2(x_1 \cos\Theta - x_2 \sin\Theta)}{x_1^2 + x_2^2} = \sin\Theta.$

Daraus folgt $\cos\omega = \cos\Theta$, $\sin\omega = \sin\Theta$, also unter Berücksichtigung der Ungleichungen in (4) [5.6] und (35): $\omega = \Theta$. Dies lehrt zweierlei: ω ist unabhängig von u, und Θ ist (in der Klasse aller bezüglich D_0 positiv orientierten Basen) unabhängig von der Basiswahl. Wir können das so zusammenfassen:

Satz und Definition I. *Ist* L *eine* <u>*eigentliche*</u> *Drehung einer euklidischen Ebene* V, *so ist der orientierte Winkel* Θ *zwischen jedem Vektor* u $\neq$ 0 *und seinem Bildvektor* L(u), *genommen bezüglich einer festen Orientierung von* V, *unabhängig von* u. *Bezogen auf eine positiv orientierte ON-Basis wird dann* L *durch die Matrix* (33) *dargestellt. Dieses* Θ *heißt der* **Drehwinkel** *von* L *(bezüglich der gewählten Orientierung von* V*).* $\square$

Aus (38) liest man ab, daß der Drehwinkel ein und derselben Drehung L, falls er $\neq \pi$ ist, sein Vorzeichen ändert, wenn man V umorientiert. Bei nicht orientiertem V ist also der Drehwinkel Θ nur bei Beschränkung auf das Intervall $[0, \pi]$ eindeutig durch L festgelegt. Eine explizite Formel für *dieses* Θ, das man als **Drehwinkelbetrag** von L bezeichnen kann, erhält man aus (33):

$$(39) \qquad \cos\Theta = \frac{1}{2}\,\mathrm{spur}\,L, \quad 0 \leqq \Theta \leqq \pi.$$

Bemerkungen. 1. Wir wollen zeigen, daß analog zu Satz H die *uneigentlichen* Drehungen der euklidischen Ebene V bezüglich einer ON-Basis a_1, a_2 durch Matrizen der Form

$$(40) \qquad \begin{pmatrix} \cos\Theta & \sin\Theta \\ \sin\Theta & -\cos\Theta \end{pmatrix}$$

dargestellt werden: Sei M als uneigentliche Drehung vorgegeben und U deren Matrix bezüglich a_1, a_2. Wir betrachten neben M die Orthogonalspiegelung S an der Gerade $\mathrm{sp}(a_1)$; diese besitzt die Matrix

$$(41) \qquad J = \begin{pmatrix} 1 & 0 \\ 0 & -1 \end{pmatrix}.$$

Da S uneigentliche Drehung ist, ist M $\circ$ S eigentliche Drehung, die zugehörige Matrix also von der Form (33): $UJ = D(\Theta)$. Hieraus folgt $U = D(\Theta)\,J^{-1} = D(\Theta)\,J$, was gerade (40) liefert.

Die Matrizendarstellung (40) ist allerdings von geringem Interesse, weil Θ in diesem Fall stark von der Basiswahl abhängig ist. Jedoch kann man das ausnutzen, um für M eine *angepaßte* Darstellung zu erhalten. Für die Vektoren

$$(42) \qquad b_1 := \cos\frac{\Theta}{2}\cdot a_1 + \sin\frac{\Theta}{2}\cdot a_2, \quad b_2 := -\sin\frac{\Theta}{2}\cdot a_1 + \cos\frac{\Theta}{2}\cdot a_2$$

berechnet man nämlich ohne Mühe

$$(43) \qquad Mb_1 = b_1, \quad Mb_2 = -b_2.$$

Da b_1, b_2 wiederum ON-Basis ist, gilt somit: *Jede uneigentliche Drehung einer euklidischen Ebene ist eine Orthogonalspiegelung an einer geeigneten Gerade.*

2. Die *Gaußsche Zahlenebene* **C** kann als orientierte euklidische Ebene mit der positiv orientierten ON-Basis 1, i aufgefaßt werden. Eine Abbildung

$$(44) \qquad z = x_1 + ix_2 \mapsto w = y_1 + iy_2$$

von **C** in sich ist nach Satz H genau dann die eigentliche Drehung mit dem Drehwinkel Θ, wenn (34) gilt. Dies bedeutet:

$$(45) \qquad \begin{aligned} w &= y_1 + iy_2 = x_1 \cos\Theta - x_2 \cdot \sin\Theta + i(x_1 \sin\Theta + x_2 \cos\Theta) = \\ &= (\cos\Theta + i\sin\Theta) \cdot (x_1 + ix_2) = e^{i\Theta}z. \end{aligned}$$

Die *eigentlichen* Drehungen von **C** werden also in komplexer Form durch $z \mapsto w = e^{i\Theta}z$ beschrieben. Analog kann man nachrechnen, daß die *uneigentlichen* Drehungen von **C** durch $z \mapsto w = e^{i\Theta}\bar{z}$ dargestellt werden.

Aufgaben

1. Es seien V, W euklidische Vektorräume und $L : V \to W$ eine lineare Abbildung. Man beweise: L ist dann und nur dann eine Isometrie, wenn für alle $u \in V$ gilt: $|Lu| = |u|$.

2. Es sei V ein euklidischer Vektorraum endlicher Dimension. Für die lineare Abbildung $L : V \to V$ gelte: $|u| \leq 1 \Rightarrow |Lu| \leq 1$, sowie $|\det L| = 1$.
Man beweise, daß L eine Isometrie ist.
Hinweis: Man verwende Satz G [5.5].

3. Es seien V, W euklidische Vektorräume und $L : V \to W$ eine lineare Abbildung $\neq 0$ mit folgender Eigenschaft: Aus $\langle u, v \rangle = 0$ folgt stets $\langle Lu, Lv \rangle = 0$. Man zeige: Es gibt ein $\alpha \in \mathbf{R}$ und eine Isometrie $T : V \to W$, so daß $L = \alpha T$.
Hinweis: Man überlege zuerst, daß für $|u| = |v|$ die Vektoren $u - v$ und $u + v$ orthogonal sind.

4. Man beweise für die Drehmatrizen (33) die Regeln $D(\Theta_1) \cdot D(\Theta_2) = D(\Theta_1 + \Theta_2)$ und $D(\Theta)^{-1} = D(-\Theta)$. Daraus folgere man, daß **SO**(2) eine *kommutative* Gruppe ist.

In den folgenden drei Aufgaben sei V *eine orientierte euklidische Ebene.*

5. Seien $u, v \in V$ mit $|u| = |v| \neq 0$ und $\omega = \sphericalangle_0(u, v)$ gegeben. Man zeige: Es existiert genau eine eigentliche Drehung $L : V \to V$ mit $L(u) = v$, und diese besitzt den Drehwinkel ω. Daraus folgere man, daß es zu jeder vorgegebenen reellen Zahl $\Theta \in \,]-\pi, \pi]$ genau eine eigentliche Drehung $L = L_\Theta$ von V mit dem Drehwinkel Θ gibt (diese wird dann bezüglich jeder positiv orientierten ON-Basis von V durch die Drehmatrix $D(\Theta)$ dargestellt).

6. Aus den Aufgaben 4 und 5 deduziere man: Sind u, v, w von 0 verschiedene Vektoren von V, so gilt $\sphericalangle_0(u, v) + \sphericalangle_0(v, w) = \sphericalangle_0(u, w) + 2k\pi$ mit einem $k \in \mathbf{Z}$, d.h. bis auf ein ganzzahliges Vielfaches von 2π stimmt $\sphericalangle_0(u, v) + \sphericalangle_0(v, w)$ mit $\sphericalangle_0(u, w)$ überein. Man versuche auch einen Beweis ohne Verwendung von Drehungen, allein aus der Definition des orientierten Winkels!

7. Es sei D_0 die normierte Determinantenform der euklidischen Ebene V. Man beweise:

a) Zu jedem $u \in V$ existiert genau ein $u^* \in V$, so daß für alle $v \in V$ gilt: $D_0(u, v) = \langle u^*, v \rangle$.

b) Ist a_1, a_2 positiv orientierte ON-Basis von V und $u = xa_1 + ya_2$, so ist $u^* = -ya_1 + xa_2$.

c) Die Abbildung $u \mapsto u^*$ ist die eigentliche Drehung von V mit dem Drehwinkel $\pi/2$.

8. In einem euklidischen Vektorraum V der Dimension n seien zwei Orthonormalsysteme $a_1, \ldots, a_{n-1}$ und $c_1, \ldots, c_{n-1}$ der Länge $n-1$ gegeben. Man zeige, daß genau zwei Isometrien L von V existieren mit $L(a_i) = c_i$ für $1 \leq i \leq n-1$; eine dieser Isometrien ist eigentlich, die andere uneigentlich.

6 Eigenwerte und Jordansche Normalform

Eigenwerte und Eigenvektoren sind erste Stufen zur Einsicht in die Feinstruktur eines einzelnen linearen Operators.

Sei $L : V \to V$ eine lineare Selbstabbildung eines K-Vektorraumes V. Der Ausgangspunkt ist die Frage: Welche Vektoren von V werden durch L auf ein Vielfaches ihrer selbst abgebildet, d.h. für welche $b \in V$ ist $L(b) = \lambda b$ mit einem geeigneten $\lambda \in K$? Ist $b \neq 0$, so heißt ein solches b *Eigenvektor* und ein solches λ *Eigenwert* von L.

Ist V endlich dimensional und gibt es genügend viele Eigenvektoren, so daß man eine Basis aus ihnen aufbauen kann, so nimmt die Matrix von L in einer solchen Basis *Diagonalgestalt* an. Deswegen hängen Eigenwerte sehr eng mit dem Normalformenproblem zusammen.

Im weiteren Verlauf beantworten wir die Frage, was anstelle der Diagonalmatrizen tritt, wenn zu wenige Eigenvektoren existieren, indem wir die *Jordansche Normalform* konstruieren. Diese spiegelt einerseits die Feinstruktur eines einzelnen Endomorphismus wider, und sie liefert andererseits eine weitgehende Annäherung an die Diagonalgestalt.

6.1 Eigenelemente

Gegeben sei ein K-Vektorraum*) V und ein Endomorphismus $L : V \to V$.

Definition A. *Ein $\lambda \in K$ heißt **Eigenwert** von L, wenn es ein $b \in V$ gibt mit:*

(1) $Lb = \lambda b, \quad b \neq 0.$

*Jedes solche b heißt dann **Eigenvektor** von L (zum Eigenwert λ). Ein Paar (λ, b), das (1) genügt, nennen wir **Eigenelement** von L.*

Ist λ Eigenwert von L, so gibt es dazu mehrere Eigenvektoren, z.B. ist mit b auch jedes Vielfache ρb mit $\rho \neq 0$ Eigenvektor zum gleichen Eigenwert; aus (1) folgt ja $L(\rho b) = \rho\, Lb = \rho \lambda b = \lambda(\rho b)$. Dagegen existiert zu einem vorgegebenen Eigenvektor b genau ein λ, zu dem b Eigenvektor ist; denn durch (1) ist λ eindeutig festgelegt.

Die Gleichung in (1) kann man äquivalent so umformen:

(2) $Lb = \lambda b \Leftrightarrow Lb - \lambda b = 0 \Leftrightarrow (L - \lambda I)\, b = 0.$

---

*) Da später Polynome als Hilfsmittel gebraucht werden, muß K strenggenommen als unendlich vorausgesetzt werden; vgl. 1.4. Jedoch bleiben alle Sätze auch ohne diese Annahme richtig.

Hieraus folgt:

Lemma B. (i) λ *ist Eigenwert von* L $\Longleftrightarrow$ Kern $(L - \lambda I) \neq 0$.

(ii) b $\in$ V *ist Eigenvektor von* L *zum Eigenwert* λ *genau dann, wenn gilt:*

(3) $b \in \text{Kern} \, (L - \lambda I), \quad b \neq 0.$ $\square$

Durch Lemma B wird die Bestimmung der Eigenelemente „entkoppelt", d.h. man kann zunächst mittels (i) die Eigenwerte λ und dann mittels (ii) zu jedem Eigenwert λ die Eigenvektoren b bestimmen.

Definition C. *Ist* λ *Eigenwert von* L, *so ist der zugehörige* **Eigenraum** $E(\lambda)$ *definiert durch*

(4) $E(\lambda) := \text{Kern} \, (L - \lambda I).$

Ist $E(\lambda)$ *von endlicher Dimension, so heißt diese die* **geometrische Vielfachheit** $d(\lambda)$ *von* λ:

(5) $d(\lambda) := \dim E(\lambda) \geq 1.$

Der Eigenraum $E(\lambda)$ enthält außer dem Nullvektor genau die Eigenvektoren zum Eigenwert λ. Hieraus ergibt sich die Ungleichung in (5).

Satz D. *Sind* $(\lambda_1, b_1), \dots, (\lambda_s, b_s)$ *Eigenelemente von* L *mit paarweise verschiedenen* $\lambda_1, \dots, \lambda_s$, *so sind* $b_1, \dots, b_s$ *linear unabhängig.*

Beweis. Wir führen vollständige Induktion nach s durch.

Für s = 1 ist die Behauptung richtig, denn bei *einem* Eigenelement (λ_1, b_1) ist laut Definition $b_1 \neq 0$.

Wir nehmen an, die Behauptung gelte für je s $-$ 1 Eigenelemente, und beweisen sie daraus für s Eigenelemente $(\lambda_1, b_1), \dots, (\lambda_s, b_s)$, $s \geq 2$: Angenommen, $b_1, \dots, b_s$ ist linear abhängig. Dann ist einer der Vektoren Linearkombination der anderen, ohne Einschränkung z.B.

(6) $b_s = \displaystyle\sum_{i=1}^{s-1} \beta_i b_i.$

Hier gilt

(7) $\beta_1 \neq 0, \dots, \beta_{s-1} \neq 0;$

denn sonst wären gewisse s $-$ 1 Vektoren von $b_1, \dots, b_s$ linear abhängig, entgegen der Annahme. Anwendung von L auf (6) liefert wegen $Lb_i = \lambda_i b_i$:

(8) $\lambda_s b_s = \displaystyle\sum_{i=1}^{s-1} \beta_i \lambda_i b_i.$

Andererseits liefert Multiplikation von (6) mit λ_s:

$$(9) \qquad \lambda_s b_s = \sum_{i=1}^{s-1} \beta_i \lambda_s b_i.$$

Vergleich von (8), (9) ergibt wegen (7): $\lambda_i = \lambda_s$ für $1 \leq i \leq s-1$, entgegen der Voraussetzung. $\qquad\square$

Folgerung E. *Sind $\lambda_1, \ldots, \lambda_s$ paarweise verschiedene Eigenwerte, so ist die Summe der Eigenräume* $E(\lambda_1) \oplus \ldots \oplus E(\lambda_s)$ *direkt.*

Beweis. Es ist lediglich zu zeigen: Aus $v_i \in E(\lambda_i)$ für $1 \leq i \leq s$ und $v_1 + \ldots + v_s = 0$ folgt: $v_i = 0$ für $1 \leq i \leq s$. Da jedes v_i entweder gleich Null oder aber Eigenvektor zum Eigenwert λ_i ist, folgt dies unmittelbar aus Satz D. $\qquad\square$

Aufgaben

1. Man zeige: Ist (λ, b) Eigenelement von L und $k \in \mathbf{N}$, so ist (λ^k, b) Eigenelement von L^k.

2. Sei L bijektiv und (λ, b) Eigenelement von L. Man beweise, daß $\lambda \neq 0$ und (λ^{-1}, b) Eigenelement von L^{-1} ist.

3. Für festes $\alpha \in K$ zeige man: (λ, b) ist dann und nur dann Eigenelement von L, wenn $(\lambda + \alpha, b)$ Eigenelement von $L + \alpha I$ ist (sog. **Spektralverschiebung**).

6.2 Die charakteristische Gleichung

Wir betrachten von jetzt ab den endlich dimensionalen Fall weiter:

$$(1) \qquad L : V \to V \text{ linear}, \quad \dim V = n < \infty.$$

Hier kann die Bestimmung der Eigenelemente, über Lemma B [6.1] hinausgehend, weiter reduziert werden. Zunächst ziehen wir aus den vorangehenden Resultaten einige einfache Folgerungen:

Satz A. (i) *Sind $\lambda_1, \ldots, \lambda_s$ paarweise verschiedene Eigenwerte von L, so ist*

$$(2) \qquad d(\lambda_1) + \ldots + d(\lambda_s) \leq n.$$

(ii) *Es gibt höchstens* n *paarweise verschiedene Eigenwerte von* L.

Beweis. *Zu (i):* Dies folgt unmittelbar aus E [6.1] durch Übergang zu den Dimensionen.

Zu (ii): Dies folgt aus (2) unter Berücksichtigung von (5) [6.1]. $\qquad\square$

Wegen der endlichen Dimension können wir die obige Bedingung B (i) [6.1] für die Eigenwerte weiter umformen. Der Kern von $L - \lambda I$ ist ja genau dann $\neq 0$, wenn $L - \lambda I$ *nicht* injektiv ist. Nach dem Zusatz zu I [3.1] bedeutet dies aber, daß $L - \lambda I$ *nicht* bijektiv ist, und hiermit ist nach C [4.5] äquivalent, daß $L - \lambda I$ die Determinante 0 besitzt. Somit folgt:

Satz B. *Der Skalar λ ist genau dann Eigenwert von* L, *wenn gilt:*

(3) $\det(L - \lambda I) = 0$. $\square$

Man nennt (3) die **charakteristische Gleichung** oder (wegen einer Anwendung in der
Astronomie) die **Säkulargleichung** von L. Sie ist eine *algebraische Gleichung n-ten Grades*.
Um dies einzusehen, berechnen wir die linke Seite von (3) mittels der Matrix A von L,

(4) $A = \begin{pmatrix} a_{11} & \cdots & a_{1n} \\ \vdots & & \vdots \\ a_{n1} & \cdots & a_{nn} \end{pmatrix}$,

die sich auf eine beliebig gewählte Basis $a_1, \ldots, a_n$ von V beziehen möge. Da die Identität
I durch die Einheitsmatrix I mit den Elementen δ_{ij} dargestellt wird, gilt nach E [4.5] und
(3) [4.3]:

(5)

$$\det(L - \lambda I) = \det(A - \lambda I) = \begin{vmatrix} a_{11} - \lambda & a_{12} & \cdots & a_{1n} \\ a_{21} & a_{22} - \lambda & \cdots & a_{2n} \\ \vdots & \vdots & & \vdots \\ a_{n1} & a_{n2} & \cdots & a_{nn} - \lambda \end{vmatrix}$$

$$= \sum_{\sigma \in \mathfrak{S}_n} \left(\operatorname{sign} \sigma \cdot \prod_{i=1}^{n} (a_{i\sigma(i)} - \lambda \delta_{i\sigma(i)}) \right) = (-\lambda)^n + h_1 (-\lambda)^{n-1} + \ldots + h_{n-1}(-\lambda) + h_n.$$

Der letzte Ausdruck ergibt sich, wenn man sich die Produkte des vorletzten Ausdrucks
ausmultipliziert denkt. Hier sind $h_1, \ldots, h_n$ gewisse Skalare, die allein durch L bestimmt
sind und im Prinzip in der angegebenen Weise aus einer beliebigen Matrixdarstellung A von
L berechnet werden können (allerdings ist diese Berechnungsvorschrift allgemein ziemlich
kompliziert aufzuschreiben).

Definition C. *Das Polynom* $\lambda \mapsto \det(L - \lambda I)$ *heißt das* **charakteristische Polynom** Ch *von* L:

(6) $\operatorname{Ch}(\lambda) := \det(L - \lambda I)$.

Trotz ihrer komplizierten Berechnungsweise gehören die Koeffizienten $h_n, \ldots, h_1$ aus
dem charakteristischen Polynom zu den wichtigsten Größen eines Endomorphismus L.
Man nennt sie die **charakteristischen Koeffizienten** von L.

Bemerkung 1. Für h_n und h_1 gilt

(7) $h_n = \det L = \det A$, $h_1 = \operatorname{spur} L = \operatorname{spur} A$.

Die erste Gleichung ergibt sich einfach, indem man in (5) $\lambda = 0$ setzt. Die zweite Beziehung
erkennt man z.B. an der vorletzten Darstellung in (5), wenn man bedenkt, daß nur der
Summand mit $\sigma = \iota$ einen Beitrag zur Potenz $(-\lambda)^{n-1}$ liefert*). Dieser Beitrag ist also
der Koeffizient von $(-\lambda)^{n-1}$ in $(a_{11} - \lambda) \ldots (a_{nn} - \lambda)$, d.h. die Summe $a_{11} + \ldots + a_{nn}$. $\square$

---

*) Bei jeder Permutation mit $\sigma \neq \iota$ passiert es mindestens *zweimal*, daß $i \neq \sigma(i)$ gilt, so daß das entsprechende Produkt in (5) höchstens die Potenz $(-\lambda)^{n-2}$ liefert.

Für die *rechnerische Behandlung* ist folgendes wichtig: Die (endlich vielen) *Eigenwerte* von L ergeben sich nach B als die Nullstellen des charakteristischen Polynoms (soweit diese in K liegen). Hat man die Eigenwerte auf diesem Wege bestimmt, so kann man die *Eigenvektoren* b zu einem festen Eigenwert λ in der Form ansetzen

$$(8) \qquad b = \sum_{i=1}^{n} x_i a_i.$$

Die Gleichung $(L - \lambda I)b = 0$ ist dann äquivalent mit der Matrizengleichung:

$$(9) \qquad (A - \lambda I)x = 0,$$

wobei $x = (x_1, \ldots, x_n)^T$ die Spalte der Koordinaten von b (8) ist. Ausführlich lautet (9) so:

$$(10) \qquad \boxed{\begin{array}{l} (a_{11} - \lambda)x_1 + \qquad\quad a_{12}x_2 + \ldots + \qquad\quad a_{1n}x_n = 0 \\ a_{21}x_1 + (a_{22} - \lambda)x_2 + \ldots + \qquad\quad a_{2n}x_n = 0 \\ \qquad\qquad\qquad\qquad\qquad\qquad \vdots \\ a_{n1}x_1 + \qquad\quad a_{n2}x_2 + \ldots + (a_{nn} - \lambda)x_n = 0. \end{array}}$$

Bei vorliegendem Eigenwert λ läuft also die Bestimmung der zugehörigen Eigenvektoren auf die Lösung des homogenen linearen Gleichungssystems (10) hinaus. Man nennt dieses das **charakteristische System.**

Wegen der Entsprechung zwischen linearen Abbildungen und Matrizen sind alle hier eingeführten Begriffe auf quadratische Matrizen übertragbar. Die *charakteristische Gleichung* für $A \in K^{(n,\,n)}$ lautet:

$$(11) \qquad \boxed{\det(A - \lambda I) = 0,}$$

und die Eigenvektoren zum Eigenwert λ von A sind die Lösungs-n-Tupel $\neq 0$ von (9) oder (10).

Beispiele. 1. Gegeben sei eine lineare Abbildung $L : \mathbf{R}^2 \to \mathbf{R}^2$ durch ihre Matrix

$$(12) \qquad A = \begin{pmatrix} 8 & 18 \\ -3 & -7 \end{pmatrix}$$

bezogen auf die Standardbasis von $\mathbf{R}^2$. Man bestimme alle Eigenwerte und die zugehörigen Eigenvektoren. *Lösung:* Die charakteristische Gleichung lautet:

$$(13) \qquad \mathrm{Ch}(\lambda) = \det(A - \lambda I) = \begin{vmatrix} 8 - \lambda & 18 \\ -3 & -7 - \lambda \end{vmatrix} = (8 - \lambda)(-7 - \lambda) + 54 = \lambda^2 - \lambda - 2 = 0.$$

Die beiden Lösungen dieser quadratischen Gleichung sind: $\lambda_1 = -1$, $\lambda_2 = 2$. Das sind also die *Eigenwerte* von L. Die zugehörigen Eigenvektoren ergeben sich jeweils aus dem charakteristischen System (10). Dieses lautet

$$(14) \qquad
\begin{array}{l|l}
\text{für } \lambda_1 = -1: & \text{für } \lambda_2 = 2: \\
\quad 9\,x_1 + 18\,x_2 = 0 & \quad 6\,x_1 + 18\,x_2 = 0 \\
-3\,x_1 - 6\,x_2 = 0 & -3\,x_1 - 9\,x_2 = 0.
\end{array}$$

Die Lösungen berechnen sich als:

$$(15) \qquad
\begin{pmatrix} x_1 \\ x_2 \end{pmatrix} = \alpha \cdot \begin{pmatrix} 2 \\ -1 \end{pmatrix}, \quad \alpha \in \mathbf{R} \quad \Bigg| \quad \begin{pmatrix} x_1 \\ x_2 \end{pmatrix} = \beta \cdot \begin{pmatrix} 3 \\ -1 \end{pmatrix}, \quad \beta \in \mathbf{R}.$$

Für $\alpha \neq 0$, $\beta \neq 0$ sind dies die zugehörigen *Eigenvektoren.*

Es gibt hier eine *Basis* b_1, b_2 *aus Eigenvektoren,* nämlich:

$$(16) \qquad b_1 = \begin{pmatrix} 2 \\ -1 \end{pmatrix}, \quad b_2 = \begin{pmatrix} 3 \\ -1 \end{pmatrix}.$$

Bezogen auf diese Basis ist die Matrix $\tilde{A}$ von L wegen $Lb_1 = -b_1$, $Lb_2 = 2b_2$ eine *Diagonalmatrix*:

$$(17) \qquad \tilde{A} = \begin{pmatrix} -1 & 0 \\ 0 & 2 \end{pmatrix}.$$

2. Eine eigentliche Drehung L der euklidischen Ebene V sei bezüglich einer ON-Basis durch die Drehmatrix $D(\Theta)$ (33) [5.7] dargestellt. Die charakteristische Gleichung lautet hier $\mathrm{Ch}(\lambda) = \det(D(\Theta) - \lambda I) = (\cos\Theta - \lambda)^2 + \sin^2\Theta = 0$. Ist $\sin\Theta \neq 0$, so besitzt diese Gleichung keine reelle Lösung. Eine von I, $-I$ verschiedene eigentliche Drehung in V besitzt demnach keinen reellen Eigenwert. $\qquad\qquad\qquad\qquad\qquad\qquad\qquad\qquad\quad \square$

Das Eigenwertproblem hängt eng mit der *Frage der Diagonalisierbarkeit* zusammen.

Definition D. *Die lineare Abbildung* $L : V \to V$ *ist* **diagonalisierbar,** *wenn es eine Basis* $b_1, \dots, b_n$ *von V gibt, in der die Matrix von* L *Hauptdiagonalgestalt*

$$(18) \qquad
\begin{pmatrix}
\mu_1 & 0 & \cdots & & 0 \\
0 & \ddots & & & \vdots \\
\vdots & & \ddots & & \\
\vdots & & & \ddots & 0 \\
0 & \cdots & & 0 & \mu_n
\end{pmatrix}$$

besitzt.

Die Hauptdiagonalgestalt (18) ist äquivalent mit den Gleichungen $L(b_i) = \mu_i b_i$ für $1 \leq i \leq n$. *Die Diagonalisierbarkeit von* L *bedeutet also, daß eine Basis von V existiert, deren Elemente Eigenvektoren sind.* Eine solche Basis wird **Eigenbasis** genannt.

Existieren n paarweise verschiedene Eigenwerte von L, so sind zugehörige Eigenvektoren nach D [6.1] linear unabhängig, d.h. es gilt der

Satz E. *Ein linearer Operator* L *mit* n *paarweise verschiedenen Eigenwerten ist stets diagonalisierbar.*   □

Dieser Satz liefert eine *hinreichende* Bedingung für die Diagonalisierbarkeit von L. Diese Bedingung ist jedoch keineswegs notwendig, wie man z.B. an der Identität I erkennt: Für I gibt es nur einen Eigenwert, nämlich 1; trotzdem hat die Matrix von I (sogar in jeder Basis) Diagonalgestalt.

Eine *notwendige* Bedingung für die Diagonalisierbarkeit von L ist das Zerfallen des charakteristischen Polynoms $Ch(\lambda)$ in K; denn aus (18) folgt $Ch(\lambda) = (\mu_1 - \lambda) \dots (\mu_n - \lambda)$. Diese Bedingung ist aber nicht hinreichend (vgl. das folgende Beispiel 3).

Eine *notwendige und hinreichende* Bedingung liefert der

Satz F (Diagonalisierbarkeitskriterium). *Es seien* $\lambda_1, \dots, \lambda_r$ *die paarweise verschiedenen Eigenwerte von* L. *Genau dann ist* L *diagonalisierbar, wenn eine der folgenden äquivalenten Bedingungen erfüllt ist:*

(i) $V = E(\lambda_1) \oplus \dots \oplus E(\lambda_r)$

(ii) $n = d(\lambda_1) + \dots + d(\lambda_r).$

Beweis. Die Gleichwertigkeit von (i) und (ii) ist unmittelbar klar. Wir zeigen jetzt die Äquivalenz der Diagonalisierbarkeit mit (i).

Wird L diagonalisierbar vorausgesetzt, so existiert eine Eigenbasis $b_1, \dots, b_n$. Die Basisdarstellung eines beliebigen Vektors $u = x_1 b_1 + \dots + x_n b_n$ zeigt, daß jeder Vektor $u \in V$ als Summe von Eigenvektoren dargestellt werden kann. Hieraus folgt $V = E(\lambda_1) + \dots + E(\lambda_r)$. Die Direktheit dieser Summe ist in E [6.1] ausgesprochen.

Wird (i) vorausgesetzt, so kann man in jedem $E(\lambda_\rho)$ eine Basis wählen und diese Basen zu einer Basis von V zusammenfügen (H [2.4]). Diese ist dann Eigenbasis, weil sie aus Eigenvektoren von L besteht.   □

Beispiel 3. Sei n = 2 und L bezüglich einer Basis a_1, a_2 von V durch $La_1 = a_2$, $La_2 = 0$ definiert. Hier lautet die charakteristische Gleichung

$$(19) \qquad Ch(\lambda) = \begin{vmatrix} -\lambda & 0 \\ 1 & -\lambda \end{vmatrix} = \lambda^2 = 0;$$

diese besitzt die doppelte Nullstelle $\lambda_1 = 0$. Es ist r = 1, und da $L - \lambda_1 I = L$ den Rang 1 hat, ist $d(\lambda_1) = 1 < 2$, also die Bedingung (ii) von F nicht erfüllt: L ist *nicht* diagonalisierbar.   □

Wenn L nicht diagonalisierbar ist, so kann dies zwei Ursachen haben: Entweder zerfällt das charakteristische Polynom $Ch(\lambda)$ nicht in K (Beispiel 2), oder es zerfällt, hat aber mehrfache Nullstellen, und die Bedingung F (ii) ist nicht erfüllt (Beispiel 3). Im zweiten Fall tritt an die Stelle der Diagonalgestalt die *Jordansche Normalform*, die vom folgenden Abschnitt 6.4 an untersucht wird.

Bemerkung 2. Die Begriffe dieses Abschnitts übertragen sich in der üblichen Weise auf Matrizen: Die **Diagonalisierbarkeit** einer quadratischen $(n \times n)$-Matrix A soll natürlich bedeuten, daß der zugehörige lineare Operator $K^n \rightarrow K^n$ diagonalisierbar ist. Mit Rücksicht auf den Zusatz zu B [3.5] können wir auch sagen: A ist genau dann diagonalisierbar, wenn eine reguläre $(n \times n)$-Matrix S existiert, so daß SAS^{-1} Hauptdiagonalform hat. In diesem Fall ist S^{-1} die Matrix der Basistransformation von der Standardbasis zur entsprechenden Eigenbasis.

Beispiel 4. Die (2×2)-Matrix A von Beispiel 1 ist diagonalisierbar; denn sie besitzt zwei verschiedene Eigenwerte. Eine Eigenbasis b_1, b_2 wurde in (16), die Hauptdiagonalgestalt in (17) angegeben. Danach gilt:

$$(20) \qquad SAS^{-1} = \tilde{A} \text{ mit } S^{-1} := \begin{pmatrix} 2 & 3 \\ -1 & -1 \end{pmatrix}.$$

Der Leser berechne S und prüfe damit die Gleichung $SAS^{-1} = \tilde{A}$ explizit nach.

Aufgaben

1. Zeige: Jede $(n \times n)$-Matrix A genügt ihrer eigenen charakteristischen Gleichung:
$Ch(A) = 0$ *(Satz von Cayley/Hamilton)*.
Anleitung: Nach Aufg. 1 [4.4] gilt $(A - \lambda I) \cdot (A - \lambda I)^{\#} = \det(A - \lambda I) \cdot I$. Nach Definition der Kofaktoren ist $(A - \lambda I)^{\#}$ ein Polynomausdruck $B(\lambda)$ in λ mit Matrizen als Koeffizienten: $(A - \lambda I) \cdot B(\lambda) = Ch(\lambda) \cdot I$ für alle $\lambda \in K$. Durch Ersetzen von λ durch A folgt hieraus $O \cdot B(A) = Ch(A) \cdot I$. Warum ist hier das „Ersetzen" erlaubt?

2. Man beweise mittels Aufg. 2 [2.2], daß alle Eigenwerte einer komplexen Matrix A (4) in der Vereinigung $D_1 \cup \ldots \cup D_n$ der folgenden n Kreisscheiben (sog. *Gerschgorin-Kreise*) enthalten sind:

$$D_j = \left\{ z \in \mathbf{C} \,\middle|\, |z - a_{jj}| \leqq \sum_{i = 1,\, i \neq j}^{n} |a_{ij}| \right\}.$$

3. Der Endomorphismus L habe ein zerfallendes charakteristisches Polynom, und es sei $\{\mu_1, \ldots, \mu_n\}$ die Menge der Eigenwerte von L, wobei jeder Eigenwert so oft genannt wird, wie es seiner Vielfachheit als Nullstelle des charakteristischen Polynoms entspricht. Man zeige, daß die charakteristischen Koeffizienten $h_1, \ldots, h_n$ von L auf folgende Weise durch die elementarsymmetrischen Funktionen von $\mu_1, \ldots, \mu_n$ ausgedrückt werden können:

$$h_j = \sum_{1 \leqq k_1 < \ldots < k_j \leqq n} \mu_{k_1} \cdots \mu_{k_j}, \quad 1 \leqq j \leqq n,$$

speziell

$$h_1 = \mu_1 + \ldots + \mu_n, \quad h_n = \mu_1 \cdots \mu_n.$$

6.3 Der euklidische Fall

Wir besprechen hier einige elementare Besonderheiten von Eigenwerten im euklidischen Fall. Eine ausführliche Theorie kann erst später entwickelt werden.

Es sei V ein *euklidischer* R-Vektorraum, der zunächst keiner Dimensionsbeschränkung unterliegt, und $L : V \to V$ ein Endomorphismus von V.

Zunächst sei eine *Drehung (Isometrie)* L betrachtet. Hier braucht es keine Eigenwerte zu geben, wie man an den eigentlichen Drehungen einer euklidischen Ebene sehen kann (Beispiel 2 [6.2]). Jedoch gilt:

Lemma A. *Ist* λ *Eigenwert einer Drehung* L, *so gilt* $\lambda = 1$ *oder* $\lambda = -1$.

Beweis. Ist (λ, b) Eigenelement von L, also $Lb = \lambda b$, so folgt durch Übergang zur Norm: $|Lb| = |\lambda| \cdot |b|$. Da $|Lb| = |b|$, folgt $|b| = |\lambda| \cdot |b|$, also (wegen $b \neq 0$) $|\lambda| = 1$. $\qquad\square$

Ein weiterer wichtiger Typ linearer Operatoren wird durch folgende Definition eingeführt:

Definition B. *Die lineare Abbildung* $L : V \to V$ *heißt* **symmetrisch,** *wenn für alle* $u, v \in V$ *gilt:*

$$(1) \qquad \langle Lu, v \rangle = \langle u, Lv \rangle.$$

Zum Beispiel sind 0 und I symmetrisch, es gibt aber viele weitere symmetrische Operatoren, wie wir gleich sehen werden. Über die Eigenvektoren gilt hier:

Lemma C. *Sind* (λ_1, b_1) *und* (λ_2, b_2) *Eigenelemente eines symmetrischen Operators* L *mit* $\lambda_1 \neq \lambda_2$, *so sind* b_1, b_2 *orthogonal.*

Beweis. Aus

$$(2) \qquad Lb_1 = \lambda_1 b_1,$$
$$(3) \qquad Lb_2 = \lambda_2 b_2$$

folgt durch Skalarproduktbildung mit b_2 bzw. b_1

$$(4) \qquad \langle Lb_1, b_2 \rangle = \lambda_1 \langle b_1, b_2 \rangle,$$
$$(5) \qquad \langle b_1, Lb_2 \rangle = \lambda_2 \langle b_1, b_2 \rangle.$$

Da die linken Seiten nach (1) gleich sind, folgt durch Subtraktion:

$$(6) \qquad 0 = (\lambda_1 - \lambda_2) \langle b_1, b_2 \rangle.$$

Wegen $\lambda_1 - \lambda_2 \neq 0$ ergibt sich daraus $\langle b_1, b_2 \rangle = 0$. $\qquad\square$

Wir gehen nun zu einigen endlich dimensionalen Fällen über.

Zunächst betrachten wir eine *Isometrie* $L : V \to V$ *eines dreidimensionalen euklidischen Vektorraumes.* Wir werden als erstes zeigen, daß L mindestens einen Eigenvektor besitzt und dann mit dessen Hilfe eine Reduzierung auf den ebenen Fall (H [5.7]) vornehmen. Setzt man

$$(7) \qquad \det L =: \epsilon,$$

so ist $\epsilon = 1$ bzw. -1, falls L eigentlich bzw. uneigentlich ist. Die charakteristische Gleichung lautet nach (5), (7) [6.2]:

$$(8) \qquad \lambda^3 - h_1\lambda^2 + h_2\lambda - \epsilon = 0.$$

Da diese algebraische Gleichung vom Grad 3 ist, besitzt sie mindestens eine reelle Lösung. Wir überlegen genauer, daß für $\epsilon = 1$ wenigstens eine positive und für $\epsilon = -1$ wenigstens eine negative Lösung existiert: Die linke Seite von (8) ist als Funktion der reellen Veränderlichen λ stetig; sie nimmt für $\lambda = 0$ den Wert $-\epsilon$ sowie für $\lambda > 0$ positive Werte und für $\lambda < 0$ negative Werte an, wenn nur $|\lambda|$ hinreichend groß gewählt wird. Daraus folgt bereits nach dem *Zwischenwertsatz* die Behauptung. Zusammen mit Lemma A ergibt sich, daß ϵ Eigenwert von L ist; bei passender Numerierung kann $\lambda_3 = \epsilon$ gesetzt werden. Für einen zugehörigen Eigenvektor b_3 gilt

$$(9) \qquad Lb_3 = \epsilon b_3.$$

Der eindimensionale Untervektorraum $G := \mathrm{sp}(b_3)$ wird unter L auf sich abgebildet: $L(G) = G$. Sei $E := G^\perp$ das zugehörige orthogonale Komplement (G ist eine Gerade, E die dazu senkrechte Ebene). Dann gilt:

$$(10) \qquad u \in E \Rightarrow 0 = \langle u, b_3 \rangle = \langle Lu, Lb_3 \rangle = \epsilon \langle Lu, b_3 \rangle \Rightarrow Lu \in E,$$

also wird E durch L *in sich* abgebildet: $L(E) \subseteq E$. Die Einschränkung L_0 von L auf E ist eine Selbstabbildung von E, die natürlich wiederum linear und isometrisch ist. Ist b_1, b_2 eine ON-Basis von E, so lautet die Matrix A von L bezüglich b_1, b_2, b_3 nach (9) und wegen $L(E) \subseteq E$:

$$(11) \qquad A = \left(\begin{array}{cc|c} a_{11} & a_{12} & 0 \\ a_{21} & a_{22} & 0 \\ \hline 0 & 0 & \epsilon \end{array} \right),$$

wobei der „linke obere (2×2)-Block" die Matrix von L_0 bezüglich b_1, b_2 ist. Da

$$(12) \qquad \epsilon = \det A = \begin{vmatrix} a_{11} & a_{12} \\ a_{21} & a_{22} \end{vmatrix} \cdot \epsilon,$$

folgt $\det L_0 = 1$, also ist L_0 eigentliche Isometrie von E und wird deswegen durch eine Drehmatrix (33) [5.7] dargestellt. Somit ergibt sich die Existenz einer ON-Basis b_1, b_2, b_3 von V, in der L die folgende Matrix (13) besitzt. — Umgekehrt folgt aus einer Darstellung von L durch eine Matrix der Gestalt (13) bezüglich einer ON-Basis, daß L eine Isometrie mit $\det L = \epsilon$ ist; denn die Matrix (13) ist orthogonal und von der Determinante ϵ. Damit ist gezeigt:

Satz D. *Die lineare Selbstabbildung* $L : V \to V$ *des dreidimensionalen euklidischen Raumes* V *ist genau dann eine Isometrie, wenn es eine ON-Basis* b_1, b_2, b_3 *von* V *gibt, in der* L *durch eine Matrix* A *der Gestalt*

$$(13) \qquad A = \left(\begin{array}{cc|c} \cos\Theta & -\sin\Theta & 0 \\ \sin\Theta & \cos\Theta & 0 \\ \hline 0 & 0 & \epsilon \end{array} \right)$$

mit $\epsilon \in \{1, -1\}$ *dargestellt wird. Für* $\epsilon = 1$ *ist* L *eigentlich, für* $\epsilon = -1$ *uneigentlich.* $\square$

Wegen der 2π-Periodizität von Cosinus und Sinus dürfen wir wieder annehmen:

$$(14) \qquad -\pi < \Theta \leq \pi.$$

Bemerkung 1. Wir betrachten den Fall einer *eigentlichen* Drehung $L(\epsilon = 1)$ weiter: Satz D beschreibt genau das, was man auch anschaulich erwartet: L läßt eine Gerade $G = \mathrm{sp}(b_3)$ elementweise fest und induziert in der Orthogonalebene E von G eine Drehung, wie im ebenen Fall (H [5.7]) diskutiert. Man kann leicht nachrechnen, daß eine Matrix A (13) mit $\epsilon = 1$ genau einen reellen Eigenwert (nämlich 1) und dazu einen genau eindimensionalen Eigenraum besitzt, falls $\Theta \neq 0, \pi$.

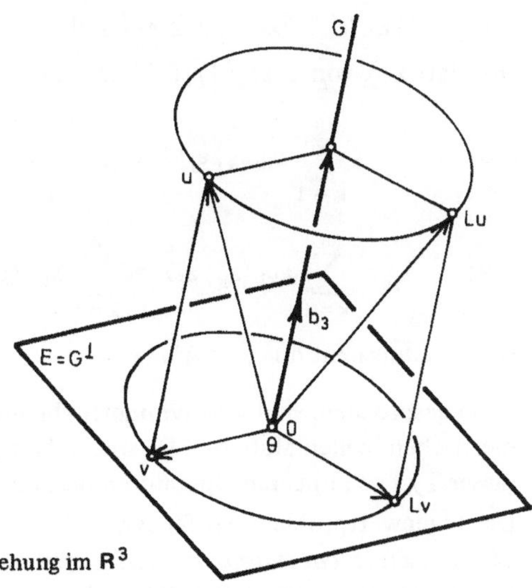

Bild 42 Eigentliche Drehung im $\mathbb{R}^3$

Deswegen nennt man G die **Drehachse** von L. Bezüglich der Festlegung von Θ gilt entsprechend das in I [5.7] Gesagte für E anstelle des dortigen V. In diesem Sinne hat Θ auch hier die Bedeutung eines **Drehwinkels** (vgl. Bild 42). Wird V so orientiert, daß die in Satz D genannte ON-Basis b_1, b_2, b_3 positiv ist, so kann das zugehörige Vektorprodukt dazu benutzt werden, die Abbildungsvorschrift von L allein mit b_3 und Θ auszudrücken:

$$(15) \qquad Lu = \cos\Theta \cdot u + \langle b_3, u \rangle \cdot (1 - \cos\Theta) \cdot b_3 + \sin\Theta \cdot b_3 \times u.$$

Zum Beweis dieser Gleichung hat man lediglich nachzuprüfen, daß beide Seiten linear von u abhängen und auf den Basisvektoren b_1, b_2, b_3 dieselben Werte annehmen. Diese einfache Rechnung sei dem Leser überlassen. $\square$

Bei beliebiger Dimension n werden die analogen Darstellungen von Isometrien später behandelt. Dabei werden dann auch weitere, hier ausgelassene Fälle erfaßt.

Wir gehen nun etwas auf *symmetrische* Abbildungen ein und klären zunächst den Zusammenhang mit Matrizen:

Satz E. *Eine lineare Abbildung* $L : V \to V$ *ist genau dann symmetrisch, wenn ihre Matrix* A *bei Bezug auf eine ON-Basis von* V *symmetrisch ist.*

Vorbemerkung: Ist $a_1, \ldots, a_n$ *irgend* eine Basis, so ist die Symmetriebedingung (1) äquivalent zu

$$(16) \qquad \langle La_i, a_j \rangle = \langle a_i, La_j \rangle, \qquad 1 \leqq i, j \leqq n.$$

Der Schluß $(1) \Rightarrow (16)$ ist trivial. Die Umkehrung folgt aus der Bilinearität der beiden Seiten von (1), da jeder Vektor von V Linearkombination von $a_1, \ldots, a_n$ ist.

Beweis von E. Sei $a_1, \ldots, a_n$ ON-Basis von V, also

$$(17) \qquad \langle a_k, a_l \rangle = \delta_{kl}, \qquad 1 \leqq k, l \leqq n.$$

Die Matrix A von L sei (4) [6.2]. Dann kann man die Bedingung (16) so umformen:

$$(18) \qquad \langle \sum_{k=1}^{n} a_{ki} a_k, a_j \rangle = \langle a_i, \sum_{k=1}^{n} a_{kj} a_k \rangle$$

$$(19) \qquad a_{ji} = \sum_{k=1}^{n} a_{ki} \langle a_k, a_j \rangle = \sum_{k=1}^{n} a_{kj} \langle a_i, a_k \rangle = a_{ij}.$$

Das ist äquivalent mit $A = A^T$. $\qquad\qquad\qquad\qquad\qquad\qquad\qquad\qquad\qquad\qquad$ □

Grob gesprochen, sind also symmetrische lineare Abbildungen gleichwertig mit symmetrischen reellen Matrizen. Da solche Matrizen bei vielen Anwendungen auftreten, ist dieser Typ von linearen Operatoren besonders wichtig.

Das Eigenwertproblem hat für symmetrische lineare Operatoren eine sehr übersichtliche Lösung: *Zu jedem symmetrischen* L *gibt es eine ON-Basis, bezüglich der* L *durch eine Diagonalmatrix dargestellt wird (insbesondere ist* L *diagonalisierbar).* Für $n = 2$ kann man diesen Satz auf rechnerischem Wege verifizieren, da die charakteristische Gleichung einer symmetrischen (2×2)-Matrix reell lösbar ist, und den Fall $n = 3$ kann man ähnlich wie bei Satz D auf den ebenen Fall zurückspielen. Der Fall beliebiger Dimension n erfordert weitergehende Hilfsmittel. Das o.g. Ergebnis wird deswegen erst später bewiesen. Trotzdem kann man *in praktischen Fällen* jetzt schon eine solche orthonormale Eigenbasis bestimmen: Besitzt die charakteristische Gleichung n verschiedene Lösungen, so bilden zugehörige n Eigenvektoren nach C eine Orthogonalbasis von V. Existieren dagegen mehrfache Nullstellen des charakteristischen Polynoms, so kann man zu jeder solchen Nullstelle λ den Eigenraum $E(\lambda)$ (durch Lösung des charakteristischen Systems) bestimmen und in $E(\lambda)$ nach dem Schmidtschen Orthogonalisierungsverfahren (C [5.4]) eine ON-Basis finden; da je zwei Eigenräume $E(\lambda)$, $E(\mu)$ für $\lambda \neq \mu$ nach C orthogonal sind, werden sich diese einzelnen ON-Basen zu einer orthonormalen Eigenbasis von V zusammenfügen lassen.

In der Matrizensprache bedeutet dieses Resultat, daß zu jeder symmetrischen Matrix $A = A^T \in R^{(n,\,n)}$ eine (sogar!) orthogonale Matrix $S \in R^{(n,\,n)}$ existiert, so daß $SAS^{-1} = SAS^T$ Diagonalgestalt besitzt. Daß S *orthogonal* gewählt werden kann, verschärft die entsprechende Aussage D [5.2] erheblich.

In geometrischer Sprache ist dieses Resultat äquivalent mit der Möglichkeit zur *Hauptachsentransformation* quadratischer Hyperflächen. Auch hierauf kann erst später eingegangen werden.

Aufgaben

1. Man zeige, daß zu zwei Vektoren u, v einer euklidischen Ebene V mit $|u| = |v| \neq 0$ genau eine eigentliche Isometrie $L : V \to V$ existiert, für die $Lu = v$ gilt.

2. Es sei L eine eigentliche Drehung des dreidimensionalen euklidischen Vektorraumes V. Man zeige in Analogie zu (39) [5.7], daß der *Drehwinkelbetrag* Θ von L durch $\cos \Theta = \frac{1}{2}$ (spur $L - 1$), $0 \leq \Theta \leq \pi$ festgelegt ist.

3. Es sei $V = U \oplus U^{\perp}$ eine orthogonale Zerlegung von V mit den senkrechten Projektionen P_1, P_2. Man zeige, daß P_1, P_2 symmetrisch sind, und bestimme alle Eigenwerte und die zugehörigen Eigenräume von P_1, P_2.

6.4 Verallgemeinerte Eigenräume und erster Zerlegungssatz

Gegeben sei ein Endomorphismus L eines endlich dimensionalen K-Vektorraumes V:

$$(1) \qquad L : V \to V, \quad \dim V = n < \infty.$$

Wir beginnen mit der Untersuchung der Feinstruktur von L, die sich in der Jordanschen Normalform ausdrücken wird. Der erste Schritt ist eine Zerlegung von V in die *verallgemeinerten Eigenräume*. Später werden die verallgemeinerten Eigenräume nach einem anderen Verfahren weiter zerlegt. Die Jordansche Normalform liefert eine vollkommene Einsicht in die Wirkungsweise von L als Abbildung. In der Matrizensprache ausgedrückt, löst die Jordansche Normalform das Ähnlichkeitsproblem quadratischer Matrizen mit zerfallendem charakteristischen Polynom.

Fundamental sind zunächst die folgenden Begriffsbildungen:

Definition A. *Ein Untervektorraum* U *von* V *heißt* **L-invariant,** *wenn gilt:* $L(U) \subseteq U$. Diese Forderung bedeutet, daß für jeden Vektor u aus U das Bild Lu ebenfalls in U liegt: U wird durch L *in sich* abgebildet. Die Restriktion von L auf U ist dann ein Endomorphismus $L|U : U \to U$. Statt „L-invariant" sagt man auch **invariant unter** L.

Beispiele. 1. Die beiden trivialen Untervektorräume 0 und V sind invariant unter L. Es gibt Operatoren, für die 0 und V die einzigen invarianten Untervektorräume sind, z.B. die eigentlichen Drehungen ($\neq I, -I$) einer euklidischen Ebene.

2. Jeder Eigenraum $E(\lambda)$ von L ist invariant unter L.

3. Sind U_1, U_2 invariant unter L, so auch $U_1 \cap U_2$ und $U_1 + U_2$.

4. Ist U invariant unter L, so ist U auch invariant unter jeder Potenz L^j (mit $j \in N_0$) und unter jeder Linearkombination $P = \alpha_0 I + \alpha_1 L + \ldots + \alpha_k L^k$ solcher Potenzen. Außerdem gilt für die Restriktionen: $P|U = \alpha_0(I|U) + \alpha_1(L|U) + \ldots + \alpha_k(L|U)^k$. Die einfache Bestätigung dieser Tatsachen sei dem Leser überlassen.

Definition B. (i) *Eine direkte Zerlegung*

$$(2) \qquad V = U_1 \oplus \ldots \oplus U_k$$

heißt L-*invariant, wenn* $U_1, \ldots, U_k$ L-*invariante Untervektorräume sind.*

(ii) *Der Vektorraum* V *heißt* L-*reduzibel, wenn es eine* L-*invariante Zerlegung* $V = U_1 \oplus U_2$ *mit* $U_1 \neq 0$, $U_2 \neq 0$ *gibt, sonst* L-*irreduzibel.*

Diese Begriffe können auch auf einen L-invarianten Untervektorraum U anstelle von V angewendet werden. Z.B. wird man U L-**irreduzibel** nennen, wenn es keine direkte Summendarstellung $U = U_1 \oplus U_2$ in L-invariante Untervektorräume $U_1 \neq 0$, $U_2 \neq 0$ gibt. Ein invarianter Untervektorraum der Dimension 1 ist stets irreduzibel.

Eine Zerlegung (2) heißt L-**irreduzibel**, wenn alle U_j invariant und L-irreduzibel sind.

Statt „L-reduzibel" usw. sagt man auch **reduzibel unter** L, usw.. Wenn klar ist, um welchen Operator es sich handelt, läßt man den Zusatz „L-" oder „unter L" in den obigen Begriffen mitunter weg.

Durch vollständige Induktion nach der Dimension kann man leicht einsehen, daß V stets in eine direkte Summe irreduzibler invarianter Untervektorräume zerlegt werden kann. Diese Aussage nützt allerdings wenig, solange man die irreduziblen Untervektorräume nicht kennt. Deshalb wird es hauptsächlich darauf ankommen, L-invariante Zerlegungen *explizit* zu konstruieren.

Ist $V = U_1 \oplus \ldots \oplus U_k$ *irgend* eine direkte Zerlegung von V mit den zugehörigen Dimensionen $n_j := \dim U_j$, so können wir eine solche Basis $a_1, \ldots, a_n$ von V wählen, daß ihre ersten n_1 Vektoren eine Basis von U_1, die nächsten n_2 Vektoren eine Basis von $U_2, \ldots$, schließlich die letzten n_k Vektoren eine Basis von U_k bilden. Es ist dann $a_1, \ldots, a_n$ die *zusammengefügte* Basis (der Einzelbasen von $U_1, \ldots, U_k$); vgl. H [2.4]. In diesem Fall drückt sich die Invarianz der gegebenen Zerlegung dadurch aus, daß für jedes j die Bilder der Basisvektoren von U_j in U_j selbst liegen, d.h. daß die Matrix A von L bezüglich der zusammengefügten Basis $a_1, \ldots, a_n$ die Gestalt hat:

$$(3) \qquad A = \begin{pmatrix} \boxed{A_1} & & & O \\ & \boxed{A_2} & & \\ & & \ddots & \\ O & & & \boxed{A_k} \end{pmatrix}$$

wobei $A_1, A_2, \ldots, A_k$ quadratische **Blöcke** der Größen $n_1, n_2, \ldots, n_k$ sind, die sich Ecke an Ecke entlang der Hauptdiagonale aneinanderreihen, während außerhalb dieser Blöcke nur Nullen stehen. Der j-te Block enthält dabei jeweils die Matrix der Restriktion $L|U_j$. Einer invarianten Zerlegung entspricht so eine **Blockdarstellung** von L der Art (3) — und umgekehrt.

Konvention: In Zukunft bezeichnen wir eine **Blockmatrix** der Gestalt (3) aus Gründen der Platzersparnis auch durch

(3′) $A = \mathrm{diag}(A_1, A_2, \ldots, A_k)$.

Speziell kann eine *Diagonalmatrix* (18) [6.2] als $\mathrm{diag}(\mu_1, \ldots, \mu_n)$ geschrieben werden. Aus der generellen Vorschrift für die Matrizenmultiplikation deduziert man leicht die folgende *Produktregel für Blockmatrizen* der Gestalt (3), (3′):

(4) $\mathrm{diag}(A_1, \ldots, A_k) \cdot \mathrm{diag}(B_1, \ldots, B_k) = \mathrm{diag}(A_1 B_1, \ldots, A_k B_k)$.

Dabei ist vorausgesetzt, daß die Größen von A_i und B_i jeweils übereinstimmen.

Unser Ziel können wir jetzt so formulieren: Man zerlege V in eine L-invariante direkte Summe $V = U_1 \oplus \ldots \oplus U_k$ von L-irreduziblen Untervektorräumen U_j und wähle in diesen solche Basen, daß die zugehörige Blockdarstellung „möglichst einfach" wird.

Wir beginnen dieses Programm mit der angekündigten Verallgemeinerung der Eigenräume. Ist λ Eigenwert von L, so bestand der zugehörige *Eigenraum* $E(\lambda)$ aus allen Vektoren $v \in V$ mit $(L - \lambda I) v = 0$.

Definition C. *Der verallgemeinerte Eigenraum* $E'(\lambda)$ *(von L zum Eigenwert λ) besteht aus allen* $v \in V$, *zu denen es ein* $l \in \mathbf{N}$ *gibt mit* $(L - \lambda I)^l v = 0$.

Äquivalent zu dieser Definition kann man schreiben

(5) $E'(\lambda) := \bigcup_{l \in \mathbf{N}} \mathrm{Kern}\,(L - \lambda I)^l$.

Natürlich gilt:

(6) $E(\lambda) \subseteq E'(\lambda)$.

Man nennt $E'(\lambda)$ auch den **Hauptraum** (von L zum Eigenwert λ), und die Elemente $v \in E'(\lambda)$ mit $v \neq 0$ werden entsprechend **Hauptvektoren** genannt.

Satz D. *Der verallgemeinerte Eigenraum* $E'(\lambda)$ *ist ein L-invarianter Untervektorraum von V.*

Beweis. $E'(\lambda)$ *ist Untervektorraum*: Trivial ist $0 \in E'(\lambda)$ und die Implikation $v \in E'(\lambda) \Rightarrow \alpha v \in E'(\lambda)$ für $\alpha \in K$.

Sei nun $u, v \in E'(\lambda)$ vorausgesetzt. Dann gibt es $k, l \in \mathbf{N}$ mit

(7) $(L - \lambda I)^k u = 0,\quad (L - \lambda I)^l v = 0$.

Sei $m := \max\{k, l\}$ gesetzt. Dann gilt:

(8) $\begin{aligned}(L - \lambda I)^m (u + v) &= (L - \lambda I)^m u + (L - \lambda I)^m v =\\ &= (L - \lambda I)^{m-k} \underbrace{(L - \lambda I)^k u}_{0} + (L - \lambda I)^{m-l} \underbrace{(L - \lambda I)^l v}_{0} = 0,\end{aligned}$

also folgt $u + v \in E'(\lambda)$.

$E'(\lambda)$ *ist* L-*invariant*: Für alle $l \in \mathbf{N}$ gilt:

$$(9) \qquad (L - \lambda I)^l \circ L = L \circ (L - \lambda I)^l,$$

wie man leicht einsieht; vgl. (23) [3.3]. Hieraus folgt für $v \in V$: $(L - \lambda I)^l \circ Lv = L \circ (L - \lambda I)^l v$.
Damit folgt aus $v \in E'(\lambda)$ sofort $Lv \in E'(\lambda)$. $\qquad \square$

Wir werden bald sehen, daß man in der Vereinigung (5) mit einem einzigen l auskommt.
Dazu seien folgende Vorbereitungen angestellt:

Ist $R : V \to V$ eine beliebige lineare Abbildung, so können wir die nachstehende Folge der
Kerne der Potenzen von R betrachten:

$$(10) \qquad 0 = \text{Kern } I \subseteq \text{Kern } R \subseteq \text{Kern } R^2 \subseteq \text{Kern } R^3 \subseteq \ldots$$

Diese Untervektorräume sind in der angegebenen Art ineinander enthalten; denn aus
$R^j u = 0$ folgt durch Anwendung von $R : R^{j+1} u = 0$. Ebenso leicht sieht man, daß alle
diese Kerne R-invariant sind. Wir nennen (10) die **Kernsequenz** von R. In dieser kann nun
nicht jede der Inklusionen echt sein, weil sonst die Dimensionen unbeschränkt wachsen
würden. Wir zeigen:

Satz E. *Ist*

$$(11) \qquad \text{Kern } R^k = \text{Kern } R^{k+1} \qquad \textit{für } \underline{\textit{ein}} \; k \in \mathbf{N}_0,$$

so gilt:

$$(12) \qquad \text{Kern } R^l = \text{Kern } R^{l+1} \qquad \textit{für } \underline{\textit{alle}} \; l \geq k$$

sowie

$$(13) \qquad V = (\text{Kern } R^k) \oplus (\text{Bild } R^k).$$

Man nennt (13) *Fittingzerlegung (von* V *bezüglich* R*).*

Beweis. *Zu* (12): Wir führen vollständige Induktion nach l mit dem Induktionsanfang
$l = k$ durch. Für $l = k$ ist (12) identisch mit (11). Zum Induktionsschluß ist aus
$\text{Kern } R^l = \text{Kern } R^{l+1}$ zu folgern: $\text{Kern } R^{l+1} = \text{Kern } R^{l+2}$. Wegen (10) bleibt lediglich zu
zeigen: $\text{Kern } R^{l+1} \supseteq \text{Kern } R^{l+2}$; dies ergibt sich aus folgenden Schlüssen:
$R^{l+2} u = 0 \Rightarrow R^{l+1}(Ru) = 0 \Rightarrow Ru \in \text{Kern } R^{l+1} \Rightarrow Ru \in \text{Kern } R^l \Rightarrow R^l(Ru) = 0 \Rightarrow R^{l+1} u = 0$.

Zu (13): Wir zeigen zunächst $(\text{Kern } R^k) \cap (\text{Bild } R^k) = 0$: Für einen Vektor v dieses Durchschnitts gilt $R^k v = 0$ und $v = R^k u$ für ein $u \in V$. Hieraus folgt $0 = R^k v = R^{2k} u$, also
$u \in \text{Kern } R^{2k} = \text{Kern } R^k$, da $2k \geq k$. Es folgt $R^k u = 0$, also $v = 0$.
Nun liefern die Dimensionssätze H [2.4] und G [3.1]: $\dim((\text{Kern } R^k) \oplus (\text{Bild } R^k)) =$
$= \dim(\text{Kern } R^k) + \dim(\text{Bild } R^k) = n$, also folgt (13). $\qquad \square$

Bezeichnet man mit f den *kleinsten* Index, für den (11) gilt, so sieht die Kernsequenz
folgendermaßen aus:

$$(14) \qquad 0 \subset \text{Kern } R \subset \text{Kern } R^2 \subset \ldots \subset \text{Kern } R^f = \text{Kern } R^{f+1} = \ldots,$$

d.h. die ersten f Inklusionen sind echt, und dann wird die Sequenz konstant. Wir nennen die durch die Eigenschaft (14) charakterisierte Zahl $f \in \mathbf{N_0}$ den **Fittingindex** von R. Für diesen gilt

$$(15) \qquad f \leqq n,$$

weil die Dimensionen bei den echten Inklusionen in (14) mindestens um 1 wachsen. Aus (14) folgt unmittelbar

$$(16) \qquad \text{Kern } R^f = \bigcup_{l \in \mathbf{N}} \text{Kern } R^l.$$

Diese Aussagen werden im folgenden auf $R = L - \lambda I$ angewendet, wobei λ ein Eigenwert von L ist. Der Fittingindex von $R = L - \lambda I$ heißt dann kurz der **Index** $f(\lambda)$ des Eigenwertes λ. Da $R = L - \lambda I$ singulär ist, gilt hier

$$(17) \qquad 1 \leqq f(\lambda) \leqq n.$$

Mit Hilfe dieses Indexes kann die Definition (5) des verallgemeinerten Eigenraumes $E'(\lambda)$ in der folgenden einfachen Form geschrieben werden:

$$(18) \qquad \boxed{E'(\lambda) = \text{Kern}\,(L - \lambda I)^{f(\lambda)}.}$$

Lemma F. *Für je zwei Eigenwerte* $\lambda \neq \mu$ *von* L *gilt* $E'(\lambda) \cap E'(\mu) = 0$.

Beweis. Wir führen die Annahme, der Durchschnitt $D := E'(\lambda) \cap E'(\mu)$ sei $\neq 0$, folgendermaßen zum Widerspruch: Seien f, g die Indizes von λ, μ. Dann gilt

$$(19) \qquad (L - \lambda I)^f v = (L - \mu I)^g v = 0 \quad \text{für alle } v \in D.$$

Wir setzen $M := (L - \lambda I)|D$ und $\alpha := \mu - \lambda \neq 0$. Dann gilt $L - \mu I = L - \lambda I - \alpha I$, also folgt aus (19)

$$(20) \qquad M^f = 0,$$

$$(21) \qquad (M - \alpha I)^g = 0.$$

Dabei ist wichtig, daß D unter L invariant ist, so daß Beispiel 4 angewendet werden kann.

Aus (20), (21) ergibt sich jetzt ein Widerspruch: Wegen (20) ist der einzige Eigenwert von M Null; denn aus $Mv = \rho v$, $v \neq 0$ folgt induktiv $M^f v = \rho^f v$, also $\rho^f = 0$, also $\rho = 0$. Andererseits folgt aus (21): $\det(M - \alpha I)^g = 0$, also $\det(M - \alpha I) = 0$, so daß $\alpha \neq 0$ Eigenwert von M ist. □

In Analogie zu E [6.1] gilt nunmehr der wichtige

Satz G. *Sind* $\lambda_1, \ldots, \lambda_s$ *paarweise verschiedene Eigenwerte von* L *mit* $s \geq 2$, *so ist die Summe der verallgemeinerten Eigenräume* $E'(\lambda_1) \oplus \ldots \oplus E'(\lambda_s)$ *direkt.*

Beweis. Ähnlich wie in 6.1 führen wir vollständige Induktion nach s durch. Für $s = 2$ ist die Behauptung in Lemma F bewiesen. Wir nehmen an, die Behauptung gelte für je $s - 1$ Eigenwerte, und beweisen sie daraus für die s Eigenwerte $\lambda_1, \ldots, \lambda_s$, $s \geq 3$: Sei $b_1 + \ldots + b_s = 0$ mit $b_i \in E'(\lambda_i)$ vorausgesetzt, und sei f der Index von λ_s. Es folgt

$$(22) \qquad b_s = - \sum_{i=1}^{s-1} b_i,$$

also durch Anwendung von $(L - \lambda_s I)^f$:

$$(23) \qquad 0 = - \sum_{i=1}^{s-1} (L - \lambda_s I)^f b_i.$$

Da $E'(\lambda_i)$ unter L, also auch unter $(L - \lambda_s I)^f$ invariant ist, gehört der i-te Summand rechts in (23) zu $E'(\lambda_i)$. Nach Induktionsvoraussetzung folgt $(L - \lambda_s I)^f b_i = 0$ für $1 \leq i \leq s - 1$, also $b_i \in E'(\lambda_i) \cap E'(\lambda_s)$ für diese i. Lemma F liefert $b_i = 0$ für diese i, und aus (22) folgt schließlich auch $b_s = 0$. $\qquad\qquad\square$

Lemma H. *Es sei* $U \neq 0$ *ein L-invarianter Untervektorraum von* V *und Ch bzw.* Ch_0 *das charakteristische Polynom von* L *bzw.* $L|U$. *Dann ist* Ch_0 *ein Teiler von Ch. Zerfällt also Ch, so auch* Ch_0.

Beweis. Wir wählen eine Basis $a_1, \ldots, a_k$ von U und ergänzen diese durch Hinzunahme von Vektoren $a_{k+1}, \ldots, a_n$ zu einer Basis von V. Wegen $L(U) \subseteq U$ hat die Matrix von L bezüglich dieser Basis die Gestalt (19) [4.5], wobei der quadratische Block A_0 die Matrixdarstellung von $L|U$ ist. Bildung von $A - \lambda I$ und Übergang zur Determinante liefert mittels H [4.5]:

$$(24) \qquad \underbrace{\det(A - \lambda I)}_{Ch(\lambda)} = \underbrace{\det(A_0 - \lambda I)}_{Ch_0(\lambda)} \cdot \det(C_0 - \lambda I).$$

Hieraus folgt die Behauptung unter Beachtung von Bemerkung 9 [1.4]. $\qquad\qquad\square$

Wir können nun unser *Hauptergebnis* beweisen:

Satz I (erster Zerlegungssatz). *Zerfällt das charakteristische Polynom* Ch *von* L, *und sind* $\lambda_1, \ldots, \lambda_r$ *die paarweise verschiedenen Eigenwerte von* L, *so gilt für die zugehörigen verallgemeinerten Eigenräume:*

$$(25) \qquad \boxed{V = E'(\lambda_1) \oplus \ldots \oplus E'(\lambda_r).}$$

Beweis. Mit Rücksicht auf Satz G bleibt zu zeigen:

$$(26) \qquad V = E'(\lambda_1) + \ldots + E'(\lambda_r).$$

Hierzu verwenden wir vollständige Induktion nach der Dimension n von V. Für $n = 1$ ist (26) trivial, da jeder verallgemeinerte Eigenraum mindestens die Dimension 1 besitzt. Nun sei die Gleichung (26) für alle Fälle mit $\dim V < n$ vorausgesetzt, und sie werde daraus für den Fall $\dim V = n$ bewiesen ($n \geq 2$): Sei f der Index von λ_r. Dann folgt durch Anwendung von Satz E auf $R := L - \lambda_r I$

$$(27) \qquad V = E'(\lambda_r) \oplus U$$

mit

$$(28) \qquad U := \text{Bild}(L - \lambda_r I)^f.$$

(27) ist eine L-invariante Zerlegung; denn $E'(\lambda_r)$ ist L-invariant, und für U folgt dies ebenso wie bei Satz D aus einer Vertauschbarkeitsrelation der Art (9). Da $E'(\lambda_r)$ mindestens 1-dimensional ist, gilt $\dim U < n$. Ist $U = 0$, so ist man fertig. Ist $U \neq 0$, so wird jetzt die Induktionsvoraussetzung auf die Restriktion $L' := L|U : U \to U$ angewendet. Deren charakteristisches Polynom zerfällt nach Lemma H. Sind $\mu_1, \ldots, \mu_s$ die paarweise verschiedenen Eigenwerte von L' und $E''(\mu_1), \ldots, E''(\mu_s)$ die zugehörigen verallgemeinerten Eigenräume von L', so gilt

$$(29) \qquad U = E''(\mu_1) + \ldots + E''(\mu_s).$$

Nun ist natürlich jedes μ_j Eigenwert von L. Ferner gilt

$$(30) \qquad E''(\mu_j) \subseteq E'(\mu_j), \qquad 1 \leq j \leq s.$$

Denn aus $u \in E''(\mu_j)$ folgt $(L' - \mu_j I)^l u = 0$ für ein $l \in \mathbb{N}$. Wegen der L-Invarianz von U folgt $(L - \mu_j I)^l u = 0$, also $u \in E'(\mu_j)$.

Durch Kombination von (27), (29), (30) ergibt sich jetzt, daß jedes $v \in V$ als Summe von höchstens $s + 1$ Vektoren dargestellt werden kann, von denen jeder einem verallgemeinerten Eigenraum von L angehört. $\qquad\qquad\square$

Es sei darauf hingewiesen, daß ein Satz I entsprechender Satz für die Eigenräume selbst nicht richtig ist.

Mit dem ersten Zerlegungssatz ist unser Ziel noch nicht vollständig erreicht, weil die verallgemeinerten Eigenräume $E'(\lambda_\rho)$ i. a. noch reduzibel sind. Man beachte jedoch: Ist f_ρ der Index von λ_ρ, so gilt für die Restriktion $L_\rho := L|E'(\lambda_\rho)$:

$$(31) \qquad (L_\rho - \lambda_\rho I)^{f_\rho} = 0.$$

Es wird deswegen genügen, zur weiteren Zerlegung der verallgemeinerten Eigenräume solche Operatoren zu studieren, für die eine gewisse Potenz die Nullabbildung ist. Das geschieht im nächsten Abschnitt.

Aufgaben

1. Man zeige: Die Blockmatrix A (3′) ist genau dann regulär, wenn $A_1, \ldots, A_k$ regulär sind, und in diesem Fall gilt $A^{-1} = \text{diag}(A_1^{-1}, \ldots, A_k^{-1})$.

2. Man beweise, daß analog zur Kernsequenz (10) die **Bildsequenz** $V = \text{Bild } I \supseteq \text{Bild } R \supseteq \supseteq \text{Bild } R^2 \supseteq \ldots$ existiert und daß diese vom gleichen Index an konstant wird wie (10).

3. Sei L diagonalisierbar. Man zeige: Die L-invarianten Untervektorräume U von V sind genau diejenigen, die sich in der Form $U = U_1 + \dots + U_r$ darstellen lassen, wobei jedes U_ρ Untervektorraum eines Eigenraumes $E(\lambda_\rho)$ ist.

4. Ist L diagonalisierbar und U invariant unter L, so ist auch L|U diagonalisierbar. Man beweise dies.

5. Man zeige: Ist $E'(\lambda)$ verallgemeinerter Eigenraum von L und $M \in L(V)$ mit L vertauschbar, so ist $E'(\lambda)$ invariant unter M.

6.5 Nilpotente Operatoren und zweiter Zerlegungssatz

Gegeben sei ein linearer Operator

$$(1) \qquad T : V \to V, \quad \dim V = n < \infty.$$

Definition A. *Der lineare Operator* T *heißt* **nilpotent**, *wenn es eine Zahl* $k \in \mathbf{N}$ *gibt mit* $T^k = 0$. *Ist* ν *die kleinste Zahl dieser Art, also*

$$(2) \qquad T \neq 0, \quad T^2 \neq 0, \quad \dots, \quad T^{\nu-1} \neq 0, \quad T^\nu = 0,$$

so heißt ν *der* **Nilpotenzgrad** *von* T.

Da mit $T^{\nu-1} \neq 0$ automatisch $T \neq 0, \dots, T^{\nu-2} \neq 0$ gilt, kann der Nilpotenzgrad außer durch (2) äquivalent durch

$$(3) \qquad T^{\nu-1} \neq 0, \quad T^\nu = 0$$

gekennzeichnet werden.

Wir beginnen mit der Konstruktion gewisser invarianter Unterräume:

Satz B. *Sei* $T^{\nu-1} \neq 0$, *aber* $T^\nu = 0$. *Für jedes* $a \notin \operatorname{Kern} T^{\nu-1}$ *ist dann das Vektorsystem* $a, Ta, \dots, T^{\nu-1}a$ *linear unabhängig, und es spannt einen T-invarianten Untervektorraum von* V *der Dimension* ν *auf. Insbesondere gilt:*

$$(4) \qquad \nu \leqq n.$$

Beweis. *Zur linearen Unabhängigkeit:* Aus einer Relation

$$(5) \qquad \beta_0 a + \beta_1 Ta + \dots + \beta_{\nu-1} T^{\nu-1} a = 0$$

folgt durch die Anwendung von $T^{\nu-1}, T^{\nu-2}, \dots, I$ der Reihe nach: $\beta_0 T^{\nu-1} a = 0$ (also $\beta_0 = 0$), $\beta_1 T^{\nu-1} a = 0$ (also $\beta_1 = 0$), $\dots, \beta_{\nu-1} T^{\nu-1} a = 0$ (also $\beta_{\nu-1} = 0$).

Zur T-Invarianz: Für jede Linearkombination $u = \gamma_0 a + \gamma_1 Ta + \dots + \gamma_{\nu-1} T^{\nu-1} a$ gilt $Tu = \gamma_0 Ta + \gamma_1 T^2 a + \dots + \gamma_{\nu-2} T^{\nu-1} a$ (da $T^\nu a = 0$). $\qquad \square$

Die Größe des Nilpotenzgrades ν *ist nun ganz entscheidend für die weitere Behandlung.*

Ist $\nu = n$, so ist für jedes $a \notin \text{Kern } T^{n-1}$ das Vektorsystem

(6) $a_1 := a, \quad a_2 := Ta, \quad \ldots, \quad a_n := T^{n-1} a$

eine Basis von V. Wegen der besonderen Erzeugungsweise ihrer Elemente (fortgesetzte Anwendung von T) nennt man eine solche Basis **zyklisch** (bezüglich T); auch V selbst wird dann **zyklisch** genannt. Da $Ta_n = T^n a = 0$ gilt, lautet die Matrix von T bezüglich der Basis (6) so:

$$
(7) \qquad N(n) := \begin{pmatrix} 0 & & & \\ 1 & 0 & & \\ & \ddots & \ddots & \\ & & 1 & 0 \end{pmatrix}.
$$

Diese $(n \times n)$-Matrix trägt in der zur Hauptdiagonale parallelen, nach unten benachbarten Schrägzeile Einsen, sonst lauter Nullen. Wir nennen sie einen **elementaren Nilpotenzblock** (der **Größe** n) und bezeichnen diesen durch $N(n)$.

Eine Blockaufteilung ist hier nicht möglich; denn es gilt

Satz C. *Sei* $T : V \to V$ *nilpotent vom Nilpotenzgrad* $\nu = n$. *Dann ist* V *irreduzibel unter* T.

Beweis. Wir zeigen das in folgender Form: Ist T nilpotent vom Nilpotenzgrad ν und V reduzibel unter T, so gilt $\nu < n$.

Gegeben sei also eine T-invariante Zerlegung $V = U \oplus U'$ mit $U \neq 0$, $U' \neq 0$. Mit T sind auch die Restriktionen $T|U$ und $T|U'$ nilpotent, und zwar seien μ und μ' die zugehörigen Nilpotenzgrade. Ohne Einschränkung kann man $\mu' \leq \mu$ annehmen. Wir behaupten:

(8) $\nu \leq \mu$.

Hieraus folgt dann die Behauptung, da $\mu \leq \dim U < n$. Zum Nachweis von (8) sei ein beliebiges $v \in V$ in der Form $v = u + u'$ mit $u \in U$, $u' \in U'$ dargestellt. Dann gilt $T^\mu v = T^\mu u + T^\mu u' = 0 + 0 = 0$, wobei $\mu' \leq \mu$ verwendet wurde. Also ist $T^\mu = 0$. Wegen $T^{\nu-1} \neq 0$ muß dann $\mu > \nu - 1$, also (8) gelten. $\square$

Satz D. *Wird der lineare Operator* $T : V \to V$ *bezüglich einer Basis von* V *durch den elementaren Nilpotenzblock* $N(n)$ *dargestellt, so ist* T *nilpotent vom Nilpotenzgrad* $\nu = n$ *(also* V *irreduzibel unter* T*).*

Beweis. Für die gegebene Basis $a_1, \ldots, a_n$ von V gilt nach Voraussetzung:

(9) $Ta_1 = a_2, \ Ta_2 = a_3, \ \ldots, \ Ta_n = 0.$

Wendet man auf diese Gleichungen sukzessive T an, so folgt nach $n - 2$ Schritten

(10) $T^{n-1} a_1 = a_n, \ T^{n-1} a_2 = 0, \ \ldots, \ T^{n-1} a_n = 0$

und beim nächsten Schritt

(11) $T^n a_1 = 0, \ T^n a_2 = 0, \ \ldots, \ T^n a_n = 0.$

Aus (10) folgt $T^{n-1} \neq 0$, aus (11) folgt $T^n = 0$. $\square$

Bemerkung 1. Bei diesen Schritten sieht man, daß beim Potenzieren von N(n) in (7) die Einsenschrägzeile jeweils in „südwestlicher" Richtung verschoben wird. -- Bezogen auf die Basis $a_n, ..., a_1$ statt (6) wäre die Matrix von T die *transponierte* zu (7). Diese Form wird in der Literatur ebenfalls verwendet. □

Wir gehen jetzt zum Fall $\nu < n$ über. Wählen wir wie bei Satz B ein $a \notin \text{Kern } T^{\nu-1}$, so ist der dort gewonnene ν-dimensionale Untervektorraum

$$(12) \qquad Z := \text{sp}(a, Ta, ..., T^{\nu-1}a)$$

zyklisch bezüglich der Restriktion $T|Z$, also nach Satz D irreduzibel (zunächst unter $T|Z$, aber dann auch trivialerweise unter T). Der entscheidende Schritt besteht jetzt darin, zu jedem solchen zyklischen Untervektorraum Z einen gewissen invarianten Komplementärraum D zu konstruieren. Das beruht auf folgendem

Satz E (Zerlegungslemma für nilpotente Operatoren). *Sei* $T : V \to V$ *nilpotent vom Nilpotenzgrad* $\nu < n$. *Ist dann* G *eine Gerade und* H *eine Hyperebene in* V *mit*

$$(13) \qquad T^{\nu-1}G \nsubseteq H,$$

so sind

$$(14) \qquad Z := G + TG + ... + T^{\nu-1}G$$

$$(15) \qquad D := H \cap T^{-1}H \cap ... \cap T^{-(\nu-1)}H$$

T-invariante Untervektorräume mit

$$(16) \qquad V = Z \oplus D.$$

Dabei gilt:

$$(17) \qquad \dim Z = \nu, \quad \dim D = n - \nu.$$

Insbesondere ist V *reduzibel unter* T.

Hier sollen G und H durch 0 gehen, also Untervektorräume sein. In (13) bis (15) bezeichnet T^jG das *Bild* von G und $T^{-j}H$ das *Urbild* von H unter T^j:

$$(18) \qquad T^{-j}H = \{u \in V | T^j u \in H\}.$$

Beweis von E. Ist a eine Basis von G, so ist $T^j a$ ein Erzeugendensystem von T^jG, also gilt (12), und nach (13) ist

$$(19) \qquad 0 \neq T^{\nu-1}a \notin H.$$

Somit ist $a, Ta, ..., T^{\nu-1}a$ eine Basis von Z, $\dim Z = \nu$ und Z zyklisch bezüglich $T|Z$ (wie vorab beschrieben).

Die T-Invarianz von D ergibt sich so: Für $u \in D$ sind $u, Tu, ..., T^{\nu-1}u \in H$. Hieraus folgt $Tu, ..., T^{\nu-2}(Tu) \in H$ und wegen $T^\nu = 0$ auch $T^{\nu-1}(Tu) \in H$, also $Tu \in D$.

Wir zeigen weiter $Z \cap D = 0$: Sei $w \in Z \cap D$ gegeben. Da $w \in Z$, existiert eine Darstellung der Art $w = \beta_0 a + \beta_1 Ta + ... + \beta_{\nu-1}T^{\nu-1}a$. Da $w \in D$, gilt $T^j w \in H$ für alle $j \in \mathbf{N}_0$. Daraus folgt schrittweise mit (19), wenn man $j = \nu - 1, \nu - 2, \ldots, 0$ setzt: $\beta_0 T^{\nu-1}a \in H$ (also $\beta_0 = 0$), $\beta_1 T^{\nu-1}a \in H$ (also $\beta_1 = 0$), $\ldots$, $\beta_{\nu-1} T^{\nu-1}a \in H$ (also $\beta_{\nu-1} = 0$), also insgesamt $w = 0$.

Schließlich gilt $\dim D \geqq n - \nu$: Dazu sei eine Linearform $h : V \to K$ mit $H = \mathrm{Kern}\, h$ gewählt (Satz B [3.6]), also $H = \{v \in V \mid h(v) = 0\}$. Nach (18) gilt $T^{-j}H = \{u \in V \mid h(T^j u) = 0\} =$ $= \mathrm{Kern}(h \circ T^j)$. Also ist $T^{-j}H$ entweder eine Hyperebene von V oder V selbst, auf jeden Fall $\dim(T^{-j}H) \geqq n - 1$. Setzt man $D_j := H \cap T^{-1}H \cap \ldots \cap T^{-j}H$, so folgt induktiv $\dim D_j \geqq n - j - 1$: Für $j = 0$ ist dies klar, und der Induktionsschluß von $j - 1$ auf j verläuft mit dem Dimensionssatz J [2.4] so: $\dim D_j = \dim(D_{j-1} \cap T^{-j}H) =$ $= \dim D_{j-1} + \dim(T^{-j}H) - \dim(D_{j-1} + T^{-j}H) \geqq (n-j) + (n-1) - n = n - j - 1$. Wegen $D_{\nu-1} = D$ folgt $\dim D \geqq n - \nu$.

Nun hat man $n \geqq \dim(Z \oplus D) = \dim Z + \dim D \geqq \nu + n - \nu = n$, also $V = Z \oplus D$ und $\dim D = n - \nu$.

Da $a, Ta, \ldots, T^{\nu-1}a$ Basisvektoren von Z sind, die jeweils den Summanden in (14) entstammen, folgt noch der

Zusatz zu E. *Die Summe in* (14) *ist direkt:*

$$(14') \qquad Z = G \oplus TG \oplus \ldots \oplus T^{\nu-1}G. \qquad \qquad \square$$

Dieses Beweisverfahren läßt sich auch *praktisch* verwerten. Dazu wählt man als erstes einen Vektor $a \in V$ mit $T^{\nu-1}a \neq 0$ und danach eine Linearform $h : V \to K$ mit

$$(20) \qquad h(T^{\nu-1}a) \neq 0,$$

was nach F [3.6] stets möglich ist. Für die Gerade $G := \mathrm{sp}(a)$ und die Hyperebene $H := \mathrm{Kern}\, h$ gilt dann (13). Den Untervektorraum Z erhält man als

$$(21) \qquad Z = \mathrm{sp}(a, Ta, \ldots, T^{\nu-1}a).$$

Der Untervektorraum D ist nach obigem Beweis Lösungsmenge eines Systems linearer Gleichungen:

$$(22) \qquad u \in D \Longleftrightarrow \begin{cases} h(u) = 0 \\ (h \circ T)(u) = 0 \\ \quad \vdots \\ (h \circ T^{\nu-1})(u) = 0 \end{cases}$$

Bemerkung 2. Ist T durch seine Matrix A (bezüglich irgend einer Basis von V) gegeben, so läßt sich die Bestimmung von Z und D gemäß (21), (22) ohne weiteres rechnerisch bewerkstelligen. Man beachte dazu, daß die Matrix von $h \circ T^j$ durch Matrizenmultiplikation der Zeilenmatrix von h mit A^j entsteht. $\qquad \square$

Übrigens erhält man mit dem Verfahren von Satz E *jedes* invariante Komplement von Z (vgl. Aufgabe 3). Durch Kombination von C und E ergibt sich das folgende „Irreduzibilitätskriterium" für nilpotente Operatoren:

Folgerung F. *Sei* $T : V \to V$ *nilpotent vom Nilpotenzgrad* ν. *Genau dann ist* V *irreduzibel unter* T, *wenn* $\nu = n$ *gilt.* $\qquad \square$

In einer Zerlegung $V = Z \oplus D$, die auf die obige Weise gewonnen wird, ist Z stets irreduzibel; jedoch wird D im allgemeinen reduzibel sein. Da die Restriktion $T|D$ wiederum nilpotent ist (und zwar von einem Nilpotenzgrad $\leq \nu$), läßt sich dann das Verfahren mit D anstelle von V fortsetzen. Das liefert eine invariante Zerlegung $D = Z' \oplus D'$, also $V = Z \oplus Z' \oplus D'$, mit ebenfalls irreduziblem Z'. Nun kann man gegebenenfalls mit D' fortfahren, usw. Die sukzessive Anwendung dieses Prozesses führt wegen der sinkenden Dimension von $D, D', \ldots$ nach endlich vielen Schritten auf lauter irreduzible Summanden. So ergibt sich der wichtige

Satz G (zweiter Zerlegungssatz). *Zu jedem nilpotenten Operator* $T : V \to V$ *vom Nilpotenzgrad* ν *existiert eine* T*-invariante Zerlegung*

$$(23) \qquad V = Z_1 \oplus \ldots \oplus Z_k$$

in T*-irreduzible Untervektorräume* Z_j. *Der Nilpotenzgrad der Restriktion* $T|Z_j$ *ist dann jeweils gleich der Dimension* n_j *von* Z_j, *d. h.* Z_j *ist zyklisch bezüglich* $T|Z_j$.
Wird in jedem Z_j *eine zyklische Basis (bezüglich* $T|Z_j$*) gewählt, so hat die Matrix von* T *in der zusammengefügten Basis die Gestalt*

$$(24) \qquad \widetilde{B} = \mathrm{diag}(N(n_1), \ldots, N(n_k)),$$

wobei $N(n_j)$ *jeweils ein elementarer Nilpotenzblock der Größe* n_j *ist.* $\qquad\qquad\square$

Wir nennen eine Matrix der Gestalt (24) einen **Nilpotenzblock.**

Aufgaben

1. Sei T nilpotent vom Nilpotenzgrad $\nu \leq n$. Man zeige: Die irreduziblen invarianten Untervektorräume von V der Dimension μ sind genau die der Gestalt $Z = \mathrm{sp}(c, Tc, \ldots, T^{\mu-1}c)$ mit einem $c \in \mathrm{Kern}\, T^\mu \setminus \mathrm{Kern}\, T^{\mu-1}$. Da $T^\nu = 0$, gibt es solche irreduziblen invarianten Untervektorräume nur für $\mu \leq \nu$.

2. Sei T nilpotent vom Nilpotenzgrad $\nu = n$. Man zeige: Die einzigen T-invarianten Untervektorräume von V sind die Kerne von T^l für $0 \leq l \leq \nu$, und diese sind alle T-irreduzibel.

3. Sei T nilpotent vom Nilpotenzgrad $\nu < n$ und $Z = \mathrm{sp}(a, Ta, \ldots, T^{\nu-1}a)$ ein ν-dimensionaler zyklischer Untervektorraum bezüglich $T|Z$ (also $T^{\nu-1}a \neq 0$). Man zeige, daß man mit dem Verfahren von Satz E *jedes* invariante Komplement von Z erhalten kann, d.h. genauer: Ist U ein T-invarianter Untervektorraum mit $V = Z \oplus U$, so existiert eine Hyperebene H mit $T^{\nu-1}a \notin H$, so daß gilt $U = H \cap T^{-1}H \cap \ldots \cap T^{-(\nu-1)}H$.

Hinweis: Man wähle die Hyperebene H so, daß $U \subseteq H$ und $T^{\nu-1}a \notin H$ gilt.

4. Sei T nilpotent vom Nilpotenzgrad ν. Man beweise, daß $I - T$ ein Automorphismus ist und daß gilt: $(I - T)^{-1} = I + T + T^2 + \ldots + T^{\nu-1}$.

6.6 Konstruktion der Jordanschen Normalform

Wir betrachten jetzt einen beliebigen linearen Operator

$$(1) \qquad L : V \to V, \quad \dim V = n < \infty$$

mit *zerfallendem* charakteristischen Polynom.

Die Jordansche Normalform von L erhält man durch Kombination des ersten und zweiten Zerlegungssatzes (I [6.4] und G [6.5]), und zwar auf folgende Weise.

Es seien $\lambda_1, \ldots, \lambda_r$ die paarweise verschiedenen Eigenwerte von L. Dann liefert der *erste* Zerlegungssatz die Darstellung

$$(2) \qquad V = E'(\lambda_1) \oplus \ldots \oplus E'(\lambda_r),$$

wobei $E'(\lambda_\rho)$ der verallgemeinerte Eigenraum zum Eigenwert λ_ρ ist. Bezeichnet f_ρ den Index von λ_ρ, so gilt

$$(3) \qquad E'(\lambda_\rho) = \text{Kern}\,(L - \lambda_\rho I)^{f_\rho}.$$

Nun wird jedes einzelne $E'(\lambda_\rho)$ mit Hilfe des *zweiten* Zerlegungssatzes weiterbehandelt. Für die auftretenden Restriktionen auf $E'(\lambda_\rho)$ führen wir folgende Bezeichnungen ein:

$$(4) \qquad T_\rho := (L - \lambda_\rho I)|E'(\lambda_\rho), \quad L_\rho := L|E'(\lambda_\rho).$$

Es gilt dann:

$$(5) \qquad T_\rho = L_\rho - \lambda_\rho I, \quad L_\rho = T_\rho + \lambda_\rho I.$$

Aus (3) geht hervor, daß T_ρ nilpotent von einem Nilpotenzgrad $\mu_\rho \leqq f_\rho$ ist[*]). Der zweite Zerlegungssatz liefert nunmehr eine Zerlegung von $E'(\lambda_\rho)$ in endlich viele Untervektorräume, die unter T_ρ invariant und irreduzibel sind, wobei nach geeigneter Basiswahl in $E'(\lambda_\rho)$ die Matrix B_ρ von T_ρ ein Nilpotenzblock ist. Für die Matrix A_ρ von L_ρ bezüglich dieser Basiswahl gilt dann wegen (5):

$$(6) \qquad A_\rho = B_\rho + \lambda_\rho I.$$

Aus (5) folgt leicht, daß die so konstruierten Summanden von $E'(\lambda_\rho)$ auch unter L_ρ (und damit unter L) invariant und irreduzibel sind, und aus (6) ergibt sich, daß A_ρ aus B_ρ durch Besetzung der Hauptdiagonale von B_ρ mit lauter gleichen Skalaren λ_ρ hervorgeht.

Um diese neuen Matrizen besser beschreiben zu können, sei generell folgende Bezeichnung eingeführt:

$$(7) \qquad J(\nu, \lambda) := N(\nu) + \lambda I = \begin{pmatrix} \lambda & & & \\ 1 & \lambda & & \\ & \ddots & \ddots & \\ & & 1 & \lambda \end{pmatrix}.$$

Für $\nu \in \mathbf{N}$ und $\lambda \in K$ ist also $J(\nu, \lambda)$ die $(\nu \times \nu)$-Matrix mit lauter Skalaren λ in der Hauptdiagonale, lauter Einsen in deren nach unten benachbarten Schrägzeile und sonst lauter Nullen. Man nennt $J(\nu, \lambda)$ einen **elementaren Jordanblock** (der Größe ν zum Eigenwert λ).

---

[*]) Tatsächlich gilt $\mu_\rho = f_\rho$; vgl. Aufgabe 1.

Somit entsteht die Matrix A_ρ gemäß (6) durch Aneinanderreihung Ecke an Ecke von elementaren Jordanblöcken geeigneter Größen zum gleichen Eigenwert λ_ρ. Man nennt eine solchermaßen aufgebaute Matrix einen **Jordanblock** (zum betreffenden Eigenwert).

Diese Prozedur ist für jedes ρ durchzuführen. Nach geeigneter Umnumerierung aller so auftretenden irreduziblen Summanden und nach passendem Basiswechsel folgt insgesamt:

Satz A (über die Jordansche Normalform). *Besitzt der lineare Operator* $L : V \to V$ *ein zerfallendes charakteristisches Polynom, so existiert eine direkte Zerlegung*

$$(8) \qquad V = V_1 \oplus \ldots \oplus V_t$$

in L-invariante, irreduzible Untervektorräume V_τ, *so daß bei geeigneter Basiswahl in jedem* V_τ *die Matrix von* L *in der zusammengefügten Basis die Gestalt besitzt:*

$$(9) \qquad \widetilde{A} = \mathrm{diag}(J(\nu_1, \alpha_1), \ldots, J(\nu_t, \alpha_t)).$$

Dabei ist $\{\alpha_1, \ldots, \alpha_t\}$ *die Menge der Eigenwerte von* L *und jedes* $J(\nu_\tau, \alpha_\tau)$ *ist ein elementarer Jordanblock geeigneter Größe* ν_τ *zum Eigenwert* α_τ. $\qquad\qquad\square$

Man nennt die Matrix $\widetilde{A}$ (9) die *) **Jordansche Normalform** (von L) und die zugehörige Basis von V eine **Jordanbasis** (von V bezüglich L). In $\{\alpha_1, \ldots, \alpha_t\}$ können Eigenwerte mehrfach aufgeschrieben sein, nämlich dann, wenn reduzible verallgemeinerte Eigenräume von L existieren.

Das Zerfallen des charakteristischen Polynoms ist nicht nur hinreichend, sondern auch notwendig für die Existenz der Jordanschen Normalform; denn aus (9) folgt für das charakteristische Polynom:

$$(10) \qquad \mathrm{Ch}(\lambda) = \det(\widetilde{A} - \lambda I) = (\alpha_1 - \lambda)^{\nu_1} \ldots (\alpha_t - \lambda)^{\nu_t}.$$

Aufgaben

In allen Aufgaben sei angenommen, daß das charakteristische Polynom von $L : V \to V$ *zerfällt.*

1. Man zeige: Ist f_ρ der Index des Eigenwertes λ_ρ von L, so ist $(L - \lambda_\rho I)|E'(\lambda_\rho)$ nilpotent vom Nilpotenzgrad f_ρ.

2. Man zeige, daß jeder irreduzible invariante Untervektorraum von V in einem verallgemeinerten Eigenraum enthalten ist.

3. Man zeige, daß V dann und nur dann L-irreduzibel ist, wenn L genau einen Eigenwert besitzt und dieser den Index n hat.

4. Man beweise: Zu gegebenem L existiert genau eine Darstellung $L = P + T$, wobei P diagonalisierbar, T nilpotent sowie P und T vertauschbar sind.

Hinweis: Die Existenz von P, T entnehme man der Jordanschen Normalform von L. Bei der Eindeutigkeit stütze man sich auf die Zerlegung von V in die verallgemeinerten Eigenräume.

---

*) Daß hier der *bestimmte* Artikel angebracht ist, wird sich im nächsten Abschnitt herausstellen.

6.7 Eindeutigkeit der Jordanschen Normalform

Wir betrachten weiter einen linearen Operator

(1) $L : V \to V, \quad \dim V = n < \infty$

mit *zerfallendem* charakteristischen Polynom.

Die Konstruktion der Jordanschen Normalform von L ist mit gewissen Willkürlichkeiten behaftet (vgl. das Vorgehen beim zweiten Zerlegungssatz G [6.5]). Deshalb wird eine Jordan-*basis* i. a. durch L nicht eindeutig bestimmt sein (vgl. Aufgabe 1). Trotzdem ist die Jordan-sche Normal*form* selbst bis auf die Reihenfolge ihrer elementaren Jordanblöcke eindeutig durch L festgelegt. Das soll hier gezeigt werden, wobei sich auch explizite Formeln für die Anzahlen der elementaren Jordanblöcke einer bestimmten Bauart ergeben.

Wir behandeln zunächst den *nilpotenten* Fall

(2) $T : V \to V, \quad \dim V = n < \infty.$

Ist $\widetilde{B}$ *irgendeine* Matrixdarstellung von T als Nilpotenzblock, so sind die den elementaren Nilpotenzblöcken von $\widetilde{B}$ entsprechenden Untervektorräume invariant und irreduzibel unter T, wie aus Satz D [6.5] folgt. Außerdem ist V die direkte Summe dieser Untervektorräume. Die Eindeutigkeit von $\widetilde{B}$ ist nun eine Konsequenz der folgenden Aussage.

Satz A. *Sei T nilpotent vom Nilpotenzgrad v und $V = Z_1 \oplus \ldots \oplus Z_s$ irgendeine Zerle-gung von V in irreduzible T-invariante Untervektorräume $Z_\sigma \neq 0$. Für $l \in \mathbf{N}_0$ sei N_l die Anzahl der Räume Z_σ von der Dimension l und*

(3) $R_l := \operatorname{Rang} T^l.$

Dann gilt für $l \in \mathbf{N}$:

(4) $N_l = R_{l+1} - 2R_l + R_{l-1}.$

Beweis. Natürlich gilt

(5) $R_l = N_l = 0 \quad \text{für } l \geqq v.$

Wir drücken zunächst die R_l durch die N_l aus. Hierzu seien die Untervektorräume der ge-gebenen Zerlegung mit *gleicher* Dimension zusammengefaßt:

(6) $W_l := \bigoplus_{\dim Z_\sigma = l} Z_\sigma, \quad 1 \leqq l \leqq v.$

Dann gilt

(7) $V = W_1 \oplus \ldots \oplus W_v.$

Da alle auftretenden Untervektorräume unter allen Potenzen T^j, $j \in \mathbf{N}_0$, invariant sind, folgt aus (6), (7) für die Bilder unter T^j:

$$(8) \qquad T^j(W_l) = \bigoplus_{\dim Z_\sigma = l} T^j(Z_\sigma), \qquad 1 \leq l \leq \nu$$

$$(9) \qquad T^j(V) = T^j(W_1) \oplus \ldots \oplus T^j(W_\nu).$$

Ist $\dim Z_\sigma = l$, so läßt sich die Dimension von $T^j(Z_\sigma)$ sofort bestimmen; denn ist $a, Ta, \ldots, T^{l-1}a$ eine zyklische Basis von Z_σ (bezüglich $T|Z_\sigma$), so ist $T^j a, T^{j+1} a, \ldots, T^{l-1} a$ eine Basis von $T^j(Z_\sigma)$, falls $j < l$, und $T^j(Z_\sigma) = 0$, falls $j \geq l$, also

$$(10) \qquad \dim T^j(Z_\sigma) = \begin{cases} l - j & \text{für } j < l \\ 0 & \text{für } j \geq l \end{cases}.$$

Weiter gilt nach (8)

$$(11) \qquad \dim T^j(W_l) = N_l \cdot \dim T^j(Z_\sigma), \qquad 1 \leq l \leq \nu.$$

Damit liefert (9):

$$(12) \qquad R_j = \dim T^j(V) = \sum_{l=1}^{\nu} \dim T^j(W_l) = \sum_{l=j+1}^{\nu} (l-j) \cdot N_l = \sum_{i=1}^{\nu - j} i \cdot N_{j+i}.$$

Dabei wurde beim Aufschreiben der letzten Zeile stillschweigend $j < \nu$ vorausgesetzt. Das Resultat bleibt jedoch in der Gestalt

$$(13) \qquad R_j = \sum_{i \geq 1} i \cdot N_{j+i}, \qquad j \in \mathbf{N}_0$$

richtig, wenn man (5) beachtet. Selbstverständlich ist die Summe in (13) immer endlich. Mit (13) sind, wie gewünscht, die R_j durch die N_l ausgedrückt.

Um die *Umkehrung* zu leisten, stellt man folgende Rechnung an:

$$R_{j+1} - 2R_j + R_{j-1}$$

$$= \sum_{i \geq 1} i \cdot N_{j+1+i} - 2 \sum_{i \geq 1} i \cdot N_{j+i} + \sum_{i \geq 1} i \cdot N_{j-1+i}$$

$$(14) \qquad = \sum_{i \geq 2} (i-1) \cdot N_{j+i} - 2 \sum_{i \geq 1} i \cdot N_{j+i} + \sum_{i \geq 0} (i+1) \cdot N_{j+i}$$

$$= \sum_{i \geq 2} ((i-1) - 2i + (i+1)) \cdot N_{j+i} - 2 \cdot N_{j+1} + 1 \cdot N_j + 2 \cdot N_{j+1}$$

$$= N_j. \qquad\qquad\qquad \square$$

Wegen (5) ist (4) vor allem für $1 \leq l \leq \nu$ interessant; bei $l = 1$ beachte man, daß $R_0 = n$ gilt. Da die R_l allein durch T bestimmt sind, bietet die Formel (4) eine Möglichkeit, die in einer beliebigen irreduziblen Zerlegung von V auftretenden Dimensionen und ihre Häufigkeit allein aus T selbst zu berechnen.

Wir gehen nun zum *allgemeinen* Fall über. Sei $\tilde{A}$ (9) [6.6] *irgend* eine Matrixdarstellung von L in Jordanscher Normalform. Nach (10) [6.6] ist $\{\alpha_1, \ldots, \alpha_t\}$ zwangsläufig die Menge aller Eigenwerte von L, wobei allerdings Mehrfachnennungen möglich sind. Ist λ ein fester Eigenwert, so sei $U(\lambda)$ die direkte Summe aller zu den Blöcken

$$(15) \qquad J(\nu_\tau, \alpha_\tau) \text{ mit } \alpha_\tau = \lambda$$

gehörenden Untervektorräume, die ja nach D [6.5] irreduzibel sind. Ferner sei $\nu(\lambda)$ das Maximum der Größen ν_τ in (15). Bildet man die Potenzen $(\tilde{A} - \lambda I)^m$ für $m \geqq \nu(\lambda)$, so erkennt man aus der Blockdarstellung mittels (4) [6.4] und D [6.5], daß $U(\lambda)$ gerade der Kern von $(L - \lambda I)^m$ für $m \geq \nu(\lambda)$, also der verallgemeinerte Eigenraum $E'(\lambda)$ ist. Nach Satz A sind damit die Blöcke (15) durch $(L - \lambda I)|E'(\lambda)$ eindeutig bestimmt. Da diese Überlegung für jeden Eigenwert von L angestellt werden kann, folgt insgesamt die eindeutige Festlegung von $\tilde{A}$ durch L.

Wir können nun weiter eine explizite Formel für die Anzahl $N_l(\lambda_\rho)$ der elementaren Jordanblöcke in $\tilde{A}$ der Größe l zum Eigenwert λ_ρ aufstellen. Dazu hat man als erstes Satz A auf die Restriktion von $L - \lambda_\rho I$ auf $E'(\lambda_\rho)$ anzuwenden. Mit

$$(16) \qquad \bar{R}_l(\lambda_\rho) := \dim(L - \lambda_\rho I)^l \, E'(\lambda_\rho), \quad 1 \leqq \rho \leqq r$$

ergibt sich so:

$$(17) \qquad N_l(\lambda_\rho) = \bar{R}_{l+1}(\lambda_\rho) - 2\bar{R}_l(\lambda_\rho) + \bar{R}_{l-1}(\lambda_\rho).$$

Hierbei kann man sich auf folgende Weise von der Restriktion auf $E'(\lambda_\rho)$ befreien: Nach dem Dimensionssatz G [3.1], angewandt auf die Restriktion $(L - \lambda_\rho I)^l | E'(\lambda_\rho)$, ist $\bar{R}_l(\lambda_\rho)$ auch durch die Dimension des Kerns dieser Restriktion ausdrückbar. Dieser Kern ist aber gleich dem Kern der Abbildung $(L - \lambda_\rho I)^l$ selbst, da diese nur Vektoren von $E'(\lambda_\rho)$ auf 0 abbildet. Mit

$$(18) \qquad \Delta_l(\lambda_\rho) := \dim \mathrm{Kern}(L - \lambda_\rho I)^l$$
$$(19) \qquad R_l(\lambda_\rho) := \mathrm{Rang}\,(L - \lambda_\rho I)^l \qquad , \quad 1 \leqq \rho \leqq r$$

folgt also

$$(20) \qquad \begin{aligned} \bar{R}_l(\lambda_\rho) &= \dim E'(\lambda_\rho) - \Delta_l(\lambda_\rho) = \dim E'(\lambda_\rho) - (n - R_l(\lambda_\rho)) = \\ &= R_l(\lambda_\rho) - (n - \dim E'(\lambda_\rho)). \end{aligned}$$

Setzt man dieses Ergebnis in (17) ein, so ergibt sich:

$$(21) \qquad \begin{aligned} N_l(\lambda_\rho) &= -\Delta_{l+1}(\lambda_\rho) + 2\Delta_l(\lambda_\rho) - \Delta_{l-1}(\lambda_\rho) \\ &= R_{l+1}(\lambda_\rho) - 2R_l(\lambda_\rho) + R_{l-1}(\lambda_\rho). \end{aligned}$$

Insbesondere gilt

$$(22) \qquad N_l(\lambda_\rho) = 0 \quad \text{für} \quad l > f_\rho,$$

wobei f_ρ der Index von λ_ρ ist, weil $R_l(\lambda_\rho)$ für $l \geq f_\rho$ konstant ist (man denke an die Kernsequenz von $L - \lambda_\rho I$).

Wir fassen zusammen:

Satz B (Eindeutigkeit der Jordanschen Normalform). *Die Jordansche Normalform $\tilde{A}$ von L ist (bis auf die Reihenfolge ihrer elementaren Jordanblöcke) eindeutig durch L bestimmt.*

Genauer gilt: Sind $\lambda_1, \ldots, \lambda_r$ die paarweise verschiedenen Eigenwerte von L und werden $\Delta_l(\lambda_\rho)$ und $R_l(\lambda_\rho)$ für $l \in \mathbf{N}_0$ durch (18) und (19) definiert, so ist die Anzahl $N_l(\lambda_\rho)$ der elementaren Jordanblöcke der Größe $l \in \mathbf{N}$ zum Eigenwert λ_ρ in der Jordanschen Normalform $\tilde{A}$ von L gegeben durch (21) und (22). $\qquad\square$

Die Dimension des verallgemeinerten Eigenraumes $E'(\lambda_\rho)$ wird die **algebraische Vielfachheit** $d'(\lambda_\rho)$ von λ_ρ genannt:

$$(23) \qquad d'(\lambda_\rho) := \dim E'(\lambda_\rho).$$

Man kann $d'(\lambda_\rho)$ direkt aus dem charakteristischen Polynom von L ablesen: Denkt man sich dieses mit Hilfe der Jordanschen Normalform berechnet, so sieht man:

$$(24) \qquad d'(\lambda_\rho) = \left\{ \begin{array}{l} \text{Vielfachheit von } \lambda_\rho \text{ als} \\ \text{Nullstelle des charakteristischen} \\ \text{Polynoms von L.} \end{array} \right.$$

Für die Praxis folgt hieraus: Sind die Eigenwerte von L samt Vielfachheiten bekannt, so ist mit den Formeln (21), (22) die Jordansche Normal*form* von L relativ einfach aus L berechenbar. Aufwendiger ist die Ermittlung einer Jordan*basis* für L; dazu sind die Verfahren von 6.4 und 6.5 zur Berechnung der verallgemeinerten Eigenräume und deren irreduzible Zerlegung explizit durchzuführen. Ein Beispiel hierzu wird in 6.8 vollständig durchgerechnet.

Bemerkung 1. Die gewonnenen Resultate lassen sich wieder in der Matrizensprache formulieren: Besitzt die Matrix $A \in K^{(n, n)}$ ein zerfallendes charakteristisches Polynom, so existiert eine Matrix $S \in \mathbf{GL}(n, K)$, so daß $\tilde{A} := SAS^{-1}$ Jordansche Normalform hat. In diesem Fall ist S^{-1} die Matrix der Basistransformation von der Standardbasis zur entsprechenden Jordanbasis. Eine solche Matrix A ist also zu einer Jordanmatrix $\tilde{A}$ ähnlich. Da $\tilde{A}$ bis auf die Reihenfolge der elementaren Jordanblöcke eindeutig bestimmt ist, kann man wie üblich schließen[*]: *Zerfällt das charakteristische Polynom von $A_1 \in K^{(n, n)}$ und ist $A_2 \in K^{(n, n)}$, so sind A_1, A_2 genau dann ähnlich, wenn auch A_2 ein zerfallendes charakteristisches Polynom besitzt und die zugehörigen Jordanschen Normalformen $\tilde{A}_1, \tilde{A}_2$ (bis auf die Reihenfolge ihrer elementaren Jordanblöcke) übereinstimmen.* Man beachte, daß die Übereinstimmung aus der Gleichheit gewisser Rangzahlen geschlossen werden kann, ohne daß man $\tilde{A}_1, \tilde{A}_2$ selbst zu kennen braucht (Satz B).

*   *
*

---

[*] Vgl. Bemerkung 1 [3.5].

In dieser Theorie der Jordanschen Normalform bleibt der Fall eines nichtzerfallenden charakteristischen Polynoms ausgeklammert. Jedoch lassen sich die vorgetragenen Argumente auf diese allgemeine Situation erweitern. An die Stelle der Linearfaktoren des charakteristischen Polynoms treten dann dessen „irreduzible" Faktoren. Der wichtige Fall $K = \mathbf{R}$, in dem diese Erscheinung sehr wohl vorkommt, wird später unser spezielles Interesse finden.

Aufgaben

In allen Aufgaben sei vorausgesetzt, daß das charakteristische Polynom von $L : V \to V$ *zerfällt.*

1. Sei $L : K^3 \to K^3$ bezüglich der Standardbasis e_1, e_2, e_3 durch die Matrix $\tilde{A} = \mathrm{diag}(N(2), N(1))$ gegeben. Man zeige, daß nicht nur e_1, e_2, e_3 sondern auch $a_1 := e_1 + \alpha e_3,\ a_2 := e_2,\ a_3 := e_3$ Jordanbasis von L ist.

2. Man zeige: Der Index f_ρ des Eigenwertes λ_ρ von L ist gleich der maximalen Größe aller in der Jordanschen Normalform von L auftretenden elementaren Jordanblöcke zum Eigenwert λ_ρ.

3. Es sei λ_ρ Eigenwert von L und d_ρ die geometrische, d'_ρ die algebraische Vielfachheit sowie f_ρ der Index von λ_ρ. Man beweise die Ungleichungen $d_\rho \leqq d'_\rho$ und $f_\rho \leqq d'_\rho$ und zeige ferner: Das Gleichheitszeichen steht in der ersten Ungleichung genau dann, wenn $L\,|\,E'(\lambda_\rho)$ diagonalisierbar ist, und in der zweiten genau dann, wenn $E'(\lambda_\rho)$ irreduzibel ist.

6.8 Durchrechnung eines Beispiels

Eine lineare Abbildung $L : \mathbf{R}^6 \to \mathbf{R}^6$ sei bezüglich der Standardbasis $e_1, \ldots, e_6$ gegeben durch die Matrix

$$(1) \qquad A = \begin{pmatrix} 2 & 0 & 0 & 0 & 0 & 0 \\ 1 & 0 & 1 & 1 & 1 & 0 \\ 1 & -1 & 3 & 1 & 0 & -1 \\ 0 & 0 & 0 & 2 & 0 & 0 \\ 1 & -4 & 2 & 2 & 4 & 0 \\ 0 & 2 & -1 & -1 & -1 & 2 \end{pmatrix}.$$

Es soll zunächst die *Jordansche Normalform* $\tilde{A}$ von L und dann auch eine zugehörige *Jordanbasis* (und damit eine Matrix S mit $\tilde{A} = SAS^{-1}$) gefunden werden. *Lösung:* Als erstes ist das *charakteristische Polynom* zu bestimmen. Man berechnet:

$$(2) \quad Ch(\lambda) = \begin{vmatrix} 2-\lambda & 0 & 0 & 0 & 0 & 0 \\ 1 & -\lambda & 1 & 1 & 1 & 0 \\ 1 & -1 & 3-\lambda & 1 & 0 & -1 \\ 0 & 0 & 0 & 2-\lambda & 0 & 0 \\ 1 & -4 & 2 & 2 & 4-\lambda & 0 \\ 0 & 2 & -1 & -1 & -1 & 2-\lambda \end{vmatrix} = (\lambda-2)^2 \cdot [\lambda^4 - 9\lambda^3 + 30\lambda^2 - 44\lambda + 24].$$

Dabei tritt der Faktor $(\lambda - 2)^2$ von selbst auf, wenn man zunächst nach der ersten Zeile und daraufhin nach der dann dritten Zeile entwickelt. Die Ausklammerung solcher Linearfaktoren ist sehr erwünscht, da ja die Nullstellen von Ch bestimmt werden müssen. Als *rationale* Nullstellen des Polynoms in eckigen Klammern in (2) kommen nach Bemerkung 13 [1.4] nur die ganzzahligen Teiler von 24 in Frage. Durch Probieren stellt man fest, daß 2 und 3 solche Nullstellen sind. Demnach läßt sich z.B. der Faktor $\lambda - 3$ nach dem Divisionsverfahren aus der eckigen Klammer abspalten; vgl. (6) [1.4]:

$$(3) \qquad (\lambda^4 - 9\lambda^3 + 30\lambda^2 - 44\lambda + 24) : (\lambda - 3) = \lambda^3 - 6\lambda^2 + 12\lambda - 8.$$

Das verbleibende Polynom dritten Grades kann durch Raten (oder weiteres systematisches Abspalten von Linearfaktoren) als $(\lambda - 2)^3$ erkannt werden. Insgesamt ergibt sich

$$(4) \qquad Ch(\lambda) = (\lambda - 2)^5 \cdot (\lambda - 3).$$

Die *Eigenwerte* sind also $\lambda_1 = 2$ (5-fach) und $\lambda_2 = 3$ (1-fach). Da Ch zerfällt, existiert die Jordansche Normalform, und es gilt nach I [6.4] und (24) [6.7]:

$$(5) \qquad \mathbf{R}^6 = E'(2) \oplus E'(3), \quad \dim E'(2) = 5, \quad \dim E'(3) = 1.$$

Weiter müssen die *Anzahlen* der elementaren Jordanblöcke bestimmt werden. Beim Eigenwert $\lambda_2 = 3$ ist das sehr einfach, denn nach (5) gilt aus Dimensionsgründen

$$(6) \qquad E'(3) = E(3) = \text{Kern}(L - 3I),$$

und beide Räume sind eindimensional. Somit tritt hier genau ein Jordanblock, nämlich der der Größe 1 auf. Bei $\lambda_1 = 2$ hat man jedoch Satz B [6.7] anzuwenden, also zunächst die Ränge $R_l(2)$ von $(A - 2I)^l$ zu ermitteln. Dabei läuft l von 1 bis 5; man sollte aber nicht gleich alle diese Potenzen berechnen, da man meistens für kleine l genügend Information erhält. Hier berechnet man

$$A - 2I = \begin{pmatrix} 0 & 0 & 0 & 0 & 0 & 0 \\ 1 & -2 & 1 & 1 & 1 & 0 \\ 1 & -1 & 1 & 1 & 0 & -1 \\ 0 & 0 & 0 & 0 & 0 & 0 \\ 1 & -4 & 2 & 2 & 2 & 0 \\ 0 & 2 & -1 & -1 & -1 & 0 \end{pmatrix}$$

$$(7)$$

$$(A - 2I)^2 = \begin{pmatrix} 0 & 0 & 0 & 0 & 0 & 0 \\ 0 & -1 & 1 & 1 & 0 & -1 \\ 0 & -1 & 1 & 1 & 0 & -1 \\ 0 & 0 & 0 & 0 & 0 & 0 \\ 0 & -2 & 2 & 2 & 0 & -2 \\ 0 & 1 & -1 & -1 & 0 & 1 \end{pmatrix}.$$

Es folgt $R_0(2) = 6$, $R_1(2) = \text{Rang}\,(A - 2I) = 3$, $R_2(2) = \text{Rang}(A - 2I)^2 = 1$, also

$$(8) \qquad E'(2) = \text{Kern}(L - 2I)^2,$$

da die beiden Räume die Dimension 5 haben. Somit ist der Index f_1 von $\lambda_1 = 2$ gleich 2, also $N_l(2) = 0$ für $l > 2$; vgl. (22) [6.7]. Weiter gilt nach (21) [6.7]:

$$(9) \quad \begin{aligned} N_1(2) &= R_2(2) - 2R_1(2) + R_0(2) = 1 - 2 \cdot 3 + 6 = 1, \\ N_2(2) &= R_3(2) - 2R_2(2) + R_1(2) = 1 - 2 \cdot 1 + 3 = 2. \end{aligned}$$

Somit treten bei $\lambda_1 = 2$ genau ein elementarer Jordanblock der Größe 1 und genau zwei der Größe 2 auf. Die *Jordansche Normalform* $\widetilde{A}$ von L lautet also:

$$\widetilde{A} = \mathrm{diag}(J(2, 2), J(2, 2), J(1, 2), J(1, 3))$$

$$(10) \quad = \begin{pmatrix} 2 & 0 & & & & \\ 1 & 2 & & & & \\ & & 2 & 0 & & \\ & & 1 & 2 & & \\ & & & & 2 & \\ & & & & & 3 \end{pmatrix}.$$

Damit ist der erste Teil der Aufgabe gelöst.

Zur Bestimmung einer *Jordanbasis* hat man als erstes die verallgemeinerten Eigenräume zu berechnen. Das ist bereits geschehen, vgl. (6) und (8). Weiterhin müssen die verallgemeinerten Eigenräume zerlegt und entsprechende Basen gefunden werden.

Bei $\lambda_2 = 3$ ist das wiederum einfach; es ist nach (6) lediglich das charakteristische System $(A - 3I) x = 0$, $x = (x_1, \ldots, x_6)^T$ zu lösen. Die explizite Durchführung (mit dem Gaußschen Verfahren) liefert die Lösungen $(x_1, \ldots, x_6) = \alpha \cdot (0, -1, -1, 0, -2, 1)$, $\alpha \in \mathbf{R}$, also ist z.B.

$$(11) \quad e = -e_2 - e_3 - 2e_5 + e_6$$

Basisvektor von $E'(3) = E(3)$. Dieser muß natürlich Eigenvektor zu $\lambda_2 = 3$ sein, was man zur Probe bestätigen kann.

Bei $\lambda_1 = 2$ ist $E'(2)$ nach (8) der Lösungsraum des homogenen linearen Gleichungssystems mit der Koeffizientenmatrix $(A - 2I)^2$. Wegen (7) ist dieses Gleichungssystem äquivalent zu der einen Gleichung:

$$(12) \quad -x_2 + x_3 + x_4 - x_6 = 0.$$

Wir setzen jetzt

$$(13) \quad T = L - 2I$$

und haben die Restriktion von T auf $E'(2)$ weiter zu studieren — in der Bezeichnungsweise von 6.6 ist $T|E'(2) = T_1$. Nach (10) ist T_1 nilpotent vom Nilpotenzgrad 2.

Um das Zerlegungsverfahren von 6.5 für $E'(2)$ zu beginnen, muß ein $a \in E'(2)$ mit $Ta \neq 0$ gewählt werden; ein solches ist z.B. $a = e_1$; denn die Koordinaten von e_1 erfüllen (12), und nach (7) ist

$$(14) \quad a = e_1, \quad Ta = e_2 + e_3 + e_5, \quad Z = \mathrm{sp}(a, Ta).$$

Weiter ist eine Linearform h mit $h(Ta) \neq 0$ zu wählen. Wir nehmen etwa $h = x_2 = $ *zweite* Koordinatenform [streng genommen ist die Restriktion $h \mid E'(2)$ zu betrachten]. Die Matrix von h ist also $(0, 1, 0, 0, 0, 0)$. Deswegen lautet das Gleichungssystem (22) [6.5] hier so: $x_2 = 0$, $x_1 - 2x_2 + x_3 + x_4 + x_5 = 0$ (die Koeffizientenzeilen sind die *zweiten* Zeilen von I und $A - 2I$). Hinzu kommt allerdings noch die Gleichung (12), da sich alles in $E'(2)$ abspielt. Demgemäß ist der Raum D der Zerlegung $E'(2) = Z \oplus D$ der Lösungsraum des folgenden Systems, das durch leichte Umformung der drei genannten Gleichungen entsteht:

$$(15) \qquad D : \begin{cases} x_1 = -x_5 - x_6 \\ x_2 = 0 \\ x_3 = -x_4 + x_6. \end{cases}$$

Nunmehr ist D mit dem gleichen Verfahren weiter zu behandeln. Die Restriktion $T \mid D$ ist nilpotent vom Nilpotenzgrad 2, weil nach (10) außer Z ein weiterer zyklischer Untervektorraum der Dimension 2 bezüglich T_1 existieren muß. Wir haben ein $a' \in D$, d.h. eine Lösung von (15), mit $Ta' \neq 0$ zu finden. Eine solche ist z.B. $-x_1 = x_3 = x_6 = 1$, $x_2 = x_4 = x_5 = 0$; damit wird:

$$(16) \qquad a' := -e_1 + e_3 + e_6, \quad Ta' = -e_3 + e_5 - e_6, \quad Z' = \mathrm{sp}(a', Ta').$$

Für D besteht also eine Zerlegung $D = Z' \oplus D'$. Zur Konstruktion von D' kann man z.B. die Linearform $h' = x_3 = $ *dritte* Koordinatenform verwenden; denn es ist $h'(Ta') \neq 0$. Das Gleichungssystem (22) [6.5] lautet hier: $x_3 = 0$, $x_1 - x_2 + x_3 + x_4 - x_6 = 0$ (Koeffizientenzeilen $=$ *dritte* Zeilen von I und $A - 2I$). Hinzu kommen wieder die Gleichungen (15) von D selbst. Die Lösung dieses aus den fünf genannten Gleichungen bestehenden Systems führt auf einen (wie zu erwarten) eindimensionalen Lösungsraum, aufgespannt von folgendem a'':

$$(17) \qquad a'' = e_4 - e_5 + e_6, \quad Ta'' = 0, \quad D' = \mathrm{sp}(a'').$$

Da D' als eindimensionaler Untervektorraum irreduzibel ist, hört das Verfahren jetzt auf, und wir erhalten die *irreduzible Zerlegung:*

$$(18) \qquad E'(2) = Z \oplus Z' \oplus D'.$$

Der Wechsel von der Standardbasis $e_1, \ldots, e_6$ zur *Jordanbasis* a, Ta, a', Ta', a'', e wird durch die Gleichungen in (14), (16), (17) beschrieben. Aus diesen liest man unmittelbar S^{-1} als Matrix der Basistransformation ab und kann dann S selbst als Inverses berechnen:

$$(19) \qquad S^{-1} = \begin{pmatrix} 1 & 0 & -1 & 0 & 0 & 0 \\ 0 & 1 & 0 & 0 & 0 & -1 \\ 0 & 1 & 1 & -1 & 0 & -1 \\ 0 & 0 & 0 & 0 & 1 & 0 \\ 0 & 1 & 0 & 1 & -1 & -2 \\ 0 & 0 & 1 & -1 & 1 & 1 \end{pmatrix}, \quad S = \begin{pmatrix} 1 & -1 & 0 & 0 & 1 & 1 \\ 0 & 2 & -1 & -1 & 0 & 1 \\ 0 & -1 & 0 & 0 & 1 & 1 \\ 0 & 0 & -1 & 0 & 1 & 1 \\ 0 & 0 & 0 & 1 & 0 & 0 \\ 0 & 1 & -1 & -1 & 0 & 1 \end{pmatrix}.$$

Dann gilt für die Jordansche Normalform $\tilde{A}$ (10):

$$(20) \qquad \tilde{A} = SAS^{-1},$$

was der Leser zur *Probe* explizit bestätigen möge.

Anhang über Logik und Mengenlehre

Vom Leser werden nur minimale Vorkenntnisse *inhaltlicher* Natur erwartet. In diesem Anhang stellen wir einige Voraussetzungen *formalen* Charakters zusammen. Auf eine strenge Behandlung muß hier verzichtet werden. Der Leser kann jedoch die Grundaussagen, die ohne Beweis angegeben werden, als Axiome auffassen. Ausführliche und gut verständliche Darstellungen findet man zur Logik bei *Quine* und zur Mengenlehre bei *Halmos* [2]. Es soll allerdings nicht verschwiegen werden, daß in diesem Zusammenhang Grundlagenfragen bestehen, die ihrer endgültigen Klärung noch harren.

Logisches Schließen

Ein mathematischer *Satz* (ein *Theorem, Lemma*) hat im Prinzip immer die Gestalt: „aus A folgt B". Dabei nennt man A die *Voraussetzung*, B die *Behauptung*. Die Vorstellung hierbei ist, daß aus der als richtig erkannten (oder postulierten) Aussage A die neue, richtige Aussage B gewonnen wird. Man sagt, B wird aus A *bewiesen, abgeleitet, gefolgert, deduziert* oder ähnliches. Der Aufbau der Mathematik manifestiert sich darin, daß man solche Folgerungen aneinanderreiht und dadurch von einfachen Gegebenheiten (meistens *Axiome* genannt) zu komplizierten Wahrheiten vordringt.

Jede mathematische Aussage A, B, ... ist entweder *wahr (richtig)* oder *falsch*, etwas anderes ist ausgeschlossen (sog. *tertium non datur*); es gibt also nur diese beiden *Wahrheitswerte*. Mathematische Aussagen A, B, ... können zu neuen Aussagen verknüpft werden. Solche *logische* Operationen sind: Die *Negation*: A ist *nicht* richtig; die *Konjunktion*: A *und* B; die *Disjunktion*: A *oder* B; die *Implikation*: aus A *folgt* B. Lediglich die Implikation wird in diesem Buch symbolisch bezeichnet: $A \Rightarrow B$. Ansonsten bevorzugen wir sprachliche Umschreibungen. Statt „A und B" wird manchmal (besonders wenn A und B Formeln sind) auch „A, B" geschrieben.

Über die Wahrheitswerte gilt: „nicht A" ist wahr, wenn A falsch ist, sonst falsch; „A und B" ist wahr, wenn A wahr und B wahr sind, sonst falsch; „A oder B" ist wahr, wenn A wahr ist oder B wahr ist oder beide. Das „oder" wird also stets im einschließenden Sinne gebraucht. Das ausschließende „oder" der Umgangssprache (genau eine der beiden Aussagen ist wahr) umschreiben wir der Deutlichkeit halber durch „*entweder – oder*", auch durch „*entweder – oder aber*". Die Implikation „$A \Rightarrow B$" ist falsch, wenn A richtig und B falsch ist, in allen anderen Fällen ist sie richtig. Da $A \Rightarrow B$ stets wahr ist, wenn A falsch ist, genügt es zum Nachweis der Richtigkeit von $A \Rightarrow B$ den Fall zu betrachten, daß A richtig ist.

Statt „A $\Rightarrow$ B" wird eine ganze Reihe sprachlicher Wendungen gebraucht: „aus A *folgt* B",
„A *impliziert* B", „*wenn* A gilt, *dann* gilt B", „A gilt *nur dann, wenn* B gilt", „A ist *hin-reichend* für B", „B ist *notwendig* für A". Die Aussage B $\Rightarrow$ A heißt die *Umkehrung
(Inversion)* der Aussage A $\Rightarrow$ B. *Warnung:* Es ist nicht gesagt, daß mit A $\Rightarrow$ B auch B $\Rightarrow$ A
wahr ist. Aus diesem Grunde wohnt den meisten mathematischen Sätzen eine Richtung
inne (aus der Voraussetzung folgt die Behauptung, aber i. a. nicht umgekehrt). Es gibt
allerdings auch Sätze der Form „(A $\Rightarrow$ B) und (B $\Rightarrow$ A)", kurz: „A $\Leftrightarrow$ B"; der Beweis eines
solchen Satzes zerfällt immer in zwei Teile: Aus A folgt B, aus B folgt A. Man nennt
A $\Leftrightarrow$ B eine *Äquivalenz* und sagt auch: „A *gilt genau dann, wenn* B gilt", „A gilt *dann
und nur dann,* wenn B gilt", „A ist *notwendig und hinreichend* für B".

Der Beweis des Satzes A $\Rightarrow$ B wird manchmal *indirekt* geführt (sog. *Antithese*): Man nimmt
an, B sei nicht richtig und leitet daraus einen Widerspruch zu A (also „nicht A") ab. Da-hinter steckt der Grundsatz, daß „A $\Rightarrow$ B" *logisch gleichwertig,* d.h. mit gleichen Wahr-heitswerten versehen ist wie „(nicht B) $\Rightarrow$ (nicht A)" (Reihenfolge!). Um einen indirekten
Beweis zu führen, muß man in der Lage sein, die Negation gegebener Aussagen einwand-frei durchzuführen. Hilfreich sind dabei die Regeln: „nicht (A *und* B)" ist logisch gleich-wertig mit „(nicht A) *oder* (nicht B)", „nicht (A *oder* B)" ist logisch gleichwertig mit
„(nicht A) *und* (nicht B)". Eine Variante der Antithese verläuft so, daß man voraussetzt,
B sei nicht richtig, A richtig, und daraus einen Widerspruch zu diesen Annahmen (oder zu
einer Folgerung aus diesen Annahmen) deduziert.

Konjunktion und Disjunktion lassen sich nicht nur für zwei, sondern auch für drei, vier,
usw. gegebene Aussagen bilden, z.B. (A oder B oder C), und es gelten dafür entsprechende
Regeln. Die Negation wird in Formeln häufig mittels Durchstreichen ausgedrückt, z.B.
wird die Negation von a = b bezeichnet durch a $\neq$ b.

Es wäre durchaus möglich gewesen, die hier skizzierten Regeln des logischen Schließens
in ein formales System einzuordnen. Für die Praxis der mathematischen Deduktion ist es
aber von größerer Bedeutung, die genannten Regeln *genau* zu befolgen. Dabei sollte man
sich vor dem Irrglauben hüten, als ob es *nur* auf die Anwendung solcher Regeln ankäme.
Tatsächlich beruht der Fortschritt in der Mathematik meistens auf Ideen, die nicht syste-matisch erzeugbar sind.

Mengen

Für unsere Zwecke genügt der „naive" Standpunkt der Mengenlehre, der in der ursprüng-lichen Definition ihres Begründers Cantor ausgedrückt ist: *Eine Menge ist eine Zusammen-fassung von bestimmten, wohlunterschiedenen Objekten (Elementen) unserer Anschauung
oder unseres Denkens zu einem Ganzen.* Wenn nichts anderes gesagt ist, bedeutet die *Gleich-heit* (bezeichnet durch =) stets die Identität zweier (lediglich unterschiedlich benannter)
Objekte.

Gehört a zur Menge M, so schreibt man dies als: a $\in$ M, gelesen „a *aus* M" oder „a *ent-halten in* M". Die a, die zur Menge M gehören, nennt man ihre *Elemente.* Die Menge, die
überhaupt kein Element enthält, heißt *leer* und wird durch ϕ bezeichnet. Eine Menge, die
genau ein Element a enthält, heißt *einelementig* und wird durch {a} bezeichnet (gelegent-lich auch einfach durch a selbst).

Eine Menge M heißt *Teilmenge* der Menge N, geschrieben $M \subseteq N$ (oder $N \supseteq M$), wenn jedes Element von M auch Element von N ist; man sagt auch N sei *Obermenge* von M oder M sei *enthalten* in N. Der Ausdruck $M \subseteq N$ wird *Inklusion* genannt. Die Mengen M, N sind *gleich*, geschrieben $M = N$, wenn $M \subseteq N$ und $M \supseteq N$ gilt. Dies bedeutet, daß M und N genau dieselben Elemente besitzen. Gilt $M \subseteq N$ und $M \neq N$, so heißt M *echte* Teilmenge von N oder N *echte* Obermenge von M, geschrieben $M \subset N$ oder $N \supset M$.

Ist jedem Element x der Menge M eine Aussage A(x) zugeordnet (die in Abhängigkeit von x wahr oder falsch sein kann), so spricht man von einer *Aussageform* (auf der *Grundmenge* M). Die Menge der $x \in M$, für die A(x) wahr ist, nennt man *Erfüllungsmenge* und bezeichnet diese durch $\{x \in M \mid A(x)\}$ oder, wenn M aus dem Zusammenhang klar ist, durch $\{x \mid A(x)\}$. Aus der gegebenen *Aussageform* kann man zwei neue *Aussagen* gewinnen, nämlich „A(x) *für alle* $x \in M$" und „*es gibt* ein (*es existiert* ein) $x \in M$ mit A(x)". Die erste Aussage ist wahr, wenn A(x) für jedes $x \in M$ wahr ist, die zweite Aussage ist wahr, wenn A(x) für mindestens ein $x \in M$ wahr ist. Die Negation der ersten Aussage ist „es gibt ein $x \in M$ mit (nicht A(x))", die Negation der zweiten Aussage ist „(nicht A(x)) für alle $x \in M$". „Für alle" und „es gibt" heißen *Quantoren*.

Aus gegebenen Mengen M, N, ... kann man neue Mengen bilden. Die wichtigsten *Mengenverknüpfungen* sind: der *Durchschnitt* $M \cap N := \{x \mid x \in M \text{ und } x \in N\}$, die *Vereinigung* $M \cup N := \{x \mid x \in M \text{ oder } x \in N\}$, die *Differenz* $M \setminus N := \{x \mid x \in M \text{ und } x \notin N\}$. Ist $M \cap N = \phi$, so nennt man M, N *fremd* oder *disjunkt*. Ist $N \subseteq M$, so heißt $M \setminus N$ auch das *Komplement* von N in M. Das *cartesische Produkt* $M \times N$ ist die Menge aller *Paare* von Elementen aus M und N, $M \times N := \{(x, y) \mid x \in M \text{ und } y \in N\}$. Die *Potenzmenge* $\mathscr{P}(M)$ ist die Menge aller Teilmengen von M einschließlich ϕ und M. Die Verknüpfungen $M \cap N$, $M \cup N$, $M \times N$ können in naheliegender Weise auf endlich viele gegebene Mengen $M_1, M_2, \ldots, M_n$ verallgemeinert werden. So ist der Durchschnitt $M_1 \cap M_2 \cap \ldots \cap M_n$ (bzw. die Vereinigung $M_1 \cup M_2 \cup \ldots \cup M_n$) die Menge aller x, die in jeder (bzw. in mindestens einer) Menge M_i ($1 \leq i \leq n$) enthalten sind. Bei n einelementigen Mengen verwendet man die Schreibweise $\{a_1\} \cup \{a_2\} \cup \ldots \cup \{a_n\} =: \{a_1, a_2, \ldots, a_n\}$ (hier brauchen die a_i nicht alle verschieden zu sein!). Das cartesische Produkt $M_1 \times M_2 \times \ldots \times M_n$ besteht aus allen *geordneten Systemen* oder *n-Tupeln* $(x_1, x_2, \ldots, x_n)$ mit $x_1 \in M_1, x_2 \in M_2, \ldots$ $\ldots, x_n \in M_n$. Zwei solche n-Tupel $(x_1, x_2, \ldots, x_n)$ und $(x_1', x_2', \ldots, x_n')$ heißen *gleich*, wenn $x_i = x_i'$ für alle i mit $1 \leq i \leq n$ gilt. Für $n = 2$ kommt man auf den Begriff des *(geordneten) Paares* zurück, bei $n = 3$ bzw. 4 spricht man von *(geordneten) Tripeln* bzw. *Quadrupeln*. Ist $M_1 = M_2 = \ldots = M_n =: M$, so schreibt man statt $M \times M \times \ldots \times M$ auch M^n.

Für die Mengenverknüpfungen existiert eine ganze Reihe von Umformungsregeln, z.B. *Assoziativgesetze* [etwa $(L \cap M) \cap N = L \cap (M \cap N) = L \cap M \cap N$ und entsprechend für $\cup$], *Distributivgesetze* [etwa $L \cap (M \cup N) = (L \cap M) \cup (L \cap N)$ und analog bei Vertauschung von $\cap$ und $\cup$] und die *De Morgan-Regeln* für das Komplement [etwa $L \setminus (M \cap N) = (L \setminus M) \cup (L \setminus N)$ und analog bei Vertauschung von $\cap$ und $\cup$]. Diese Gesetze kann man durch einfaches Zurückgehen auf die Definitionen bestätigen.

Abbildungen

Obwohl der Begriff der Abbildung auf den Mengenbegriff zurückgeführt werden kann, wird
hier die folgende *Zuordnungsdefinition* bevorzugt: Sind M und N Mengen, so ist eine *Abbildung* f von M in N eine Vorschrift, die jedem Element $x \in M$ genau ein Element
$f(x) \in N$ zuordnet. Dabei heißt M *Definitionsmenge* und N *Zielmenge.* Als Symbole für
eine solche Abbildung verwendet man die Zeichen:

$$f : M \longrightarrow N \quad \text{oder} \quad M \overset{f}{\longrightarrow} N$$

oder

$$x \mapsto f(x), x \in M \quad \text{oder} \quad (f(x))_{x \in M}$$

oder Kombinationen aus diesen Zeichen. Manchmal verwendet man statt $f(x)$ auch die
Indexschreibweise f_x. Statt „Abbildung" sagt man auch *Funktion* (manchmal auch
Familie). Ist M = N, so spricht man von einer *Selbstabbildung.* Zur Angabe einer Abbildung gehört außer der Zuordnungsvorschrift zumindest die der Definitionsmenge. Auf die
Spezifizierung der Zielmenge kann gelegentlich verzichtet werden. Zwei Abbildungen
$f : M \to N$ und $g : K \to L$ heißen *gleich*, wenn zumindest gilt: M = K und $f(x) = g(x)$ für
alle $x \in M$. Kommt es auf die Zielmenge an, so muß außerdem N = L gefordert werden.

Besteht für ein $x \in M$ und ein $y \in N$ die Gleichung $y = f(x)$, so heißt y der *Wert* oder
das *Bild* (von f) an der *Stelle* oder für das *Argument* x. Ferner nennt man x *ein Urbild*
(unter f) von y; hier ist der unbestimmte Artikel angebracht, weil es i.a. zu einem y
mehrere Urbilder geben kann. *Warnung:* Die früher übliche Sprechweise „die Funktion
$f(x)$" sollte man vermeiden (oder zumindest mit Vorsicht gebrauchen). Denn $f(x)$ bezeichnet den Wert von f an der Stelle x, nicht aber die Zuordnungsvorschrift. Funktion f
und Funktionswert $f(x)$ sind wohl zu unterscheiden!

Eine Funktion von *mehreren* (n) *Veränderlichen* ist eine Abbildung, deren Definitionsmenge ein cartesisches Produkt ist: $f : M_1 \times M_2 \times \ldots \times M_n \to N$ (wobei $n \geq 2$). Statt
$f((x_1, x_2, \ldots, x_n))$ wird dabei $f(x_1, x_2, \ldots, x_n)$ geschrieben, und hierbei heißt $(x_1, x_2, \ldots$
$\ldots, x_n)$ die *Argumentliste* und x_i das *i-te Argument.* Bei festem i und gegebenen
$x_1, \ldots, x_{i-1}, x_{i+1}, \ldots, x_n$ kann man die Abbildung von M_i in N betrachten, definiert
durch $x_i \mapsto f(x_1, \ldots, x_i, \ldots, x_n)$; diese nennt man eine *i-te partielle Abbildung.*

Die Abbildung $f : M \to N$ heißt *injektiv*, wenn zu jedem $y \in N$ *höchstens* ein Urbild existiert,
d.h. wenn gilt: aus $f(x) = f(x')$ folgt stets $x = x'$; hierbei ist die Zielmenge unwesentlich.
Bei spezifizierter Zielmenge heißt $f : M \to N$ *surjektiv*, wenn zu jedem $y \in N$ *mindestens*
ein Urbild existiert, und *bijektiv*, wenn zu jedem $y \in N$ *genau ein* Urbild existiert, das dann
durch $f^{-1}(y)$ bezeichnet wird. Zu einer bijektiven Abbildung $f : M \to N$, $x \mapsto f(x)$ kann man
also die *Umkehrabbildung* (die *inverse* Abbildung, die *Inverse*) $f^{-1} : N \to M$, $y \mapsto f^{-1}(y)$ konstruieren. Diese ist wiederum bijektiv, und es gilt $(f^{-1})^{-1} = f$.

Ist $f : M \to N$ eine Abbildung und $M' \subseteq M$, so ist die *Restriktion (Einschränkung)* von f
auf M' die Abbildung $f|M' : M' \to N$, die jedem $x' \in M'$ dasselbe Bild zuordnet wie f, also
$f(x')$. Der Unterschied von f und $f|M'$ besteht also nur in der Definitionsmenge. Man nennt
f auch eine *Erweiterung* oder eine *Fortsetzung* von $f|M'$. Unter den gleichen Voraussetzun-

gen bezeichnet man mit $f(M')$ die Menge der Bilder $f(x')$ für alle $x' \in M'$, und man schreibt $f(M') = \{f(x') \mid x' \in M'\}$. Ist $N' \subseteq N$, so bezeichnet analog $f^{-1}(N')$ die Menge aller Urbilder unter f aller $y' \in N'$, d.h. $f^{-1}(N') = \{x \in M \mid f(x) \in N'\}$. Man nennt $f(M')$ das *Bild* von M' und $f^{-1}(N')$ das *Urbild* von N' unter f; $f(M)$ heißt *das Bild* von f, bezeichnet durch Bild f. Ist $N' = \{y_0\}$ einelementig, so schreibt man statt $f^{-1}(\{y_0\})$ einfacher $f^{-1}(y_0)$. Dieses Symbol bezeichnet also i. a. eine Teilmenge (nicht ein Element) von M, nämlich $f^{-1}(y_0) = \{x \in M \mid f(x) = y_0\}$, *das Urbild* von y_0 unter f. Ist allerdings f bijektiv, so faßt man $f^{-1}(y_0)$ als das eindeutig bestimmte Element von M auf, dessen Bild unter f gleich y_0 ist (s. o.).

Beispiele von Abbildungen: Ist c ein Element von N, so heißt die Abbildung $f : M \to N$ mit $f(x) = c$ für alle $x \in M$ die *konstante Abbildung* (mit Wert c). Diese signalisiert man gelegentlich durch: f = const.. – Ist M = N, so heißt die Abbildung $f : M \to M$ mit $f(x) = x$ für alle $x \in M$ die *identische Abbildung* oder *Identität* (von M), bezeichnet durch id_M (oder id und Ähnliches). – Ist $M' \subseteq M$, so heißt die Abbildung von M' in M mit $x' \mapsto x'$ die *Inklusionsabbildung*, bezeichnet durch: $M' \subset M$ (diese ist die Restriktion $\mathrm{id}_M \mid M'$). – Ist ein cartesisches Produkt $M := M_1 \times M_2 \times \ldots \times M_n$ gegeben, so heißt für $1 \leq i \leq n$ die Abbildung $P_i : M \to M_i$ mit $P_i(x_1, x_2, \ldots, x_n) = x_i$ die *i-te Projektion*.

Wenn jedem Element a einer Menge A eine Menge N_a zugeordnet ist, so spricht man von der *Mengenfamilie* $(N_a)_{a \in A}$ mit der *Indexmenge* A. Für eine solche sind *Durchschnitt*, *Vereinigung* und *cartesisches Produkt* definierbar, und zwar gilt für die ersten beiden:

$$\bigcap_{a \in A} N_a := \{x \mid x \in N_a \text{ für alle } a \in A\}$$

$$\bigcup_{a \in A} N_a := \{y \mid y \in N_a \text{ für mindestens ein } a \in A\},$$

während das cartesische Produkt $\underset{a \in A}{\times}\, N_a$ erklärt ist als Menge aller Abbildungen $f : A \to \bigcup_{a \in A} N_a$ mit $f(a) \in N_a$ für alle $a \in A$. Ist hierbei $N_a = N$ für alle $a \in A$, so schreibt man das cartesische Produkt als N^A; das ist also die Menge aller Abbildungen von A in N.

Die Vereinigung $\bigcup_{a \in A} N_a$ wird *disjunkt* genannt, wenn $N_a \cap N_b = \phi$ für alle a, b $\in$ A mit $a \neq b$ gilt.

Ist M eine Menge und $M' \subseteq M$, so heißt eine Mengenfamilie $(N_a)_{a \in A}$ *Überdeckung* von M', wenn $M' \subseteq \bigcup_{a \in A} N_a \subseteq M$. Eine *Klasseneinteilung* von M ist eine Überdeckung $(N_a)_{a \in A}$ von M selbst mit den Eigenschaften:

(i) $N_a \neq \phi$ für alle $a \in A$;

(ii) $N_a \cap N_b \neq \phi \Rightarrow N_a = N_b$.

Sind zwei Abbildungen $f : M \to N$ und $g : N \to P$ gegeben (wobei die Zielmenge von f mit der Definitionsmenge von g übereinstimmt), so ist die *Komposition (Hintereinander-*

schaltung, Verkettung) $g \circ f : M \to P$ diejenige Abbildung, die jedem $x \in M$ das Element $g(f(x))$ zuordnet: „erst f, dann g anwenden". Man beachte hierbei die *Reihenfolge* in der Schreibweise! Es gilt also $(g \circ f)(x) := g(f(x))$. Ist außer f und g eine weitere Abbildung $h : P \to Q$ gegeben, so gilt das Assoziativgesetz $h \circ (g \circ f) = (h \circ g) \circ f$; denn beide Seiten sind Abbildungen von M in Q, und es gilt für alle $x \in M$ einerseits $(h \circ (g \circ f))(x) =$ $= h((g \circ f)(x)) = h(g(f(x)))$, andererseits $((h \circ g) \circ f)(x) = (h \circ g)(f(x)) = h(g(f(x)))$. Ist $f : M \to N$ bijektiv, so gilt $f^{-1} \circ f = id_M$ und $f \circ f^{-1} = id_N$. Wenn umgekehrt die Abbildungen $f : M \to N$ und $g : N \to M$ gegeben sind und bekannt ist, daß $g \circ f = id_M$ und $f \circ g = id_N$ gilt, so sind f und g beide bijektiv und invers zueinander, d.h. $g = f^{-1}$ und $f = g^{-1}$. Sind $f : M \to N$ und $g : N \to P$ beide bijektiv, so ist es auch $g \circ f$, und es gilt $(g \circ f)^{-1} = f^{-1} \circ g^{-1}$ (Reihenfolge!). Auch diese Tatsachen kann man ohne Mühe aufgrund der Definitionen beweisen.

Relationen

Eine *Relation* R (zwischen den Elementen zweier Mengen M und N) ist definiert als eine Teilmenge des cartesischen Produktes: $R \subseteq M \times N$. Statt $(x, y) \in R$ wird dann geschrieben: xRy und man sagt hierfür: x und y *stehen* in der Relation R.

Beispiele: Sei M die Menge der Damen und N die Menge der Herren einer Gesellschaft. Die Relation „Einmal-ineinander-verliebt-gewesen-sein" besteht aus allen Paaren (Dame, Herr) der Gesellschaft, bei denen die Dame und der Herr einmal ineinander verliebt waren. – Ist M = N, so ist die *Gleichheit* von Elementen von M auffaßbar als die Relation $R = \{(x, y) \in M \times M \mid x = y\}$. Dieses R heißt die *Diagonale* von $M \times M$. – Ist $f : M \to N$ eine Abbildung, so ist der *Graph* G_f von f die Relation $G_f := \{(x, y) \in M \times N \mid y = f(x)\}$.

Eine *Äquivalenzrelation* in der Menge M ist eine Relation $R \subseteq M \times M$ mit folgenden Eigenschaften: *Reflexivität*: für alle $x \in M$ gilt xRx; *Symmetrie*: aus xRy folgt stets yRx; *Transitivität*: aus xRy und yRz folgt stets xRz. Statt xRy schreibt man auch $x \equiv y \,(\mathrm{mod}\,R)$ und sagt: x ist *kongruent (äquivalent) modulo* R. Wenn eine Äquivalenzrelation R in M gegeben ist, so kann zu jedem $x \in M$ die zugehörige *Äquivalenzklasse* $U_x \subseteq M$ gebildet werden; sie besteht aus allen $y \in M$, die mit x in der Relation R stehen: $U_x := \{y \in M \mid xRy\}$. Je zwei Äquivalenzklassen sind entweder disjunkt oder aber identisch, d.h. aus $U_x \cap U_z \neq \phi$ folgt $U_x = U_z$. *Beweis:* Aus $U_x \cap U_z \ni y$ folgt xRy und zRy, daraus xRy und yRz, also xRz. Aus xRz deduziert man weiter $U_x \subseteq U_z$; denn für $w \in U_x$ folgt wRx, also $w \in U_z$. Ebenso deduziert man aus xRz auch $U_z \subseteq U_x$, also schließlich $U_x = U_z$, was zu zeigen war. Da $x \in U_x$ für jedes $x \in M$, bildet die Familie $(U_x)_{x \in M}$ der Äquivalenzklassen eine Klasseneinteilung von M. Jedes $y \in U_x$ (für das dann ja $U_y = U_x$ gilt) heißt ein *Repräsentant* von U_x. Die Menge aller Äquivalenzklassen U_x für $x \in M$ wird durch M/R bezeichnet und *Quotientenmenge* von M *modulo* R genannt. Die Abbildung $M \to M/R$ mit $x \mapsto U_x$ heißt die *kanonische Projektion*. Ist umgekehrt eine Klasseneinteilung $(N_a)_{a \in A}$ von M vorgegeben, so kann eine Relation $R \subseteq M \times M$ definiert werden durch $R := \{(x, y) \in M \times M \mid$ es gibt ein $a \in A$ mit $x \in N_a$ und $y \in N_a\}$. Es ist leicht zu sehen, daß R eine Äquivalenzrelation in M ist, deren Äquivalenzklassen gerade die Mengen der Klasseneinteilung sind. In diesem Sinne ist eine Äquivalenzrelation in M dasselbe wie eine

Klasseneinteilung von M. Die einfachste Äquivalenzrelation in M ist die Gleichheit ihrer Elemente (s. o.). Diese ist genau die Äquivalenzrelation in M, bei der alle Äquivalenzklassen einelementig sind.

Natürliche Zahlen und vollständige Induktion

Die natürlichen Zahlen sind 1, 2, 3, ...; die Menge dieser Zahlen wird durch **N** bezeichnet. Auf eine Grundlegung dieser Zahlen gehen wir hier nicht ein. Kronecker hat gesagt: „Die natürlichen Zahlen hat der liebe Gott gemacht, alles andere ist Menschenwerk". Man kann die natürlichen Zahlen aber konstruktiv einführen (im Rahmen eines strengen Aufbaus der Mengenlehre) oder auf einem eigenen axiomatischem Wege. Für die Praxis des mathematischen Arbeitens genügt die hier verwendete Auffassung von **N** als einer geeigneten Teilmenge der Menge **R** der reellen Zahlen (die in der Analysisvorlesung eingeführt wird); vgl. z. B. *Barner-Flohr.*

Die Definition lautet: **N** ist der Durchschnitt aller Teilmengen von **R**, die 1 und mit jedem j auch j + 1 enthalten (**N** hat dann selbst diese Eigenschaft, ist also die *kleinste* Menge dieser Art). Hieraus kann man alle Grundeigenschaften der natürlichen Zahlen ableiten, insbesondere die Beweismethode der *vollständigen Induktion.* Diese verläuft in der einfachsten Form so: Gegeben sei für jede natürliche Zahl n eine Aussage A(n); es handelt sich also um eine Aussageform über der Grundmenge **N**. Um die Richtigkeit *aller* dieser Aussagen nachzuweisen, genügt die Durchführung folgender Schritte (a) und (s):

(a) *Induktionsanfang:* A(1) ist richtig;

(s) *Induktionsschluß:* Aus A(n) folgt A(n + 1) für jedes $n \geq 1$.

Tatsächlich kann unter Voraussetzung von (a) und (s) auf folgendem Wege argumentiert werden: Sei J die Menge aller natürlichen Zahlen, für die A(j) richtig ist. Dann gilt nach (a): $1 \in J$ und nach (s): $j \in J \Rightarrow j + 1 \in J$. Also folgt (wegen der Minimalität von **N**): $\mathbf{N} \subseteq J$ und (wegen $J \subseteq \mathbf{N}$) sogar **N** = J. Somit ist A(n) für alle $n \in \mathbf{N}$ richtig.

Es gibt weitere *Varianten* der vollständigen Induktion, die sich auf die eben geschilderte zurückführen lassen. Um diese gemeinsam zu beschreiben, seien zwei *ganze* Zahlen $n_0 \in \mathbf{Z}$ und $n_1 \in \mathbf{Z}$ mit $n_0 < n_1$ gegeben und mit N die Menge $\{n \in \mathbf{Z} | n_0 \leq n\}$ *oder* $\{n \in \mathbf{Z} | n_0 \leq n < n_1\}$ bezeichnet (die Methode gilt für jedes dieser beiden N). Ferner sei A(n) eine Aussageform über N. Um die Richtigkeit von A(n) für *alle* $n \in N$ nachzuweisen, genügt die Durchführung folgender Schritte (a′) und (s′):

(a′) *Induktionsanfang:* $A(n_0)$ ist richtig;

(s′) *Induktionsschluß:* Aus A(n) folgt A(n + 1) für jedes $n \in N$ mit $n + 1 \in N$.

Bei einer anderen gelegentlich benötigten Variante wird (s′) ersetzt durch:
(s*) Aus $A(n_0)$, $A(n_0 + 1)$, ..., A(n) folgt A(n + 1) für jedes $n \in N$ mit $n + 1 \in N$, während (a′) = (a*) beibehalten wird. Auch aus (a*), (s*) folgt wiederum die Richtigkeit von A(n) für *alle* $n \in N$. Man kann diesen „gesternten" Fall auf den „gestrichenen" Fall reduzieren, indem man A(n) ersetzt durch $B(n) :=$ „$A(n_0)$ und $A(n_0 + 1)$ und ... und A(n)".

Eine Menge M heißt *endlich* und $n \in \mathbb{N}$ die *Anzahl* ihrer Elemente, wenn es eine bijektive Abbildung von $\{1, 2, \ldots, n\}$ auf M gibt: $i \mapsto x_i$. Dann kann M als $\{x_1, x_2, \ldots, x_n\}$ geschrieben werden (wobei hier $x_i \neq x_j$ für $i \neq j$ gilt). Man kann zeigen, daß n durch M eindeutig bestimmt ist, und man schreibt $n =: |M|$. Die leere Menge ϕ wird ebenfalls als endlich betrachtet und zwar mit der Anzahl $0 : |\phi| = 0$. Eine Menge heißt *unendlich*, wenn sie nicht endlich ist. Eine Menge M heißt *abzählbar (unendlich)*, wenn eine bijektive Abbildung von $\mathbb{N}$ auf M existiert (es läßt sich zeigen, daß jede unendliche Menge eine abzählbar unendliche Teilmenge enthält). Eine Menge heißt *höchstens abzählbar*, wenn sie endlich oder abzählbar unendlich ist.

Unter einer *Folge* in einer Menge M versteht man eine Abbildung von $\mathbb{N}$ in $M : j \mapsto x_j$. Man bezeichnet eine solche Folge auch durch $(x_1, x_2, \ldots)$, meistens unter Weglassung der Klammern. Es kommt hierbei auf die Anordnung von $\mathbb{N}$ an. Etwas allgemeiner werden Abbildungen einer unendlichen Teilmenge von $\mathbb{Z}$, die ein kleinstes Element besitzt, in M als Folgen bezeichnet.

Literaturhinweise

Artin, E., Analytische Geometrie und Algebra (2 Teile), Skripten Universität Hamburg, Hogl (Erlangen). Teil I, SS 1960, 61 S. Teil II, WS 1960/61, 111 S.

Barner, M. und *Flohr, F.*, Analysis I, de Gruyter (Berlin, New York) 1974, 489 S.

Bourbaki, N., Éléments de mathématiques, Algèbre linéaire (1. Partie, Livre 2, Chap. 2), 3. édition, Hermann (Paris) 1967, 315 S. [1]

Bourbaki, N., Éléments de mathématiques, Algèbre multilinéaire (1. Partie, Livre 2, Chap. 3), Hermann (Paris) 1958, 166 S. [2]

Erwe, F., Differential- und Integralrechnung I, Elemente der Infinitesimalrechnung, Differentialrechnung, Bibliographisches Institut (Mannheim, Wien, Zürich) 1962, 364 S.

Fischer, G., Lineare Algebra, Vieweg (Braunschweig) 1979, VI + 248 S.

Gantmacher, F. R., Matrizenrechnung (2 Teile), Deutscher Verlag der Wissenschaften (Berlin) (Übersetzung aus dem Russischen). Teil I, Allgemeine Theorie, 3. Auflage, 1970, XI + 324 S. Teil II, Spezielle Fragen und Anwendungen, 2. Auflage, 1966, VII + 244 S.

Gastinel, N., Lineare numerische Analysis, Vieweg (Braunschweig) 1972, 359 S. (Übersetzung aus dem Französischen).

Godement, R., Cours d'algèbre, 3. édition, Hermann (Paris) 1966, 670 S.

Greub, W., Lineare Algebra, Springer (Berlin, Heidelberg, New York) 1976, X + 219 S. [1]

Greub, W., Linear Algebra, 4. edition, Springer (New York, Heidelberg, Berlin) 1975, XIII + 451 S. [2]

Grotemeyer, K. P., Lineare Algebra, Skriptum WS 1965/66 Freie Universität Berlin, Bibliographisches Institut (Mannheim, Wien, Zürich) 1970, 232 S.

Halmos, P. R., Finite-dimensional vector spaces, 2. edition, D. van Nostrand (Princeton, Toronto, London) 1958, viii + 200 S. [1]

Halmos, P. R., Naive Mengenlehre, 2. Auflage, Vandenhoeck und Ruprecht (Göttingen) 1969, 132 S. (Übersetzung aus dem Amerikanischen). [2]

Heinhold, J. und *Riedmüller, B.*, Lineare Algebra und Analytische Geometrie (2 Teile), Hanser (München). Teil 1, 1971, VII + 215 S. Teil 2, 1973, VIII + 319 S. [1]

Heinhold, J., Riedmüller, B. und *Fischer, H.*, Aufgaben und Lösungen zur linearen Algebra und analytischen Geometrie (2 Teile), Hanser (München), Teil 1, 1970, 223 S. Teil 2, 1971, 317 S. [2]

Holmann, H., Lineare und multilineare Algebra I. Bibliographisches Institut (Mannheim, Wien, Zürich) 1970, 212 S.

Klingenberg, W. und *Klein, P.*, Lineare Algebra und analytische Geometrie (3 Teile), Bibliographisches Institut (Mannheim, Wien, Zürich). Teil 1, 1971, xii + 288 S. Teil 2, 1972, xviii + 404 S. Teil 3, Übungen zu Band 1 und 2, 1973, viii + 172 S.

Kochendörffer, R., Einführung in die Algebra, 4. Auflage, Deutscher Verlag der Wissenschaften (Berlin) 1974, 353 S.

Kowalsky, H. J., Lineare Algebra, 9. Auflage, Walter de Gruyter (Berlin, New York) 1979, 367 S.

Lang, S., Linear algebra, 2. edition, Addison Wesley (Reading Massachusetts, Menlo Park, London, Sydney, Manila) 1971, vi + 400 S.

Lichnerowicz, A., Lineare Algebra und lineare Analysis, Deutscher Verlag der Wissenschaften (Berlin) 1956, XI + 303 S. (Übersetzung aus dem Französischen).

Lingenberg, R., Einführung in die Lineare Algebra, Bibliographisches Institut (Mannheim, Wien, Zürich) 1976, 237 S.

Nef, W., Lehrbuch der linearen Algebra, Birkhäuser (Basel, Stuttgart) 1966, 276 S.

Oeljeklaus, E. und *Remmert, R.*, Lineare Algebra I, Springer (Berlin, Heidelberg, New York) 1974, VII + 279 S.

Perron, O., Algebra (2 Teile), 3. Auflage, de Gruyter (Berlin) 1951. Teil I, Die Grundlagen, VIII + 300 S. Teil II, Theorie der algebraischen Gleichungen, VIII + 260 S.

Peschl, E., Analytische Geometrie und Lineare Algebra, Bibliographisches Institut (Mannheim) 1961, 200 S.

Quine, W. v. O., Grundzüge der Logik, Suhrkamp (Frankfurt a. M.) 1969, 344 S. (Übersetzung aus dem Englischen).

Schaal, H., Lineare Algebra und Analytische Geometrie (3 Teile), Vieweg (Braunschweig) 1976, Band I, VI + 255 S. Band II, VII + 328 S.

Schaal, H. und *Glässner, E.*, Lineare Algebra und Analytische Geometrie, Band III, Aufgaben mit Lösungen, Vieweg (Braunschweig) 1977, V + 306 S.

Sperner, E., Einführung in die Analytische Geometrie und Algebra (2 Teile), Vandenhoeck und Ruprecht (Göttingen). 1. Teil, 7. Auflage, 1969, VIII + 339 S. 2. Teil, 5. Auflage, 1963, 388 S.

Tietz, H., Lineare Geometrie, 2. Auflage, Vandenhoeck und Ruprecht (Göttingen) 1973, VIII + 218 S.

Werner, H., Praktische Mathematik I, Methoden der linearen Algebra, Springer (Berlin, Heidelberg, New York) 1970, X + 275 S.

Bourbaki ist ein Pseudonym für eine Gruppe von Mathematikern, die sich mit ihrem inzwischen vielbändigen Werk zum Ziel gesetzt haben, die gesamte Mathematik von Anfang an systematisch darzustellen. Die o.g. Bände, die nur einen kleinen Teil dieser Reihe darstellen, bieten vor allem dem fortgeschrittenen Leser etwas; z.B. wird dort die Theorie der Basen auch im unendlich dimensionalen Fall entwickelt. Die Matrizenrechnung und viele numerische Aspekte werden in den Büchern von *Gantmacher, Gastinel* und *Werner* weitergeführt. *Nef* befaßt sich auch mit einer Reihe von Anwendungen in der Optimierung und Spieltheorie. Eine verallgemeinerte Form der linearen Algebra ist die Modultheorie. Ein „Modul" ist so etwas wie ein Vektorraum mit Skalaren aus einem Ring statt einem Körper. Diese Richtung wird z.B. dargestellt in den Büchern von *Bourbaki, Grotemeyer* und *Oeljeklaus-Remmert*, sowie auch in den o.g. Algebralehrbüchern von *Godement* und *Kochendörffer*. Die Verflechtung der linearen Algebra mit der Analysis ist eindrucksvoll in dem Werk von *Lichnerowicz* geschildert, z.B. anhand des Integralsatzes von Stokes und der Beziehungen zur Funktionalanalysis.

Wichtige Symbole aus Kapitel 0 bis 6

Die Ordnung erfolgt nach den Seitenzahlen des ersten Auftretens.

Kapitel 0

4	$(u_1, u_2, \ldots, u_n)$	n-Tupel
	$u = v$	Gleichheit von n-Tupeln
	0	Null-n-Tupel
11	$u + v$	Summe von n-Tupeln
	$\lambda \cdot u = \lambda u$	skalares Vielfaches eines n-Tupels
12	$-u$	additives Inverses eines n-Tupels
13	$v - u$	Differenz von n-Tupeln
	$\dfrac{u}{\lambda} = u/\lambda$	skalare Division eines n-Tupels
16	$\mathbf{R}^n$	Menge der n-Tupel reeller Zahlen
18	$e_1, e_2, \ldots, e_n$	Standardbasis von $\mathbf{R}^n$
27	$\lvert u \rvert$	euklidische Länge in $\mathbf{R}^n$
	$\langle u, v \rangle$	euklidisches Skalarprodukt in $\mathbf{R}^n$
30	$d(u, v)$	euklidische Entfernung in $\mathbf{R}^n$
32	$u \times v$	Vektorprodukt in $\mathbf{R}^3$
35	$S(u, v, w)$	Spatprodukt in $\mathbf{R}^3$

Kapitel 1

37	$a \top b$	innere Verknüpfung
38	$(G, \top)$	Gruppe mit Verknüpfungssymbol
39	$\begin{pmatrix} 1 & 2 & \ldots & n \\ \sigma(1) & \sigma(2) & \ldots & \sigma(n) \end{pmatrix}$	Wertetabelle (speziell einer Permutation)
	$\mathfrak{S}_n$	Menge der Permutationen der Ziffern von 1 bis n
	ι	identische Permutation
41	$\displaystyle\top_{i=1}^{n} a_i, \ \top_{i \in I} a_i, \ \top_{p \leq i \leq q} a_i$	mehrfache Verknüpfungsergebnisse
	$\displaystyle\top_{\emptyset} a_i$	leeres Verknüpfungsergebnis
43	$a \cdot b = ab$	multiplikative Verknüpfung
	$e, 1$	multiplikatives Neutralelement
	a^{-1}	multiplikatives Inverses
	a^n	Potenz

	$\prod\limits_{i \in I},\ \prod\limits_{i=1}^{n}$	mehrfaches Produkt
	$a + b$	additive Verknüpfung
	0	additives Neutralelement
	$-a$	additives Inverses
	$n \cdot a = na$	Vielfaches
	$\sum\limits_{i \in I},\ \sum\limits_{i=1}^{n}$	mehrfache Summe
44	$a^0,\ a^n$	Potenz für ganzzahliges n
	$0 \cdot a,\ n \cdot a$	Vielfaches für ganzzahliges n
	$b - a$	Differenz
45	0	additives Neutralelement in einem Körper
	1	multiplikatives Neutralelement in einem Körper
	$ab + c$	Kombination von Verknüpfungen
46	$\dfrac{b}{a} = b/a$	Bruchschreibweise
	$-ab$	Abkürzung für $-(ab)$
47	$0^n,\ 0^0$	Potenzen von 0
	$\bar{n} = n \cdot 1$	ganzzahlige Vielfache von 1
	$\mathrm{char}\,(K) = 0$	Charakteristik Null
	$n,\ \dfrac{p}{q}$	ganze und rationale Zahlen bei Charakteristik Null
48	$\mathrm{char}\,(K)$	Charakteristik
	$\binom{n}{k}$	Binomialkoeffizient
	$\ell!,\, 0!$	Fakultät
49	$z_1 + z_2$	Summe in $\mathbf{R}^2\ (= \mathbf{C})$
	$z_1 \cdot z_2 = z_1 z_2$	Produkt in $\mathbf{R}^2\ (= \mathbf{C})$
50	i	imaginäre Einheit
	$\mathbf{C}$	Körper der komplexen Zahlen
51	$\bar{z}$	konjugiert komplexe Zahl
	$|z|$	Betrag in $\mathbf{C}$
	$\mathrm{Re}\,z$	Realteil
	$\mathrm{Im}\,z$	Imaginärteil
52	$\mathbf{S}^1$	Einheitskreislinie
	$\cos \xi$	Cosinus
	$\sin \xi$	Sinus
	π	Kreiszahl $(= 3{,}14159265\ \ldots)$
53	$e^{i\varphi}$	Abkürzung für $\cos\varphi + i \sin\varphi$
54	$e^{-i\varphi}$	Abkürzung für $e^{i(-\varphi)}$

61	0	Nullfunktion
	$P + Q$	Summe von Polynomen
	$P \cdot Q = PQ$	Produkt von Polynomen
63	$\Pi_m(K)$	Menge der Polynome über K vom Grad $\leqq$ m
	$\Pi(K)$	Menge der Polynome über K
64	$(M, \top)$	Verknüpfungsgebilde
	$(M, +, \cdot)$	Ring
	1	multiplikatives Neutralelement bei Ringen

Kapitel 2

65	$u + v$	Summe in einem Vektorraum
	$\lambda \cdot u = \lambda u$	skalares Vielfaches in einem Vektorraum
	0	Nullvektor
66	$\dfrac{u}{\lambda} = u/\lambda$	Division mit Skalaren in einem Vektorraum
	K^n	Menge der n-Tupel mit Koordinaten aus K
	$(x_1, x_2, \ldots, x_n)$	n-Tupel
	$\mathbf{R}^n$	reeller Zahlenraum
	$\mathbf{C}^n$	komplexer Zahlenraum
	$f + g$	Summe von Funktionen
	$\lambda \cdot f = \lambda f$	skalares Vielfaches einer Funktion
	0	Nullabbildung
	$\{0\}, 0$	Nullraum
67	$-\lambda u$	Abkürzung für $-(\lambda u)$
73	$a_1, \ldots, \widehat{a_g}, \ldots, a_k$	Streichen aus einer Liste
75	$\dim V$	Dimension eines Vektorraumes
76	$e_1, e_2, \ldots, e_n$	Standardbasis in K^n
79	$U_1 \cap U_2$	Durchschnitt von Untervektorräumen
	$U_1 + U_2$	Summe von Teilmengen
80	$U_1 \oplus U_2, U_1 \oplus U_2 \oplus \ldots \oplus U_p$	direkte Summen
86	$\mathrm{sp}(a_1, \ldots, a_k)$	Spann eines Vektorsystems
87	$\mathrm{Rang}(a_1, \ldots, a_k)$	Rang eines Vektorsystems
89	$\begin{pmatrix} a_{11} & a_{12} & \ldots & a_{1n} \\ a_{21} & a_{22} & \ldots & a_{2n} \\ \vdots & \vdots & & \vdots \\ a_{p1} & a_{p2} & \ldots & a_{pn} \end{pmatrix}$	Matrix
95	$\Gamma = \{u_0\} + U = u_0 + U$	affiner Unterraum
96	$\Gamma_1 \parallel \Gamma_2$	echte Parallelität
	$\dim \Gamma$	Dimension eines affinen Unterraumes

Kapitel 3

Kapitel 4

142	V^n	Menge aller Vektorsysteme der Länge n
143	$\underbrace{\quad}_{k}$	Markierung der k-ten Stelle einer Liste
147	$\Phi_\nu(\sigma)$	Anzahl der Ziffern in $\sigma(1), \ldots, \sigma(n)$ links von ν und $> \nu$
	$\Phi(\sigma)$	Fehlstandszahl der Permutation σ
	sign σ	Vorzeichen der Permutation σ
151	$f + g$	Summe zweier alternierender n-Linearformen
	$\alpha \cdot f = \alpha f$	skalares Vielfaches einer alternierenden n-Linearform
	$\mathscr{A}_n(V)$	Menge der alternierenden n-Linearformen über V
152	$\mathfrak{A}_n$	alternierende Gruppe der Ziffern von 1 bis n
153	D_0	Standarddeterminante auf K^n

$$
\begin{vmatrix} a_{11} & \cdots & a_{1n} \\ \vdots & & \vdots \\ a_{n1} & \cdots & a_{nn} \end{vmatrix} = \det \begin{pmatrix} a_{11} & \cdots & a_{1n} \\ \vdots & & \vdots \\ a_{n1} & \cdots & a_{nn} \end{pmatrix}
$$
n-reihige Zahldeterminante

155	$\det(a_{ij})_{1 \leq i, j \leq n} = \det(a_{ij})$	n-reihige Zahldeterminante
157	A_{ik}	Kofaktor zum Platz (i, k)
163	$\det L$	Determinante des Endomorphismus L
164	**SL** (V)	spezielle lineare Gruppe von V
165	**SL** (n, K)	spezielle lineare Gruppe bei (n × n)-Matrizen über K
166	spur L	Spur des Endomorphismus L
167	spur A	Spur der quadratischen Matrix A
168	$\det_{D,D'} F, \det_D F$	Determinante der Bilinearform F
169	$\mathcal{O}$	Orientierung
	$(V, \mathcal{O})$	orientierter Vektorraum
	$\mathbf{GL}^+(V)$	Gruppe der orientierungstreuen Automorphismen von V
170	$\mathcal{O}'$	induzierte Orientierung auf $\mathscr{A}_n(V)$

Kapitel 5

171	$\displaystyle\sum_{i, j = 1}^{k}$	Doppelsumme
173	$R[a, b]$	Menge der integrierbaren Funktionen auf $[a, b]$
174	$C[a, b]$	Menge der stetigen Funktionen auf $[a, b]$
176	Rad F	Radikal von F

184	(p, q, r)	Typ einer symmetrischen Bilinearform
187	$\langle u, v \rangle$	euklidisches Skalarprodukt
188	$|u|$	euklidische Norm
189	$d(u, v)$	euklidische Entfernung
	$\measuredangle(u, v)$	unorientierter Winkel
190	$u \perp v$	orthogonale Vektoren
	$U_1 \perp U_2$	orthogonale Teilmengen
	$U^\perp$	Orthogonalraum von U
191	$(a_i)_{i \in N}, (a_i)$	höchstens abzählbare Vektorsysteme
193	$\|f\|$	euklidische Norm in $C[a, b]$
201	D_0	normierte Determinantenform
202	$P(v_1, \ldots, v_n)$	n-Parallelotop
	W_n	n-dimensionaler Einheitswürfel
203	$\Delta(v_1, \ldots, v_n)$	n-dimensionales Volumen
	$P(v_1, \ldots, v_s)$	s-Parallelotop
	$\Delta_s(v_1, \ldots, v_s)$	s-dimensionales Volumen
208	$\measuredangle_0(u, v)$	orientierter Winkel
	$u \times v$	Vektorprodukt
210	$v_1 \times \ldots \times v_n$	Vektorprodukt
214	$\mathbf{O}(V)$	orthogonale Gruppe von V
	$\mathbf{SO}(V)$	spezielle orthogonale Gruppe von V
	$\mathbf{O}(n)$	orthogonale Gruppe bei $(n \times n)$-Matrizen
	$\mathbf{SO}(n)$	spezielle orthogonale Gruppe bei $(n \times n)$-Matrizen
215	$D(\Theta)$	Drehmatrix

Kapitel 6

220	$E(\lambda)$	Eigenraum
	$d(\lambda)$	geometrische Vielfachheit
222	$h_1, \ldots, h_n$	charakteristische Koeffizienten
	$Ch(\lambda)$	charakteristisches Polynom
233	$\mathrm{diag}(A_1, A_2, \ldots, A_k)$	Blockmatrix
	$\mathrm{diag}(\mu_1, \ldots, \mu_n)$	Diagonalmatrix
	$E'(\lambda)$	verallgemeinerter Eigenraum
235	$f(\lambda)$	Index des Eigenwertes λ
237	f_ρ	Index von λ_ρ
	L_ρ	Abkürzung für $L | E'(\lambda_\rho)$
239	$N(n)$	elementarer Nilpotenzblock
240	$T^{-j}H$	Urbild von H unter T^j
243	$J(\nu, \lambda)$	elementarer Jordanblock
248	$d'(\lambda_\rho)$	algebraische Vielfachheit

Sachverzeichnis

Beim Aufsuchen von Definitionen ist zu beachten, daß manche Begriffe in Kapitel 0 nur vorläufig erklärt sind.

Lineare Algebra und analytische Geometrie

von Rolf Walter

2., durchgesehene Auflage 1993.
X, 269 Seiten mit 56 Abbildungen.
Kartoniert.
ISBN 3-528-18584-8

Aus dem Inhalt: Aus der Algebra – Vektorräume – Feinstruktur spezieller Endomorphismen euklidischer Vektorräume – Multilineare Algebra – Affine und euklidische Geometrie – Quadratische Hyperflächen in der affinen und euklidischen Geometrie – Projektive Geometrie.

Das Buch behandelt die lineare und multilineare Algebra sowie die analytische Geometrie. Der Schwerpunkt liegt auf den weiterführenden Themen des zweiten Semesters. Jedoch ist die Darstellung weitgehend in sich abgeschlossen, da elementare Kenntnisse wiederholt und oftmals neu begründet werden. Fortgeschrittene Gegenstände sind u.a. der Fundamentalsatz der Algebra, die reelle Jordansche Normalform und die projektive Geometrie. Stets wird die moderne, basisfreie Denkweise bevorzugt, diese aber durch Koordinatenrechnungen ergänzt. Eigene Kapiteleinleitungen motivieren und umreißen jeweils den betreffenden Stoff. Zahlreiche Bilder, Bemerkungen und kommentierte Übungsaufgaben sollen den Leser weiter anregen.

Verlag Vieweg · Postfach 1546 · 65005 Wiesbaden

Lineare Algebra

von Gerd Fischer

10., vollständig neubearbeitete und erweiterte Auflage 1995. X, 332 Seiten mit 64 Abbildungen. (vieweg studium; Grundkurs Mathematik) Pb.
ISBN 3-528-67217-X

Aus dem Inhalt: Leitfaden – Grundbegriffe – Lineare Abbildungen – Dualräume und lineare Gleichungssysteme – Determinanten – Eigenwerte, Diagonalisierung und Trigonalisierung von Endomorphismen – Euklidische und unitäre Vektorräume – Anhang: Algebraische Hilfsmittel – Die Jordansche Normalform.

Dies ist eine vollständig neu geschriebene und erweiterte Auflage des seit über 20 Jahren bewährten einführenden Lehrbuches. In der jetzigen Form kann es auch als Begleittext für eine zweisemestrige Vorlesung für Studenten der Mathematik, Physik und Informatik benutzt werden. Zentrale Themen sind: Lineare Gleichungssysteme, Eigenwerte und Skalarprodukte. Besonderer Wert wird darauf gelegt, Begriffe zu motivieren, durch Beispiele und durch Bilder zu illustrieren und konkrete Rechenverfahren für die Praxis abzuleiten. Die Behandlung von linearen Gleichungssystemen zieht sich als roter Faden durch das Buch. Der Text wurde durch zahlreiche neue Übungsaufgaben ergänzt.

Verlag Vieweg · Postfach 1546 · 65005 Wiesbaden